水处理微生物学基础与技术应用

（第二版）

刘永军　刘　喆　主编

中国建筑工业出版社

图书在版编目（CIP）数据

水处理微生物学基础与技术应用 / 刘永军，刘喆主编. —2 版. —北京：中国建筑工业出版社，2022.4

ISBN 978-7-112-27184-9

Ⅰ. ①水… Ⅱ. ①刘… ②刘… Ⅲ. ①水处理－生物处理 Ⅳ. ①TU991.2②X703.1

中国版本图书馆 CIP 数据核字(2022)第 040812 号

本书在《水处理微生物学基础与技术应用》（第一版）的基础上修改编写，对上一版的章节进行了重新梳理，增加了新的内容并在每章后面增加了思考题。全书分 3 篇，共 16 章，第一篇为水处理微生物学基础，包括：绪论、病毒与亚病毒、原核微生物、真核微生物、微生物的营养与代谢、微生物的生长与繁殖、微生物的遗传变异与基因工程；第二篇为水处理工艺的生物学原理与技术应用，包括：好氧水处理工艺的生物学原理、厌氧水处理工艺的生物学原理、生物脱氮除磷工艺原理与技术应用、水微生物生态及水体生态修复、水的卫生细菌学及水中微生物的控制；第三篇为水处理微生物学实验与检测技术，包括：微生物的观察与分析、微生物的菌种分离与培养、水环境中微生物的检测、微生物分子生物学检测技术。

本书可作为高等学校给排水科学与工程专业、环境工程等相关专业本科生教材，也可用作环境领域工程技术人员的参考书。

责任编辑：石枫华　胡明安

责任校对：王　烨

水处理微生物学基础与技术应用（第二版）

刘永军　刘　喆　主编

*

中国建筑工业出版社出版、发行（北京海淀三里河路 9 号）

各地新华书店、建筑书店经销

北京红光制版公司制版

河北鹏润印刷有限公司印刷

*

开本：787 毫米×1092 毫米　1/16　印张：19¾　字数：481 千字

2022 年 4 月第二版　　2022 年 4 月第一次印刷

定价：**68.00** 元

ISBN 978-7-112-27184-9

（38866）

（第二版）前言

“水处理生物学”课程是高等学校给水排水工程专业指导委员会提出的给排水科学与工程学科新课程体系中10门主干课程之一，是给排水科学与工程专业的必修课程。目前，有部分高校已将市政工程专业的硕士生入学考试科目确定为“水处理生物学”，体现了该课程的学习在水污染控制领域研究及实际工程应用中的作用和地位。

为了适应“研究性”“应用型”“教学型”等不同类型高校学生对“水处理生物学”课程的要求，本书在《水处理微生物学基础与技术应用》（第一版）为主要内容和特色的基础上，根据近年来的教学实践，对内容和章节做了较大的调整和增补，即在系统介绍水处理生物学基础知识的同时，突出了微生物在水环境中的作用及其在水处理过程中的应用，并对微生物学在相关领域的最新研究成果进行阐述。

在内容上，主要增加或强化了病毒与亚病毒、古细菌、光合细菌、大型水生/湿生植物及其在水质净化中的应用、微生物代谢的调节、基因工程、新型生物脱氮工艺原理以及生物毒理学、现代分子生物学检测技术等，力图反映国内外最新研究成果。

全书分为3篇，共16章。第一篇：水处理微生物学基础，内容包括绪论、病毒与亚病毒、原核微生物、真核微生物、微生物的营养与代谢、微生物的生长与繁殖、微生物的遗传变异与基因工程；第二篇：水处理工艺的生物学原理与技术应用，内容包括好氧水处理工艺的生物学原理、厌氧水处理工艺的生物学原理、生物脱氮除磷工艺原理与技术应用、水微生物生态及水体生态修复、水的卫生细菌学及水中微生物的控制；第三篇：水处理微生物学实验与检测技术，内容包括微生物的观察与分析、微生物的菌种分离与培养、水环境中微生物的检测、微生物分子生物学检测技术。

本教材得到了给水排水科学与工程国家一流专业教材建设项目资助，由西安建筑科技大学环境与市政工程学院刘永军、刘喆主编。其中第1章、第2章、第3章、第4章由西安建筑科技大学刘永军编写，第5章由西安科技大学王佳璇编写，第6章由榆林学院刘静编写，第7章、第8章由西安建筑科技大学刘喆编写，第9章、第10章由延安大学刘羽编写，第11章、第12章由西安工程大学高敏编写，第13章、第14章由西安建筑科技大学张爱宁编写，第15章、第16章由西安建筑科技大学陈兴都编写，全书由刘永军和刘喆负责统稿。本教材编写过程中参考了国内外大量水处理生物学及相关实验技术方面的书籍、科研成果，并引用了其中的一些图片，在此一并表示感谢。

因编者水平有限，书中不足之处在所难免，敬请读者批评指正。

编者

（第一版）前言

水处理微生物学是给水排水工程专业本科生以及市政工程专业研究生一门重要的专业基础学科，水处理微生物学与水处理工程有密切的关系，它是一门实践性很强的学科。本书从水处理专业读者的实际需求出发，内容主要集中在水处理微生物学基础与技术应用。在编写过程中，本书有针对性地将内容深度和广度控制在水处理专业相关读者需要掌握的深度和广度内，对与水处理相关的微生物学基础理论和基础知识以及技术方法作了详细的阐述，而并没有完全从微生物学专业要求的角度去编写，具有很强的针对性。

此外，本书的内容注重实用性，强调微生物基础知识以及微生物技术与水处理过程的关系，突出了微生物技术在水处理工艺和过程中的应用，使读者能够很好地理解微生物生命现象与水处理过程的关系，并将微生物知识和微生物技术应用到水处理工程实践中。

近20年来微生物学发展非常迅速，新技术、新方法不断涌现，特别是分子生物学技术的发展更是令人眼花缭乱。针对目前本科生毕业有相当一部分学生又要继续攻读研究生的现状，从科研和实际工作需求的角度，本书的编写突出了新技术、新方法的应用，适当补充了分子生物学实验技术的内容，使读者能够适时了解并掌握微生物学新技术和新方法。

本书由刘永军主编，由王晓昌教授主审。全书分为3篇，共12章。第一篇：水处理微生物学基础，内容主要包括：水处理微生物学的研究对象和任务，微生物的营养与代谢，微生物的生长与水微生物生态，微生物的遗传变异与基因工程；第二篇：水处理工艺与过程的微生物学原理与技术应用，内容主要包括：典型水处理工艺与过程的微生物学原理，生物相的观察与应用，水处理运行管理中微生物技术的应用，水的卫生细菌学及水中微生物的控制；第三篇：水处理微生物实验技术，内容主要包括：微生物观察与分析，微生物菌种分离与培养，微生物检测，微生物分子生物学检测技术。在本书的编写过程中，还得到高羽飞教授、马美玲、左丽丽、吕英俊等的支持和帮助，在此一并表示感谢。

因编者水平有限，书中不足之处在所难免，敬请读者批评指正。

编者

2010.1.18

目 录

第一篇 水处理微生物学基础

第二篇　水处理工艺的生物学原理与技术应用

第三篇 水处理微生物学实验与检测技术

第一篇

水处理微生物学基础

第1章　绪　　论

1.1　微生物学概述

1.1.1　什么是微生物

微生物是一切肉眼看不见或看不清楚的微小生物的总称。它们是一些个体微小、构造简单的低等生物。它的特征可以归纳为30个字，即：体积小、面积大、吸收多、转化快、生长旺、繁殖快、适应强、变异频、分布广、种类多。微生物大多为单细胞，少数为多细胞，还包括一些没有细胞结构的生物。主要有古菌；属于原核生物类的细菌、放线菌、蓝细菌、支原体、立克次氏体、衣原体、螺旋体；属于真核生物类的真菌、原生动物和显微藻类。以上这些微生物在光学显微镜下可见。蘑菇和银耳等食、药用菌是个例外，尽管可用厘米表示它们的大小，但其本质是真菌，我们称它们为大型真菌。而属于非细胞生物类的病毒、类病毒和朊病毒（又称朊粒）等则需借助电子显微镜才能看到。

微生物是生物中一群重要的分解代谢类群，缺少了它们，生物圈的物质能量循环将中断，地球上的生命将难以繁衍生息。微生物是自然界唯一认知的固氮与动植物残体降解者，同时位于常见生物链的首末两端，从而完成碳、氮、硫、磷等生物质在大循环中的衔接。微生物是地球上最为丰富多样的生物资源，其种类仅次于昆虫，是生命世界里的第二大类群。

微生物与人类的生产、生活和生存息息相关。体内的正常菌群是人及动物健康的基本保证，帮助消化、提供必需的营养物质、组成生理屏障；有很多食品（如酱油、醋、味精、酒、酸奶、奶酪、蘑菇）、工业品（如皮革、纺织、石化）、药品（如抗生素、疫苗、维生素、生态农药）是依赖于微生物制造的；一部分微生物能够降解塑料、处理废水废气等，并且可再生资源的潜力极大，称为环保微生物；微生物在矿产探测与开采等各种领域中也发挥重要作用。然而另一方面，人类与动植物的疾病也有很多是由微生物引起，这些微生物叫作病原微生物或病原。病原微生物是导致人类诸多疾病的罪魁祸首，如2003年爆发的SARS和2020年爆发的新型冠状病毒肺炎，以及每年成倍增长的艾滋病病例等，在人类疾病中有50%是由病毒引起。有些微生物是腐败性的，能够造成食品、布匹、皮革等发霉腐烂。

1.1.2　微生物学的发展

微生物学的发展可以概括为五个阶段：

（1）经验阶段

自古以来，人类在日常生活和生产实践中，已经觉察到微生物的生命活动及其所发生的作用。中国利用微生物进行酿酒的历史，可以追溯到4000多年前的龙山文化时期。2600年前发明了制酱技术。殷商时代的甲骨文中刻有“酒”字。北魏贾思勰的《齐民要术》（533～544）中，列有谷物制曲、酿酒、制酱、造醋和腌菜等方法。在古希腊留下来的石刻上，记有酿酒的操作过程。我国在春秋战国时期，就已经利用微生物分解有机物质的作用，进行沤粪积肥。公元1世纪的《氾胜之书》提出要以熟粪肥田以及瓜与小豆间作的制度。2世纪的《神农本草经》中，有白僵蚕治病的记载。6世纪的《左传》中，有用麦曲治腹泻病的记载。在10世纪的《医宗金鉴》中，有关于种痘方法的记载。1796年，英国人琴纳发明了牛痘苗，为免疫学的发展奠定了基石。

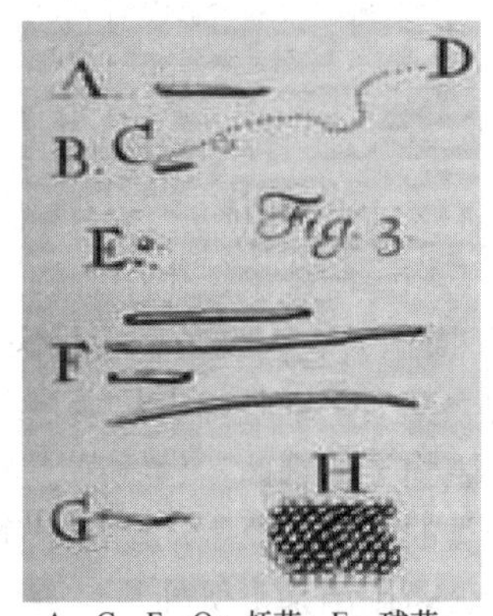

A、C、F、Q：杆菌；E：球菌；H：球菌的聚集体

图1-1　列文虎克对细菌形态的描绘

（2）形态学阶段

17世纪，荷兰人列文虎克用自制的简单显微镜（可放大160～260倍）观察牙垢、雨水、井水和植物浸液后，发现其中有许多运动着的“微小动物”，并用文字和图画科学地记载了人类最早看见的“微小动物”——细菌的不同形态（图1-1）。过了不久，意大利植物学家P·A·米凯利也用简单的显微镜观察了真菌的形态。1838年，德国动物学家C·G·埃伦贝格在《纤毛虫是真正的有机体》一书中，把纤毛虫纲分为22科，其中包括3个细菌的科（他将细菌看作动物），并且创用“bacteria”（细菌）一词。1854年，德国植物学家F·J·科思发现杆状细菌的芽孢，他将细菌归属于植物界，确定了此后百年间细菌的分类地位。

（3）生理学阶段

微生物学的研究从19世纪60年代开始进入生理学阶段。法国科学家L·巴斯德［图1-2（a）］对微生物生理学的研究为现代微生物学奠定了基础，化学家出身的巴斯德涉足微生物是为了治疗“酒病”和“蚕病”。他论证酒和醋的酿造以及一些物质的腐败都是由一定种类的微生物引起的发酵过程，并不是发酵或腐败产生微生物，著名的曲颈瓶实验无可辩驳的证实了这一点；他认为发酵是微生物在没有空气的环境中的呼吸作用，而酒的变质则是有害微生物生长的结果；他进一步证明不同微生物种类各有独特的代谢机能，各自需要不同的生活条件并引起不同的作用；他提出了防止酒变质的加热灭菌法，后来被人称为巴斯德灭菌法，使用这一方法可使新生产的葡萄酒和啤酒长期保存。

德国人柯赫［图1-2（b）］对新兴的医学微生物学做出了巨大贡献。柯赫首先论证炭疽杆菌是炭疽病的病原菌，接着又发现结核病和霍乱的病原细菌，并提倡采用消毒和杀菌方法防止这些疾病的传播；他的学生们也陆续发现白喉、肺炎、破伤风、鼠疫等的病原细菌，导致了当时和以后数十年间人们对细菌给予高度的重视；他首创细菌的染色方法，采

(a)

(b)

图1-2　巴斯德和柯赫

（a）法国人巴斯德（Louis Pasteur）；（b）德国人柯赫（Robert Koch）

用了以琼脂作凝固培养基培养细菌和分离单菌落而获得纯培养的操作过程；他规定了鉴定病原细菌的方法和步骤，提出著名的柯赫法则。

1860年，英国外科医生J·利斯特应用药物杀菌，并创立了无菌的外科手术操作方法。1901年，著名细菌学家和动物学家И·И·梅契尼科夫发现白细胞吞噬细菌的作用，对免疫学的发展做出了贡献。俄国出生的法国微生物学家C·H·维诺格拉茨基于1887年发现硫磺细菌，1890年发现硝化细菌，他论证了土壤中硫化作用和硝化作用的微生物学过程以及这些细菌的化能营养特性。他最先发现嫌气性的自生固氮细菌，并运用无机培养基、选择性培养基以及富集培养等原理和方法，研究土壤细菌各个生理类群的生命活动，揭示土壤微生物参与土壤物质转化的各种作用，为土壤微生物学的发展奠定了基石。

1892年，俄国植物生理学家Д·И·伊万诺夫斯基发现烟草花叶病原体是比细菌还小的、能通过细菌过滤器的、光学显微镜不能窥测的生物，称为过滤性病毒。1915～1917年，F·W·特沃特和F·H·de埃雷尔观察细菌菌落上出现噬菌斑以及培养液中的溶菌现象，发现了细菌病毒——噬菌体。病毒的发现使人们对生物的概念从细胞形态扩大到了非细胞形态。在这一阶段中，微生物操作技术和研究方法的创立是微生物学发展的特有标志。

(4) 生物化学阶段

20世纪以来，生物化学和生物物理学向微生物学渗透，再加上电子显微镜的发明和同位素示踪原子的应用，推动了微生物学向生物化学阶段的发展。1897年德国学者E·毕希纳发现酵母菌的无细胞提取液能与酵母一样具有发酵糖液产生乙醇的作用，从而认识了酵母菌酒精发酵的酶促过程，将微生物生命活动与酶化学结合起来。G·诺伊贝格等人对酵母菌生理的研究和对酒精发酵中间产物的分析，A·J·克勒伊沃对微生物代谢的研究以及他所开拓的比较生物化学的研究方向，其他许多人以大肠杆菌为材料所进行的一系列基本生理和代谢途径的研究，都阐明了生物体的代谢规律和控制其代谢的基本原理，并且在控制微生物代谢的基础上扩大利用微生物，发展酶学，推动了生物化学的发展。从20世纪30年代起，人们利用微生物进行乙醇、丙酮、丁醇、甘油、各种有机酸、氨基酸、蛋白质、油脂等的工业化生产。

1929年，A·弗莱明发现点青霉菌能抑制葡萄球菌的生长，揭示了微生物间的拮抗关系并发现了青霉素。1949年，S·A·瓦克斯曼在他多年研究土壤微生物所积累资料的基础上，发现了链霉素。此后陆续发现的新抗生素越来越多。这些抗生素除医用外，也应用于防治动植物的病害和食品保藏。

(5) 分子生物学阶段

1941年，G·W·比德尔和E·L·塔特姆用X射线和紫外线照射链孢霉，使其产生变异，获得营养缺陷型。他们对营养缺陷型的研究不仅可以进一步了解基因的作用和本质，而且为分子遗传学打下了基础。1944年，O·T·埃弗里第一次证实了引起肺炎球菌形成荚膜遗传性状转化的物质是脱氧核糖核酸（DNA）。1953年，J·D·沃森和F·H·C·克里克提出了DNA分子的双螺旋结构模型和核酸半保留复制学说。H·富兰克尔-康拉特等通过烟草花叶病毒重组试验，证明核糖核酸（RNA）是遗传信息的载体，为奠定分子生物学基础起了重要作用。其后，又相继发现转运核糖核酸（tRNA）的作用机制、基因三联密码的论说、病毒的细微结构和感染增殖过程、生物固氮机制等微生物学中的重要理论，展示了微生物学广阔的应用前景。1957 年，A·科恩伯格等成功地进行了 DNA 的体外组合和操纵。原核微生物基因重组的研究不断获得进展，胰岛素已用基因转移的大肠杆菌发酵生产，干扰素也已开始用细菌生产。现代微生物学的研究将继续向分子水平深入，向生产的深度和广度发展。

1.1.3 微生物的分类与命名

1. 微生物的分类

自然界中各种生物的种类繁多，生物学家以客观存在的生物属性为依据，将生物分门别类。生物分类的目的有两个，一是认识、研究和利用生物。地球上生存的生物数量是巨大的。据估计，动物约有 150 万种，如果包括亚种在内，可能超过 200 万种；植物约有 40 万种；至于微生物的种类就更多了。这样多的生物，如果没有科学的分类法，对其认识将陷于杂乱无章的境地，无法进行调查研究，更说不上充分利用生物资源和防治有害生物了。生物分类的另一个目的是了解生物进化发展史，研究生物之间的亲缘关系。按照达尔文的进化理论，生物是进化的，各种生物之间存在亲缘关系，通过了解生物之间的进化关系，可以为研究诸如生命起源等重大问题，提供科学依据。

在对各种生物进行细致观察的基础上，通过比较研究，找出它们的共同点和不同点，并将有许多共同点的类归并成一个种类，根据它们的差异分成若干不同的种类，如此分门别类、顺序排列，形成分类系统。研究这种分类的学科就是分类学。在生物学上，对生物的分类采用按其生物属性和它们的亲缘关系有次序地分门别类排列成一个系统，系统中有七个等级：界、门、纲、目、科、属、种。每一种生物，包括微生物，都可在这个系统中找到相应的位置。其中种（species）是分类的基本单位。

在生物分类鉴定中，目前国际上有三个影响较大和比较全面的分类系统，即美国细菌学家协会出版的《伯杰细菌鉴定手册》、苏联克拉西里尼科夫著的《细菌和放线菌的鉴定》和法国普雷沃著的《细菌分类学》。伯杰分类系统在三个分类系统中是最有权威性的，而且是当前国际上普遍采用的细菌分类系统。该手册经过几十年不断地发展，逐渐成为一个国际性手册，它反映了细菌分类学的发展变化趋势。

生物的分类中，大家比较熟悉的一般是所谓的二界学说，即把生物分为动物界和植物界两个界，这种分法已有很长的历史。其中的动物是指细胞无细胞壁，不进行光合作用，能运动的生物；植物是指细胞有细胞壁，进行光合作用，不能运动的生物。

但是随着微生物的发现，使人们认识到传统的二界学说已难以对生物进行合理的分类（在传统分类中一部分微生物被列入植物界，如细菌、真菌等，另有一部分被列入动物界，如原生动物等）。在 19 世纪，细胞学说被提出，人们认为所有的生物都是由细胞组成的；而在 20 世纪 30 年代，电子显微镜的发明又使人们认识了病毒的非细胞结构。因此，生物的分类也随着人类认识的进步而不断地在改进。1969 年，魏塔克提出“五界学说”，为较多的人所接受，即原核生物界、真核原生生物界、真菌界、动物界、植物界。中国学者提出了六界学说，在上述五界的基础上再增加一个病毒界。

随着分子生物学的发展，到 20 世纪 70 年代，沃斯（Woese）等人在研究了 60 多种不同细菌的 16SrRNA 序列后，发现了一群序列独特的细菌——甲烷细菌，这是地球上最古老的生命形式，与细菌在同一进化分支上，称为古细菌（archaebacteria）。1990 年，Woese 等人正式提出了生命系统是由细菌（bacteria）域、古菌（archaea）域和真核生物

(eukarya）域所构成的三域说（three domains proposal）。

2. 微生物的命名

为避免混乱并便于工作、学术交流，有必要给每一种生物制定统一使用的科学名称，即学名（scientific name）。为此，国际上建立了生物命名法规，如国际植物命名法规、国际动物命名法规、国际栽培植物命名法规、国际细菌命名法规等。

目前在国际上对生物进行命名采用的统一命名法是“双名法”。其基本原则是由林奈确定的。林奈（Linnaeus，1707～1778）是瑞典生物学家，他在1753年发表的《自然系统》一书中首先提出了双名法（binomial nomenclature），并且为生物学家们所认可。由此，林奈被称为近代生物分类法的鼻祖。

一个生物的名称（学名）由两个拉丁字（或拉丁化形式的字）表示，第一个字是属名，为名词，主格单数，第一个字母要大写；第二个字是种名，为形容词或名词，第一个字母不用大写；出现在分类学文献上的学名，往往还要再加上首次命名人的姓氏（外加括号）、现名命名人的姓氏和现名命名年份，但有时往往忽略这三项；学名在印刷时，应当用斜体字，手写时下加横线。需要注意的是，其他的分类阶元，如门、纲、目、科等的名称，首字母要大写，但不需印成斜体字。

学名＝属名＋种名＋（首次命名人）＋现名命名人＋命名年份

例如，大肠埃希氏杆菌（大肠杆菌），其学名为 *Escherichia coli*（Migula）Castellani et Chalmers 1919，简称 *E. coli*；枯草芽孢杆菌（枯草杆菌）的学名为 *Bacillus subtilis*（Ehrenberg）Cohn 1872。

属名被缩写，一般发生在该属名十分常见（如 *Escherichia* 属），或是在文章的前面已经出现过该属名的情况下。如果某细菌只被鉴定到属，没鉴定到种，则该细菌的名称只有属名，没有种名，这时可以用 sp. 或 spp. 代替种名表达。sp. 或 spp. 为种（speciese）的缩写，如 *Bacillus* sp.（spp.）表示该细菌为芽孢杆菌属中的某一个种。

变种或亚种的命名由所谓的三名法构成，即：

学名＝属名＋种名＋var. 或 subsp. ＋变种或亚种的名称

例如，苏云金芽孢杆菌蜡螟亚种的表达方式为 *Bacillus thuringiensis* subsp. *galleria*，椭圆酿酒酵母（或酿酒酵母椭圆变种）的表达方式为 *Saccharomyces cerevisiae* var. *ellipsoideus*。

1.1.4 微生物的特点

1. 个体小、种类繁多

微生物是一类个体十分微小的生物。衡量微生物大小，一般用的度量单位是微米（μm）。一般细菌的大小为零点几到几微米，需要借助光学显微镜才能进行观察，而病毒则更小了（＜0.2μm），需用电子显微镜才能看得见，要用纳米（nm）来衡量。

微生物的种类数目是十分惊人的。有人估计，目前人们所了解的微生物总数，最多不超过生活在自然界中的微生物总数的10%。由于近年来分离培养方法的改进，不断有新的微生物种类被发现并报道。

2. 分布广、代谢类型多样

在地球上，微生物的分布可谓是无所不在，空气、土壤、水体等，到处都有微生物存在；甚至在一些极端的场合（如高温、高毒、低温）下，高等生物无法生存，仍然会有微生物可以适应而生存下来，如温泉中。由于土壤中的各种条件最适合微生物生长，所以其中微生物的数量和种类最多。由于微生物的种类繁多，其营养要求和代谢途径各不相同，所以，微生物能对自然界中多种有机物和无机物发生作用，利用它们作为营养物质。凡在自然界存在的有机物，不管其结构如何复杂，都会在特定环境中被某种微生物利用、分解，有时一种微生物的分解能力是有限的，但在同一生境中会有多种微生物同时存在，共同代谢有机物的能力就会十分强大。例如假单胞菌属的一些种，可以分解 90 种以上的有机物并将其作为碳源和能源进行代谢；有些微生物还能利用有毒物质如酚、氰化物等作为营养物。微生物这种对物质分解转化的能力，是其他任何生物都无法比拟的。因此，微生物在自然界的物质循环和转化中起着重要作用。

3. 繁殖快、代谢强度大

在适宜的环境条件下，大多数微生物能在十几分钟至二十分钟内完成一代的繁殖，例如大肠杆菌 *E. coli*，其繁殖一代的世代时间为 17～20min。对于以二分裂法方式进行繁殖的细菌，其数量的增加速度是十分惊人的，如大肠杆菌在一昼夜可从一个个体增加到 4.7×10^{21} 个个体，经 48h 后可产生 2.2×10^{43} 个新个体。当然由于种种限制，这种几何级数的增殖速度最多也只能维持几个小时。有些微生物（如放线菌、霉菌）以产生孢子的方式进行繁殖，一个个体可以产生成千上万个孢子，每个孢子从理论上讲都是一个未来的个体，这种繁殖的潜力更加惊人。微生物的这种特性也使得它的培养十分容易，因此，微生物成为生产、科研的理想材料。

由于微生物形体微小，表面积大，有利于细胞吸收营养物质和加强新陈代谢，因此，微生物具有很强的代谢能力。这一特性使微生物可以在短时间内迅速利用环境中的营养物质，也可以在环境治理中迅速降解污染物质。

4. 数量多

由于微生物营养谱极广，生长繁殖速度快，代谢强度大，因此，在自然界的各种环境中，微生物存在的数量是极多的。其中土壤是微生物最多的环境之一，在 1g 土壤中，细菌数量可达数亿个，放线菌孢子达数千万个，霉菌有数百万个，酵母菌有数十万个；正常情况下，生活在人体肠道内的细菌总数有 100 万亿个；在每毫升生活污水中含有数亿个细菌及其他种类的微生物。

5. 易变异

由于微生物的结构比较简单，多为单细胞或接近于单细胞，且通常都是单倍体，加上其繁殖快、数量多，并且微生物与外界环境直接接触，这使得微生物具有容易受到外界的影响而发生变异的特点。一些物理、化学因素，如紫外线、某些化学物质等，很容易使微生物出现变异，即使变异的概率很低（如 $10^{-10}\sim10^{-5}$），也会在短时间内出现大量变异的后代。所以当环境条件变化时，微生物会发生变异，其中适应并存活下来的微生物就会是一些在生理和形态结构上发生适应性变化的个体。

微生物容易变异，既是优点，能使微生物容易适应外界环境的变化，同时又是缺点，会造成微生物特性的退化和消失。现代工业生产出大量以前在自然界并不存在的物质，它们进入环境后，开始很难被微生物降解，但由于微生物的适应性，现在人们已发现了越来越多的能分解利用上述物质的微生物种类。同时利用微生物容易变异的特点，人们不断开发选育出新的微生物种类。在微生物药品、制剂等生产中大量微生物被广泛应用。在污水处理中，也可以通过对微生物的驯化和选育，提高对污染物降解的效率。当然，由于微生物的变异，也会给人们带来诸如菌种退化、致病菌出现抗药性等不利的影响。通过了解和掌握上述微生物的主要特点，可以在生产实践中更有效地利用微生物为人类服务。

1.2　水处理微生物学研究对象与任务

1.2.1　水处理工程中常见的生物类型

水处理工程中涉及的水生生物种类繁多，有各种微生物、藻类以及水生高等植物等。按功能划分，包含自养生物（各种水生植物）、异养生物（各种水生生物）和分解者（各种水生微生物）。不同功能的生物种群生活在一起，构成特定的生物群落，不同生物群落之间、及其与环境之间，进行着相互作用、协调，维持特定的物质和能量流动过程，对水环境保护起着重要作用。水处理工程中常见的生物类型如图 1-3 所示。

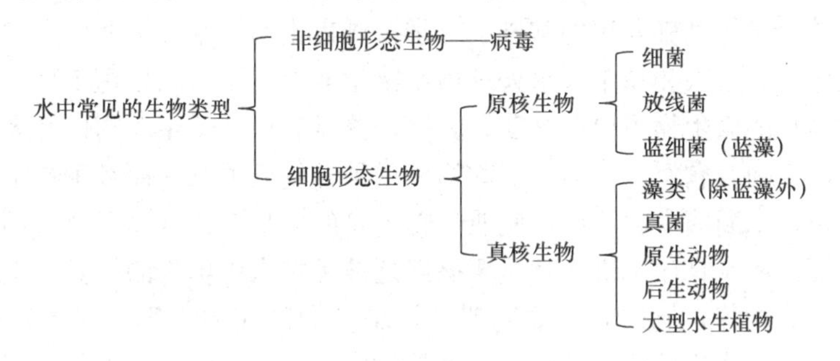

图 1-3　水中常见的生物类型

1.2.2　微生物在给水排水工程中的作用

水体中微生物的存在既有有害的方面也有有利的方面，有害的方面主要体现在：水环境的病原体污染（是指由细菌、病毒、寄生虫等造成的污染），病原微生物的主要危害是致病，而且易暴发性地流行。可以引发传染病的病原体主要来自城市污水、医院污水及屠宰、制革、洗毛、生物制品等工业废水和牲畜污水。19 世纪以前，病原体通过水传播而引起的霍乱、伤寒、骨髓灰质炎、甲型病毒性肝炎等瘟疫的爆发，曾夺走了千百万人的生命，现今世界上某些地区仍然常有这类病原微生物污染水导致的流行病的暴发。此外，微生物在工业循环水系统中的大量繁殖，会使循环水颜色变黑，发生恶臭，污染环境。同时，会形成大量黏泥使冷却塔的冷却效率降低，微生物黏泥除了会加速垢下腐蚀外，有些细菌在代谢过程中，生物分泌物还会直接对金属构成腐蚀。所有这些问题导致循环水系统不能长期安全运转，影响生产，造成严重的经济损失。

微生物在整个自然界的物质循环和转化过程中起着巨大的作用。作为分解者，是整个生物圈维持生态平衡不可缺少的部分。正是因为微生物有分解转化的作用，人们才能够利用微生物进行水污染的生物处理，使污染物得以去除，水质得到净化。微生物既能给人类带来福音，也会给人类带来危害，一些环境问题的产生有其生物学的背景和原因，有些微生物的活动会引起或加剧环境的污染甚至会危及人类本身的健康。只有全面了解和掌握微生物的基本特性，才可以避免和防止微生物给人类及其环境带来麻烦和危害；而只有深入系统地学习和掌握水处理工艺及相应的工程技术，才能更好地研究、开发和利用适合处理各种水质的微生物。水处理微生物技术是建立在对体系内微生物的认识和利用的基础上的，微生物是个宝贵的资源库，要开发利用这个宝库，有效地利用微生物保护环境，同样需要对微生物有更加深入细致地了解和研究。

1.2.3 水处理微生物学的研究对象与任务

水处理微生物学主要研究水处理工程和环境水体水质净化过程（即水中污染物的迁移、分解与转化过程）中所涉及的生物学问题，特别是微生物问题，是一门由普通生物学、普通微生物学、环境微生物学和水质工程学相结合，为了满足水处理和环境水体水质净化工程的需要而发展起来的一门边缘性学科。水处理微生物学在学科体系上属于应用（微）生物学的范畴，在研究对象和内容上与环境微生物学有一定的交叉。水处理微生物学的研究方向和任务就是充分利用（微）生物控制、消除水体的有机污染物、营养盐类、重金属等的污染，利用（微）生物进行水处理使水资源再生。

水处理微生物学的主要内容是在系统阐述微生物的形态结构、生理生化、营养代谢、生长繁殖、遗传变异等基础知识的基础上，掌握城市生活污水、工业废水和污泥生物处理过程中的工程原理、方法和技术。水处理微生物学着重讨论与水处理工程有关的生物学问题。参与水质净化的微生物主要有细菌、真菌、藻类和原、后生动物以及大型水生植物等类群，它们彼此之间及它们同污染物之间构成了种种复杂关系，而且生物本身又在污染的环境中生长繁殖，不断演变。所以，阐明生物自身的生长变化规律以及与环境的复杂关系是本学科的主要任务。具体来讲，就是要搞清楚被污染水中生物的种类、生态分布、生长繁殖和遗传变异的规律，同时，还要阐明水污染控制的作用机理。在水处理中，与物理法、化学法相比，生物处理法具有经济、高效的优点，并可实现无害化、资源化，所以长期以来始终占重要位置。

思考题

（1）什么是微生物？

（2）微生物是如何分类和命名的？

（3）微生物有哪些特点？

（4）水中常见的生物类型有哪些？微生物在给水排水工程中有什么作用？

（5）了解几个著名人物对生物学的贡献。

（6）了解水处理微生物学的研究对象和任务。

第2章　病毒与亚病毒

2.1　病毒的特征与分类

2.1.1　病毒的特征

病毒是没有细胞结构的，专性寄生在活的敏感宿主体内，可通过细菌过滤器，大小在0.2μm以下的超微小微生物。由于病毒特殊的结构和形态及其生活习性，生物分类中把病毒列为单独的一个界，即病毒界。现将病毒区别于其他生物的主要特征归纳如下：

（1）个体极其微小

病毒个体极小（<0.2μm），大多数病毒可以通过细菌过滤器（一般孔径为0.45μm或0.22μm）。由于病毒太小，它在普通的光学显微镜不容易被观察到，要借助于分辨率更高、放大倍数更大的电子显微镜，才能看见病毒的形态结构。

（2）非细胞结构

病毒结构十分简单，不像细胞那样有细胞壁、细胞膜、细胞器等结构，大多数由蛋白质和核酸组成，有的含有类脂、多糖等。

（3）专性寄生

病毒不具有独立的代谢能力。因此，它必须专性寄生在活的敏感宿主细胞内，依靠宿主细胞的酶系统进行复制。但病毒并不是可以感染任何种类的细胞，它对宿主有专一性。有时病毒会因为发生变异，而在不同的宿主体内生长。

（4）只含DNA或RNA的遗传因子

一般来说，病毒颗粒只含有脱氧核糖核酸（DNA）或核糖核酸（RNA），外部包以蛋白质外壳。大多数病毒所含的核酸是呈双链的DNA，少数（如细小病毒组的病毒）为单链DNA，另外有一些病毒所含的RNA多为单链RNA（呼肠孤病毒组的病毒为双链RNA）。

（5）以核酸和蛋白质的装配实现大量繁殖

病毒既无产能酶系，也无蛋白质和核酸合成酶系，只能利用宿主活细胞内现成代谢系统合成自身的核酸和蛋白质成分，并通过核酸和蛋白质的装配实现大量繁殖。

（6）离体条件，为无生命的生物大分子，长期保持侵染活力

病毒在活细胞外仅表现为生物大分子的特征，只有当它们进入宿主细胞后才表现出生命的特征。

（7）对抗生素不敏感，对干扰素敏感

抗生素通过破坏细菌细胞壁上的多糖，使细菌的表面暴露，失去了应有的保护作用，细菌就不能生存了。病毒外部是蛋白质，抗生素对它们是没有作用。但干扰素可以干扰病毒DNA或RNA的复制，使病毒的数量不再增加。

（8）有的病毒具有潜伏性感染特性

有些病毒能够将自己的核酸整合到宿主细胞基因组，随着细胞的繁殖一直传递下去，当细胞受到内外因素的诱导后，病毒核酸脱离宿主细胞基因组，诱发潜伏性感染。

2.1.2 病毒的分类

1. 从遗传物质分类

从遗传物质分类病毒分类如下为：

（1）DNA 病毒。又名脱氧核苷酸病毒，即病毒核酸是 DNA 的一种生物病毒。

（2）RNA 病毒。其遗传物质是 RNA，常见的 RNA 病毒有艾滋病病毒、丙型肝炎病毒、乙型脑炎病毒，以及流感病毒、脊髓灰质炎病毒、轮状病毒、SARS 病毒、埃博拉病毒以及新型冠状病毒等。RNA 病毒有自我复制和逆转录两种复制方式。

（3）蛋白质病毒。严格来说不是病毒，是一类不含核酸而仅由蛋白质构成的具感染性的因子，如：朊病毒。

2. 从病毒结构分类

从病毒结构分类病毒可分为：真病毒（Euvirus，简称病毒）：由一个或数个 RNA 或 DNA 分子构成的感染性因子，通常（但并非必须）覆盖有由一种或数种蛋白质构成的外壳，有的外壳还有更为复杂的膜结构。

亚病毒（Subvirus，包括类病毒、拟病毒、朊病毒）：是一类比病毒更为简单，仅具有某种核酸不具有蛋白质，或仅具有蛋白质而不具有核酸，不具有完整的病毒结构的一类微生物。

3. 从寄主类型分类

从寄主类型分类病毒可分为：噬菌体（细菌病毒）、植物病毒（如烟草花叶病毒）、动物病毒（如禽流感病毒、天花病毒、HⅣ等）。

2.2 病毒的形态结构

2.2.1 病毒的大小与形态

1. 病毒的大小

多数病毒能够通过细菌过滤器，直径在 100nm 以内，大多数病毒的直径在 20～300nm 之间（图 2-1）。目前发现的最大的是痘病毒，直径约 300nm，最小的是圆环病毒直径 17nm，病毒很小，把 10 万个左右的病毒粒子排列起来才可能用肉眼勉强看得到。

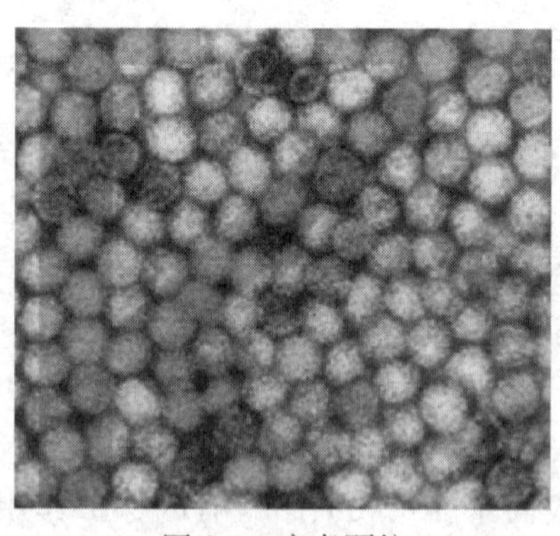

图 2-1 病毒颗粒

2. 病毒的形态

病毒具有多种多样的形态，依种类的不同而不同，大致可以分为杆状、线状和多面体（或球形）三大类。动物病毒的形态主要有球状、卵圆形、砖形等；植物病毒的形态有杆状、丝状和球状等；噬菌体的形态有蝌蚪状、丝状等。

2.2.2 病毒的化学组成和结构

1. 病毒的化学组成

组成病毒粒子的物质主要是核酸和蛋白质，一些个体大的病毒如痘病毒，除蛋白质和核酸外，还含类脂质和多糖类物质。

2. 病毒的结构

病毒没有细胞结构，但也有其自身独特的结构。整个病毒粒子分两部分：蛋白质衣壳和核酸内芯。有的病毒粒子的外面还有被膜包围。而最简单的病毒甚至只有核酸，不具蛋白质，如寄生在植物体内的类病毒和拟病毒，只有 RNA。病毒的蛋白质衣壳是由一定数量的衣壳粒（由一种或几种多肽链折叠而成的蛋白质亚单位）按照一定的排列组合构成的。它决定了病毒的形状。

病毒的蛋白质有以下几个作用：保护作用，使病毒免受环境因素的影响；决定病毒感染的特异性；决定病毒的致病性、毒力和抗原性等。

病毒的核酸在病毒颗粒内折叠或盘旋，或者是 DNA，或者是 RNA，而且这些 DNA 或 RNA，不是单链，就是双链。一个病毒粒子并不同时具有 RNA 和 DNA。

病毒核酸的功能是决定病毒的遗传、变异和对宿主细胞的感染力。

有的病毒，如痘病毒、腮腺炎病毒等，除了核酸和蛋白质外，最外面还有一层外膜（被膜或囊膜），这层膜结构中含有磷脂、胆固醇等，膜中有的还包有糖蛋白。多数病毒不具有酶，少数病毒中发现有核酸多聚酶的存在，如在反转录病毒中存在的反转录酶。

2.3 病毒的繁殖

2.3.1 病毒的繁殖

病毒的增殖不同于其他微生物的繁殖。其基本特点是无生长过程；不是以二分裂方式繁殖；由病毒基因组的核酸指令宿主细胞复制大量病毒核酸，继而合成大量病毒蛋白质，最后装配成大量子病毒并从宿主细胞中释放出来。各类病毒的增殖过程基本相似，下面以 *E. coli* T 系列噬菌体为例，来介绍病毒感染宿主细胞进行增殖的过程（图 2-2）。

1. 吸附

噬菌体以其尾部末端吸附于敏感细菌（*E. coli* 细胞）表面的特定部位（受体）。这是一个识别过程，病毒对敏感细胞表面的特定的化学成分（或细胞壁，或鞭毛，或纤毛等）进行识别。

2. 侵入

T 系列噬菌体吸附到细胞壁上后，借助尾丝的帮助固着，由尾部的酶水解细胞壁的肽聚糖，破坏细胞壁，形成小孔，然后通过尾鞘收缩，将头部的 DNA 注入细菌体内，此时噬菌体的蛋白质外壳留在宿主细胞外（在其他种类的病毒中，也有整个粒子侵入宿主细胞的情景），宿主细胞壁上的小孔被修复。一般情况下，一个宿主细胞只能被一个噬菌体个体侵入。

3. 增殖（复制）

噬菌体的 DNA 进入细菌体内后，细菌自身的 DNA 被破坏，病毒的 DNA 控制了细菌细胞的代谢，借助于细菌的合成机构，如核糖体、mRNA、tRNA、ATP 和酶等，噬菌体进行自身核酸的复制和蛋白质的合成。

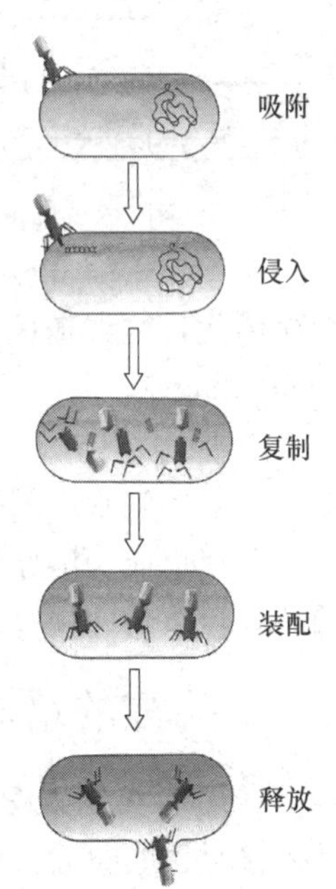

图 2-2　病毒的增殖（复制）过程

4. 成熟（装配）

噬菌体的DNA和蛋白质等在细菌体内装配成一个完整的大肠杆菌噬菌体。在大肠杆菌T_4噬菌体中，其装配过程如下：先合成DNA的头部，然后合成尾部的尾鞘、尾髓和尾丝，并逐个加上去装配成一个完整的大肠杆菌T_4噬菌体。

5. 裂解和释放

噬菌体粒子成熟后，噬菌体的水解酶水解宿主细胞的细胞壁导致宿主细胞破裂，释放出噬菌体粒子，一个宿主细胞可以释放10～1000个（平均为300个）病毒粒子。释放出的新的病毒粒子又可去感染新的宿主细胞。

另一种现象，大量的噬菌体吸附在同一宿主细胞表面并释放众多的溶菌酶，而导致细菌细胞破裂，称为自外裂解，显然，它不同于由于噬菌体在细胞内增殖而发生的裂解情况。对于大肠杆菌T_4噬菌体来说，完成一个复制增殖的周期，共需要大约25min的时间。

2.3.2 病毒的溶原性

溶原性又称溶源现象，通常是针对噬菌体而言的。宿主细菌感染噬菌体后，噬菌体将在细菌染色体的某个特定部位插入并连成一体，并与染色体一起复制和在每次细胞分裂时传递到子代细胞中去（图2-3）。

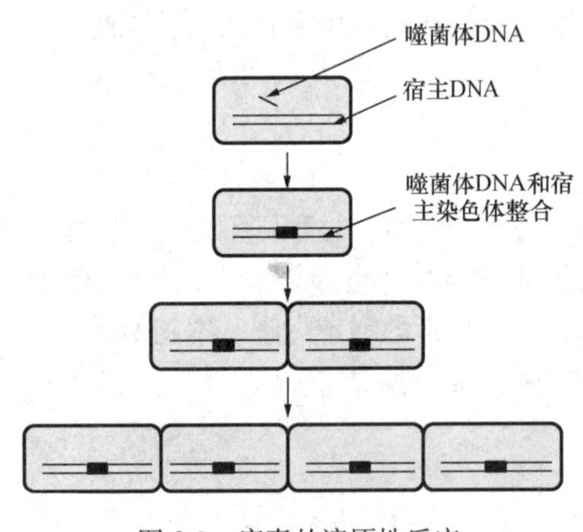

图2-3 病毒的溶原性反应

1. 毒（烈）性噬菌体

也称为毒性噬菌体。噬菌体在宿主菌细胞内迅速增殖，产生许多子代噬菌体，并最终使宿主菌细胞破裂，这类噬菌体被称为烈性噬菌体（Virulent phage）。

2. 温和噬菌体

噬菌体感染宿主菌后不立即增殖，而是将其核酸整合（Integration）到宿主菌染色体中，随宿主核酸的复制而复制，并随细胞的分裂而传代，这类噬菌体被称作温和噬菌体（temperate phage）或溶原性噬菌体（Lysogenic phage）。

3. 原噬菌体

在溶原细胞内的温和噬菌体核酸称为原噬菌体。原噬菌体随宿主细胞分裂传给子代细胞，子代也成为溶原细胞。溶原性是遗传特性。原噬菌体没有感染力，一旦脱离溶原性细菌的染色体后即恢复复制能力，形成毒性噬菌体。

2.4 病毒的培养

1915年英国人陶尔特（T. wort）在培养葡萄球菌时，发现菌落上出现透明斑，用接种针接触透明斑后再接触另一菌落上，不久，被接触的部分又出现透明斑。1917年法国人第赫兰尔在巴斯德研究所也观察到，痢疾杆菌的新鲜液体培养物能被加入的某种污水的无细菌滤液所溶解，混浊的培养物变清了。若将此澄清液再行过滤，并加到另一敏感菌株的新鲜培养物中，结果同样变清。以上现象，被称为陶尔特－第赫兰尔现象。第赫兰尔将该溶菌因子命名为噬菌体。1938年以后，人们对其进行了大量研究，而且主要集中于大肠杆菌T系噬菌体，获得了很多有关病毒的基础知识。虽然植物病毒在病毒学发展史上曾起过领先的作用，但要从分子水平上深入研究病毒复制增殖、生物合成、基因表达、颗粒装配、感染性及其他活性等问题，噬菌体却是一个很方便的模型和独特的工具，因为它是一个单细胞的宿主和很简单的寄生物。

2.4.1 噬菌体

与其他病毒一样，噬菌体除有其特异性宿主外，并无显著区别。它们都是由蛋白质和核酸组成。核酸以单链或双链分子组成环状或丝状，病毒粒子外壳有不同形状和大小。基本形态为蝌蚪形、微球形和丝状三种。

T-系噬菌体是研究得最广泛而又较深入的细菌噬菌体。并对它们进行了从 T_1～T_7的编号（按发现的先后次序编号，即 Type 1，2，3，4，5，6，7）。后来发现，其中偶数者的结构和化学组成相同，故统称偶数（even integer）噬菌体，这类噬菌体呈蝌蚪形（图 2-4）。

现以大肠杆菌（*E. coli*）T_4噬菌体为例，介绍一下蝌蚪形噬菌体的结构。T_4的结构与对称性均较复杂。它们除具廿面体的由蛋白质衣壳组成的头部外，还有一个螺旋对称的尾部。在头部蛋白质外壳内，一条长约 50μm 的 DNA 分子折叠盘绕其中。尾部则有不同于头部的蛋白质组成，其外包围有可收缩的尾鞘，中间为一空髓，即尾髓。有的噬菌体的尾部还有颈环、尾丝、基板和刺突（图 2-5）。

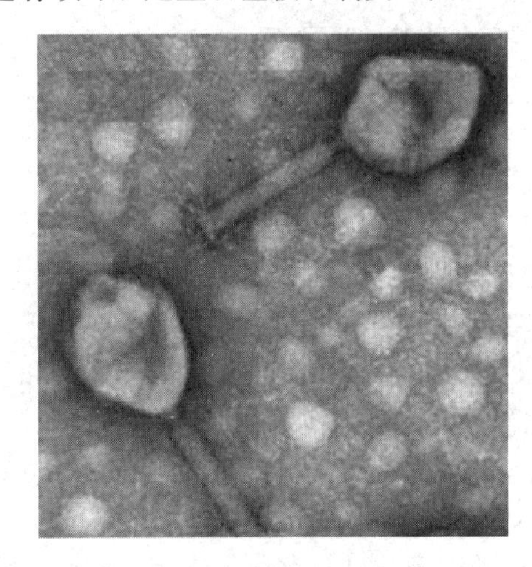

图 2-4 噬菌体形态

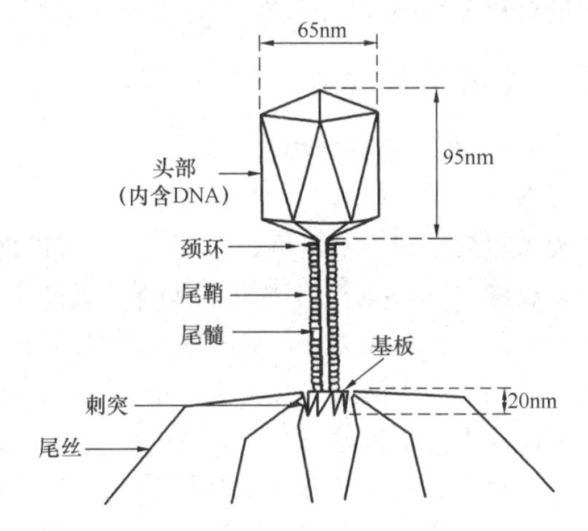

图 2-5 大肠杆菌（*E. coli*）T_4噬菌体结构模式图

2.4.2 噬菌体的培养

将噬菌体的敏感宿主细胞在液体培养基中先进行培养，敏感细菌会均匀分布在液体培养基中，使培养基浑浊。当接种噬菌体后，敏感细菌被感染后发生裂解，原来浑浊的细菌悬浊液因此而变得透明。

将噬菌体的敏感细胞接种在琼脂固体培养基上，形成菌落。当噬菌体被接种后，会在感染点上进行反复感染，导致细菌菌落中的细菌被裂解而出现空斑，这些空斑称为噬菌斑（图 2-6）。

活噬菌体的数目称为噬菌体的效价。常用双层琼脂法来测定（滴定）噬菌体的效价。在实验的前一天在灭菌的培养皿内倒入 10mL 适合某种宿主细菌生长的琼脂培养基，待凝固成平板后置于一定温度的培养箱内烘干平板上的水分，取 2～3 滴宿主菌（每毫升含

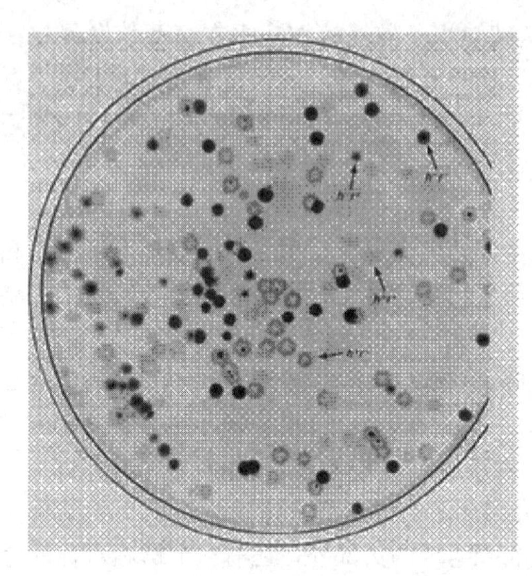

图 2-6　噬菌斑

10^8个细菌)，加入到软琼脂培养基（融化并冷却到 45℃）中，再加入 0.1mL 噬菌体样品，摇动混匀后全部倒入平板，使之铺满这个平板，凝固后，在一定温度下倒置培养一定时间，在平板上会出现噬菌斑。可以根据噬菌斑的数目计算出原液中噬菌体的数量（效价）。

2.4.3　病毒的滴度

病毒滴度即病毒的毒力，或毒价，衡量病毒滴度的单位有最小致死量（MLD）、最小感染量（MID）和半数致死量（LD_{50}），其中以 LD_{50}最常用。它是指在一定时间内能使半数试验动物致死的病毒量。

然而，病毒对试验动物的致病作用不一定都以死亡为标志，例如以感染发病作指标，则可以半数感染量（ID_{50}）测定；此外，当试验的材料是鸡胚时则用鸡胚半数致死量（ELD_{50}）或鸡胚半数感染量（EID_{50}）表示；试验的材料是细胞时则用组织细胞培养半数感染量（$TCID_{50}$）表示。

2.5　环境因素对病毒的影响

2.5.1　物理因素对病毒的影响

1. 温度

大多数病毒耐冷不耐热，在 0℃以下温度能良好生存，特别是在干冰温度（−70℃）和液氮温度（−196℃）下更可长期保持其感染性；相反，大多数病毒于 55～60℃下，几分钟至十几分钟即被灭活，100℃时在几秒钟内即可灭活病毒。高温使病毒的核酸和蛋白质均受损伤，但灭活蛋白质更快。蛋白质变性阻碍了病毒吸附在宿主细胞上，削弱其感染力，因此病毒必须低温保存。有蛋白质或 Ca^{2+}、Mg^{2+}存在，常可提高某些病毒对热的抵抗力。如脊髓灰质炎和呼肠孤病毒在 1mol/L 的 $MgCl_2$中具有明显的稳定作用，1mol/L 的 $MgSO_4$对流感病毒、副流感病毒、麻疹病毒和风疹病毒也具有稳定作用。冻融，特别是反复冻融可使许多病毒灭活。因此，病毒标本的保存应尽快低温冷冻，并且避免不必要的冻融。

2. pH 值

一般来说，大多数病毒在 pH 值为 6～8 的范围内比较稳定，而在 pH 值为 5.0 以下或者 pH 值为 9.0 以上容易灭活。但各种病毒对 pH 值的耐受能力有很大不同，如肠道病毒在 pH 值为 2.2 环境中其感染性可保持 24h，而鼻病毒等在 pH 值为 5.3 时迅速灭活，披膜病毒则在 pH 值为 8.0 以上的碱性环境中仍能保持稳定。因此，病毒体对 pH 值的稳定性常被用于病毒体鉴定的指标之一。

3. 辐射

电离辐射中的 γ 射线和 χ 射线以及非电离辐射中的紫外线都能使病毒灭活。有些病毒，如脊髓灰质炎病毒等经紫外线灭活后，若再用可见光照射，因激活酶的原因，可使灭活的病毒复活，故不宜用紫外线来制备灭活病毒疫苗。

2.5.2 化学因素对病毒的影响

1. 脂溶剂

有包膜病毒对脂溶剂敏感。乙醚、氯仿、丙酮、阴离子去垢剂等均可使有包膜病毒灭活。借此可以鉴别有包膜病毒和无包膜病毒。

2. 氧化剂、卤素、醇类

病毒对各种氧化剂、卤素、醇类物质敏感。H_2O_2、漂白粉、高锰酸钾、甲醛、过氧乙酸、次氯酸盐、酒精、甲醇等均可灭活病毒。这些物质主要是破坏病毒颗粒的蛋白质或核酸结构，从而使病毒灭活。

2.5.3 抗菌物质对病毒的影响

抗生素又叫作抗菌药物，能够用来控制细菌感染，杀灭或者抑制细菌。其主要作用机理主要有破坏细菌的细胞壁，抑制细胞膜的功能，抑制细菌蛋白质的合成，抑制细菌核酸的合成。而病毒并没有细胞结构，并不会受到抗生素的干扰。所以抗生素对病毒没有作用，仅仅对有细胞结构的细菌有杀灭或抑制作用。

病毒对抗生素不敏感，在病毒分离时，标本用抗生素处理或在培养液中加入抗生素可抑制标本中的杂菌，有利于病毒分离。

2.5.4 病毒在污水处理过程的去除效果

在污水处理中不同级别的处理对病毒的去除效果不一样。污水的一级处理主要是物理过程，以过筛、除渣、初级沉淀除去砂砾、碎纸、塑料袋及纤维状固体废物为目的。在这一级处理中病毒的去除效果很差，最多去除30%。

污水的二级处理是生物处理，主要是生物吸附和生物降解过程，以去除有机物及脱氮除磷为主要目的。在这级处理过程中，对污水中病毒的去除率较高，可达90%～99%。病毒一般被吸附在活性污泥中，由液相转为固相，虽然活性污泥中黄杆菌、气杆菌、克雷伯氏菌、枯草杆菌、铜绿假单胞菌等细菌都有抗病毒的活性，但总的说来对病毒的灭活率不高。

污水的三级处理是继生物处理后的深度处理，有生物、化学以及物理的处理过程。包括絮凝、沉淀、过滤和消毒（加氯或臭氧）过程，以进一步去除有机物，脱氮和除磷。三级处理可对病毒灭活，经三级处理后可使病毒的滴度常用对数值下降4～6。

2.6 亚病毒

亚病毒（subvirus）是一类比病毒更为简单，仅具有某种核酸不具有蛋白质，或仅具有蛋白质而不具有核酸，不具有完整的病毒结构的一类微生物，主要包括类病毒、拟病毒和朊病毒。

2.6.1 类病毒

20世纪70年代初期，美国学者 T. O. Diener 团队在研究马铃薯纺锤块茎病病原时，观察到病原无病毒颗粒和抗原性，具有对酚等有机溶剂不敏感，耐热（70～75℃），对高速离心稳定（说明其分子质量小），对 RNA 酶敏感等特点。所有这些特点表明病原并不是病毒，而是一种游离的小分子 RNA，从而提出了一个新的概念——类病毒（viroid）。后又相继在菊花矮缩病、菊花绿斑病、柑橘剥皮病等患病植株中分离到低分子质量的病原

RNA。推测它也可能存在于其他植物、动物甚至人体内。

类病毒是一类能感染某些植物使其致病的单链闭合环状 RNA 分子。类病毒基因组小。已测序的类病毒变异株有 100 多个，其 RNA 分子呈棒状结构，由一些碱基配对的双链区和不配对的单链环状区相间排列而成。它们的一个共同特点就是在二级结构分子中央处有一段保守区。类病毒通常有 246～399 个核苷酸。所有的类病毒 RNA 没有 m RNA 活性，不编码任何多肽，它的复制是借助宿主的 RNA 聚合酶Ⅱ的催化，在细胞核中进行的 RNA 到 RNA 的直接复制。

类病毒是目前已知最小的可传染的致病因子。类病毒能独立引起感染，在自然界中存在着毒力不同的类病毒的株系。马铃薯纺锤块茎类病毒的弱毒株系使马铃薯只减产 10% 左右，而强毒株可使马铃薯减产 70%～80%。

2.6.2 拟病毒

拟病毒（virusoid）又称类病毒（viroid-like）或壳内类病毒，是指一类包裹在真病毒粒子中的缺陷类病毒。拟病毒极其微小，一般仅由裸露的 RNA（300～400 个核苷酸）所组成。拟病毒是一种环状单链 RNA。它的寄生对象是病毒，被寄生的病毒称为辅助病毒（helper virus）。拟病毒必须通过辅助病毒才能复制，单独的辅助病毒或拟病毒都不能使宿主受到感染。

拟病毒大小和二级结构均与类病毒相似，而在生物学性质上却与卫星 RNA（satellite RNA）相同，如单独没有侵染性，必需依赖于辅助病毒才能进行侵染和复制，其复制需要辅助病毒编码的 RNA 依赖性 RNA 聚合酶；其 RNA 不具有编码能力，需要利用辅助病毒的外壳蛋白，并与辅助病毒基因组 RNA-起包裹在同一病毒粒子内；卫星 RNA 和拟病毒均可干扰辅助病毒的复制；卫星 RNA 和拟病毒同辅助病毒基因组 RNA 比较，它们之间没有序列同源性。根据卫星 RNA 和拟病毒的这些共同特性，现在也有许多学者将它们统称为卫星 RNA 或卫星病毒。

2.6.3 朊病毒

美国学者 S. B. Prusiner 因发现了羊瘙痒病致病因子——朊病毒（1982 年）而获得了 1997 年的诺贝尔生理和医学奖。朊病毒（prion）又称蛋白侵染因子（proteinaceous infectiousagents），是一种比病毒小、仅含有疏水的具有侵染性的蛋白质分子。

纯化的感染因子称为朊病毒蛋白（prion protein，PrP）。许多致命的哺乳动物中枢神经系统功能退化症均与朊病毒有关，如人的库鲁病（一种震颤病）、克-雅氏症（一种阿尔茨海默病）、致死性家族失眠症和动物的羊瘙痒病（scrapie）、牛海绵状脑病或称“疯牛病”等。朊病毒具有易溶于去污剂、有致病力和不诱发抗体等特性，给患病动物及人类的诊断和防治带来很大麻烦，给人类和动物的健康和生命带来严重的威胁。法国专家发现，导致疯牛病等疾病的朊病毒从一类动物传染给另一类动物后，即这种病毒跨物种传播后，其毒性更强，潜伏期更短。

亚病毒的发现，是 20 世纪下半叶生物学上的重要事件，开阔了病毒学的视野。它不仅为进一步研究植物类病毒，而且为研究动物或者人类等可能存在的类病毒病开辟一个新的方向，对于探索生命的起源与本质等重大理论问题也具有十分重要的意义。

思考题

1. 病毒的特点是什么？
2. 病毒分类依据是什么？分为哪些类病毒？
3. 病毒的化学组成和结构是什么？对称体制如何？
4. 大肠杆菌 T 系噬菌体的繁殖过程。
5. 毒性噬菌体与温和噬菌体，溶原性细胞，原噬菌体的概念。
6. 不同培养方式中病毒的培养特征。
7. 物理化学因素如何影响病毒？

第3章 原核微生物

微生物类群庞杂，种类繁多，包括细胞型和非细胞型两类。凡具有细胞形态的微生物称为细胞型微生物。按其细胞结构又可分为原核微生物和真核微生物。

原核生物是指一类细胞核无核膜包裹，只存在称作核区的裸露DNA的原始单细胞生物。原核生物具有以下主要特征：

（1）无核膜，无成形的细胞核；

（2）遗传物质是一条不与组蛋白结合的环状双螺旋脱氧核糖核酸（有的原核生物在其主基因组外还有更小的能进出细胞的质粒DNA）；

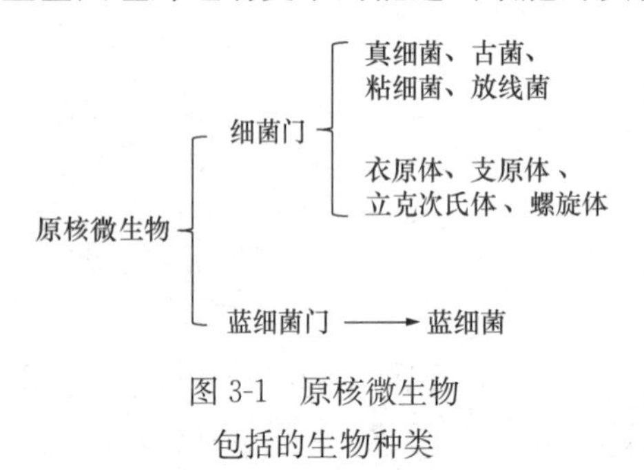

图3-1 原核微生物包括的生物种类

（3）以简单二分裂方式繁殖，无有丝分裂或减数分裂；

（4）细胞质内仅有核糖体而没有细胞器；

（5）在蛋白质合成过程中起重要作用的核糖体散在于细胞质内，核糖体的沉降系数为70S；

（6）大部分原核生物有成分和结构独特的细胞壁等。

图3-1为原核微生物包括的生物种类。

3.1 细菌

细菌（bacteria）是微生物的一大类群，在自然界分布广、种类多，与人类生产和生活的关系也十分密切，是微生物学的主要研究对象。由于细菌的细胞结构在原核生物中具有代表性，而且研究得较为深入，在水处理微生物学中是主要的研究对象，故作为本章重点。

3.1.1 细菌的形态和大小

细菌属于原核生物，为单细胞，即一个细胞就是一个个体。细菌的个体（也就是细胞）基本形态有三种：球状、杆状和螺旋状。

（1）球菌

细胞个体形状为球形，直径约0.5～2.0μm，称为球菌，如图3-2所示。各类球菌又可以根据其分裂后排列方式的不同，分为：1）单球菌：细胞分散而独立存在，如脲微球菌（*Micrococcus ureae*）；2）双球菌：两个细胞连在一起，如脑膜炎双球菌（*Neisseria meningitides*）；3）四联球菌：四个细胞连在一起呈田字形，如四联微球菌（*Micrococcus tetragenus*）；4）八叠球菌：八个细胞叠在一起成立方体，如甲烷八叠球菌（*Sarcina methanica*）；5）链球菌：细胞排列成一链条状，如乳链球

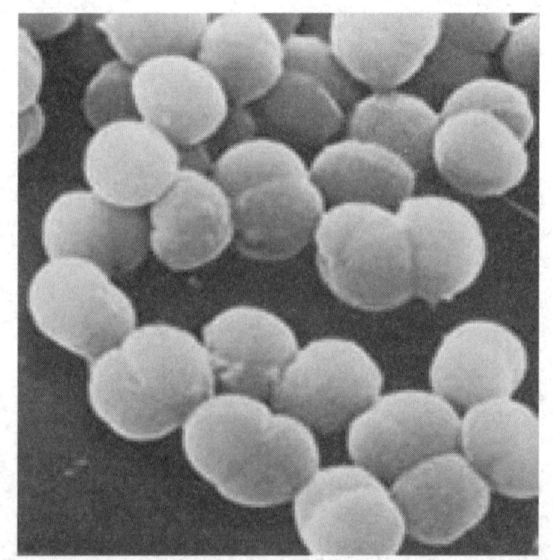
图3-2 球状细菌扫描电子显微镜照片

菌（*Streptococcus lactic*）；6）葡萄球菌：细胞不规则地排成一串，如金黄色葡萄球菌（*Stephylococcus aureus*）。

（2）杆菌

细胞个体形状为杆状，其大小为（0.5～1）μm×（1～5）μm，称为杆菌，如图 3-3 所示。杆菌中细胞长宽比较大的为长杆菌，如枯草杆菌（*Bacillus subtilis*）；细胞长宽比较小的为短杆菌，如大肠杆菌（*Escherichia coli*）。另外，多个杆菌联成一长串，称为链杆菌；末端膨大成棒状的称为棒杆菌。

（3）螺旋菌

细胞个体形状呈螺旋卷曲状，如图 3-4 所示。其大小约为（0.25～1.70）μm×（2.00～60.00）μm。螺旋菌中螺旋的数目和螺距随菌的不同而不同，其中螺纹不满一圈的称为弧菌，如霍乱弧菌（*Vibrio cholerae*）；螺纹在一圈以上的称为螺菌，如紫硫螺旋菌（*Thiosirillum violaceum*）和红螺菌属（*Rhodospirillum*）。还有一种比螺旋菌弯曲得更多、更长的细菌体，称为螺旋体。另外，人们在环境中经常可以看到一种被称为丝状菌的细菌，在水体、潮湿土壤及活性污泥中都可以看到这种形状的细菌。在有的教材上将其列为第四种细菌形态。

图 3-3　杆状细菌

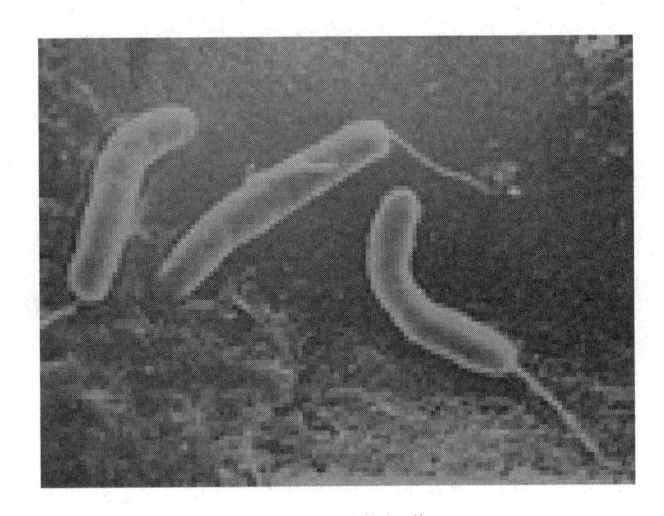

图 3-4　弧状细菌

（4）丝状菌

所谓丝状菌，其实是由柱状或椭圆状的细菌细胞一个一个连接而成的，外面有透明的硬质化的黏性物质包裹（称为鞘）。所以它实际上是一种细菌的群体形态，故从严格意义上来说，是不应把它列为细菌的个体形态的，但从实际应用的角度，这种分法也是具有价值的。环境中常见的丝状菌有浮游球衣菌（*Sphaerotilus natans*）、发硫菌属（*Thiothrix*）、贝日阿托氏菌属（*Beggiatoia*）、亮发菌属（*Luecothrix*）等。分布在水环境，潮湿土壤和活性污泥中，如图 3-5 所示。

在正常情况下，细菌的个体形态和大小是相对稳定的，故它也是细菌分类时的重要依据。但是，环境条件的变化，如营养条件、温度、pH 值、培养时间等，会引起细菌个体形态的改变或畸形；不同种类和菌龄的细菌个体，在个体发育过程中，细菌的大小有变

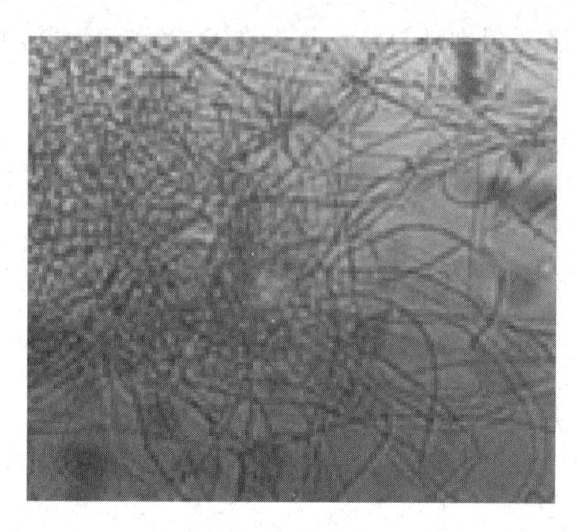

图 3-5　丝状菌

化，刚分裂的新细菌小，随发育细菌逐渐变大，而老龄细菌又变小；另外，有的细菌种是多形态的，即在其生命的不同阶段，会有不同的个体形态出现，如黏细菌在生命的某一阶段会出现无细胞壁的营养细胞和子实体。

3.1.2　细菌的细胞结构

细菌是单细胞的原核微生物，但其内部结构相当复杂，各种结构保证了细菌作为一个独立个体能完成其生长繁殖等生命活动的各项功能。细菌的细胞结构可分为一般结构和特殊结构：所有的细菌均有的结构（称为一般结构或基本结构）有细胞壁、细胞质膜、细胞质、内含物及细胞核物质等。而有的结构是某些种类的细菌所特有的（称为特殊结构），如芽孢、荚膜、鞭毛、黏液层、菌胶团、衣鞘等，特殊结构常常是细菌分类鉴定的重要依据。细菌细胞结构模式图如图 3-6 所示。

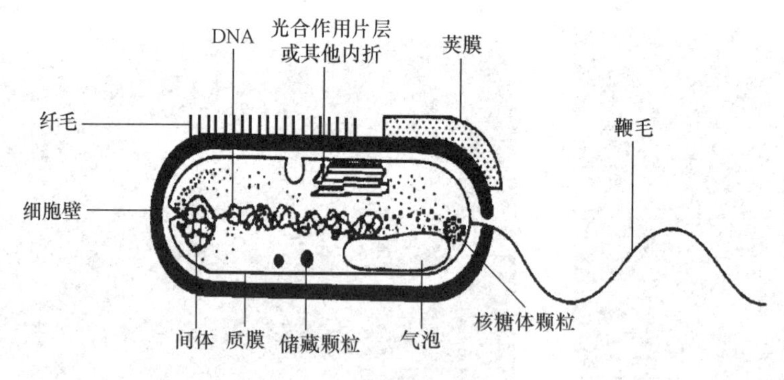

图 3-6　细菌细胞结构模式图

1. 细菌的一般结构

从细菌细胞最外层开始，由外向内，依次有下列的细胞一般结构。

（1）细胞壁（cell wall）

细胞壁是在细胞最外面的、坚韧而略带弹性的薄膜，它约占菌体的 10%～25%。

细胞壁的化学组成和结构：细胞壁的化学组成，主要有肽聚糖、蛋白质和脂肪，另外还可能会有磷壁酸、脂多糖等。在所有的细菌中，只有胶膜醋酸菌（*Acetobacter xylinum*）和产醋酸杆菌（*A. acetigenum*）例外，它们的细胞壁是由纤维素构成的。

由细胞壁组成的不同，可把细菌分成两大类：革兰氏阳性菌（G^+）和革兰氏阴性菌（G^-）。革兰氏阳性菌和革兰氏阴性菌的划分是通过革兰氏染色试验来确定的，这种染色方法是由丹麦科学家 Gram 在 1884 年建立的。革兰氏阳性菌和阴性菌细胞壁构造的比较如表 3-1 所示。

细菌细胞壁的生理功能：1）保护原生质体免受渗透压引起的破裂作用；2）保持和固定细胞形态；3）为鞭毛提供支点，使鞭毛运动；4）细胞壁的多孔结构可起到分子筛的作用，可以阻挡某些分子进入。

革兰氏阳性和阴性细菌细胞壁构造的比较 **表 3-1**

特征	G⁻	G⁺
强度	疏松	坚韧
厚度	薄，5～10nm	厚，20～80nm
肽聚糖层数	少，1～3 层	多，多达 50 层
肽聚糖含量	少（10%～20%）	高（50%～90%）
磷壁酸	－	＋
脂多糖	＋	－
脂肪	含量较高	一般无
蛋白质	含量较高	无

（2）细胞质膜（protoplasmic membrane）

位于细胞壁以内的所有结构，统称为原生质体，包括细胞质膜、细胞质及其内含物、细胞核物质。

细胞质膜（质膜）是在细胞壁和细胞质之间，紧贴在细胞壁内侧的一层柔软而富有弹性的薄膜，厚度约 7～8nm。它是一层半透性膜，其质量占菌体的 10%。

细胞质膜的化学组成：细胞质膜主要由蛋白质（60%～70%）、脂类（30%～40%）和多糖（约 2%）组成。蛋白质与膜的透性及酶的活性有关。脂类是磷脂，由磷酸、甘油、脂肪酸和胆碱组成。

细胞质膜的结构：在电子显微镜下，可以看到细胞质膜的双层结构，上下两层致密的着色层，中间夹一个不着色的层（区域）。对此，目前人们公认的解释是磷脂分子构成膜的基本骨架，上下两层磷脂分子层平行排列，具有极性的磷脂分子亲水基朝向膜的内、外表面的水相，疏水基（由脂肪酰基团组成）在中间。蛋白质镶嵌在磷脂层中或膜表面，有的由外侧伸入膜的中部，有的穿透膜的两层磷脂分子，膜表面的蛋白质还带有多糖。有的蛋白质在膜上位置是不固定的，可以转动和扩散，因此，细胞质膜是一个流动镶嵌的功能区域。细胞质膜还可以内陷成层状、管状或囊状的膜内褶系统，位于细胞质的表面或深部，常见的有中间体。细胞质膜的结构模式见图 3-7。

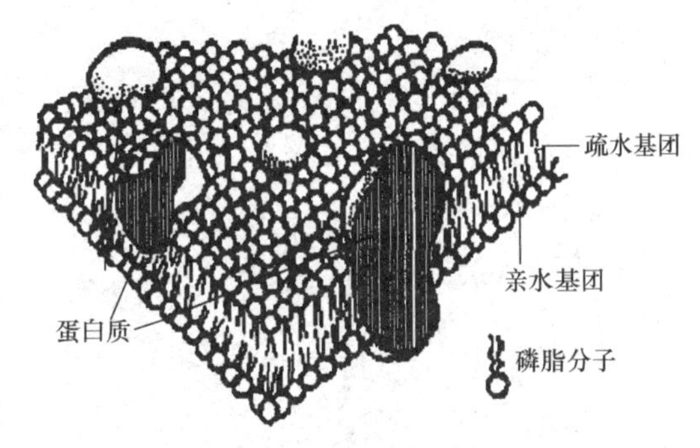

图 3-7　细胞质膜的结构模式图

细胞质膜的作用：1）控制细胞内外物质的交换（吸收营养和排泄废物等），膜的半透性以及膜上存在的与渗透有关的酶，可以选择性决定物质进出细胞；2）细胞壁合成的场所，膜上有合成细胞壁和形成横膈膜所需要的酶；3）进行物质和能量代谢，膜上有许多重要的酶，如渗透酶、呼吸酶及 ATP 合成酶等；4）膜内陷形成的中间体上有呼吸电子传递需要的酶系，具有类似高等生物线粒体的功能，它还与染色体的分离和细胞分裂有关，为 DNA 提供附着点；5）与细菌运动有关，鞭毛基粒位于细胞膜上，是鞭毛附着的部位。

（3）细胞质（cytoplasm）及其内含物

细胞质是位于细胞膜以内，除核物质以外的无色透明的黏稠胶体物质，又称原生质。细胞质由蛋白质、核酸、多糖、脂类、无机盐、水等物质组成。细胞质内含有各种酶系统，是细菌细胞进行新陈代谢的场所。

内含物是细胞质内存在的各种颗粒和结构，它们担负着重要的生理功能。常见的细胞质内含物有以下几种：1）核糖体（ribosome）核糖体是分散在细菌细胞质中的亚微颗粒，以游离状态或多聚核糖体状态存在，是合成蛋白质的场所。它由60%的RNA（rRNA）和40%的蛋白质组成。2）内含颗粒（inclusive granule）成熟细菌细胞，在营养过剩时，细胞质内可形成各种储藏颗粒（图3-8）。如异染粒、聚β-羟基丁酸（PHB）、硫粒、淀粉粒等。内含颗粒的产生与菌种有关，也与环境条件有着十分密切的关系。当营养缺乏时，它们又可被分解利用。3）气泡（gas vacuole）在一些光合细菌和水生细菌的细胞质中含有气泡，呈圆柱形或纺锤形，由许多气泡囊组成。气泡的主要功能是调节浮力。在含盐量高的水中生活的专性好氧的盐杆菌属（*Halobacterium*）体内含气泡量较多，细菌借助气泡浮到水面吸收氧气。

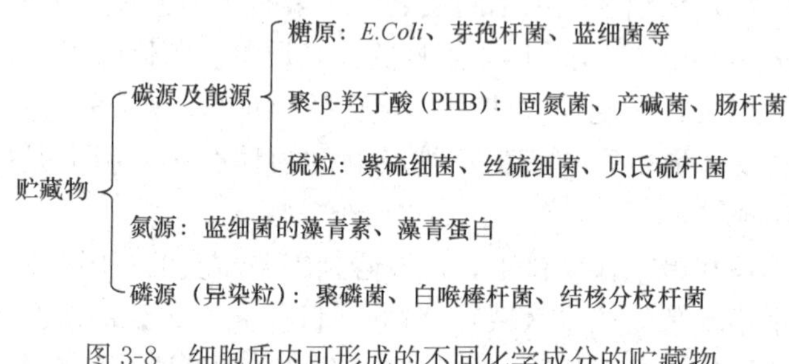

图3-8　细胞质内可形成的不同化学成分的贮藏物

（4）核物质

细菌是原核生物，没有定型的细胞核（无核仁、核膜），但具有遗传物质DNA（脱氧核糖核酸），即核物质，它又称为拟核（nucleoid），亦称细菌染色体。

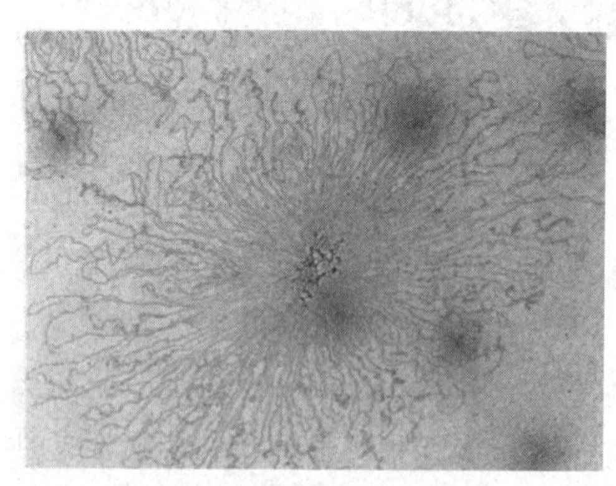

图3-9　细菌拟核中的染色质丝电子显微镜照片

在细菌中，DNA纤维存在于核区（图3-9），由环状双链的DNA分子高度折叠缠绕而成。如*E. coli*的菌体长度仅1～2μm，而其DNA分子总长可达1.1mm。由于细菌DNA含有磷酸基，带有很强的负电荷，用特异性的富尔根（Fulegen）染色法染色后，细菌DNA可在光学显微镜下看见，呈球状、棒状或哑铃状。

2. 细菌的特殊结构

（1）荚膜

一些种类的细菌能分泌一种黏性物质于细胞壁的表面，完全包围并封住细胞壁，使细菌和外界环境有明显的边缘，这层黏性物质称为荚膜。如图3-10所示。碳氮比高和强的通气条件有利于好氧细菌形成荚膜。细菌荚膜可以很厚（约200μm），称为大荚膜

(macrocapsule)；也可以很薄（小于 200μm），称为微荚膜（microcapsule）。荚膜是细菌分类的依据之一。

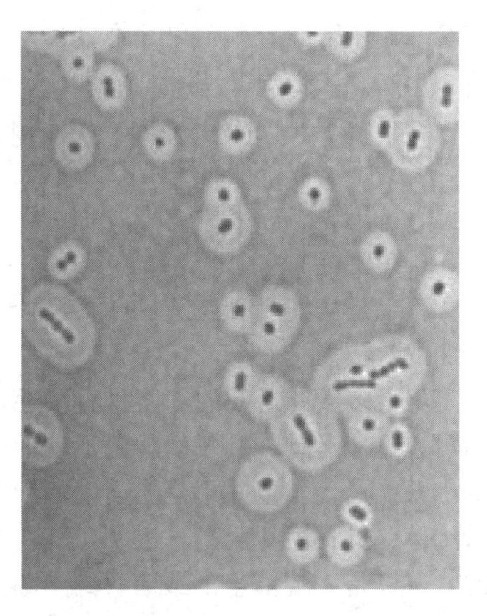
图 3-10 细菌荚膜

荚膜的含水量为 90%～98%，主要化学成分是多糖、多肽、脂类或脂类蛋白复合体。如在巨大芽孢杆菌中，荚膜有多糖组成的网状结构，其间镶嵌以 D-谷氨酸组成的多肽。

荚膜对染料的亲和力很低，不易被着色，在实验中可用负染色法（亦称衬托法）进行染色。即把细菌样品制成涂片后，先对菌体进行染色，然后用墨汁将背景涂黑，在菌体和黑色背景之间的透明区就是荚膜。

荚膜的功能有：1）保护功能，荚膜的存在有利于细菌对干燥的抵抗，也有利于防止细菌被吞噬和噬菌体的侵染；2）当营养缺乏时，荚膜可以成为细菌的外碳源（或氮源）和能量的来源；3）在废水处理中，荚膜能吸附废水中的有机物、无机固体物及胶体物，把它们吸附在细胞表面，有利于对其的吸收降解；4）荚膜是分类鉴定的依据之一。

此外，还有以下几个与荚膜有关的细菌细胞结构和由细菌组成的群体结构（菌胶团）。

1）黏液层：有些细菌不产荚膜，其细胞表面分泌的黏性多糖物质疏松地附着在细胞壁表面，与周围环境无明显的边缘，称为黏液层。在废水生物处理中，黏液层具有吸附作用，并很容易因冲刷和搅动而进入水中，成为其他生物的有机物来源。

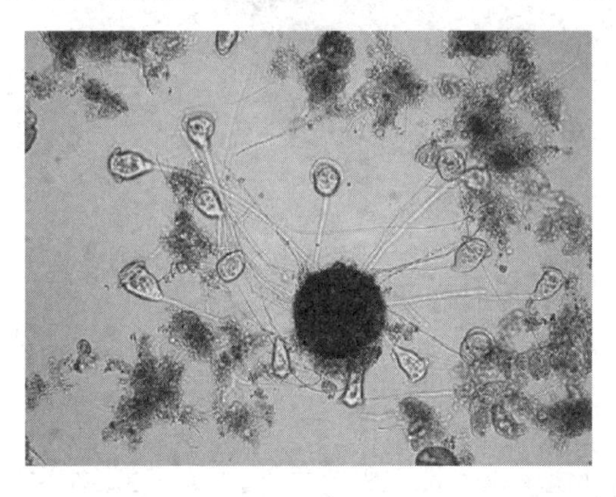
图 3-11 菌胶团

2）菌胶团：当多个细菌个体排列在一起时，其荚膜互相融合，形成公共荚膜包藏的具有一定形状的细菌集团，称为菌胶团（图 3-11）。在活性污泥中常能见到多种形态的菌胶团，如球形、椭圆形、蘑菇形、分支状、垂丝状及不规则状。菌胶团的形成对于水处理有十分重要的意义，它是废水生物处理中常见的由细菌组成的群体结构。

3）衣鞘：在一些水生细菌中，如球衣菌属、纤发菌属、发硫菌属、亮发菌属、泉发菌属等，多个细菌呈丝状排列，表面的黏性物质硬质化，形成丝状菌，这个在外面包围的结构就是衣鞘。

（2）芽孢

某些细菌在其生活史的某一阶段或遇到不良环境条件时，会在其细菌体内形成一个圆形、椭圆形或圆柱形的内生孢子，称为芽孢。能产生芽孢的细菌种类包括好氧的芽孢杆菌属（*Bacillus*）和厌氧的梭状芽孢杆菌属（*Clostridium*）、一个属的球菌（芽孢八叠球菌属 *Sporosarcina*）和一个属的弧菌（芽孢弧菌属 *Sporovibrio*）。芽孢的位置因种而异，有的是在菌体中间（如枯草芽孢杆菌），有的是在菌体的一端（如破伤风杆菌）。芽孢的位置、形状、大小等也是菌种鉴别的依据（图 3-12）。

芽孢的主要特性是含水低，壁厚而致密，含抗热物质，含酶量少，代谢活力低，折光性强。芽孢形成条件大多是不良环境条件，芽孢的作用是对恶劣环境有强抵抗能力，且耐高温、抗干燥、抗化学试剂、抗冷等。

（3）鞭毛

鞭毛是从细菌细胞膜上的鞭毛基粒长出、并穿过细胞壁伸向体外的一条纤细而呈波浪弯曲的丝状物。

绝大多数能运动的细菌具有鞭毛，鞭毛是细菌的运动胞器。鞭毛的旋转、摆动使细菌可以迅速运动。一般幼龄菌活动活跃，而老龄菌鞭毛会脱落而失去活动能力。有鞭毛的细菌能运动，但并不是能运动的细菌都有鞭毛，有的细菌能借助其他方式运动，如滑行细菌（贝日阿托氏菌、透明颤菌、黏细菌等）。有的细菌的鞭毛是单根的，也有多根的，可以是一端单生的或者两端单生的；也可以是成束的，一端丛生的或者是两端丛生；也有的是周生的。鞭毛的着生位置、数量、排列方式等都与细菌的鉴定有关，它是细菌种的特征（图 3-13）。

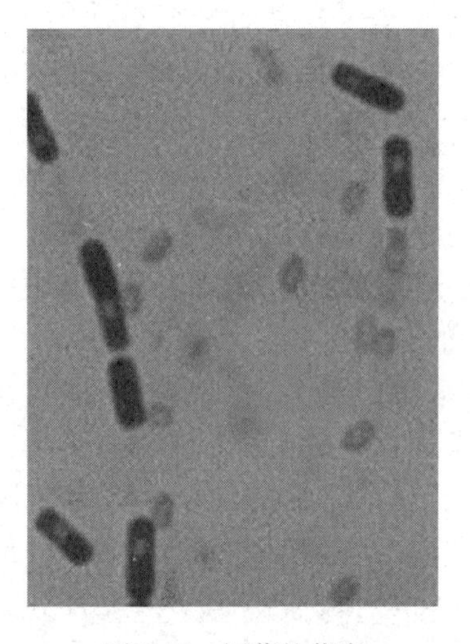

图 3-12　细菌的芽孢

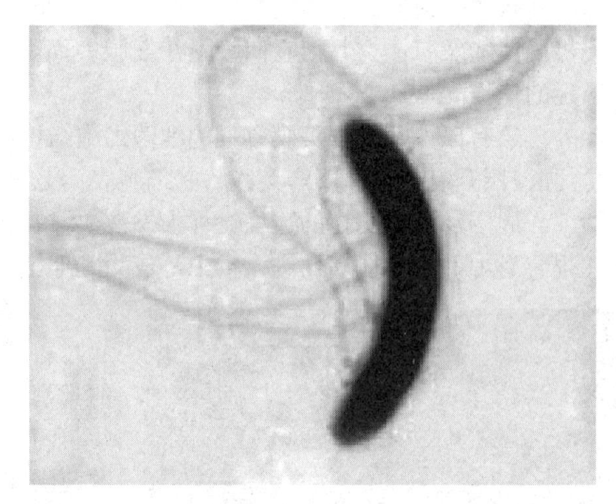

图 3-13　细菌的鞭毛

3.1.3　细菌的生长繁殖

1. 细菌的生长繁殖

接种到新鲜培养基里的细菌细胞，从周围环境中选择性地吸收营养物质，随之发生一连串的生化合成反应，把进入细胞的营养物质转变成新的细胞物质——DNA、RNA、蛋白质、酶及其他大分子。细胞物质和细胞体积的增加，新的细胞壁物质的合成，使菌体开始了繁殖过程，形成了新的细胞。

（1）细菌个体的生长繁殖：细菌一般是以二分裂方式进行无性繁殖，个别细菌如结核分枝杆菌可以通过分枝方式繁殖。大多数细菌繁殖的速度为每 20～30min 分裂一次，称为一代，而结核分枝杆菌则需要 18～20h 才能分裂一次，故结核患者的标本培养需时较长。

如果分裂发生在菌体中腰部与菌体长轴垂直处，分裂后形成的两个子细胞大小基本相等，称为同型分裂。大多数细菌繁殖属此类型。也有少数种类的细菌，分裂偏于一端，分裂后形成的两个子细胞大小不等，称为异型分裂。这种情况，偶尔出现于陈旧培养基中。电子显微镜研究表明，细菌分裂大致经过细胞核和细胞质的分裂、横隔壁的形成、子细胞分离等过程(图 3-14)。

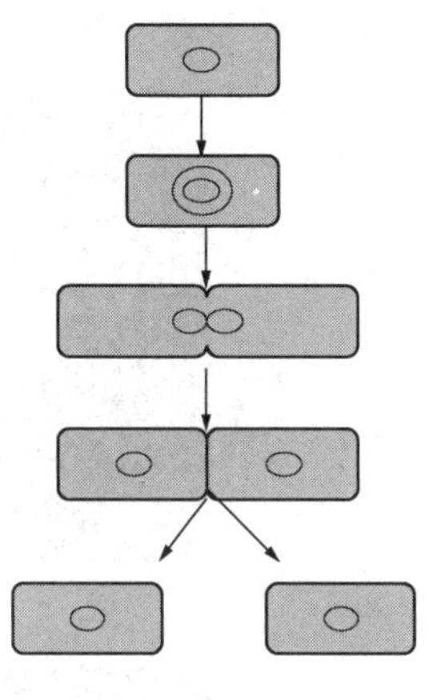

图 3-14 细菌分裂过程示意图

第一步核的分裂和隔膜的形成。细菌染色体 DNA 的复制往往先于细胞分裂，并随着细菌生长而分开。与此同时，细胞赤道附近的细胞膜从外向中心做环状推进，然后闭合形成一个垂直于细胞长轴的细胞质隔膜，使细胞质和细胞核均一分为二。

第二步横隔壁形成。如蕈状芽孢杆菌（*Bacillus mycoides*），随着细胞膜的向内凹陷，母细胞的细胞壁也跟着由四周向中心逐渐延伸，把细胞质隔膜分为两层，每层分别成为子细胞的细胞膜，横隔壁也逐渐分为两层。这样，每个子细胞便各自具备了一个完整的细胞壁。有的细菌如链球菌、双球菌等有时可形成“胞间连丝”。在分裂过程中，横隔壁尚未完全形成，细胞就停止了生长，留下了一个小孔，可是，两个子细胞的细胞膜仍然连接着，这便是“胞间连丝”的由来。

第三步是子细胞的分离。有些种类的细菌细胞，在横隔壁形成后不久便相互分开，呈单个游离状态；而有的种却数个细胞相连呈短链状；有的种在横隔壁形成后暂时不分开，排列成长链状。尤其是球菌，因分裂面的不同，使分裂后的排列方式有几种。

少数细菌和酵母菌一样，进行出芽繁殖，有的能由一个细胞形成许多小的分裂孢子或节孢子。当然，这种孢子与真菌孢子不同，其中有的相当小，甚至可通过细菌滤器。近年来，通过电子显微镜观察和遗传学研究证实，少数细菌种类也存在有性结合，但频率很低。

(2) 细菌群体的生长繁殖：将许多细菌（细菌群体）接种在液体培养基中或琼脂平板上进行培养，细菌群体就会一代一代地生长繁殖。对细菌群体数量及生长规律的了解，对工农业、医学卫生都有重要的现实意义。

2. 细菌的培养特征

细菌菌落就是由一个细菌繁殖起来的，有无数细菌组成具有一定形态特征的细菌集团。细菌的培养特征如下。

(1) 在固体培养基上的培养特征

细菌在固体培养基上繁殖所形成的肉眼可见的菌块。如果接种菌的密度十分稀薄，且规定一定的培养条件，由于菌的种类不同，它所形成的菌落的形状、大小、高低、位置、表面的粗细、边缘的形状、色调、透明度，以及菌块的质地、软硬、黏稠度和特殊培养基的着色等，也各不相同。

一般细菌菌落特征：较小、圆或椭圆、湿润、较光滑、较透明、质软、易挑起。菌落的特征主要由各种微生物特殊的遗传特性决定，同时也与培养基成分及培养条件有关。

当固定培养基成分及培养条件相同时，不同种类微生物形成的菌落特征是固定的，可作为微生物鉴定的重要依据。图 3-15 所示为不同细菌菌落形态。

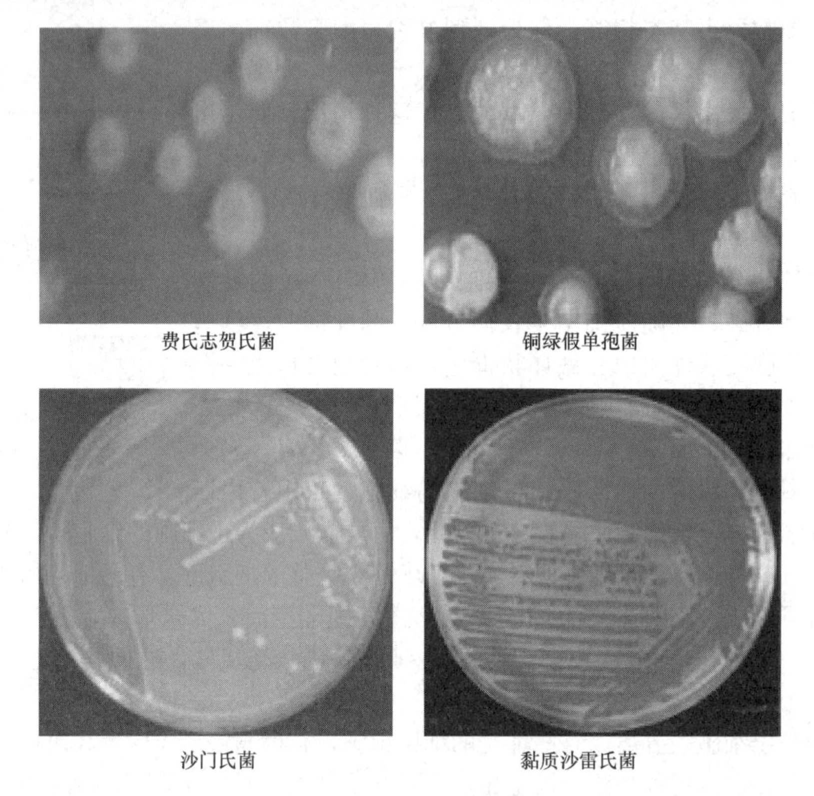

图 3-15　不同细菌菌落形态

菌苔：将某一纯种的大量细胞密集地接种到固体培养基表面，长成的菌落相互联结成一片，即为菌苔。图 3-16 常见斜面菌苔形状。

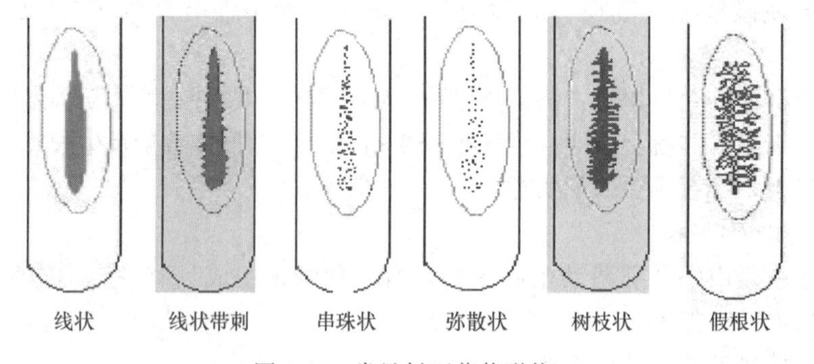

图 3-16　常见斜面菌苔形状

（2）在明胶培养基上的培养特征

用穿刺接种法将细菌接种在明胶培养基中培养，能产生明胶水解酶水解明胶，不同的细菌将明胶水解成不同形态的溶菌区，依据这些不同形态，可将细菌进行分类。

（3）在半固体培养集中的培养特征

呈现出各种生长状态，根据细菌的生长状态判断细菌的呼吸类型和鞭毛有无，能否运动。如果细菌在培养基表面及穿刺线上部生长，则为好氧菌。若沿穿刺线自上而下生长，则为兼性厌氧菌。如果在穿刺线下部生长，为厌氧菌。如果只沿穿刺生长者为无鞭毛，不运动的细菌。穿透培养基扩散生长者为有鞭毛，运动的细菌。

（4）在液体培养基中的培养特征

因细胞特征、相对密度、运动能力和对氧气等关系的不同，而形成不同的群体形态，多数表现混浊，部分表现沉淀，好氧细菌则在液面大量生长，形成菌膜或环状等(图 3-17)。细菌在液体培养基中的培养特征是分类依据之一。

图 3-17 沉淀生长与混浊生长

3.1.4 细菌的物理化学性质

1. 细菌表面电荷和等电点

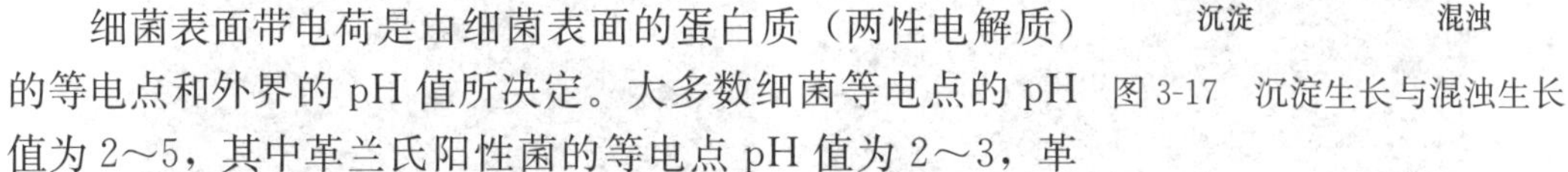

细菌表面带电荷是由细菌表面的蛋白质（两性电解质）的等电点和外界的 pH 值所决定。大多数细菌等电点的 pH 值为 2～5，其中革兰氏阳性菌的等电点 pH 值为 2～3，革兰氏阴性菌的等电点 pH 值为 4～5。水中细菌细胞表面电荷的性质受 pH 值控制，当水的 pH 值低于细菌等电点时，细菌细胞表面带正电荷，反之则带负电荷。一般培养中，细菌所处的 pH 值都高于细菌的等电点，所以细菌表面带负电荷。

2. 细菌的染色原理与染色方法

细菌染色法是为了便于观察研究而利用有关染料使细菌细胞着色的方法。细菌个体微小，无色透明，因此常采用染色法来观察其大小和形态结构。染色的基本步骤为涂片→干燥→固定→染色。常用方法有：

（1）革兰氏染色法，是一种复染色方法，即选用结晶紫和石炭酸复红两种染液染色的方法，该法是最常用的鉴别染色法之一，起始于 1881 年。染色步骤是先用结晶紫或龙胆紫染液加于已固定好的标本上使之着色，其后加碘液作媒染剂，再用酒精脱色，最后用复红或沙黄复染。依此将细菌分成革兰氏阳性菌（记 G^+）和革兰氏阴性菌（记 G^-）。

（2）简单染色法，是用一种染液染色的方法，如美兰或石炭酸复红等，此法只能显示细菌的形态及大小。

（3）特殊结构染色法，是染色细菌细胞特殊结构，如鞭毛、荚膜、芽孢、异染颗粒等需要的方法。

（4）负染色法，是指背景着色而细菌本身不着色。常用墨汁负染色法配合单染色法（如美兰）检查细菌的荚膜，背景呈黑色，菌体染成蓝色。

（5）荧光染色法，用荧光染料，如金胺、吖啶橙等进行染色，用于细菌不同部位的形态观察。细菌用荧光染料着色后在荧光显微镜下检查，可在黑的背景中观察到细菌发出明亮的荧光。用荧光染色法检查细菌，有加快检查速度和提高阳性率等优点。

3. 细菌悬液的稳定性

决定细菌悬浮液稳定性的不是细菌本身的性质，而是菌体解离层呈 R 型（粗糙型）还是 S 型（光滑型）。R 型具有强电解质的特性，常常导致细菌悬浮液不稳定，易发生凝聚现象。S 型和类朊型菌的悬浮液则很稳定，只有当电解质的浓度很高时才发生凝聚现象。若把细菌看作一种胶粒，则 R 型细菌起疏水性胶粒的作用，S 型细菌起亲水性胶粒的作用。当它们黏着在固体表面时，将会改变固体颗粒的表面疏水程度。通常细菌表面由于富含官能团，可以与废水中的金属离子、有机物、无机物发生物理化学键合作用。细菌的絮凝可去除水中已吸附的物质。

3.1.5 丝状菌与光合细菌

1. 丝状菌

丝状菌是由细菌单细胞连成的不分支或假分支的丝状体细菌。因丝状体外包围一层有机物或无机物组成的鞘套，故称为鞘细菌。在高倍显微镜下观察，可以看到它们是由很多个体细菌呈链状排列在一个圆筒状的鞘内（图 3-18）。由于鞘细菌呈丝状，在废水的活性污泥法处理中大量繁殖可以引起污泥膨胀。

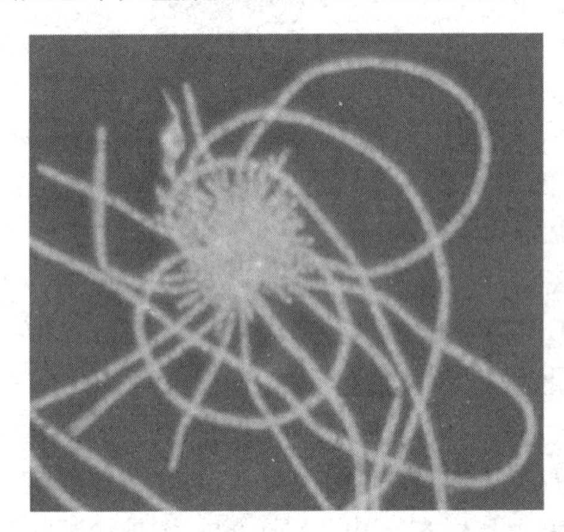
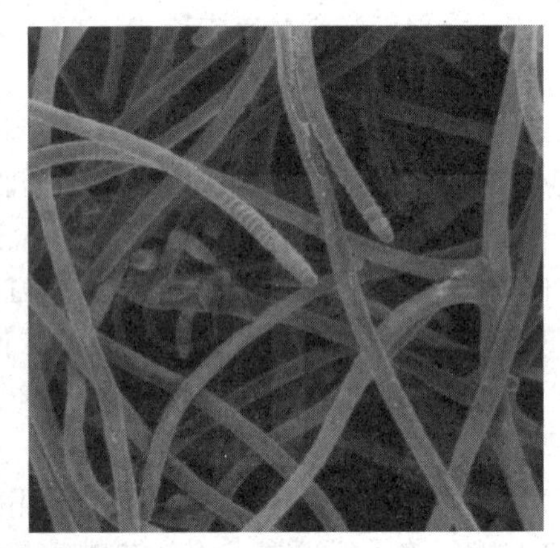

图 3-18　丝状细菌

水中常见的丝状细菌有铁细菌、硫细菌和球衣细菌。

（1）铁细菌

铁细菌的丝状体多不分支。由于在细胞外鞘或细胞内含有铁粒或铁离子，故俗称铁细菌。一般生活在含溶解氧少但溶有较多铁质和二氧化碳的自然水体中。铁细菌能将细胞内吸收的亚铁氧化为高铁，如 $Fe(OH)_3$。铁细菌吸收水中的亚铁盐，将之氧化为 $Fe(OH)_3$ 沉淀，当水中有大量的 $Fe(OH)_3$ 沉淀时就会降低水管的输水能力，并且可促使水管的铁质更多地溶入水中，因而加速了管道的腐蚀。

水中常见的鞘铁细菌有多孢泉发菌（*Crenothrix polyspora*）和褐色纤发菌（*Leptothrix ochracea*）。多孢泉发菌菌体细胞有筒形和球形，丝状体不分支，一端固定在物体上，另一端游离。鞘无色透明，含铁化物。褐色纤发菌的丝状体不分支，鞘随沉淀物的增多而加厚，呈黄色或褐色。

（2）硫细菌

硫细菌是自养性丝状细菌，它能氧化 H_2S 或硫（S）形成 H_2SO_4，并同化 CO_2，合成有机成分，H_2SO_4 对管道有腐蚀作用。与水处理工程有关的常见属有：

贝日阿托菌属（*Beggiatoa*），贝日阿托菌为无色不附着的丝状体，滑行运动，体内有聚 β-羟基丁酸或异染颗粒。可营自养生活，能氧化 H_2S 为硫，硫粒可储存于体内。贝日阿托菌是微量好氧菌，最适生长温度为 30～33℃。

辫硫菌属（*Thioploca*），辫硫菌属的丝状体呈平行束状或发辫状，由一个公共鞘包裹。氧化 H_2S 积累硫粒于体内，鞘常破碎成片，单独的丝状体独立滑行运动。

发硫菌属（*Thiothrix*），发硫菌属的丝状体外有鞘，一端附着在固体物上，不运动。而在游离端能一节一节地断裂出杆状体，能滑行，经一段游泳生活呈放射状地附着在固体物上。在活性污泥中，它们生长在一些较粗硬的纤维植物残片或菌胶团上，构成放射状或花球状的聚集体，易辨认。发硫菌微量好氧，通常存在于 H_2S 浓度高的水中。

（3）球衣菌

球衣菌属（*Sphaerotilus*）目前只包括一个种即游动球衣菌（*S. natans*）。球衣菌为无色黏性的丝状体，有鞘，结构均匀，呈假分支。为革兰阴性菌。菌体内含聚 β—羟基丁酸。丝状体发育到一定阶段，鞘内细胞长出一亚极端生鞭毛，然后自鞘一端脱出，也可自鞘的破裂处逸出，经一段游泳生活后，附着在丝状体鞘上或基质上发育成新的丝状体。

球衣细菌是好氧细菌，在微氧环境中生长最好。球衣细菌对有机物的分解能力特别强，大量的碳水化合物能加速其生长繁殖。在废水处理过程中，有一定数量的球衣细菌对有机物的去除是有利的。但是如果在活性污泥中大量繁殖，会造成污泥结构松散，引起污泥膨胀。在自然界有机物污染的小溪和河流中，球衣菌常以菌丝体的一端固着于河岸边的固体物上旺盛生长，成簇悬浮于河水中。

2. 光合细菌

能进行光合作用的真细菌有两大类，一类是蓝细菌，能进行产氧光合作用，另一类是不产氧光合细菌，如图 3-19 所示。下面主要介绍不产氧光合细菌。

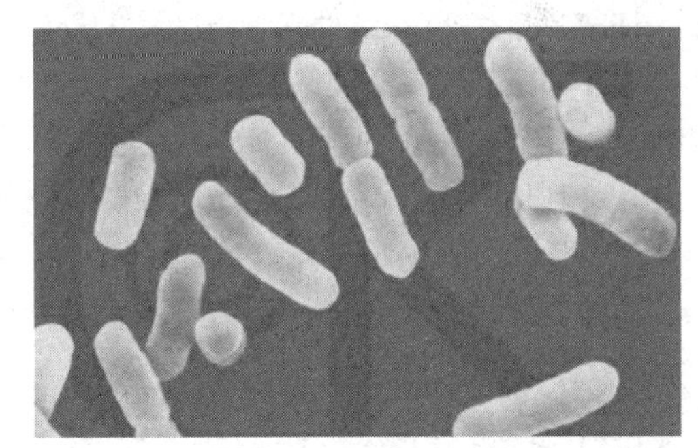

图 3-19　不产氧光合细菌

细菌进行的不产氧光合作用又叫细菌光合作用。它的特点是不能光解水中的氢还原 CO_2 产生氧，而是以有机物或水以外的无机物如 H_2S、H_2 等作为电子供体，一般在厌氧条件下进行。这类光合细菌包括紫硫细菌、紫色非硫细菌、绿硫细菌和绿色非硫细菌。紫硫细菌和绿硫细菌产生许多硫颗粒，紫硫细菌将硫粒储存在细胞内，而绿硫细菌则将硫粒分泌到胞外。光合细菌的光合色素由细菌叶绿素和类胡萝卜素组成。现已发现的细菌叶绿素有 a、b、c、d、e 五种，每种都有固定的光吸收波长。光合细菌广泛分布于自然界的土壤、水田、沼泽、湖泊、江海等处，主要分布于水生环境中光线能透射到的缺氧区。

能以有机物作电子供体的红螺菌属过去曾被认为不能利用硫化物作电子供体还原 CO_2，所以一直被称为紫色非硫细菌。后来发现这些细菌也能利用低浓度的硫化物，现归为紫色硫细菌。这类光合细菌被用于高浓度有机废水的处理中，具有广阔的前景。

3.1.6　水处理工程中常见的菌属

水污染控制工程中所涉及的细菌，几乎包括所有的细菌的纲、目。下面介绍一些常见的菌属。

1. 微球菌属

球状，直径为 0.5～2.0μm，单生、对生和特征性的向几个平面分裂形成不规则堆圆、四联或立方堆。革兰染色阳性，但易变成阴性，有少数种运动。在普通肉汁培养基上生长，可产生黄色、橙色、红色色素。属化能异养菌，严格好氧，能利用多种有机碳化物为碳源和能源。最适生长温度为20～28℃，主要生存于土壤、水体、牛奶和其他食品中。

2. 链球菌属

细胞球状或卵球状，排列成链或成对。直径很少有超过2.0μm的，不运动，少数肠球菌运动，革兰染色阳性，有的种有荚膜。属化能异养菌，发酵代谢，主要产乳酸，但不产气，为兼性厌氧菌。营养要求高，在普通培养基中生长不良，最适生长温度为37℃。本属的菌可分为致病性和非致病性两大类，广泛分布于自然界，如水体、乳制品、尘埃、人和动物的粪便以及健康人的咽喉部。

3. 葡萄球菌属

球状，直径为0.5～1.5μm，单个，成对出现，典型的是繁殖时呈现多个平面的不规则分裂，堆积成葡萄串状排列。不运动，一般不形成荚膜，菌落不透明，革兰染色阳性，属化能异养菌，营养要求不高，在普通培养基上生长良好。兼性厌氧，最适生长温度为37℃。本属菌广泛分布于自然界，如空气、土壤、水及物品上，也经常存在于人和动物的皮肤上以及与外界相通的腔道中，大部分是不致病的腐物寄生菌。

4. 假单胞菌属

杆菌，单细胞，偏端单生或偏端丛生鞭毛，无芽孢的革兰染色阳性细菌，大小为(0.5～1.0)μm×(1.5～4.0)μm。大多为化能异养菌，利用有机碳化物为碳源和能源，但少数是化能自养菌，利用H_2和CO_2为能源，专性好氧或兼性厌氧。在普通培养基上生长良好，可利用种类广泛的基质，如樟脑、酚等。本属细菌种类很多，达200余种，有些种能在4℃生长，属于嗜冷菌。在自然界中分布极为广泛，常见于土壤、淡水、海水、废水、动植物体表以及各种含蛋白质的食品中。

5. 动胶菌属

杆菌，大小为(0.5～1.0)μm×(1.0～3.0)μm，偏端单生鞭毛运动，在自然条件下，菌体群集于共有的菌胶团中，特别是碳氮比相对高时更是如此。革兰染色阴性，专性好氧，化能异养，最适温度28～30℃，广泛分布于自然水体和废水中，是废水生物处理中的重要细菌。

6. 产碱菌属

杆菌，大小为(0.5～1.0)μm×(0.5～2.6)μm，周生鞭毛运动，无芽孢，革兰染色阴性。属化能异养型，呼吸代谢，从不发酵，分子氧是最终电子受体，严格好氧。有些菌株能利用硝酸盐或亚硝酸盐作为可以代换的电子受体进行兼性厌氧呼吸。最适温度在20～37℃之间。产碱杆菌一般认为都是腐生的，广泛分布于乳制品、淡水、废水、海水以及陆地环境中，参与其中的物质分解和矿质化的过程。

7. 埃希菌属

直杆菌，大小为(1.1～1.5)μm×(2.0～6.0)μm(活菌)或(0.4～0.7)μm×(1.0～3.0)μm(干燥和染色)，单个或成对，周生鞭毛运动或不运动，无芽孢，革兰染色阴性。本属主要描述的是大肠埃希菌，即大肠杆菌，因为蟑螂埃希菌没有很多的研究，并仅有少数菌株。有些菌株能形成荚膜，可能有伞毛或无伞毛。化能异养型，兼性厌氧。在好氧条件下，进行呼吸代谢。在厌氧条件下进行混合酸发酵，产生等量的H_2和CO_2，产酸产气。最适温度为37℃，最适pH值为7，在营养琼脂上生长良好，37℃培养24h，形成光滑、无色、略不透明、边缘光滑的低凸型菌落，直径为1～3mm。广泛分布于水、土壤以及动物和人的肠道内。

大肠杆菌是肠道的正常寄生菌，能合成维生素 B 和维生素 K，能产生大肠菌素，对人的机体是有利的。但当机体抵抗力下降或大肠杆菌侵入肠外组织或器官时，则又是条件致病菌，可引起肠外感染。由于大肠杆菌系肠道正常寄生菌，一旦在水体中出现，便意味着直接或间接地被粪便污染，所以卫生细菌学用作饮水、牛乳或食品的卫生检测指标。在微生物学上，有些大肠杆菌的菌株是研究细菌的细胞形态、生理生化和遗传变异的重要材料。

8. 短杆菌属

短杆菌，单个，成对或呈短链排列。大小为(0.5～1.0)μm×(1.0～1.5)μm，少数可以达 0.3μm×0.5μm，大多数以周生鞭毛或偏端生鞭毛运动或不运动、无芽孢，革兰染色阳性。在普通营养琼脂上生长良好。有时产生红、橙红、黄、褐色的脂溶性色素。属化能异养型，好氧，在 20%或更高的氧分压下生长最好。分布于乳制品、水和土壤中。

9. 芽孢杆菌属

杆菌，大小为(0.3～2.2)μm×(1.2～7.0)μm，大多数有鞭毛，形成芽孢，革兰染色阳性。在一定条件下有些菌株能形成荚膜，有的能产生色素。芽孢杆菌为腐生菌，广泛分布于水和土壤中，有些种则是动物致病菌。属于化能异养型，利用各种底物，严格好氧或兼性厌氧，代谢为呼吸型或兼性发酵；有些种进行硝酸盐呼吸。苯菌能分解葡萄糖产酸，但不产气。

10. 弧菌属

短的无芽孢的杆菌，弧状或直的，大小为 0.5μm×(1.5～3.0)μm，单个或有时联合成 S 形或螺旋状。革兰染色阴性、无荚膜。在普通营养培养基上生长良好和迅速。有偏端单生鞭毛，运动活泼。化能异养型，呼吸和发酵代谢，好氧或兼性厌氧。最适的温度范围为 18～37℃，对酸性环境敏感，但能生长在 pH 值为 9～10 的基质中。弧菌广泛分布于自然界，尤以水中多见。本菌属包括弧菌 100 多种，其中的霍乱弧菌能引起霍乱这一烈性的肠道传染病。

3.2 古菌

3.2.1 古菌的特点

古菌是最古老的生命体。长期以来，由于受到研究技术和手段的限制，人们对古菌的了解不多，一直将其列入细菌的范畴。

1977 年，在太平洋深海的极端环境下（48～94℃，2.03×10^7 Pa），人们发现了一类自养的产甲烷细菌。这种细菌是原核的，但它与已知的其他原核类生物有明显不同，从其所处的地质年代来看，它是一种很古老的生物，这引起了人们对这类微生物重新研究的兴趣。美国伊利诺伊大学的 Carl R. Woese 等人改进了研究方法，通过对细胞结构、化学组成、生存环境条件的研究，特别是应用分子生物学研究技术，对 16srRNA 序列以及 DNA 的（G+C)%组成分析和 DNA 分子杂交等，发现这类原归属于原核生物的生物，实际上与一般的细（原核生物）有着很大的差异。由于这些生物的栖息生境类似于早期（原古）的地球环境（如热、酸、盐等），所以将这些生物统称为古细菌（Archaeobacteria），图 3-20所示为古细菌形态。古细菌有以下特点：（1）形态：薄，扁平；（2）细胞结构：

多含脂蛋白，不含二氨基庚二酸和胞壁酸；（3）代谢：多样性，代谢中有特殊的辅酶；（4）呼吸类型：多数厌氧；（5）繁殖：繁殖速度慢，进化速度慢；（6）生活习性：极端环境生活。

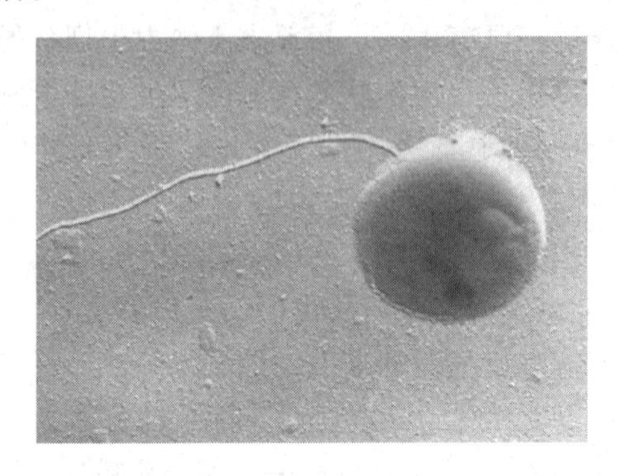

图 3-20　古细菌形态

古细菌在进化谱系上与真细菌及真核生物相互并列，且与后者关系更近（图 3-21），而其细胞构造却与真细菌较为接近，同属于原核生物。后科研人员又进一步提出，将古菌与细菌、真核生物并列为生物的三大亲缘类群（也称为域，domains）。

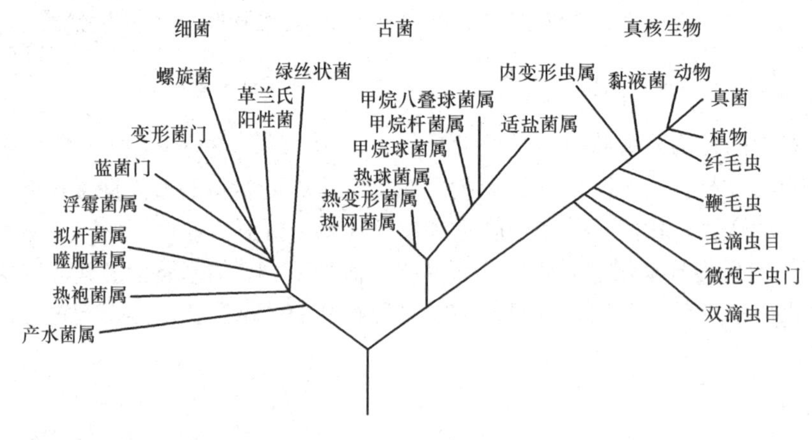

图 3-21　生物进化树

3.2.2　古菌的分类

古菌按照其生活习性和生理特点，大致可分为三个类群：厌氧产甲烷菌、嗜热嗜酸菌和极端嗜盐菌。

1. 厌氧产甲烷菌

人类利用产甲烷菌进行沼气发酵已经有很长的历史了，对产甲烷菌的认识也有 150 多年的历史。产甲烷菌与其他微生物（水解菌、产酸菌）协同作用，能使有机物甲烷化，产生具有经济价值的生物能物质——甲烷。

许多产甲烷菌能利用氢作为电子供体（能源），其总反应式为：

$$4H_2 + H^+ + HCO^- \longrightarrow CH_4 + 3H_2O$$

另外一些甲烷菌可以通过从甲醇、甲酸和乙酸产生甲烷进行生长。

产甲烷菌的细胞结构：产甲烷菌的细胞结构有细胞封套（细胞壁、表面层、鞘和荚膜)、细胞质膜、原生质和核质。革兰氏阳性与革兰氏阴性产甲烷菌的细胞壁结构和化学组成有所不同。

产甲烷菌的分类：产甲烷菌的分类主要依靠分子水平的方法，特别是16SrRNA序列的方法。目前把它分为3目、7科、19属、70种。

产甲烷菌的培养方法：由于产甲烷菌是严格厌氧的，其分离和培养等要求特殊的环境和技术，如厌氧的培养条件、厌氧的操作条件等。一般要求不高时，可用隔绝空气、抽真空，或加入除氧物质（如焦性没食子酸和碳酸钾）等方法培养。

较好的方法是采用厌氧手套箱，它由4部分组成：附有手套的密闭透明薄膜箱；附有两个可开启的可抽真空的金属空气隔离箱；真空泵；氢和高纯氮的供应系统。利用厌氧手套箱可做很多工作，如厌氧培养基的分装和平板的制作，对微生物的操作，氧敏感酶和辅酶的分离纯化，厌氧性生物化学反应和遗传学研究等。

2. 嗜热嗜酸菌

嗜热嗜酸菌包括古生硫酸还原菌（*Archaeobacterial Sulfate Reducers*）和极端嗜热古菌（*Hyperthemophilic Archaea*）。

这一类菌的特点：好氧、严格厌氧或兼性，革兰氏阴性，杆状、丝状或球状，专性嗜热（最适温度在70～105℃之间），嗜酸性和嗜中性，自养或异养。这类菌大多数是硫代谢菌。

3. 极端嗜盐菌

这类菌对NaCl有特殊的适应性和需要性，多栖息在高盐环境，如晒盐场、天然盐湖或高盐腌渍食物(如鱼和肉类)中。极端嗜盐菌的一般定义是指，最低NaCl浓度为1.5mol/L约(9%)，最适生长NaCl浓度为2～4mol/L(约12%～23%)，最高生长NaCl浓度为5.5mol/L(约32%，达饱和浓度)的古菌。极端嗜盐菌有的种也能在低盐浓度下生长。

极端嗜盐菌的细胞为链状、杆状或球状，革兰氏阴性或阳性，化能有机营养型，多为专性好氧菌。它们嗜中性或碱性，嗜中温或轻度嗜热，生长温度可高达55℃。为抵御高盐浓度的生长环境，极端嗜盐菌细胞内往往积累了大量（4～5mol/L）的钾离子以维持渗透压的平衡。它们的细胞壁中不含二氨基庚二酸和胞壁酸，其成分主要含脂蛋白，其荚膜含20%的类脂。极端嗜盐菌含有多种色素，菌体呈多种颜色。其中专性好氧菌中有气泡。

3.3 放线菌

放线菌因其在固体培养基上呈辐射状生长而得名，它在细胞结构上属于原核生物，在分类上归入原核生物界。

3.3.1 放线菌的形态结构

放线菌为单细胞，菌体是由纤细分枝的菌丝组成的菌丝体，无横膈膜。图3-22为放线菌菌丝。放线菌

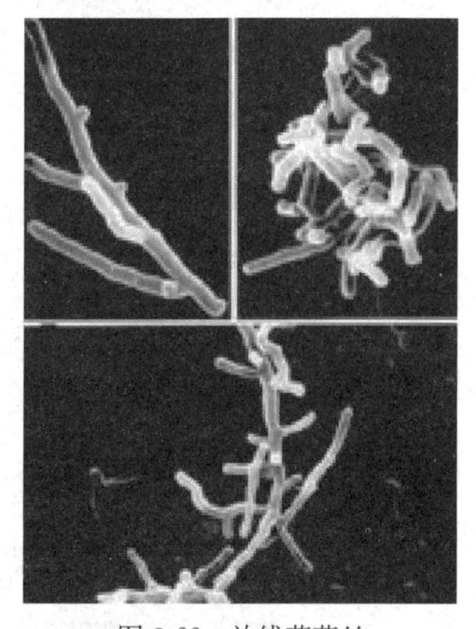

图3-22 放线菌菌丝

细胞壁内含肽聚糖，无线粒体等细胞器，细胞核无核膜，与细菌类似。它们绝大多数为革兰氏染色阳性。

放线菌的菌丝可分成以下三类：

(1) 基内菌丝（又称为营养菌丝）

基内菌丝像根一样潜入固体培养基中或在培养基表面。其功能是吸取营养，菌丝直径约为 0.8μm，长约 50～60μm，有色或无色。

(2) 气生菌丝

气生菌丝由营养菌丝向空气中延伸生长。其功能是繁殖，气生菌丝比较粗，直径为 1～1.4μm，有弯曲状、直线状或螺旋状。有的气生菌丝会产色素。

(3) 孢子丝

气生菌丝生长到一定阶段，会在顶端分化出孢子丝。孢子丝的功能是产生分生孢子。孢子丝的形状和着生方式因种而异，孢子丝的排列方式、形状、颜色以及孢子的颜色等都是放线菌分类鉴定的重要特征。图 3-23 为放线菌孢子丝。

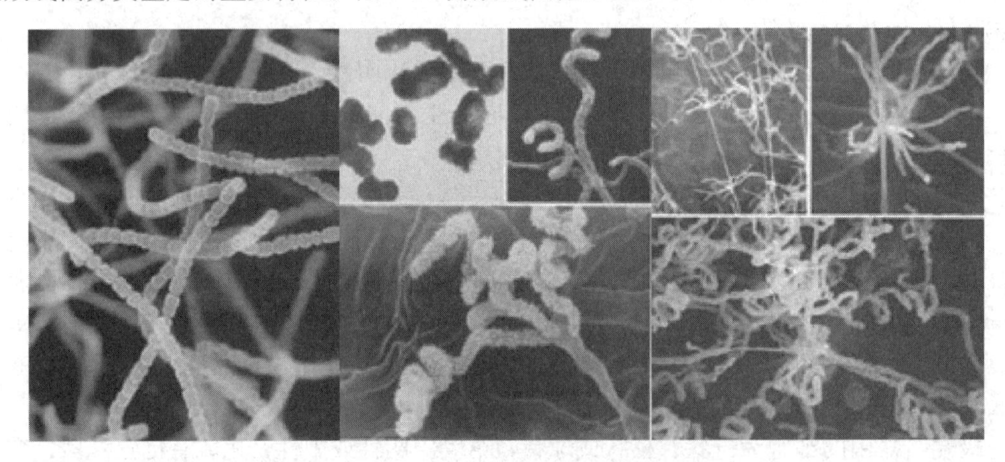

图 3-23　放线菌孢子丝

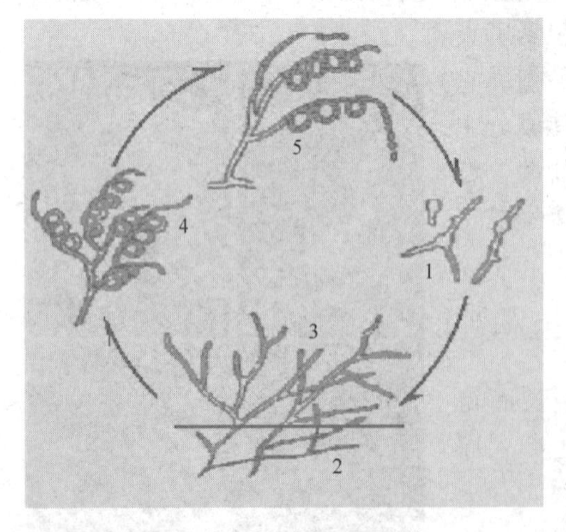

图 3-24　放线菌的生活周期

1—孢子萌发形成芽管；2—营养菌丝；3—气生菌丝；4—孢子丝；5—分生孢子

3.3.2　放线菌的繁殖

放线菌的繁殖是通过无性繁殖的方式进行的，通过分生孢子和孢囊孢子繁殖。放线菌的生活史包括分生孢子的萌发、菌丝的生长、发育及繁殖等过程，如图 3-24 所示。

3.3.3　放线菌的菌落特征

固体培养基中，放线菌菌丝相互交错缠绕形成质地致密的小菌落，干燥、不透明、难以挑取；当大量孢子覆盖于菌落表面时，就形成表面为粉末状或颗粒状的典型放线菌菌落；由于基内菌丝和孢子常有颜色，使得菌落的正反面呈现出不同的色泽。放线菌的菌落形态见图 3-25。

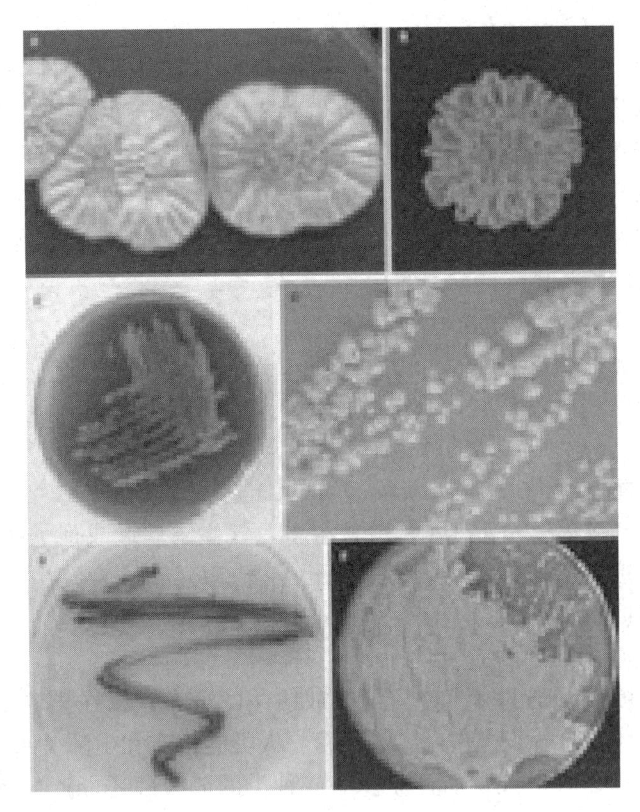

图 3-25 放线菌的菌落形态

3.3.4 放线菌的生理特性及培养条件

放线菌一般为需氧菌，生长的最适温度为 28～30℃，最适 pH 值为 7.5～8.0。自然环境中的放线菌多数为腐生型异养菌，容易吸收和利用的碳源主要是葡萄糖、麦芽糖、淀粉和糊精。氮源以鱼粉、蛋白胨、玉米浆和一些氨基酸较为合适，硝酸盐、铵盐、尿素等可作为速效氮源被放线菌利用。由于放线菌的次级代谢产物较丰富，多数种类都能产生抗生素，故在培养放线菌时，一般需要加入各种无机盐及一些微量元素，如钾、镁、铁、锰、铜、钴等。

对放线菌的培养主要采用液体培养和固体培养两种方式。固体培养可以积累大量的孢子；液体培养则可获得大量的菌丝体及代谢产物。在抗生素生产中，一般采用液体培养，并在发酵罐中通入无菌空气，以增加发酵液的溶氧度。

3.3.5 放线菌的主要类群及其在生产中的应用

随着人类认识放线菌的能力和手段不断提高，越来越多的放线菌种类被发现和描述。迄今有效描述的菌种约达 2000 个，其中链霉菌属占了很大比例。

1. 代表种属

(1) 链霉菌属（*Streptomyces*）

菌丝体分枝，无横隔，多核；有营养菌丝、气生菌丝；孢子丝和孢子的形态因种而异；主要生长在土壤中。本属有 1000 多种，能产生多种抗生素，如链霉素、土霉素、制霉菌素、卡那霉素等。

(2) 诺卡氏菌属 (*Nocardia*)

只有营养菌丝，无气生菌丝或很薄一层气生菌丝。菌丝体长到一定阶段会产生横隔，断裂成杆状或类球状体。本属中也有不少抗生素产生菌，如利福霉素、瑞斯托菌素等；一些诺卡氏菌被用于石油脱蜡、烃类发酵及含氰废水的处理。

(3) 放线菌属 (*Actinomyces*)

只有营养菌丝，可断裂成V形或Y形，无气生菌丝，也不形成孢子，厌氧或兼性厌氧。本属多为寄生的致病菌。

(4) 小单孢菌属 (*Micromonospora*)

菌丝体纤细，无横隔，不断裂，菌丝体伸入培养基内，不形成气生菌丝。繁殖时在基内菌丝上长出孢子梗，顶端着生一个分生孢子。人们发现本属中有多种菌能产生抗生素，如庆大霉素产生菌之一就是本属的棘孢小单孢菌 (*M. echinospora*)。

(5) 链孢囊菌属 (*Streptosporangium*)

有营养菌丝与气生菌丝，营养菌丝分枝很多，气生菌丝形成孢子囊并产生孢囊孢子。有些种能产生广谱抗生素，如绿灰链孢囊菌 (*S. viridogriseum*) 产生的绿菌素对细菌、霉菌、酵母菌都有抑制作用。

2. 放线菌在生产实际中的应用

放线菌是一类极其重要的微生物资源。放线菌的分布，以在土壤中为多，仅次于细菌，在自然物质循环中起着积极作用。放线菌与人类的生产和生活关系极为密切，广泛应用的抗生素约70%是各种放线菌所产生。一些种类的放线菌还能产生各种酶制剂 (蛋白酶、淀粉酶、和纤维素酶等)、维生素 (B12) 和有机酸等。弗兰克菌属 (*Frankia*) 为非豆科木本植物根瘤中有固氮能力的内共生菌。在环境治理上，很多放线菌在有机固体废物堆肥发酵及水生物处理中都有应用。有的菌种能应用于石油脱蜡、烃类发酵、含腈废水处理、脱硫、脱磷等。少数放线菌也会对人类构成危害，引起人和动植物病害。因此，放线菌与人类关系密切，在医药工业上有重要意义。

3.4 蓝细菌

3.4.1 蓝细菌的特点

蓝细菌，又称为蓝藻，在植物学和藻类学中属于蓝藻门，但它是原核细胞，结构简单，因此把它列入原核生物界中。图3-26所示为蓝细菌。

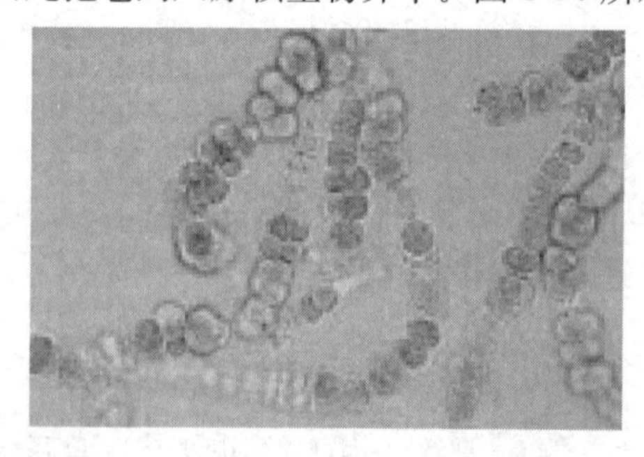
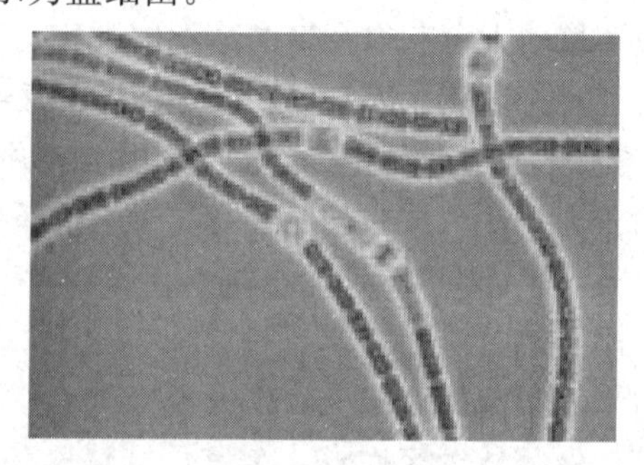

图3-26 蓝细菌

蓝细菌 (*Crynobacteria*) 是古老的生物，人们曾在30亿年前的前寒武纪地壳中发现蓝细菌（螺旋藻）的化石。在地球刚形成的年代，地球是个无氧的环境，地球从无氧环境转变为有氧环境正是由于蓝细菌出现并产氧的结果。

蓝细菌的细胞内只有原始核，不具核膜和核仁，没有叶绿体，细胞质内具有膜结构的类囊体，内含光合色素，为叶绿素 a 和藻胆素等，能进行放氧性的光合作用，以水为电子供体并且产生氧气。蓝细菌的细胞质中有蓝细菌淀粉和颗粒体（为天冬氨酸和丙氨酸的共聚物）。

蓝细菌在形态上极为多样，细胞直径在 1～10μm，单细胞、成群体或丝状体。其细胞壁内含有肽聚糖和二氨基庚二酸，革兰氏阴性。

许多蓝细菌具有固氮能力，能把自由氮转化成氨。

蓝细菌的繁殖方式有二分分裂、芽殖、断裂和多分分裂。在多分分裂中，细胞膨大，然后经几次分裂产生多个小的子代，它们在母细胞破裂后释放出来。细丝状蓝细菌的断裂，会产生小的、运动的片段，称为藻殖段。

3.4.2 蓝细菌的分布与生态

蓝细菌忍受极端环境的能力很强，在地球上的分布极广，几乎在所有的水域和土壤中存在。蓝细菌多喜生于含氮量较高，有机质丰富的碱性水体中，高温种类可以在温度高达 70～80℃的温泉中生活。一些单细胞的蓝细菌甚至可以在沙漠岩石的沟壑里生长。夏秋季节，在营养丰富的池塘、湖泊或者海洋中，水表生活的蓝细菌如组囊蓝细菌属（*Anacystis*）和鱼腥蓝细菌属（*Anabaena*）的细菌会很快地繁殖，形成“水华”或“赤潮”（图 3-27），造成水体的富营养化。另外一些蓝细菌，如颤蓝细菌的强抗污染能力和净化有机废水的能力，使得它们被用作水污染的指示生物。

赤潮

水华

图 3-27 赤潮和水华

蓝细菌在与其他生物形成共生关系方面也非常成功。它们与大多数地衣型真菌联合进行光合作用；是原生动物和真菌的共生者；蓝细菌中的固氮种类还与植物形成联合体（地钱藓、裸子植物和被子植物）。

3.5 其他原核微生物

它们同属于 G^-、代谢能力差，主要营细胞内寄生的小型原核生物。三者寄生性逐渐增强。它们是介于细菌和病毒之间的一类原核生物。

3.5.1 支原体

支原体是一类无细胞壁、介于独立生活和细胞内寄生生活间的最小型原核生物。许多种类是人和动物致病菌，如牛胸膜肺炎症等。植物支原体称为“类支原体”或“植原体”。

特点是：(1) 很小，直径 150～300nm，光镜下勉强能看到。(2) 细胞膜含甾醇比其他原核生物膜更坚韧。(3) 因无细胞壁，呈 G^-，形态易变，对渗透压敏感，对抑制细胞壁合成的青霉素不敏感。(4) 菌落小，直径 0.1～1.0mm，在固体培养基表面呈“油煎蛋”形。(5) 以二分裂和出芽等方式繁殖。(6) 能在含血清、酵母膏和甾醇等营养丰富的基质上生长。(7) 多数以糖做能源，能在有氧或无氧下产能代谢。(8) 对抑制蛋白质合成的抗生素（如四环素、红霉素等）和破坏含甾醇的细胞膜结构的抗生素（如两性霉素、制霉菌素等）很敏感。

3.5.2 立克次氏体

立克次氏体是一类专性寄生于真核细胞内的 G^- 原核生物。它与支原体区别在于有细胞壁、不能独立生活，与衣原体区别在于细胞较大、无滤过性和存在不完整产能代谢系统。是人类斑疹伤寒、恙虫热和 Q 热等严重传染病的病原体。

3.5.3 衣原体

衣原体是一类在真核细胞内营专性能量寄生的小型 G^- 原核生物。曾长期被误为是“大型病毒”。直至 1956 年我国著名微生物学家汤飞凡等从沙眼中首次分离到病原体后才证实它是一种独特的原核生物。

特点是：(1) 有细胞构造。(2) 细胞内同时含有 RNA 和 DNA 两种核酸。(3) 有细胞壁，但缺肽聚糖。(4) 有核糖体。(5) 缺乏产生能量酶系，有“能量寄生物”之称。(6) 以二分裂方式繁殖。(7) 对抑制细菌的抗生素和药物敏感。(8) 只能用鸡胚卵黄囊膜、小白鼠腹腔等活体培养。

具感染力的细胞称为原体，呈小球状，直径小于 0.4μm，细胞厚壁。致密，不运动，不生长，抗干旱，有传染性。

原体经空气传播，遇到新宿主，在其中生长、转化成无感染力的细胞称为始体，呈大型球状，直径 1～1.5μm，壁薄而脆，无传染性，生长较快，RNA∶DNA＝3∶1。通过二分裂可在细胞内繁殖成一个微菌落，随后每个始体重新转化成原体。被承认的 3 种衣原体有：鹦鹉热等人畜共患病的鹦鹉热衣原体、引起人沙眼的沙眼衣原体、引起肺炎的肺炎衣原体。

思考题

1. 细菌有哪几种形态？举例说明？
2. 细菌的一般结构和特殊结构是什么？各具有哪些生理功能？
3. 革兰氏阳性菌和革兰氏阴性菌的细胞壁结构有什么异同？各有哪些化学组成？
4. 细菌的鉴定依据有哪些？试总结说明。
5. 在 pH 值为 6、7 和 7.5 的溶液中，细菌各带什么电荷？在 pH 值为 1.5 的溶液中，细菌带什么电荷？为什么？
6. 细菌菌落的概念，细菌有哪些培养特征？
7. 用什么培养技术判断细菌的呼吸类型和能否运动？如何判断？
8. 古菌包括哪几种？生活习性各是什么？
9. 放线菌的形态结构特征是什么？
10. 试比较蓝细菌和细菌有什么样的异同。

第4章 真核微生物

真核生物是一类与原核生物有着很大区别的生物，其细胞核具有核膜，能进行有丝分裂，细胞质内有分化的细胞器存在。自然界的高等生物（包括高等植物和动物）均是真核生物。真核微生物包括真菌界的霉菌和酵母菌，真核微型藻类，真核原生生物界的原生动物，另外也包括动物界中的微型后生动物。

4.1 原生动物

4.1.1 原生动物的一般特征

1. 原生动物的特点

原生动物是一类最原始、最低等、结构最简单的单细胞动物。在生物分类中被归入真核原生生物界。原生动物在自然界中广泛存在于水体和土壤等环境中，或者寄生在其他生物体内，在废水生物处理的活性污泥和生物膜中也可见到。

原生动物是单细胞生物，或者数个细胞集合而成为群体，形体微小，大小在10～300μm；形态多样，具有各种形态，或没有固定形态；原生动物没有器官分化，由分化的细胞器完成各种生命活动所需要的各种生理功能，如纤毛、鞭毛、伪足（行动胞器），胞口、吸管（营养胞器），伸缩泡、胞肛（排泄胞器），眼点（感觉胞器）等。

原生动物在不利的环境条件下，会形成胞囊。在正常的环境条件下，原生动物都能保持自己的形态特征。若环境条件变坏，如干燥缺水、温度或pH值不宜、溶解氧不足、缺少食物或者有毒物质积累等，原生动物会形成胞囊。胞囊具有两层结构，外层胞壳较厚，表面凸起，内层薄而透明，对恶劣的环境条件有较强的抗性。所以胞囊是原生动物抵抗不良环境的一种休眠体。胞囊能随灰尘飘浮或被其他动物带至他处，遇到适宜的环境，其胞壳会破裂恢复虫形。

2. 原生动物的营养类型

原生动物的营养类型十分多样化，几乎包括各种生物的营养方式。概括起来有以下三种。

（1）全动性营养：全动性营养又称为动物性营养。全动性营养类原生动物依靠吞噬其他生物个体（细菌、放线菌、酵母菌等）或有机颗粒来获取营养。绝大多数原生动物属于全动性营养。

（2）植物性营养：有色素的原生动物能够依靠光合作用，吸收CO_2和无机盐，合成有机物作为其自身的营养物质，如绿眼虫、衣滴虫等。

（3）腐生性营养：一些无色鞭毛虫和寄生的原生动物，依靠体表吸收环境中或宿主体内的可溶性的有机物作为营养来源。

大多数原生动物是异养的，即以吞噬（动物性）或渗透（腐生性）方式来摄取营养。原生动物在整个生态系统中起重要作用，它构成生物链的重要一环，一方面它以比它更小的生物（如细菌）为食，另一方面，它本身又是比它更大的生物（如甲壳动物）的食物，因此，原生动物与其他各类生物一起构成了自然界中的物质循环体系。

3. 原生动物的繁殖

原生动物的繁殖通常是以无性的二分裂方式进行，也有进行出芽生殖（如吸管虫）或采用多分裂方式的（如寄生的孢子虫）。在原生动物中，已经开始出现有性繁殖（即结合繁殖）的方式，特别是当环境条件差时。

4.1.2 原生动物的分类

原生动物按照运动胞器、摄食方式及其他特点，一般分为四个纲：鞭毛纲、肉足纲、纤毛纲和吸管纲。另外有一类孢子纲，本纲原生动物寄生在人和动物体内并导致疾病。水中常见原生动物见图 4-1。

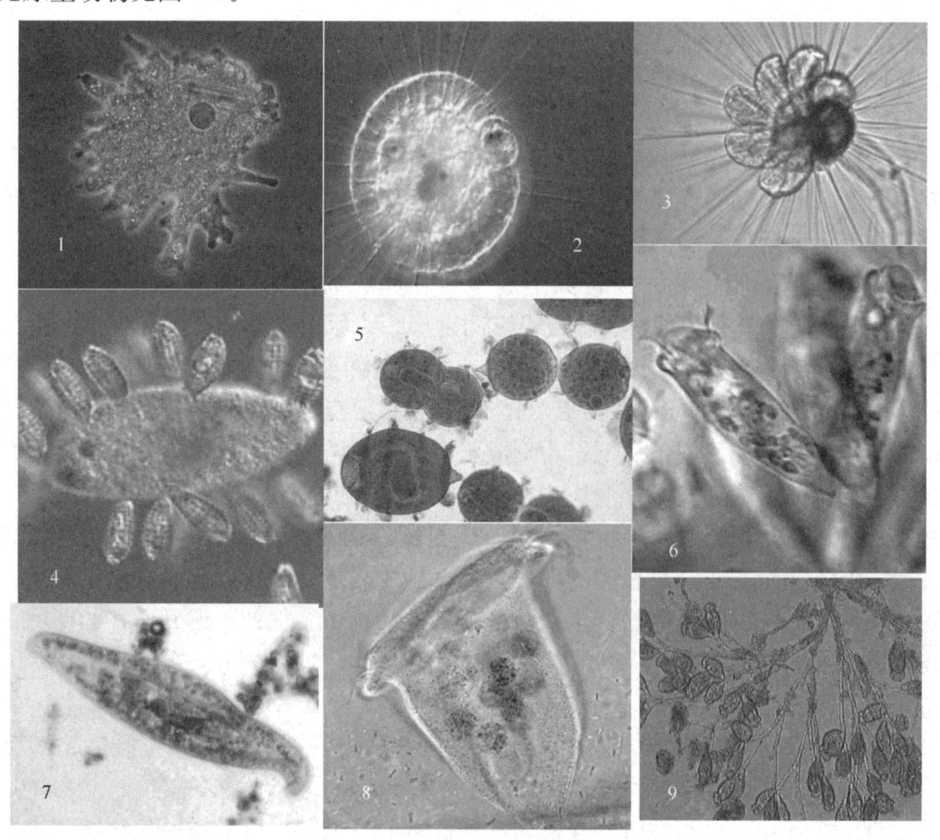

图 4-1 水中常见原生动物

1—变形虫；2—太阳虫；3—吸管虫；4—草履虫；5—栉毛虫；
6—固着型纤毛虫；7—游泳型纤毛虫；8—钟虫；9—累枝虫

1. 鞭毛纲

鞭毛纲的原生动物称为鞭毛虫，它具一根或多根鞭毛，作为其运动胞器。鞭毛纲的原生动物个体自由或群体生活。

前述的三种营养类型在本纲中都有出现。如内管虫属（*Entosiphon*）和波多虫（*Bodoedax*）以鞭毛摄食，为全动性营养；带有叶绿素的绿眼虫以植物性方式获取营养；另有一些无色鞭毛虫则营腐生性营养。

常见的鞭毛类原生动物有眼虫、滴虫、粗袋鞭虫等。眼虫具有一个环状的眼点，能感光，为其感觉胞器，调节眼虫的向光运动。绿眼虫（*Euglena viridix*）体内有放射状排列的绿色素体，能利用阳光进行光合作用。

鞭毛虫喜欢有机质丰富的环境（水域），所以在自然水体中，鞭毛虫多在有机物比较多的水域（多污带或a-中污带）生活。在污水生物处理系统中，活性污泥培养初期或在处理效果差时鞭毛虫会大量出现，因此鞭毛虫可作为污水处理的指示生物。

2. 肉足纲

肉足纲的原生动物称为肉足虫。这是一类可变形的原生动物，形体小，无色透明，通过细胞质流动形成伪足，作为摄食和运动的胞器。肉足虫多为自由生活，也有寄生的种类，如痢疾阿米巴。

肉足纲分为两个亚纲，根足亚纲（Rhizopoda）和辐足亚纲（Actinopoda）。前者的典型代表是变形虫（*Amoeba*），其形态可以变化，伪足既是其运动胞器，也是其摄食胞器；后者的虫体为球状，伪足细长呈针状，从身体内伸出，如太阳虫（*Actinophrys*）和辐射虫（*Actionsphaerium*）。

变形虫常在有机质浓度较高的水体中出现，如α-中污带或β-中污带的自然水体；在污水生物处理系统中，则在活性污泥培养中期出现。

3. 纤毛纲

纤毛纲的原生动物称为纤毛虫。纤毛虫以纤毛作为自身运动和摄食的细胞器，分为游泳型和固着型两种类型。常可在纤毛虫细胞内看到两个核：大核（营养核）和小核（生殖核）。纤毛虫靠吞噬颗粒状食物为食，属于全动性营养。其生殖方式为分裂生殖和结合生殖。

纤毛区别于鞭毛：从形态上，鞭毛的数量少（一根或数根）、长度长；而纤毛的数量多、长度短。

（1）游泳型纤毛虫

游泳型纤毛虫在分类上属于全毛目（Holotricha），往往周身具有纤毛，能在水体中自由游动，常见的有草履虫（*Paramecium candatum*）、喇叭虫（*Stebtor*）、四膜虫（*Tetrahymena*）、肾形虫（*Clopoda*）、漫游虫（*Litonotis*）、豆形虫（*Colpidium*）、裂口虫（*Amphileptus*）纤虫等。

（2）固着型纤毛虫

固着型纤毛虫在分类上属于缘毛类（Peritricha），其虫体前端口缘有纤毛带（由两圈能波动的纤毛组成），大多数虫体呈钟罩状，故又称为钟虫类。它们多数有柄，营固着生活，尾柄内多具有肌原纤维肌丝，能收缩。

固着型纤毛虫中单个个体固着生活的为钟虫属（*Vorticella*），尾柄内有肌丝。群体生活的有独缩虫属（*Carchesium*）、聚缩虫属（*Zoothamnium*）、累枝虫属（*Epistylis*）、盖纤虫属（*Opercularia*）等。它们不易区分，独缩虫和聚缩虫的虫体相像，每个虫体的尾柄有肌丝，其中独缩虫的尾柄相连但肌丝不相连，所以一个虫体收缩时不会带动其他虫体，故名独缩虫；而聚缩虫的尾柄和肌丝都相连，所以一个虫体收缩时会带动其他虫体一起收缩，故名聚缩虫。累枝虫和盖纤虫也有共同之处，尾柄分枝，尾柄内没有肌丝，不能收缩；累枝虫的口缘有由两圈纤毛环形成的似波动膜，和钟虫相像，其柄等分枝或不等分枝，盖纤虫的口缘有由两圈纤毛形成的盖形物，或有小柄托住盖形物，能运动，因有盖而得名。钟虫的繁殖方式为无性的裂殖和有性的结合生殖。

纤毛虫是水环境中最常见的指示生物，经常被用来对水环境的污染和水处理装置的运行进行监测。纤毛纲中的游泳型纤毛虫多数在水体的α-中污带或β-中污带出现，少数在寡污带中生活；在污水生物处理中，它们多于活性污泥培养中期或处理效果较差时出现。固着型的纤毛虫，尤其是钟虫，喜欢在寡污带中生活，在β-中污带也能生活，它是水体自净程度高、污水生物处理效果好的指示生物。

4. 吸管纲

这类原生动物具有吸管，作为捕食胞器，又称吸管虫。吸管虫幼体有纤毛，成虫纤毛消失，长出长短不一的吸管，虫体为球形、倒圆锥形或三角形等，有的靠一根尾柄固着生活。当其他微型动物碰上吸管虫的吸管时，就会被粘住。吸管虫向其注入毒素和消化液，麻痹和消化后通过吸管吸干其他微型动物而使其死亡。常见的吸管虫有吸管虫属（*Acineta*）、壳吸管虫属（*Tokophrya*）、足壳吸管虫属（*Podaphrya*）等。吸管虫的生殖为有性生殖和内出芽生殖。

吸管虫多在β-中污带出现，有的也能在α-中污带和多污带生活，多在污水处理效果一般时出现。

4.1.3 原生动物在废水生物处理中的作用

在活性污泥和生物膜中存在大量的原生动物和少数多细胞后生动物，它们是活性污泥和生物膜的重要组成部分。这些原生动物虽然不是废水生物净化的主要力量，但也不可缺少。据报道，活性污泥和生物膜中大约有 200 多种原生动物，以纤毛纲占绝对优势。由于原生动物的形态和生理上的特点，因此在废水生物处理中起着非常重要的作用。

（1）促进菌胶团絮凝作用

菌胶团絮凝作用是废水生物处理中的重要过程，它决定了废水生物处理工艺过程的连续性，并直接影响废水处理效果和出水水质。实验证明，纤毛虫有助于活性污泥絮体的形成，可使废水中 COD、BOD_5值降低，减少出水的浑浊度。纤毛虫能分泌黏性物质，促使菌胶团粘结起来，形成较大的絮凝体。

（2）吞噬游离细菌和微小颗粒

在废水生物处理中，原生动物能大量吞噬游离细菌或微小的有机颗粒和碎片。纤毛虫对游离细菌的吞噬能力是十分惊人的，一个奇观独缩虫（*Carchesium spectabile*）在 1h 内能吞噬 3 万个游离细菌。一个草履虫每天可以吞噬 4300 个细菌，轮虫吞噬细菌的能力更强。1968 年 Curds 等人采用活性污泥法试验，在没有纤毛虫的条件下运转 70 天，出水十分浑浊，出水中 COD、BOD_5值很高，游离细菌数量平均为 100 万～160 万个；70 天后接种了纤毛虫，出水中 COD、BOD_5值马上降低，游离细菌减少到 1 万～8 万个，出水也清澈透明。纤毛虫很明显地起到了澄清水质的作用，接种纤毛虫后，出水水质有明显改善。原生动物对处理生活废水去除病原菌的作用也很大，当曝气池中缺乏原生动物时，大肠杆菌去除率只有 55%，有原生动物时，去除率高达 85%。

（3）作为指示生物

国内外都把原生动物当作废水处理的指示性生物，并利用原生动物的变化情况来了解废水处理效果及废水处理中运转是否正常。这是因为原生动物的个体比细菌大，生态特点也容易在显微镜下观察，而且不同种类的原生动物都有各自所需的生境条件，所以哪一类原生动物占优势，也就反映出相应的水质情况。另外，原生动物对环境要求比细菌的苛刻，当水质或工艺参数发生变化时，原生动物的种类和数量也要发生变化，因此，可借助原生动物变化情况来衡量废水处理的情况。

一般规律是：在废水生物处理中，当固着型的纤毛虫、钟虫、盖纤虫、等枝虫等出现时，而且数量较多而又活跃时，说明废水处理效果良好，出水 COD、BOD_5值较低（一般 COD<80mg/L，BOD_5<30mg/L），水质清澈，可达到国家排放标准。但当轮虫恶性繁殖，大量出现时，表明活性污泥老化，结构松散，吸附氧化有机物能力很差，废水处理效果不好，出水 COD、BOD_5较高，水质浑浊。当曝气池中溶解氧降低到 1mg/L 以下时，钟虫生活不正常，体内伸缩泡会胀得很大，顶端突进一个气泡，虫体会很快死亡。当 pH 值突然发生变化超过正常范围，钟虫表现为不活跃，纤毛环停止摆动，虫体收缩成团，轮虫虫体也缩入被甲内，此时活性污泥结构松散，出水水质差。

任何一种废水处理装置都有相应的运行参数，当运行参数发生变化，如前处理构筑物、机械装置等发生故障，运行管理失误以及气候的骤变等都可以引起某些参数发生变化。原生动物由于对环境条件改变较敏感，也会很快在种群、个体形态、代谢活力上发生相应的变化。通过生物相观察，可尽快找出参数改变原因，制定适宜的对策，以保护细菌的正常生长繁殖、保持废水的正常净化水平。

为了正确判断水质及运行参数改变的原因，生物相观察中必须根据原生动物的种群变化、数量多少及生长活性三方面状况综合考察，否则，将产生片面的结论。原生动物在废水处理中的作用已引起国内外废水处理厂的重视，在废水处理厂几乎每天都要观察原生动物的活动状态和变化情况，从而监测废水处理运转是否正常，出水水质是否良好。

4.2 微型后生动物

原生动物以外的多细胞动物叫后生动物，其中一些形体微小，需要借助显微镜才能观察清楚的种类称为微型后生动物。它们在生物分类上属于动物界，包括轮虫、线虫、寡毛类、浮游甲壳动物、苔藓动物等。微型后生动物在天然水体、潮湿土壤、水体底泥和污水生物处理构筑物中均有存在。常见微型后生动物见图 4-2。

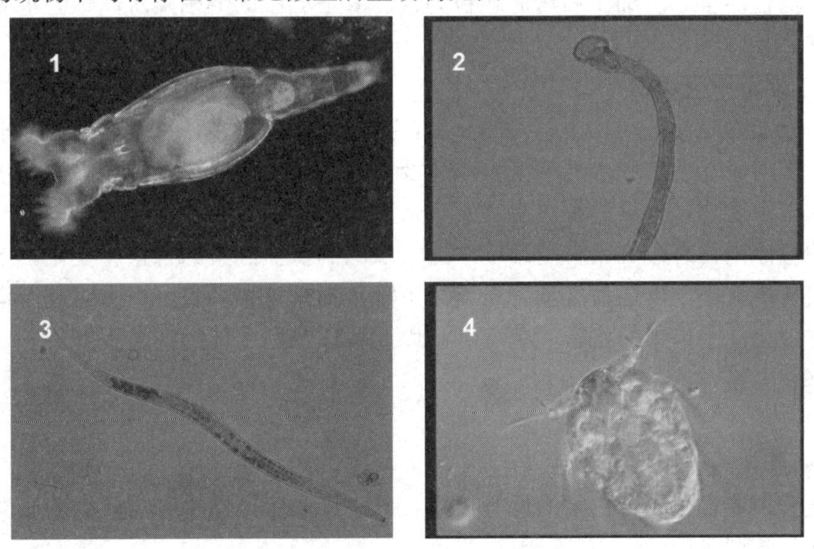

图 4-2 常见微型后生动物

1—轮虫；2—寡毛虫；3—线虫；4—桡足虫

4.2.1 轮虫

轮虫属于担轮动物门（Trochelminthes）的轮虫纲（Rotifera）。其形体微小，长度约为4～4000μm，多为500μm左右；身体长形，有头部、躯干和尾部的区分；头部有一个由1～2圈纤毛组成的能转动的轮盘，因纤毛摆动时犹如轮子转动而得名。轮盘为轮虫的运动和摄食器官，水流从纤毛环之间的口部进入虫体，同时将食物（细菌、悬浮有机颗粒物等）带入。轮虫有个体生活的，也有群体生活的；自由生活或固着生活，少数为寄生种。轮虫的生殖为雌雄异体，但多为孤雌生殖。大多数轮虫以细菌、霉菌、藻类、原生动物及有机颗粒为食。同时其自身又可作为水生动物的食料。

轮虫的地理分布十分广泛，以底栖为多，栖息在沼泽、池塘、浅水湖泊和深水湖的沿岸带。在淡水中常见的轮虫有旋轮虫属（*Philodina*）、轮虫属（*Rotaria*）和间盘轮虫属（*Dissotrocha*）等。

轮虫要求环境中有较高的溶解氧，在水处理装置运行正常、水质较好、有机物含量较低时出现。故轮虫是水体寡污带和污水处理效果好的指示生物。

4.2.2 线虫

线虫属于线形动物门（Nemathelminthes）的线形纲（Nematoda）。线虫为长形，形体微小，多在1mm以下。线虫前端有感觉器官，体内有神经系统和消化道。它靠吞噬其他生物为食，寄生或自由生活，污水处理中出现的多是自由生活的。线虫的生殖为雌雄异体，卵生。

线虫有好氧和兼性厌氧之分，在活性污泥或生物膜的厌氧区常会大量出现。线虫是污水净化程度差的指示生物。

4.2.3 寡毛类

寡毛类属于环节动物门（Annelida）的寡毛纲（Oligochaeta），身体细长分节，节侧长有刚毛，靠刚毛爬行运动。常见的种类有瓢体虫。在废水处理装置中，经常可以看到红斑瓢体虫（*Aeolosoma hemprichii*），它是污泥中体形最大的一种多细胞动物，前叶侧面有纤毛，为捕食器官，以细菌和污泥颗粒为食。寡毛类中的颤蚓及水丝蚓为水体底泥污染的指示生物。

4.2.4 浮游甲壳动物

浮游甲壳动物是浮游动物中重要的一类，数量大，种类多，也是鱼类的基本食料。它们广泛分布于河流、湖泊和水塘等淡水水体及海洋中，大多为淡水种。它们是水体污染和水体自净的指示生物，常见的种类有：剑水蚤和水蚤。

水蚤的身体内含有血红素，随环境中溶解氧的高低血红素的含量会变化，水体溶解氧低，血红素含量就高，反之血红素含量就会下降。根据这个特点，当水体被污染造成溶解氧下降时，就会使水体中的水蚤颜色变红，以此可以判断水体的清洁程度。

4.3 藻类

4.3.1 藻类的一般特征

藻类是一大群含有光合色素的低等植物，其中许多个体微小，需要借助显微镜才能看清楚，也称为微型藻类。

藻类除了蓝藻（蓝细菌）外，都是真核生物，单细胞或多细胞群体，大小和结构差异很大，小的以微米计，只能在显微镜下才能看见（图 4-3）；大的有红藻（如紫菜）和褐藻（如海带）等。

真核藻类的共同特点是具有叶绿体，有各种色素，包括叶绿素 a、叶绿素 b、叶绿素 c、叶绿素 d、β-胡萝卜素、叶黄素以及其他色素，光能自养，能进行光合作用。少数藻类营腐生生活，还有少数与其他生物共生。真核藻类大多数是水生的，少数为陆生。

大多数藻类有明显的细胞壁，主要成分是纤维素和果胶质。硅藻的细胞壁主要成分是二氧化硅和果胶质。

藻类生长要求有阳光，最适 pH 值为 6～8（生长范围 pH 值为 4～10），多为中温性的，极端情况能在 85℃的温泉或长年不化的冰上生长。藻类的生长分布很广，在各个水域中都可见到藻类的存在（图 4-4），它们在自然界的生态平衡中起着重要作用。

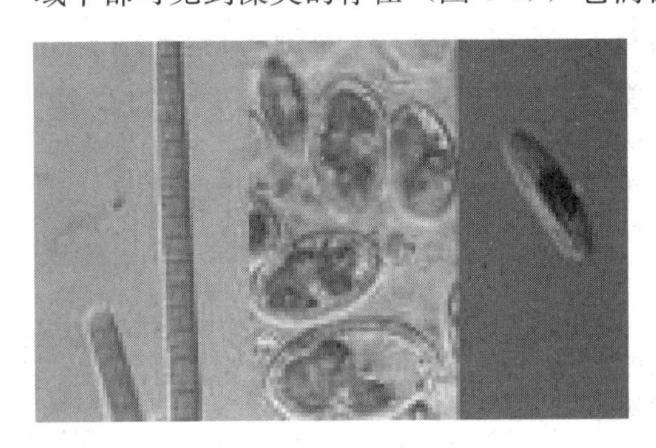

图 4-3　单细胞藻类

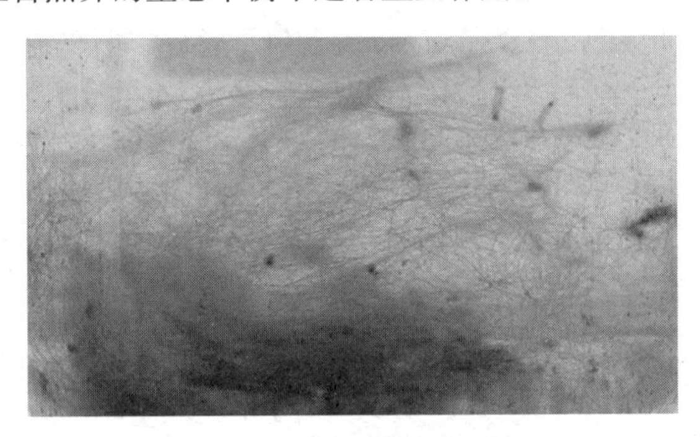

图 4-4　水体中的藻类

藻类的繁殖方式有无性繁殖和有性繁殖两种。无性方式为裂殖或产生孢子；有性方式则是藻类形成专门的生殖细胞配子，配子经结合后长成新的个体。

4.3.2　水中常见的藻类及其特征

依据藻类所含光合色素的种类、个体的形态、细胞结构、生殖方式和生活史等，传统上将藻类分为 10 个门：蓝藻门、裸藻门、绿藻门、轮藻门、金藻门、黄藻门、硅藻门、甲藻门、红藻门和褐藻门。有时也有分为 8 个门或 11 个门的：即将金藻门、黄藻门、硅藻门合并为一个金藻门成为 8 个门；而 11 个门的分类是再增加一个隐藻门。需要特别说明的是，蓝藻门实际上就是蓝细菌，属于原核生物的范畴。

1. 蓝藻门（Cyanophyta）

蓝藻门的藻类即蓝细菌，前面已经叙述，这里不再重复。

2. 裸藻门（Euglenophyta）

裸藻因不具细胞壁而得名，大多数为单细胞。柄裸藻属（*Colacium*）形成群体，有 1～3 条鞭毛。裸藻门中的多数种类具有叶绿体，内含叶绿素 a、叶绿素 b、β-胡萝卜素和叶黄素，颜色呈绿色。在叶绿体内有较大的蛋白质颗粒，为造粉粒。其储存物为裸藻淀粉，并形成颗粒，另外还有脂肪。少数不含色素的种类营腐生营养。裸藻的繁殖方式为细胞纵裂，环境不良时形成胞囊，环境好转时重新形成个体。

裸藻门的代表属有囊裸藻属（即颈胞藻属，*Trachelomonas*）、扁裸藻属（*Phacus*）、柄裸藻属（*Colacium*）及裸藻属（即眼虫藻属，*Eugleme*）。

裸藻主要生长在有机质丰富的水体中，对温度的适应性强，在 25℃时繁殖最快，大量繁殖时会形成“水华”，故裸藻是水体富营养化的指示生物。

3. 绿藻门（Chlorophyta）

绿藻形态多样，有单细胞、群体、丝状体分枝或不分枝等，细胞壁主要由纤维素组成。绿藻多具有两根顶生等长鞭毛，少数为 4 条或其他数目。其色素体与高等植物相似，含有较多的叶绿素 a 和叶绿素 b、叶黄素和胡萝卜素。绿藻的储藏物质为淀粉和油类，叶绿体内也有造粉核。绿藻繁殖通过细胞分裂、藻体断裂或产生孢子，其有性繁殖有同配、异配和卵配。

绿藻门的代表属有衣藻属（*Chlamydomonas*）、小球藻属（*Chlorella*）、盘藻属（*Gonium*）、实球藻属（*Pandorina*）、空球藻属（*Eudorina*）、团藻属（*Volvox*）、栅藻属（*Scenedesmus*）、盘星藻属（*Pediastrum*）、新月藻属（*Closterium*）、鼓藻属（*Cosmarium*）、转板藻属（*Mougeotia*）、丝藻属（*Ulothrix*）、双星藻属（*Zygnema*）、水绵藻属（*Spirogyra*）、绿球藻属（*Chlorococcus*）和绿梭藻属（*Chlorogonium*）等。

绿藻是藻类中重要的一类，分布广泛，在水体、土壤表面和树干上都能生长。水生绿藻有浮游的和固着的，寄生的种类能引起植物病害。有的能与绿水螅共生，有的与真菌共生形成地衣。小球藻和栅藻富含蛋白质，有可能成为未来食物的来源。绿藻在水体自净中起净化和指示生物的作用。

4. 轮藻门（Charophyta）

轮藻的细胞结构、光合色素和储藏物质与绿藻大致相同，所不同的是轮藻有大型顶细胞，有一定的分裂步骤，有节和节间，节上有轮生的分枝。轮藻的生殖为卵配生殖。轮藻多生活在淡水或半咸水体中。轮藻能对蚊子产生拮抗作用。轮藻受精卵化石可作为地层鉴定和陆地勘探的依据。

5. 金藻门（Chrysophyta）

金藻形体为单细胞、群体或分枝丝状体。多数能运动的金藻门种类具有两条鞭毛，少数为 1 条或 3 条。其细胞裸露或具硅质化鳞片、小刺或囊壳，不能运动的细胞具有细胞壁。金藻体内色素中叶黄素和 β-胡萝卜素占优势，藻体呈金黄色和金棕色。其储藏物质为金藻糖和油。金藻的繁殖为细胞分裂、群体断裂或产生内生孢子。

代表性的金藻有鱼鳞藻属（*Mallomonas*）、合尾藻属（*Synun*）、钟罩藻属（*Dinobryon*）等。

金藻多生长在透明度大、温度较低、有机质含量低的淡水水体中，在冬季、早春、晚秋季节生长旺盛。

6. 黄藻门（Xanthophyta）

黄藻为单细胞、群体或多细胞的丝状体。细胞壁大多数由两个相等或不相等的 H 形半片套合组成，含果胶质。能游动的种类具有两根不等长的略偏于腹部一侧的鞭毛，少数为一根鞭毛。黄藻体内色素主要为叶绿素 a、叶绿素 c、β-胡萝卜素和叶黄素，颜色黄褐色或黄绿色，储藏物质为油。黄藻的无性繁殖产生不动孢子或游动孢子，少数进行有性繁殖。丝状种类通常由丝体断裂而繁殖。

黄藻的代表属有黄丝藻属（*Tribonema*）、黄群藻属（*Synura*）和拟黄群藻属（*Synuropsis*）。黄群藻能释放出具有强烈臭味的物质，并使水味变苦，水中含量即使极少（质量分数 1/2500000），人们也能觉察出来。

7. 硅藻门（Bacillariophyta）

硅藻为单细胞，具有高度硅质化的细胞壁，壳体由上下两半片套合而成，壳面上的各种花纹是其分类的依据。其细胞壁内含有硅质和果胶质。硅藻细胞色素体为黄褐色和黄绿色，色素主要有叶绿素、藻黄素和β-胡萝卜素，储存物质为淀粉粒和油。硅藻的繁殖方式为细胞分裂和有性孢子。

硅藻的代表属有舟形藻属（*Navicula*）、星杆藻属（*Asterionella*）、平板藻属（*Tabel laria*）等。

硅藻的分布十分广泛，在各种水体都能生长，也有一些生活在土壤中。有的硅藻种类可作为土壤和水体盐度、腐殖质含量和酸碱度的指示生物。硅藻是水体中鱼类、贝类以及其他水生动物的主要饵料，对水体生产力起重要作用。

8. 甲藻门（Pyrrophyta）

甲藻多为单细胞，细胞形状从球形到针状，背腹扁平或左右侧扁；多数有细胞壁，少数为裸露型；含有叶绿素 a、叶绿素 c、β-胡萝卜素、硅甲黄素、甲藻黄素、新甲藻黄素及环甲藻黄素，颜色为棕黄色或黄绿色，偶尔红色；储存物为淀粉、淀粉状物质和脂肪；具有两条鞭毛，不等长，排列不对称，少数种类无鞭毛。甲藻的繁殖为裂殖，有的种类可产生动孢子或不动孢子。

甲藻的代表属有多甲藻属（*Peridinium*）、角甲藻属（*Ceratium*）和裸甲藻属（*Gymno dinium*）等。

甲藻可在各种水体中生长，对光照和温度要求严格，在合适条件下大量生长，使水变红，形成海洋“赤潮”。甲藻是水生动物的饵料，甲藻死后沉入海底形成生油地层中的主要化石。

9. 褐藻门（Phaeophyta）

褐藻属于较高级的藻类，在构造上极其多样，呈橄榄色和深褐色；含有叶绿素 a、叶绿素 c、β-胡萝卜素、叶黄素，后两者的含量高于前两者；储存物有褐藻淀粉、甘露糖、油类和还原糖。褐藻营定生生活，也就是所谓底栖生物。褐藻的繁殖主要是无性的分裂繁殖，有性方式为配子结合。

褐藻门植物中除一些淡水种类外，都是海洋中的藻类，它们在海洋中的温带及冷水带大量繁殖生长。许多褐藻的细胞中都聚集有相当大量的碘，因此有许多种类能被用作提取碘的工业原料。

典型的褐藻有海带属（*Laminaria*）、裙带菜属（*Undaria*）和水云属（*Ectocarpus*）等。

10. 红藻门（Rodophyta）

红藻与其他藻类的区别在于其藻体几乎经常红色或鲜红色，色素为红藻藻红素和红藻藻蓝素。红藻的储存物质为红藻淀粉和红藻糖。其繁殖方式为有性繁殖，生活史中呈现复杂的世代交替现象。

红藻主要是海生藻类，只有少数出现在淡水中。海产的红藻生活在所有海洋的近岸，是底栖的生物，以假根或固着器附着在岩石、石头、沙粒或其他基质上，或水生植物上。

红藻的代表属有紫菜属（*Porphyra*）、江篱属（*Gracilaria*）、石花菜属（*Gelidium*）和麒麟属（*Eucheuma*）等。后三个属的红藻含有琼脂，可供食品、医药工业以及科学研究所用。

4.4 真菌

真菌是一类种类繁多、分布广泛的真核生物。不同类型的真菌在形态和大小上差异很大，少数为单细胞，多为分枝或不分枝的丝状体。真菌传统上被归入植物界，但真菌在营养方式上与植物有本质上的区别，真菌体内缺乏叶绿素，不进行光合作用，是以吸收现成的有机物质的方式来维持生活的，是异养的、腐生或寄生生活。真菌一般都有细胞壁，其成分为具有几丁质的微纤维或纤维素（或其他葡聚糖）或两者兼有。真菌能产生孢子，以无性和（或）有性方式进行繁殖，无性繁殖方式为裂殖或出芽生殖，而有性繁殖则产生各种有性孢子（接合孢子、子囊孢子和担孢子等）。

真菌在自然界构成了一个非常庞大的类群，在土壤、水、空气和腐败的有机物上都有存在，遍布于全球，真菌的总数据估计有 150 万种，已经被描述的不足 7 万种。

由于真菌在形态、结构、分布等方面的独特性，在生物分类中人们将其列为单独的一个界——真菌界。

4.4.1 酵母菌

1. 酵母菌的形态与大小

酵母菌为单细胞真菌，有各种形态：卵圆形、圆形、圆柱形或假丝状（图 4-5）。多数酵母菌直径 1～5μm ，长约 5 ～30μm 或更长。

2. 酵母菌的细胞结构

酵母菌为典型的真核细胞，具有细胞壁、细胞质膜、细胞核及内含物。酵母菌的细胞壁成分不同于细菌，含葡聚糖、甘露聚糖、蛋白质及脂类。啤酒酵母还含有几丁质。酵母菌的细胞核具有核膜、核仁和染色体，细胞质内含大量 RNA 、核糖体、中心体、线粒体、中心染色质、内质网、液泡等。其中线粒体呈球状或杆状，位于核膜和中心体的表面，含有脂类和呼吸酶系统，执行呼吸功能；中心体附着在核膜上；中心染色质附着在中心体上，有一部分附着在核膜上。当营养过剩时，酵母菌会形成内含物，如异染粒子、肝糖颗粒、脂肪粒、蛋白质和多糖等。

3. 酵母菌的繁殖

酵母菌可以通过无性和有性方式进行繁殖。无性生殖又分为出芽生殖（图 4-6）和裂

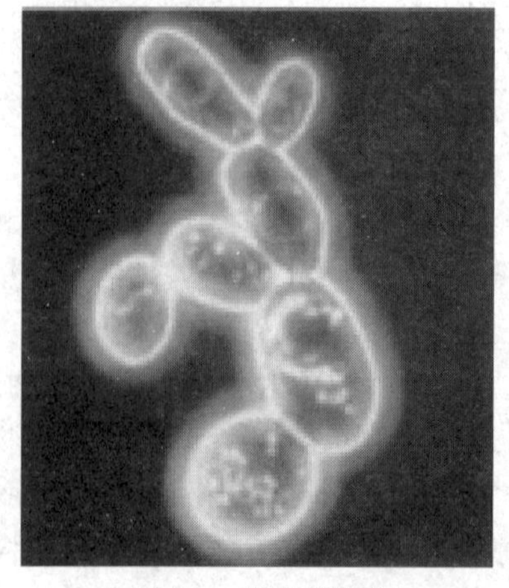

图 4-5 酵母菌的形态

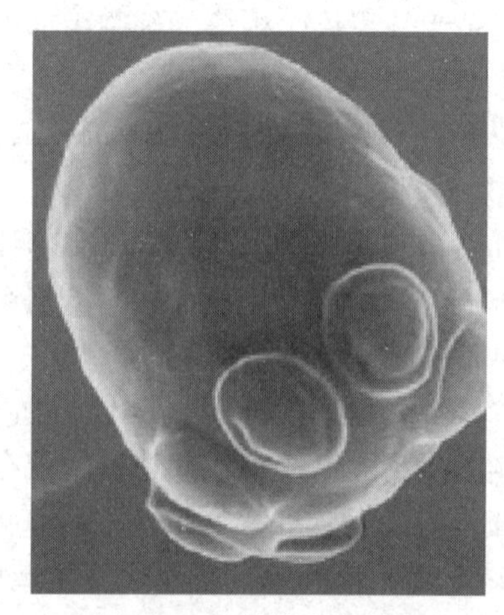

图 4-6 酵母菌出芽繁殖

殖。芽殖的芽细胞（子细胞）在母细胞上出现并长大，然后与母细胞分隔。芽殖是大多数酵母菌进行无性繁殖的方法。少数酵母菌以裂殖方式进行繁殖，如裂殖酵母属（*Schizosaccharomyces*）。有些酵母菌在环境条件不是很好的情况下进行有性繁殖，产生有性孢子（多为子囊孢子，少数为担子孢子等）。

4. 培养特征

酵母菌的菌落形态与细菌类似，但较大而厚，表面湿润光滑，有黏性，大小与细菌差不多，颜色为乳白色或红色，培养时间久后菌落表面转为干燥（图 4-7）。

酵母菌喜欢高糖环境，适宜 pH 值在 4.5～6.5，温度为 20～30℃，兼性厌氧。

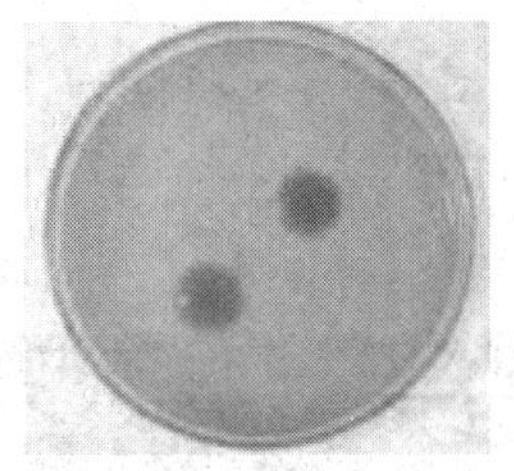

红酵母

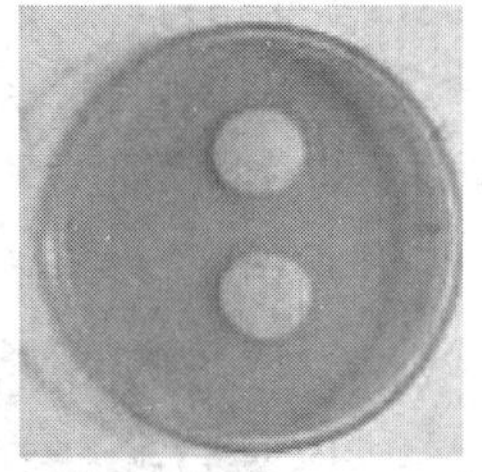

啤酒酵母

图 4-7　酵母菌菌落形态

5. 酵母菌的应用

酵母菌和人类生活生产有着密切关系，既可以为人类带来益处，也可能对人类造成危害，如引起人和动植物的疾病。白色假丝酵母菌（*Candida albicans*）是人体微生物区系的正常成分，但许多诱发因素会导致它变成致病菌，引发鹅口疮、皮肤病、气管炎、肺炎等。

酵母菌有发酵型和氧化型两种。发酵型的酵母菌发酵能力强，能发酵糖类成为乙醇（或甘油、甘露醇、有机酸、维生素及核苷酸等）和二氧化碳，适用于发面做面包、馒头和酿酒。氧化型酵母菌则无发酵能力或发酵能力弱而氧化能力强，可以应用于环境治理。如拟酵母属和毕赤酵母属对正葵烷、十六烷氧化能力强；热带假丝酵母和阴沟假丝酵母氧化烷烃类的能力最强；拟酵母属、白色假丝酵母、类酵母的阿氏囊霉属、短梗霉属等在石油加工工业中起到积极作用，被用于石油脱蜡，降低石油的凝固点等。酵母菌往往含有高蛋白，回收的酵母菌菌体可以作为饲料；在环境污染治理中，一些油脂废水、残糖废水等可以利用酵母菌进行生物处理并获得饲料酵母。

4.4.2　霉菌

凡在基质上长成绒毛状、棉絮状或蜘蛛网状的丝状真菌，统称为霉菌。霉菌在自然界中广泛存在，与人类的生活和生产关系密切。

1. 霉菌的形态与大小

典型的霉菌是由分枝和不分枝的菌丝交织在一起形成的菌丝体。菌丝分为营养菌丝和气生菌丝，营养菌丝（基内菌丝）伸入培养基内或匍匐在培养基表面，主要功能是摄取营养和排除废物；气生菌丝具有繁殖功能，其上长出分生孢子梗和分生孢子。霉菌菌丝直径约 3～10μm，而其长度可以是无限的。菌丝可分为有横膈和无横膈两种类型。此外，菌丝可产生色素而具有不同颜色。

霉菌与放线菌均为丝状体结构，它们之间的区别在于霉菌为真核细胞而放线菌为原核细胞，另外菌丝的粗细也不一样，放线菌较细，直径约为 0.2～0.8μm。

2. 霉菌的细胞结构

大多数霉菌为多细胞，少数种类为单细胞。在显微镜下区别单细胞和多细胞很容易，可以通过观察是否有横隔来判断。若菌丝内有横隔将菌丝分为若干段，则每一段为一个含有细胞质和单核或多核的菌丝细胞，该霉菌为多细胞的类型，如曲霉、青霉、镰刀霉、木霉等；反之，则为单细胞种类，如根霉、毛霉等。霉菌的营养菌丝及孢子丝见图 4-8。

霉菌细胞由细胞壁、细胞质膜、细胞核、细胞质及内含物等组成。大多数霉菌的细胞壁含有几丁质，少数水生霉菌的细胞壁内有纤维素。霉菌菌丝内往往有多个细胞核存在。老龄细胞会出现大液泡和各种储藏物质，如肝糖、异染颗粒、脂肪粒等。

3. 霉菌的繁殖

霉菌的繁殖主要是借助孢子进行的（图 4-9）。无性生殖时，霉菌产生分生孢子或借助菌丝的片段繁殖。有性生殖时，霉菌产生有性孢子，进行结合生殖，产生有性结构（子囊、担子等）。

图 4-8 霉菌的营养菌丝及孢子丝

图 4-9 霉菌的分生孢子

4. 霉菌的培养特征

霉菌的菌落有明显的特征，外观上很容易辨认。霉菌的菌落呈圆形、绒毛状、絮状或蜘蛛网状。霉菌菌落大，有无限生长的能力（蔓延至整个平板）；菌落疏松，可较易挑取（图 4-10）。由于许多霉菌会产生色素，水溶性色素进入培养基内，使菌落背面带有颜色，往往不同于正面的颜色。霉菌喜欢生长在偏酸型（pH 值为 4.5～6.5）的环境，适宜温度为 20～30℃ ，腐生（异养），好氧。

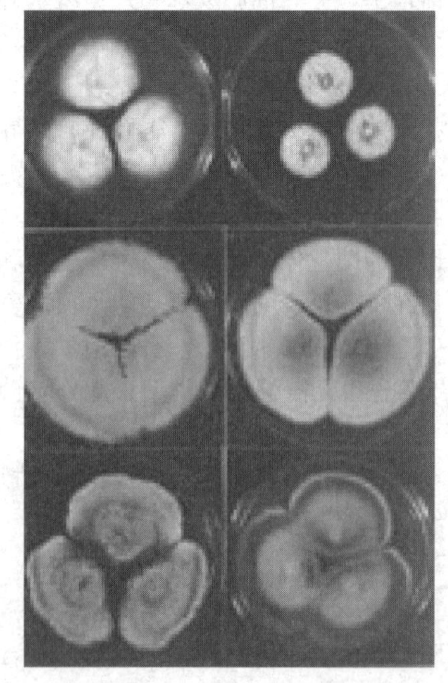

图 4-10 霉菌的菌落形态

5. 霉菌的应用

人类对霉菌的认识和利用，可以追溯到很久以前的古代，利用霉菌制酱、制曲；近代，随着对霉菌研究的深入，新的应用领域不断被开发，如利用霉菌生产各种有机酸、抗生素以及酶制剂等。

霉菌也会给人类带来危害，其中最常见的就是由于霉菌造成的人、动物和植物的疾病。如马铃薯晚疫病在 19 世纪中叶曾摧毁了欧洲的绝大多数马铃薯，并引起饥荒；人类也深受霉菌造成的类似表皮感染、癣症等的危害。霉菌还会造成物品的损坏，包括食品、木材、棉布、皮革等。

霉菌具有很强的分解有机物的能力，在环境治理中，霉菌经常被用来处理纤维素、半纤维素、单宁等难降解的物质。另外，也有报道称可利用镰刀霉处理含氰化物的废水，其对废水中氰化物的去除效率可达 90%以上。当然，在活性污泥系统中，丝状真菌的过量繁殖会引起“污泥膨胀”的问题。

4.4.3 伞菌

伞菌属于大型真菌，其特征是产生肉质的伞状子实体，也是人们通常能见到的部分。伞菌多属于担子菌，其双核菌丝形成结构复杂的子实体，子实体里通过菌丝结合方式产生囊状担子和最终外生的四个担孢子，这类子实体称为担子果。少数伞菌能进行无性繁殖，主要是产生粉孢子和厚垣孢子，它们可萌发产生菌丝体。

伞菌大多腐生于土壤、枯枝落叶、树木或生于粪肥上，有少数寄生于其他大型真菌，也有的可与植物共生形成菌根。

常见的伞菌有伞菌属（*Agaricus*）、香菇属（*Lentinus*）、鹅膏属（*Amanita*）。

伞菌是一类重要的真菌，既包括有益菌，也包括有害菌。其中的食用菌（图 4-11）、药用菌（图 4-12）的栽培已经发展成为相当规模的产业，为人们提供了大量味道鲜美、营养丰富的健康食品以及各种药材。

图 4-11　常见食用菌

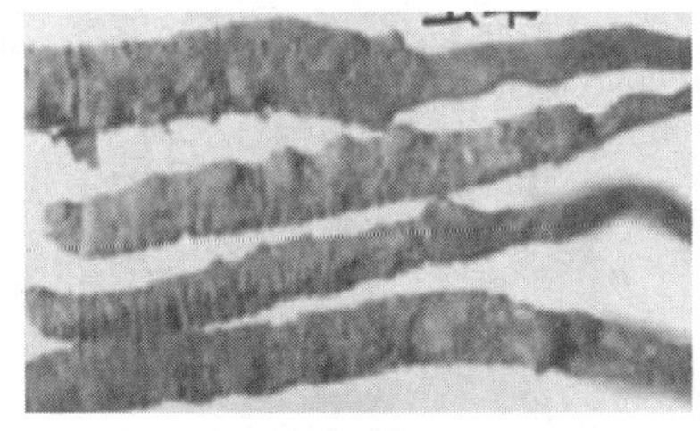

冬虫夏草

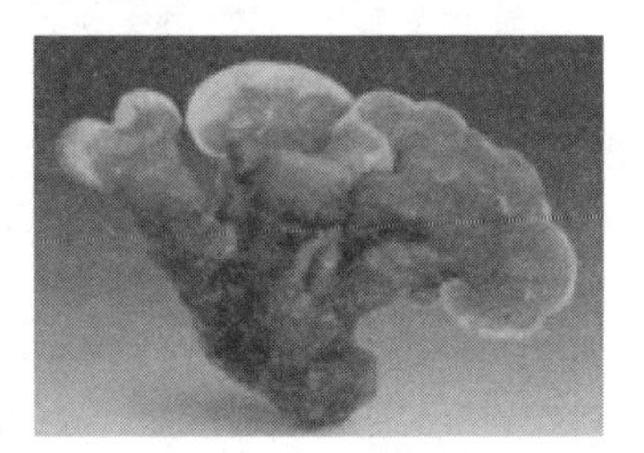

灵芝

图 4-12　常见药用菌

但是有些伞菌是有毒的，因食用野生蘑菇中毒甚至死亡的事故时有所闻，所以在采集和食用时必须十分小心（图 4-13）。另外，利用无毒有机废水（如淀粉废水）培养食用菌，既能处理废水，又能获得食用菌。

图 4-13　常见的有毒蘑菇

思考题

1. 从细胞大小、结构、生理特性等方面，比较真核微生物与原核微生物的异同。
2. 原生动物在水处理中有什么作用？
3. 水体富营养化与哪些藻类有关？
4. 解释寄生、腐生和共生的概念。
5. 真菌包括哪些微生物？在废水生物处理中起什么作用？

第 5 章　微生物的营养与代谢

5.1　微生物的营养

微生物的营养是微生物生理学的重要研究领域，阐明营养物质在微生物生命活动过程中的生理功能以及微生物细胞从外界环境摄取营养物质的具体机制是微生物营养的主要研究内容。为了生存，微生物必须从环境吸收营养物质，通过新陈代谢将这些营养物质转化成自身新的细胞物质或代谢物，并从中获取生命活动必需的能量，同时将代谢活动产生的废物排出体外。那些能够满足微生物机体生长、繁殖和完成各种生理活动所需的物质称为营养物质，而微生物获得和利用营养物质的过程称为营养。营养物质是微生物生存的物质基础，而营养是微生物维持和延续其生命形式的一种生理过程。

5.1.1　微生物细胞的化学组成及所需的营养物质

1. 微生物细胞的化学组成（图 5-1）

（1）水分

微生物机体质量的 70%～90%为水分，其余 10%～30%为干物质。不同类型的微生物水分含量不同。例如，细菌含水 75～85g/100g，酵母菌含水 70～85g/100g，霉菌含水 85～90g/100g，芽孢含水 40g/100g。

（2）干物质

微生物机体的干物质由有机物和无机盐组成。有机物占干物质质量的 90%～97%，包括碳水化合物、蛋白质、脂肪、核酸等。无机盐占干物质质量的 3%～10%，包括 P、S、K、Na、Ca、Mg、Fe、Cl 和微量元素 Cu、Mn、Zn、B、Mo、Co、Ni 等。C、H、O、N 是所有生物体的有机元素。碳水化合物和脂肪由 C、H、O 组成，蛋白质由 C、H、O、N、S 组成，核酸由 C、H、O、N、P 组成。

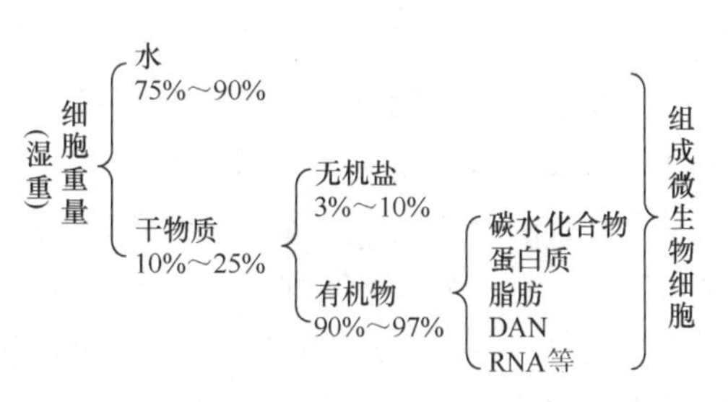

图 5-1　微生物细胞的化学组成

（3）微生物细胞内元素的比例

在正常情况下，各种微生物细胞的化学组成较稳定。一般可用实验式表示细胞内主要元素的含量。微生物细胞主要化学元素组成的实验式分别为：细菌为 $C_5H_7NO_2$，真菌为 $C_{10}H_{17}NO_6$，藻类为 $C_5H_8NO_2$，原生动物为 $C_7H_{14}NO_3$。

组成微生物细胞的各类化学元素的比例常因微生物种类的不同而各异，也常随菌龄及培养条件的不同而在一定范围内发生变化。幼龄的比老龄的微生物含氮量高，在氮源丰富的培养基上生长的细胞比在氮源相对贫乏的培养基上生长的细胞含氮量高。

2. 微生物的营养物质

凡是能够满足机体生长、繁殖和完成各种生理活动所需要的物质称为微生物的营养物质。微生物获得与利用营养物质的过程称为营养。微生物需要从外界获得营养物质，而这些营养物质主要以有机和无机化合物的形式为微生物所利用，也有小部分以分子态的气体形式被微生物利用。这些营养物质在机体中的作用可概括为参与细胞组成、构成酶的活性成分、构成物质运输系统和提供机体进行各种生理活动所需要的能量。根据营养物质在机体中生理功能的不同，可将它们分为碳源、氮源、能源、无机盐、生长因子和水分6大类。

(1) 碳源

碳源是在微生物生长过程中为微生物提供碳素来源的物质。碳源物质在细胞内经过一系列复杂的化学变化后成为微生物自身的细胞物质（如糖类、脂、蛋白质等）和代谢产物，碳可占一般细菌细胞干质量的一半。同时，绝大部分碳源物质在细胞内生化反应过程中还能为机体提供维持生命活动所需的能源，因此碳源物质通常也是能源物质。但是有些以 CO_2 作为唯一或主要碳源的微生物生长所需的能源则并非来自碳源物质。

微生物对碳素化合物的需求是极为广泛的，根据碳素的来源不通，可将碳源物质分为无机碳源物质（二氧化碳和碳酸盐等）和有机碳源物质（糖类、有机酸、醇、脂类、烃类等）。微生物利用的碳源物质主要有糖类、有机酸、醇、脂类、烃、二氧化碳以及碳酸盐等。微生物利用碳源物质具有选择性，糖类是一般微生物较容易利用的良好碳源和能源物质，但微生物对不同糖类物质的利用也有差别，单糖（葡萄糖、果糖）胜于双糖（蔗糖、麦芽糖、乳糖）和多糖，例如在以葡萄糖和半乳糖为碳源的培养基中，大肠杆菌首先利用葡萄糖，然后利用半乳糖，前者称为大肠杆菌的速效碳源，后者称为迟效碳源；己糖胜于戊糖；葡萄糖、果糖胜于甘露糖、半乳糖；在多糖中，淀粉明显地优于纤维素或几丁质等纯多糖；纯多糖则优于琼脂等杂多糖和其他聚合物（如木质素）。

工业生产中应用最广泛的碳源是谷物淀粉（玉米、马铃薯、木薯淀粉）以及麸皮、米糠、酒糟等，微生物分泌水解淀粉、糊精的酶类，将其水解为葡萄糖。

不同种类微生物利用碳源物质的能力也有差别。有的微生物能广泛利用各种类型的碳源物质，而有些微生物可利用的碳源物质则比较少，例如假单胞菌属（*Pseudomonas*）中的某些种可以利用多达90种以上的碳源物质，因此假单胞菌属的细菌在废水的生物处理中发挥着重要的作用。而一些甲基营养型微生物只能利用甲醇或甲烷等一碳化合物作为碳源物质。有些微生物能够利用可生化性差的碳源，例如卡诺氏菌可以将氰类物质作为碳源，高效降解含氰废水。

Biolog法是目前已知的研究微生物代谢功能多样性很有力的方法，通过微生物对多种碳底物的不同利用类型来反应微生物群落的功能多样性。其原理为：细菌在利用碳源过程中产生的自由电子，与四唑染料发生还原显色反应，颜色的深浅可以反映微生物对碳源的利用程度。由于微生物对不同碳源的利用能力很大程度上取决于微生物的种类和固有性质，因此在一块微平板上同时测定微生物对不同单一碳源的利用能力，就可以鉴定纯种微生物或比较分析不同的微生物群落，从而得出其微生物群落水平多样性。

(2) 氮源

氮源物质为微生物提供氮素来源，这类物质主要用来合成细胞中的氨基酸和碱基，进而合成蛋白质，核酸等细胞成分以及含氮的代谢产物。

无机氮源一般不作为能源，只有少数自养微生物能利用铵盐、硝酸盐同时作为氮源与能源。在碳源物质缺乏的情况下，某些厌氧微生物在厌氧条件下可以利用某些氨基酸作为能源物质。有机氮源物质包括蛋白质及其不同程度的降解产物（胨、肽、氨基酸等）、铵盐、硝酸盐、分子氮、嘌呤、嘧啶、脲、胺、酰胺、氰化物等。在实验室配置微生物的培养基中经常会添加牛肉膏和蛋白胨作为氮源，工业生产中常用的氮源包括尿素、玉米浆、饼粕等。

根据对氮源要求的不同，将微生物分为 4 类：

1）固氮微生物。这类微生物能利用空气中的氮分子（N_2）合成自身的氨基酸和蛋白质。如固氮菌、根瘤菌和固氮蓝细菌。

2）利用无机氮作为氮源的微生物。这类能利用氨（NH_3）、铵盐（NH_4^+）、亚硝酸盐、硝酸盐的微生物有亚硝化细菌、硝化细菌、大肠杆菌、产气杆菌、枯草杆菌、铜绿色假单胞菌、放线菌、霉菌、酵母菌及藻类等。

3）需要某种氨基酸作为氮源的微生物。这类微生物叫氨基酸异养微生物。如乳酸细菌、丙酸细菌等。它们不能利用简单的无机氮化物合成蛋白质，而必须供给某些现成的氨基酸才能生长繁殖。

4）从分解蛋白质中取得铵盐或氨基酸的微生物。这类微生物如氨化细菌、霉菌、酵母菌及一些腐败细菌，它们都有分解蛋白质的能力，产生 NH_3、氨基酸和肽，进而合成细胞蛋白质。

（3）能源

能源指能为微生物的生命活动提供最初能量来源的化学物质或辐射能。由于各种异养型微生物的能源就是碳源，因此微生物的能源比较简单。

根据来源不同可以把能源分为两类：一是化学物质，化能有机异养型微生物的能源为有机物，与它们的碳源相同。化能无机自养型微生物的能源为无机物，与它们的碳源物质不同。二是辐射能，是光能自养型和光能异养型微生物的能源。

化能无机自养型微生物的能源都是一些还原态的无机物，例如 NH_4、NO_2、S、H_2S、H_2 和 Fe^{2+} 等。能利用这种能源的微生物都是一些原核生物，包括亚硝酸细菌、硝酸细菌、硫化细菌、硫细菌、氢细菌和铁细菌等。

在微生物生长过程中，某一种营养物质具有一种以上营养要素的功能，比辐射能指具备能源这一种功能；还原态无机养料具备双功能，如 NH^{4+} 既是硝酸盐细菌的能源，又是氮源；N·C·H·O 类营养物质可同时兼有几种营养要素的功能，比如氨基酸既可以作为某些微生物的碳源和氮源，又是能源。

（4）无机盐

无机盐是微生物生长必不可少的一类营养物质，它们为机体生长提供必需的金属元素。无机盐的生理功能包括：1）构成细胞的组成组分；2）参与酶的组成；3）酶的激活剂；4）调节合适的渗透压；5）自养型细菌的能源。

微生物需要的无机盐有磷酸盐、硫酸盐、氯化物、碳酸盐、碳酸氢盐以及含有钠、钾、镁、铁等金属的化合物。这些无机盐中含有除碳、氮源以外的各种元素。凡是生长所需浓度在 10^{-3}～10^{-4}mol/L 范围内的元素，可称为大量元素，例如 P、S、K、Mg、Ca、Na 和 Fe 等，微生物对 P 和 S 的需求量最大，见表 5-1。凡是所需浓度在 10^{-6}～10^{-8}mol/L 范围内的元素则称为微量元素，如 Cu、Zn、Mn、Ni、Mo 和 Co 等，微量元素一般参与酶的组成或使酶活化。值得注意的是，许多微量元素是重金属，如果它们过量，就会对机体产生毒害作用，而且单独一种微量元素过量产生的毒害作用更大，因此有必要将培养基中微量元素的量控制在正常范围内，并注意各种微量元素之间保持恰当比例。Fe 实际上是介于大量元素与微量元素间的。

无机盐及其生理功能 **表 5-1**

元素	化合物形式（常用）	生理功能
磷	KH_2PO_4，K_2HPO_4	核酸、核蛋白、磷脂、辅酶及 ATP 等高能分子的成分，作为缓冲系统调节培养基 pH 值
硫	$(NH_4)_2SO_4$，$MgSO_4$	含硫氨基酸（半胱氨酸、甲硫氨酸等）、维生素的成分，谷胱甘肽可调节胞内氧化还原电位
镁	$MgSO_4$	己糖磷酸化酶、异柠檬酸脱氢酶、核酸聚合酶等活性中心组分，叶绿素和细菌叶绿素成分
钙	$CaCl_2$，$Ca(NO_3)_2$	某些酶的辅因子，维持酶（如蛋白酶）的稳定性，芽孢和某些孢子形成所需，建立细菌感受态所需
钠	NaCl	细胞运输系统组分，维持细胞渗透压，维持某些酶的稳定性
钾	KH_2PO_4，K_2HPO_4	某些酶的辅因子，维持细胞渗透压，某些嗜盐细菌核糖体的稳定因子
铁	$FeSO_4$	细胞色素及某些酶的组分，某些铁细菌的能源物质，合成叶绿素、白喉毒素所需

（5）生长因子

生长因子通常指那些微生物生长所必需而且需要量很小，但有些微生物不能用简单的碳源和氮源自行合成的有机化合物。生长因子分为维生素、氨基酸与嘌呤及嘧啶三大类。维生素主要作为酶的辅基或辅酶参与新陈代谢。有些微生物自身缺乏合成某些氨基酸的能力，必须在培养基中补充这些氨基酸。嘌呤和嘧啶作为酶的辅酶或辅基，以及用来合成核苷、核苷酸和核酸。

各种微生物需求的生长因子的种类和数量是不同的。多数真菌、放线菌和不少细菌等都不需要外界提供生长因子，而是自身能合成生长因子。有些微生物需要多种生长因子，例如乳酸细菌需要多种维生素，许多微生物及其营养缺陷型都需要不同的氨基酸或嘌呤、嘧啶碱基。还有些微生物在代谢过程中会分泌大量的维生素等生长因子，可作为维生素等的生产菌。使自身能合成这两种物质，不需外加这两种生长因子。有时对某些微生物生长所需的生长因子不清楚时，在配培养基时，一般可用生长因子含量丰富的天然物质做原料以保证微生物对它们的需要，例如酵母膏、玉米浆、牛肉浸膏、麦芽汁等新鲜动植物的汁液。

碳源、氮源、无机盐、生长因子及水为微生物共同需要的物质。由于不同微生物细胞的元素组成比例不同，对各营养元素的比例要求也不同，这里主要指碳氮比（或碳氮磷比）。如根瘤菌要求碳氮比为 11.5∶1，固氮菌要求碳氮比为 27.6∶1，霉菌要求碳氮比为 9∶1，土壤中微生物混合群体要求碳氮比为 25∶1。废水生物处理中好氧微生物群体（活性污泥）要求碳氮磷比为 BOD_5∶N∶P 为 100∶5∶1，厌氧消化污泥中的厌氧微生物群体对碳氮磷比要求 BOD_5∶N∶P 为 100∶6∶1；有机固体废物、堆肥发酵要求的碳氮比为 30∶1，碳磷比为（75～100）∶1。为了保证废水生物处理和有机固体废物生物处理的效果，要按碳氮磷比配给营养。城市生活污水能满足活性污泥的营养要求，不存在营养不足的问题。但有的工业废水缺某种营养，当营养量不足时，应供给或补足。可用粪便污水或尿素补充氮，用磷酸氢二钾补充磷。

（6）水分

水是微生物生长必不可少的。水在细胞中的生理功能主要有：

1）微生物细胞的组成成分；

2）是细胞营养物质和代谢产物的溶剂，运输介质；

3）是细胞内各种生化反应的良好介质，营养物质的吸收和代谢产物的分泌以水为介质才能完成；

4）水还能维持微生物细胞膨压，维持蛋白质、核酸等生物大分子稳定的天然构象；

5）水具有较高的比热，稳定细胞内的环境温度。

微生物利用废水营养的情况

微生物往往优先利用易被吸收的有机物质。如果这种物质的量已经满足要求，它就不再利用其他的物质了。在工业废水的生物处理中，常加入生活污水补充工业废水中某些物质的不足。加多少酌情而定，否则不利于工业废水的处理。因为生活污水中的有机物比工业废水中的有机物易被吸收利用。

5.1.2 微生物的营养类型

根据微生物对各种碳源的同化能力的不同可把微生物分为无机营养微生物（又叫自养型微生物）和有机营养微生物（又叫异养型微生物）。又根据微生物所需的能量来源不同可把微生物分为光能营养型微生物和化能营养型微生物。总之，根据碳源、能源及电子供体性质的不同，可将绝大部分微生物的营养类型分为光能无机营养型（又叫光能自养型）、光能有机营养型（又叫光能异养型）、化能无机营养型（又叫化能自养型）及化能有机营养型（又叫化能异养型）四种类型，见表5-2。

微生物的营养类型划分 **表5-2**

营养类型	电子供体	碳源	能源	举例
光能无机营养型	H_2、H_2S、S、H_2O、$Na_2S_2O_3$	CO_2	光能	绿硫细菌、蓝细菌、藻类
化能无机营养型	H_2、H_2S、NH_4^+、NO_2^-、Fe^{2+}	CO_2	化学能（无机物氧化）	氢细菌、硫化细菌、硝化细菌等
光能有机营养型	有机物	有机物	光能	红螺细菌
化能有机营养型	有机物	有机物	化学能（有机物氧化）	全部真核微生物、绝大多数细菌

1. 光能无机营养型

这类型的微生物在生长繁殖过程中不需要有机物，能以 CO_2 作为唯一碳源或主要碳源，利用光能作为能源，以水、硫化氢、硫代硫酸钠作为供氢体同化 CO_2 为细胞物质。根据供氢体的不同又可分为两类。一类是各种光合细菌如红硫细菌和绿硫细菌以 H_2S 作为供氢体，依靠叶绿素或细菌叶绿素，利用光能进行循环光合磷酸化，所产生的ATP和还原力用于同化 CO_2，这种光合作用是不产氧的光合作用。另一类蓝细菌和绿色藻类则以 H_2O 作为供氢体，依靠叶绿素，利用光能同化 CO_2 进行非循环光合磷酸化的产氧光合作用。

2. 化能无机营养型

这类型的微生物不具光合色素，不进行光合作用。能利用无机营养物（NH_4^+、NO_2^-、H_2S、S、H_2 和 Fe^{2+} 等）氧化分解释放的能量，以 CO_2 或碳酸盐作为主要碳源或唯一碳源合成有机物，以构成细胞物质，进行生长。绝大多数化能自养菌是好氧菌。常见的化能自养菌有硝化细菌、硫化细菌、氢细菌与铁细菌等，它们广泛分布在土壤与水域环境中，在物质转换过程中起重要作用。

3. 光能有机营养型

这种类型的微生物以光为能源，以有机物为供氢体和碳源，还原 CO_2 合成有机物。这类细菌又称有机光合细菌，能够利用低分子有机物迅速增殖，利用此菌净化高浓度的有机废水，结合活性污泥法具有较高的净化效率，在废水处理中具有非常重要的作用。这类微生物进行的也是循环光合磷酸化和不产氧的光合作用。如广泛分布在湖泊、池塘和淤泥中的红螺菌（*Rhodos pirillum rubrum*），在缺氧时能利用有机酸、醇等简单的有机物作为供氢体，同时该菌含有蛋白质 65%，和大量的氨基酸、抗生素。常用工业废水和农业废弃物培养该菌，既保护了环境消除污染，又生产了单细胞蛋白变废为宝。

4. 化能有机营养型

这类微生物的碳源、能源和供氢体都是有机物。利用有机物氧化分解释放的能量进行生命活动。目前已知的微生物大多数属于这种营养类型，如大肠杆菌、枯草杆菌、链霉菌、根霉、曲霉。根据它们利用有机物性质的不同，又可分为腐生型和寄生型两类，前者可利用无生命的有机物（如动植物尸体和残体）作为碳源，后者则寄生在活的生物体内吸取营养物质。在寄生型和腐生型之间还存在一些中间类型，如兼性寄生型和兼性腐生型。

应当指出，不同营养类型之间的界限并非绝对的。异养微生物并非绝对不能利用 CO_2，只是不能以 CO_2 为唯一或主要碳源进行生长，而且在有机物存在的情况下也可将 CO_2 同化为细胞物质。同样自养型微生物也并非不能利用有机物进行生长。另外，有些微生物在不同生长条件下生长时，其营养类型也会发生改变。如红螺菌在光和厌氧条件下能利用光能同化 CO_2，此时是光能营养型。而在黑暗和有氧条件下则利用有机物分解所产生的能量，此时是化能营养型。

5.1.3 培养基

培养基是人工配制的适合于不同微生物生长繁殖或积累代谢产物的营养基质。在实验中，我们经常用培养基来培养各种细菌进行科学研究。

1. 配制培养基的原则

(1) 选择适宜的营养物质

总体而言，所有微生物生长繁殖均需要培养基含有碳源、氮源、无机盐、生长因子、水及能源，但不同的微生物有不同的营养要求，应根据不同微生物的营养需要配制不同的培养基。如自养微生物有较强的合成能力，能从简单的无机物合成本身需要的糖类、脂类、蛋白质、核酸、维生素等复杂的细胞物质，因此，培养自养型微生物的培养基完全可以由简单的无机物组成。

就微生物主要类型而言，有细菌、放线菌、真菌、原生动物、藻类及病毒之分，培养它们所需的培养基各不相同。在实验室中牛肉膏蛋白胨培养基（或简称普通肉汤培养基）是一种应用最广泛和最普通的细菌基础培养基，其配方如下：牛肉膏（3g）、蛋白胨（10g）、NaCl（5g）、琼脂（18～20g）、水（1000mL）、pH 值为 7.0～7.2；用高氏一号合成培养基培养放线菌，其配方如下：可溶性淀粉（20g）、KNO_3（1g）、K_2HPO_4（0.5g）、$MgSO_4 \cdot 7H_2O$（0.5g）、NaCl（0.05g）、$FeSO_4 \cdot 7H_2O$（0.01g）、琼脂（20g）、pH 值为 7.4～7.6；培养真菌一般用马铃薯糖培养基，其配方如下：马铃薯（200g）、葡萄糖或蔗糖（20g）、琼脂（18～20g）、水（1000mL）、pH 值为自然。

（2）各营养物质的浓度及配比合适

微生物对各类营养物质的浓度和比例有一定的要求，只有各种营养物质的浓度和比例合适时，微生物才能生长良好。营养物质浓度过低时不能满足微生物正常生长所需，浓度过高时对微生物生长起抑制作用，例如高浓度无机盐和重金属离子等不仅不能维持和促进微生物的生长，反而起到抑制或杀菌作用。在各种营养物质浓度的比例关系中，碳氮比的影响最为重要。

（3）控制培养条件

微生物的生长除受营养因素的影响外，还受 pH 值、氧化还原电位、渗透压、氧分压以及 CO_2 浓度的影响，因此为了保证微生物正常生长，还需控制这些环境条件。

各类微生物生长繁殖或产生代谢产物的最适 pH 条件各不相同，一般来讲，细菌与放线菌适于在 pH 值为 7～7.5 范围内生长，酵母菌和霉菌通常在 pH 值为 4.5～6 范围内生长。值得注意的是，在微生物生长繁殖和代谢过程中，由于营养物质被分解利用和代谢产物的形成与积累，会导致培养基 pH 值发生变化，若不对培养基 pH 值条件进行控制，往往导致微生物生长速度和代谢产物产量降低。因此，为了维持培养基 pH 值的相对恒定，通常在培养基中加入 pH 值缓冲剂。

不同类型微生物生长对氧化还原电位（Φ）的要求不一样，好氧性微生物在 Φ 值为＋0.1V 以上时可正常生长，一般以＋0.3～＋0.4V 为宜；厌氧性微生物只能在 Φ 值低于＋0.1V 条件下生长；兼性厌氧微生物在 Φ 值为＋0.1V 以上时进行好氧呼吸，在＋0.1V 以下时进行发酵。

（4）经济节约

在配制培养基时应尽量利用廉价且易于获得的原料作为培养基成分，特别是在发酵工业中，培养基用量很大，利用低成本的原料更体现出其经济价值。例如，在微生物单细胞蛋白的工业生产过程中，常常利用糖蜜（制糖工业中含有蔗糖的废液）、乳清（乳制品工业中含有乳糖的废液）、豆制品工业废液及黑废液（造纸工业中含有戊糖和己糖的亚硫酸纸浆）等都可作为培养基的原料。再如，工业上的甲烷发酵主要利用废水、废渣做原料，而在我国农村，已推广利用人畜粪便及禾草为原料发酵生产甲烷作为燃料。另外，大量的农副产品，如麸皮、米糠、玉米浆、酵母浸膏、酒糟、豆饼、花生饼、蛋白胨等都是常用的发酵工业原料。

（5）灭菌处理

要获得微生物纯培养，必须避免杂菌污染，因此应对所用器材及工作场所进行消毒与灭菌。对培养基而言，更是要进行严格的灭菌。对培养基一般采取高压蒸汽灭菌，用 1.05kg/cm^2，121.3℃，15～30min 可达到灭菌目的。在高压蒸汽灭菌过程中，长时间高温会使某些不耐热物质遭到破坏，如使糖类物质形成氨基糖、焦糖，因此含糖培养基常用 0.56kg/cm^2，112.6℃15～30min 进行灭菌，对某些对糖要求较高的培养基，可先将糖进行过滤除菌或间歇灭菌，再与其他已灭菌的成分混合；长时间高温还会引起磷酸盐、碳酸盐与某些阳离子（特别是钙、镁、铁离子）结合形成难溶性复合物而产生沉淀，因此，在配制用于观察和定量测定微生物生长状况的合成培养基时，常需在培养基中加入少量螯合剂，避免培养基中产生沉淀而影响 OD 值的测定，常用的螯合剂为乙二胺四乙酸（EDTA）。还可以将含钙、镁、铁等离子的成分与磷酸盐、碳酸盐分别进行灭菌，然后再混合，避免形成沉淀；高压蒸汽灭菌后，培养基 pH 值会发生改变（一般使 pH 值降低），可根据所培养微生物的要求，在培养基灭菌前后加以调整。在配制培养基过程中，泡沫的存在对灭菌处理极为不利，因为泡沫中的空气形成隔热层，使泡沫中微生物难以被杀死。因而有时需要在培养基中加入消泡剂以减少泡沫的产生，或适当提高灭菌温度，延长灭菌时间。

2. 培养基的分类

（1）按物理状态划分

根据培养基的物理状态可将培养基划分为固体培养基、半固体培养基和液体培养基三种类型：

1）液体培养基

未加凝固剂呈液态的培养基称为液体培养基。这种培养基的组分均匀，微生物能充分接触和利用培养基中的养料，在用液体培养基培养微生物时，通过振荡或搅拌可以增加培养基的通气量，同时使营养物质分布均匀。它常用于大规模的工业生产以及在实验室进行微生物生理代谢等基本理论的研究。

2）半固体培养基

在液体培养基中加入 0.5%～1%的凝固剂，例如用琼脂作凝固剂时，只加入 0.2%～0.7%的琼脂。半固体培养基在微生物实验中有许多独特的用途，如观察微生物的运动、噬菌体效价测定、微生物趋化性的研究、厌氧菌的培养及菌种保藏等。

3）固体培养基

在液体培养基中加入 2%左右的凝固剂，使其成为固体状态即为固体培养基。另外，一些由天然固体基质制成的培养基也属于固体培养基。如马铃薯块、生产食用菌的棉籽壳培养基等。

常用的凝固剂有琼脂、明胶和硅胶。对绝大多数微生物而言，琼脂是最理想的凝固剂，琼脂是由藻类（海产石花菜）中提取的一种高度分支的多缩半乳糖。琼脂对微生物无毒性，其熔点是 96℃，凝固点是 45℃，所以在一般微生物的培养温度下呈固体状态，并且除少数外，微生物不水解琼脂。配制固体培养基时一般需在液体培养基中加入 1%～2%的琼脂。明胶是由胶原蛋白制备得到的产物，但由于其凝固点太低，而且某些细菌和许多真菌产生的非特异性胞外蛋白酶能液化明胶，目前较少用它作为凝固剂。硅胶是无机的硅酸钠和硅酸钾被盐酸及硫酸中和时凝聚而成的胶体，它不含有机物，适用于配制培养无机营养型微生物的培养基。

在实验室中，固体培养基一般是加入平皿中制成平板或加入试管中凝成斜面。用于微生物的分离、鉴定、活菌计数及菌种保藏等。

（2）按化学组成划分

根据培养基的化学组成可将培养基划分为天然培养基、合成培养基和半合成培养基三种类型：

1）天然培养基

这类培养基主要以化学成分还不清楚或化学成分不恒定的天然有机物组成，多来源于动物、植物、细菌或它们的提取液，牛肉膏蛋白胨培养基就属于此类。

常用的天然有机营养物质包括牛肉浸膏、蛋白胨、酵母浸膏、豆芽汁、玉米粉、土壤浸液、麸皮、牛奶、血清、稻草浸汁、羽毛浸汁、胡萝卜汁、椰子汁等。天然培养基成本较低，营养丰富、配制容易，除在实验室经常使用外，也适于用来进行酸奶、饮料酒、腐乳、酱类等工业上大规模的微生物发酵生产。

2）合成培养基

合成培养基是由化学成分完全了解的物质配制而成的培养基，也称化学限定培养基。高氏1号培养基和查氏培养基就属于此种类型。配制合成培养基时重复性强，但与天然培养基相比其成本较高，微生物在其中生长速度较慢，一般适于在实验室用来进行有关微生物营养需求、代谢、分类鉴定、生物量测定、菌种选育及遗传分析等方面的研究工作。

3）半合成培养基

半合成培养基又称半组合培养基，指用天然原料加入一定的化学试剂配制而成的培养基，或在合成培养基的基础上添加某些天然成分，如马铃薯等，使之更充分满足微生物对营养物质的要求。培养真菌的马铃薯蔗糖培养基就属于此种类型。其中天然成分提供碳源、氮源和生长素，化学试剂补充各种无机盐。

（3）按用途划分

根据培养基的用途可将培养基划分为基础培养基、选择培养基和加富培养基以及鉴别培养基四种类型：

1）基础培养基

尽管不同微生物的营养需求各不相同，但大多数微生物所需的基本营养物质是相同的。基础培养基是含有一般微生物生长繁殖所需的基本营养物质的培养基。牛肉膏蛋白胨培养基是最常用的基础培养基。基础培养基也可以作为一些特殊培养基的基础成分，再根据某种微生物的特殊营养需求，在基础培养基中加入所需营养物质。

2）选择培养基

用来将某种或某类微生物从混杂的微生物群体中分离出来的培养基。根据不同种类微生物的特殊营养需求或对某种化学物质的敏感不同，在培养基中加入相应的特殊营养物质或化学物质，抑制不需要的微生物的生长，有利于所需微生物的生长。选择培养基是依据某些微生物的特殊营养需求设计的，例如，利用以苯酚或多环芳烃作为唯一碳源的选择培养基，可以从混杂的微生物群体中分离出能降解苯酚或多环芳烃的微生物。现代基因克隆技术中也常用选择培养基，在筛选含有重组质粒的基因工程菌株过程中，利用质粒上具有的对某种（些）抗生素的抗性选择标记，在培养基中加入相应抗生素，就能比较方便地淘汰非重组菌株，以减少筛选目标菌株的工作量。

3）加富培养基

加富培养基也称为营养培养基，即在基础培养基中加入某些特殊营养物质制成的一类营养丰富的培养基。这些特殊营养物质包括血液、血清、酵母浸膏、动植物组织液等。加富培养基一般用来培养营养要求比较苛刻的异养微生物，如培养百日咳博德氏菌需要含有血液的加富培养基。加富培养基还用来富集和分离某种微生物，这是因为加富培养基含有某种微生物所需的特殊营养物质，该种微生物在这种培养基中较其他微生物生长速度快，并逐渐富集而占优势，逐步淘汰其他微生物，从而容易达到分离该种微生物的目的。从某种意义上讲，加富培养基类似选择培养基，两者区别在于，加富培养基是用来增加所要分离的微生物的数量，使其形成生长优势，从而分离到该种微生物；选择培养基则一般是抑制不需要的微生物的生长，使所需要的微生物增殖，从而达到分离所需微生物的目的。

4）鉴别培养基

鉴别培养基根据物理化学因素的反应特性设计的可借助肉眼直接判断微生物的培养基，用于鉴别不同类型微生物。在基础培养基中加入某种特殊化学物质，某种微生物在培养基中生长后能产生某种代谢产物，而这种代谢产物可以与培养基中的特殊化学物质发生特定的化学反应，产生明显的特征变化，根据这种特征性变化，可将该种微生物与其他微生物区别开来。鉴别培养基主要用于微生物的快速分类鉴定，以及分离和筛选产生某种代谢产物的微生物菌种。常用的一些鉴别培养基见表 5-3。

一些常见鉴别培养基 **表 5-3**

培养基名称	加入化学物质	微生物代谢产物	培养基特征性变化	主要用途
酪素培养基	酪素	胞外蛋白酶	蛋白水解圈	鉴别产蛋白酶菌株
明胶培养基	明胶	胞外蛋白酶	明胶液化	鉴别产蛋白酶菌株
油脂培养基	食用油、土温、中性红指示剂	胞外脂肪酶	由淡红色变成深红色	鉴别产脂肪酶菌株
淀粉培养基	可溶性淀粉	胞外淀粉酶	淀粉水解圈	鉴别产淀粉酶菌株
H_2S 试验培养基	醋酸铅	H_2S	产生黑色沉淀	鉴别产 H_2S 菌株
糖发酵培养基	溴甲酚紫	乳酸、醋酸、丙酸等	由紫色变成黄色	鉴别肠道细菌
远藤氏培养基	碱性复红、亚硫酸钠	酸、乙醛	带金属光泽深红色菌落	鉴别水中大肠菌群
伊红美蓝培养基	伊红、美蓝	酸	带金属光泽深紫色菌落	鉴别水中大肠菌群

在实际应用中，有时需要配制既有选择作用又有鉴别作用的培养基。如当要分离金黄色葡萄球菌时，在培养基中加入 7.5%NaCl、甘露糖醇和酸碱批示剂，金黄色葡萄球菌可耐高浓度 NaCl，且能利用甘露糖醇产酸。因此能在上述培养基生长，而且菌落周围颜色发生变化，则该菌落有可能是金黄色葡萄球菌，再通过进一步鉴定加以确定。

又如伊红美蓝培养基 EMB（Eosin Methylene Blue），其中的伊红和美蓝两种苯胺染料可抑制革兰氏阳性细菌的生长。在低酸度下，这两种染料会结合并形成沉淀，起着产酸指示剂的作用。因此，试样中多种肠道细菌会在 EMB 培养基平板上产生易于用肉眼识别的多种特征性菌落，尤其是大肠埃希氏菌，因其能强烈分解培养基中的乳糖产生大量混合酸，菌体表面带正电荷被伊红染成红色，再与美蓝接合，故使菌体染上紫黑色，且从菌体表面的反射光中还可看到绿色金属闪光，其他几种产酸力弱的肠道菌的菌落也会呈现相应的棕色；如肠杆菌属（*Enterobacter*）、克雷伯氏菌属（*Klebsiella*）、哈夫尼菌属（*Hafnia*）等，而在碱性环境中不分解乳糖产酸的细菌不着色，伊红和美蓝不能结合，故菌落为无色或琥珀色半透明，如变形菌属（*Proteus*）、沙门氏菌属（*Salmonella*）、志贺氏菌属（*Shigella*）等

（4）其他

除上述四种主要类型外，培养基按用途划分还有很多种，比如：分析培养基（assay medium）常用来分析某些化学物质（抗生素、维生素）的浓度，还可用来分析微生物的营养需求；还原性培养基（reduced medium）专门用来培养厌氧型微生物；组织培养物培养基（tissue-culturemedium）含有动、植物细胞，用来培养病毒、衣原体（*Chlamydia*）、立克次氏体（*Rickettsia*）及某些螺旋体（*Spirochaeta*）等专性活细胞寄生的微生物。尽管如此，有些病毒和立克次氏体目前还不能利用人工培养基来培养，需要接种在动植物体内、动植物组织中才能增殖。常用的培养病毒与立克次氏体的动物有小白鼠、家鼠、豚鼠和鸡胚。

5.1.4 营养物质的吸收和运输

培养基的营养物质只有被微生物吸收到细胞内，才能被微生物逐步分解与利用。另外微生物在生长过程中又会不断地产生一些代谢产物，这些产物只有及时地被分泌到细胞外，避免它们在胞内积累产生毒害作用，微生物才能维持其正常生长。营养物质的吸收与代谢产物的分泌都涉及物质运输这个基本问题。除一些原生动物、微型后生动物外，微生物没有专门的摄食器官或细胞器。各种营养物质依靠细胞质膜的功能进出细胞。营养物质进出细胞也受细胞壁的屏障作用的影响。革兰阳性细菌由于细胞壁结构较为紧密，对营养物质的吸收有一定的影响，相对分子质量大于10000的葡聚糖难以通过这类细菌的细胞壁。真菌和酵母菌细胞壁只能允许相对分子质量较小的物质通过。

营养物质能否进入细胞取决于三个方面的因素：（1）营养物质本身的性质（相对分子量、质量、溶解性、电负性、极性等）；（2）微生物所处的环境（温度、pH值和离子强度等）；（3）微生物细胞的透过屏障（原生质膜、细胞壁、荚膜及黏液层等）。不同营养物质进入细胞的方式不同，概括有4种方式：单纯扩散、促进扩散、主动运输、基团转位。

1. 单纯扩散

单纯扩散是营养物质通过细胞膜由高浓度的胞外（内）环境向低浓度的胞内（外）进行扩散。单纯扩散是物理过程，营养物质既不与膜上的各类分子发生反应，自身分子结构也不发生变化。扩散过程不需要消耗代谢能，营养物质扩散的动力来自参与扩散的物质在膜内外的浓度差。杂乱运动的、水溶性的溶质分子通过细胞膜中含水的小孔从高浓度区向低浓度区扩散。这种扩散是非特异性的，扩散速度慢。脂溶性物质被磷脂层溶解而进入细胞。

由于膜主要是由磷脂双层和蛋白质组成，并且膜上分布有含水小孔，膜内外表面为极性表面，和一个中间疏水层。因此影响扩散的因素有营养物质的分子大小、溶解性（脂溶性或水溶性）、极性大小、膜外pH值、离子强度与温度等因素。一般是分子量小、脂溶性、极性小、温度高时营养物质容易吸收。而pH值与离子强度是通过影响物质的电离强度而起作用的。

通过单纯扩散而进入细胞的营养物质的种类不多，水是唯一可以通过扩散自由通过细胞质膜的分子，脂肪酸，乙醇、甘油、苯、一些气体小分子（O_2、CO_2）及某些氨基

酸在某种程度上也可通过扩散进出细胞。还没有发现糖分子通过单纯扩散而进入细胞的例子。单纯扩散不是细胞获取营养物质的主要方式，因为细胞既不能通过这种方式来选择必需的营养成分，也不能将稀溶液中的溶质分子进行逆浓度梯度运送，以满足细胞的需要。

2. 促进扩散

促进扩散与单纯扩散相类似，也是一种被动的物质跨膜运输方式，物质在进出细胞的过程中不消耗能量，物质本身分子结构也不发生变化，不能进行逆浓度运输。促进扩散与单纯扩散的一个主要差别是，在物质的运输过程中必需借助于膜上底物特异性载体蛋白（carrier protein）的参与（图 5-2）。由于载体蛋白的作用方式类似于酶的作用特征，载体蛋白也称为渗透酶（permease）。透过酶大多是诱导酶，只有在环境中存在机体生长所需的营养物质时，相应的透过酶才合成。载体蛋白可以通过改变构象来改变其与被运送物质的亲和力：在膜的外侧时亲和力大，与营养物质结合，携带营养物质通过细胞质膜；而在膜的内侧时亲和力小，释放此物质，它本身再返回细胞质膜外表面。通过载体蛋白与被运送物质之间亲和力大小的变化，载体蛋白与被运送的物质发生可逆性的结合与分离，导致物质穿过膜进入细胞。载体蛋白加速了营养物质的运输。细胞质膜上有多种渗透酶，一种渗透酶运输一类物质通过细胞质膜进入细胞。通过促进扩散进入细胞的营养物质主要有氨基酸、单糖、维生素及无机盐等，多见于真核生物，如酵母菌中糖的运输。

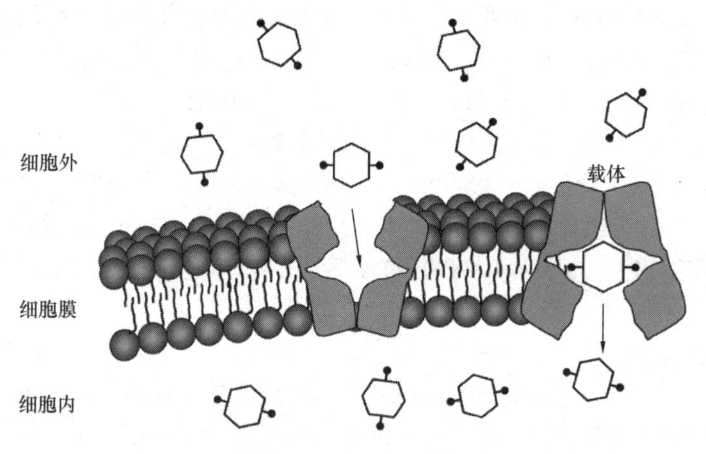

图 5-2　促进扩散示意图

3. 主动运输

主动运输是广泛存在于微生物中的一种主要的物质运输方式。与简单扩散及促进扩散这两种被动运输方式相比，主动运输的一个重要特点是在物质运输过程中需要消耗能量，而且可以进行逆浓度运输。主动运输与促进扩散类似之处在于物质运输过程中同样需要载体蛋白，载体蛋白通过构象变化而改变与被运输物质之间的亲和力大小，使两者之间发生可逆性结合与分离，从而完成相应物质的跨膜运输，区别在于主动运输过程中的载体蛋白构象变化需要消耗能量。直接用于改变载体蛋白构象的能量是由细胞质膜两侧的电势差产生的，该电势差是由膜两侧的质子（或其他离子如钠离子）浓度差形成（图 5-3）。厌氧微生物中，ATP 酶水解 ATP，同时伴随质子向胞外排出；好氧微生物进行有氧呼吸时，电子在电子传递链上的传递过程中伴随质子外排；光合微生物吸收光能后，光能激发产生的电子在电子传递过程中也伴随质子外排；嗜盐古菌紫膜上的细菌视紫红质吸收光能后引起蛋白质分子中某些化学基团的 pK 值发生变化，导致质子迅速转移，在膜内外建立质子浓度差。膜内外质子浓度差的形成，使膜处于充电状态，即形成能化膜。电势差又促使膜外的质子（或其他离子）向膜内转移，在转移的过程中伴随着渗透酶构象的改变和物质的运输。

主动运输的渗透酶有单向转运载体、同向转运载体和反向转运载体 3 种。主动运输的机制有单向运输、同向运输和反向运输 3 种。

单向运输是指在膜内外的电势差消失过程中，促使某些物质（如 K^+）通过单向转运载体携带进入细胞；同向运输是指某些物质（如 HSO_4^-）与质子与同一个同向运输载体的两个不同位点结合按同一方向进行运输，质子作为耦合离子和营养物质耦合；反向运输是指某些物质（如 Na^+）与质子通过同一反向运输载体按相反的方向进行运输。不同的营养物质在不同的微生物中通过不同的主动运输机制进入细胞。

微生物在生长与繁殖过程中所需要的各种营养物质主要是以主动运输的方式运输的。通过主动运输进入细胞的物质有氨基酸、糖、无机离子（K^+、Na^+）、硫酸盐、磷酸盐及有机酸等。

4. 基团转位

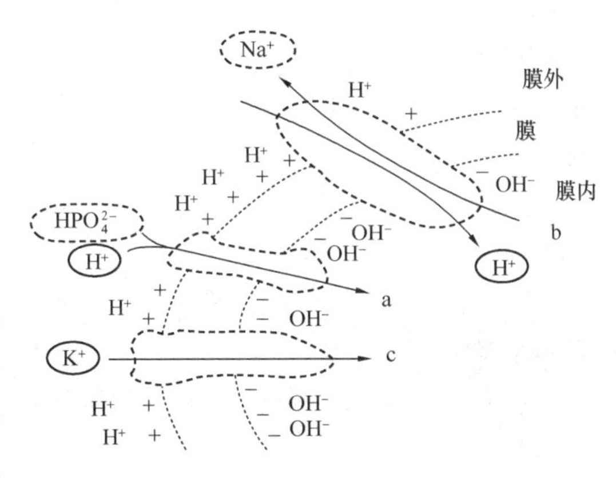

图 5-3　主动运输示意图

基团转位也是一种既需特异性载体蛋白又需耗能的运输方式，但物质在运输前后会发生分子结构的变化，因而不同于上述的主动运输。基团转位存在于厌氧型和兼性厌氧型细菌中，在好氧型细菌、古菌和真核生物中尚未发现这种运输方式。基团转位主要用于糖的运输，脂肪酸、核苷、碱基、嘌呤等也可通过这种方式运输。基团转位需要一个复杂的运输酶系统来完成物质的运输。以大肠杆菌对葡萄糖的吸收为例，被运输到细胞内的葡萄糖被磷酸化，其中的磷酸来自细胞内的磷酸烯醇式丙酮酸（PEP）。运输的机制是依靠磷酸烯醇式丙酮酸-己糖磷酸转移酶系统，简称磷酸转移酶系统（phosphotransferase system，PTS）。PTS 通常由五种蛋白质组成，包括酶Ⅰ、酶Ⅱ和一种低相对分子量的热稳定蛋白质（HPr）。在糖的运输过程中，PEP 上的磷酸基团逐步通过酶Ⅰ、HPr 的磷酸化与去磷酸化作用，最终在酶Ⅱ的作用下转移到糖，生成磷酸糖放于细胞质中（图 5-4）。糖可以通过基团转位的方式进入细胞，也可以通过主动运输的方式进入细胞，而主动运输的方式主要存在于好氧细菌及其他好氧的微生物中。

PEP-P＋HPr→HPr-p＋酶Ⅰ→酶Ⅰ＋丙酮酸

酶Ⅰ-P＋HPr→酶Ⅲ＋酶Ⅰ

HPr-P＋酶Ⅲ→酶Ⅲ-P＋HPr

糖＋酶Ⅲ-P→糖-P＋酶Ⅲ

微生物营养运输系统的多样性使一个细胞能同时运输多种营养物质，为微生物广泛分

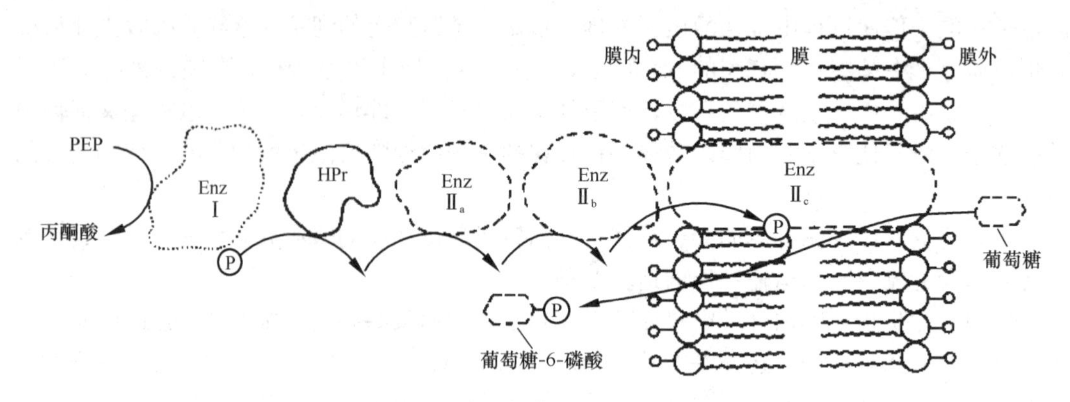

图 5-4　大肠杆菌 PTS 运输系统

布于自然界提供了可能，四种运送营养方式的对比见表 5-4。

四种运送营养方式的比较　　　　**表 5-4**

比较项目	单纯扩散	促进扩散	主动运输	基团移位
特异载体蛋白	无	有	有	有
运送速度	慢	快	快	快
溶质运送方向	由浓至稀	由浓至稀	由稀至浓	由稀至浓
平衡时内外浓度	内外相等	内外相等	内部浓度高	内部浓度高
运送分子	无特异性	特异性	特异性	特异性
能量消耗	不需要	需要	需要	需要
运送前后溶质分子	不变	不变	不变	改变
载体饱和效应	无	有	有	有
与溶质类似物	无竞争性	有竞争性	有竞争性	有竞争性
运送抑制剂	无	有	有	有
运送对象举例	水、甘油、乙醇、O_2、CO_2、少数氨基酸盐类、代谢抑制剂	SO_4^{2-}、PO_4^{3-}、糖（真核生物）	乳糖等糖类、氨基酸、Ca^{2+}、Na^{+}等无机离子	葡萄糖、甘露糖、果糖、脂肪酸、嘌呤和核苷等

5.2　酶及其作用

酶是生物体内合成的，催化生物化学反应的，并传递电子、原子和化学基团的生物催化剂。其催化效率比一般的无机催化剂高得多，一般高达千倍、万倍，乃至千万倍。微生物的营养和代谢需要在酶的参与下才能正常进行。微生物的种类繁多，其酶的种类也多。

由于其基本成分是蛋白质，由氨基酸组成，所以也具有蛋白质所有的各种特性，例如，具有很大的相对分子质量，呈胶体状态而存在，为两性化合物，有等电点，不耐高热并易被各种毒物所钝化或破坏，有其作用的最适、最高、最低的温度和酸碱度等。

酶是一种催化剂，因此它的作用特点具有一般催化剂的共性：用量少而催化效率高；能加快化学反应速率，但不改变化学反应的平衡点；可降低反应活化能。但是酶是特殊的生物催化剂，所以它又有普通催化剂没有的作用特点。除了前面提到的高度的催化效率、专一性和可逆性等三点外，还有反应的温和性，就是说酶作用一般只要求比较温和的条件，如在常温、常压、接近中性的酸碱度等条件下即可发挥酶的催化能力，高温、高压、强酸或强碱条件反而易使酶活性破坏甚至丧失。最后一点是酶活力的可调节性。即酶活力受许多因素的影响和调控，如抑制剂、激活剂，必须与辅酶或辅基结合才发挥作用等。

5.2.1 酶及其命名和分类

1. 酶的命名

酶的名称，可根据它的作用性质或它的作用物质（即基质）而命名。例如，促进水解作用的各种酶统称水解酶，促进氧化还原作用的各种酶统称氧化还原酶，水解蛋白质的酶称为蛋白酶，水解脂肪的酶称为脂肪酶等，这是习惯命名法。这种命名法比较直观和简单，但缺乏系统性，有时会出现一酶数名和一名数酶的情况。为了适应酶学研究的发展，避免命名的重复，国际酶学委员会于1961年提出了一个系统命名法和系统分类法。系统命名法的原则是：每一种酶有一个系统名称。系统名称应明确标明酶的底物和催化反应的性质。若有两个底物，则应将两个底物同时列出，中间用冒号"："将它们隔开。如果底物之一是水时，可将水略去不写。举例来说，习惯名称为谷丙转氨酶，则系统名称是丙氨酸：a-酮戊二酸氨基转移酶。在科学文献中，为严格起见，一般使用酶的系统名称。但系统名称往往太长，也不利于记忆。为了方便起见，有时仍用酶的习惯名称。

2. 酶的分类

（1）根据酶的存在方式可将酶分为组成酶和诱导酶：

组成酶（固有酶）：不依赖底物或底物结构类似物的存在而合成的酶，大多数微生物的酶的产生与基质存在与否无关，在微生物体内都存在着相当的数量。

诱导酶（适应酶）：依赖于底物或底物结构类似物的存在而合成的酶，并非微生物所固有的，但在一定条件与物质存在的前提下可诱导产生，以适应新环境。诱导酶的产生在废水生物处理中具有重要意义。可以通过环境的诱导驯化产生能高效处理相应物质的微生物。

（2）根据酶的存在部位可将酶分为胞内酶和胞外酶：

胞内酶：在细胞内部起作用，催化细胞的合成和呼吸。

胞外酶：能透过细胞，作用于细胞外的物质（大分子），它们都是起催化水解作用的。

细菌无摄食器官，遇到的是简单的溶解物质，通过胞内酶的作用进行代谢；若遇到的是复杂的固体物质，利用胞外酶将吸附在细胞周围的大分子物质水解为简单的小分子物质进一步代谢利用。

（3）根据酶的组成成分可将酶分为简单蛋白质酶和结合蛋白质酶（全酶）：

简单蛋白质酶：酶分子中只有氨基酸残基组成的肽链。

结合蛋白质酶（全酶）：酶分子中除了多肽链组成的蛋白质，还有非蛋白成分，如金属离子、铁卟啉或含B族维生素的小分子有机物。

结合酶的蛋白质部分称为酶蛋白，非蛋白质部分统称为辅助因子，两者一起组成全酶；只有全酶才有催化活性，如果两者分开则酶活力消失。酶蛋白决定酶催化专一性，辅助因子通常是作为电子、原子或某些化学基团的载体决定反应的性质。

非蛋白质部分如铁卟啉或含 B 族维生素的化合物若与酶蛋白结合紧密，以共价键相连的称为辅基，用透析或超滤等方法不能使它们与酶蛋白分开；反之两者结合的比较松，以非共价键相连的称为辅酶，可用上述方法把两者分开。辅助因子有两大类，一类是金属离子，且常为辅基，起传递电子的作用；另一类是小分子有机化合物，主要起传递氢原子、电子或某些化学基团的作用。

结合酶中的辅助因子有多方面功能，它们可能是酶活性中心的组成成分；有的可能在稳定酶分子的构象上起作用，弥补氨基酸基团催化强度的不足，改变并稳定活性中心；有的可能改变底物化学键稳定性，作为桥梁使酶与底物相连接。辅酶与辅基在催化反应中作为氢（H^+ 和 e）或某些化学基团的载体，起传递氢或化学基团的作用，如参与氧化还原或运载酰基的作用，协助活性中心基团快速转移。

（4）根据酶促反应性质可将酶分为水解酶类、氧化还原酶类、转移酶类、异构酶类、裂解酶类、合成酶类 6 大类酶类：

1）氧化还原酶类

这类酶能引起基质的脱氢或受氢作用，产生氧化还原反应。催化氧化还原反应的酶称为氧化还原酶类，这类酶按供氢体的性质又分为氧化酶和脱氢酶。

脱氢酶类　脱氢酶能活化基质上的氢并转移到另一物质（中间受体 NAD），使基质因脱氢而氧化。不同的基质将由不同的脱氢酶进行脱氢作用。其反应通式为

$$CH_3CH_2OH + NAD \rightleftharpoons CH_3CHO + NADH_2$$

氧化酶类　氧化酶能活化分子氧（空气中的氧）作为电子受体而形成水，或催化底物脱氢，氢由辅酶（FAD 或 FMN）传递给活化的氧两者结合生成 H_2O_2。反应通式如下。

$$AH_2 + O_2 \rightleftharpoons A + H_2O_2$$

$$AH_2 + 1/2O_2 \rightleftharpoons A + H_2O$$

2）转移酶类（transferase）

这类酶能催化一种化合物分子上的基团转移到另一种化合物分子上。其反应通式为

$$AR + B \rightleftharpoons A + BR$$

式中的 R 是被转移的基团，包括氨基、醛基、酮基、磷酸基等。如谷丙转氨酶催化谷氨酸的氨基转移到丙酮酸上，生成丙氨酸和 a-酮戊二酸。

3）水解酶类（hydrolase）

这类酶能促进基质的水解作用及其逆行反应。其反应通式为

$$AB + H_2O \rightleftharpoons AOH + BH$$

4）裂解酶类（lyase）

裂解酶催化有机物裂解为小分子有机物。其反应通式为

$$AB \rightleftharpoons A + B$$

例如，羧化酶催化底物分子中的 C—C 键裂解，产生 CO_2；脱水酶催化底物分子中 C—O 键裂解，产生 H_2O；脱氨酶催化底物分子中的 C—N 键裂解，产生氨；醛缩酶催化底物分子中的 C—C 键裂解，产生醛。

5）异构酶类（isomerase）

异构酶催化同分异构分子内的基团重新排列。其反应通式为

$$A \rightleftharpoons A'$$

例如，葡萄糖异构酶催化葡萄糖转化为果糖的反应。

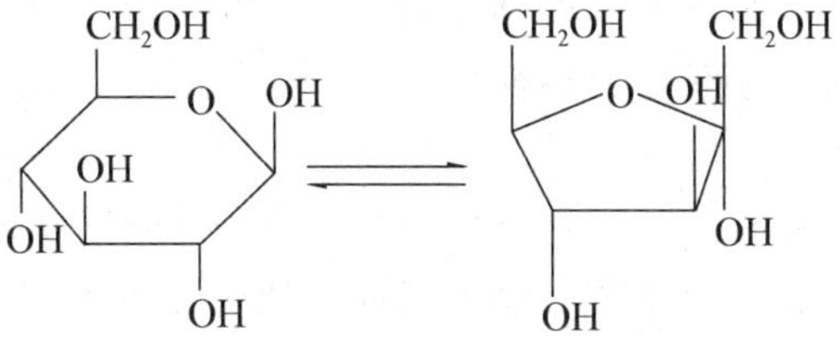

6）合成酶类（syntheses）

合成酶催化底物的合成反应。蛋白质和核酸的生物合成都需要合成酶参与，需要消耗ATP以获取能量。反应通式为

$$A+B+ATP \rightleftharpoons AB+ADP+Pi$$

或

$$A+B+ATP \rightleftharpoons AB+AMP+PPi\text{（无机焦磷酸）}$$

5.2.2　酶的作用特性

1. 酶的作用特点

酶是一类催化剂，具有一般催化剂的特征：在化学反应前后没有质和量的改变；只能催化热力学上允许进行的反应；只加速可逆反应的进程，不改变平衡点；对可逆反应的正反应和逆反应都具有催化作用。但酶的化学本质是蛋白质，又具有一般催化剂所没有的特征。

（1）量少，催化效率高

酶的催化效率通常比非催化反应高 10^8～10^{20} 倍，比一般催化剂高 10^7～10^{13} 倍。研究表明，酶能更有效地降低反应的活化能，使参与反应的活化分子数量显著增加，从而大大提高酶的催化效率。

（2）专一性强

一种酶只能催化一种或一类化合物，或一种化学键，发生一定的化学反应，生成一定的产物，这种特性称为酶的专一性或特异性。根据酶对底物选择的严格程度不同，酶的专一性可分为三种类型。

1）绝对专一性：酶只作用于某一特定的底物，进行一种专一的反应，生成一种特定的产物，称为绝对专一性。

2）相对专一性：有些酶能作用于一类化合物或一种化学键，这种不太严格的选择性称为相对专一性。

3）立体异构专一性：有些酶对底物的立体构型有要求，仅作用于底物的一种立体异构体，这种特性称为酶的立体异构专一性。

（3）酶具有不稳定性

酶所催化的反应都是在比较温和的条件下进行的，如常温、常压、接近中性的环境等。由于酶的化学本质是蛋白质，任何能引起蛋白质变性的理化因素，如强酸、强碱、重金属盐、高温、紫外线、*X* 射线等均能影响酶的催化活性，甚至使酶完全失活。

（4）酶促反应具有可调节性

酶促反应受多种因素的调控，以适应内外环境变化和生命活动的需要。例如在细胞内酶的分布具有区域化；酶原的激活使酶在合适的环境被激活和发挥作用；代谢物对关键酶、变构酶的抑制与激活和酶的共价修饰等调节；酶的含量受到酶蛋白合成的诱导、阻遏与酶降解速率的调节；离体酶仍具有活性。

2. 酶的活性

酶活性即是酶活力，指催化一定化学反应的能力。反应速度越快，酶活性越高。

酶活力的度量单位：国际生化协会酶学委员规定：1 个酶活力单位是指在特定条件（25℃，最适 pH 值及底物浓度等）下，在 1min 内能转化 1 微摩尔底物的酶量，或是转化底物中 1 微摩尔的有关基团的酶量。

酶活力单位：用来表示酶活力大小的单位，通常用酶量来表示。其中一个称酶活力国际单位，规定为：在特定条件下，1min 内转化 1 微摩尔底物，或者底物中 1 微摩尔有关基团所需的酶量，称为一个国际单位（IU，又称 U）。另外一个国际酶学会议规定的酶活力单位是 Kat，规定为：在最适条件下，1s 能使 1 摩尔底物转化的酶量。

酶的比活力（specificactivity）：是指每毫克质量的蛋白质中所具有的某种酶的催化活力。是用来度量酶纯度的指标，是生产和酶学研究中经常使用的基本数据。在水处理中，常采用酶的比活力来判断不同来源污泥的活性大小。

5.2.3 酶促反应的影响因素及动力学

1. 酶促反应的动力学

酶催化的过程是一个两步过程，可用下式表达。

$$E+S \underset{K_3}{\overset{K_1}{\rightleftharpoons}} ES \underset{K_4}{\overset{K_2}{\rightleftharpoons}} E+P \qquad (5\text{-}1)$$

式中　E——酶；

S——基质；

ES——酶与基质的复合物；

P——产物；

K_1、K_2、K_3及K_4——各步反应的速率常数。

在这个两步反应中，后一步的速率显然是受前一步达到平衡时的速率所制约的，亦即后一步的速率必然小于前一步的速率，而且大量实验证实，前一步反应形成 ES 的反应速率远远大于后一步反应 ES 生成产物的速率。另外，产物 P 与正结合生成 ES 的速率很小，也就是 K_4 远小于 K_3，故可忽略。

根据后一步反应的速率，酶促反应生成产物的最终速率 v 为

$$v=K_3[ES] \qquad (5\text{-}2)$$

在上式中，由于 ES 是酶反应中间复合物，它的浓度往往是不知道的，因此，重要的是在弄清基质的浓度、酶浓度与 ES 的关系。

设：　$[E_0]$=酶的总浓度

$[S]$=基质的浓度

$[ES]$=酶与基质的复合物的浓度

则　$[E_0]-[ES]$=游离态酶的浓度

根据质量作用定律，式（5-1）反应中：

$$ES\text{生成反应的速率}=K_1\{[E_0]-[ES]\}[S]$$

$$ES\text{分解反应的速率}=K_2[ES]+K_3[ES]$$

在平衡时，可得出：

$$\frac{K_2+K_3}{K_1}=K_m=\frac{\{[E_0]-[ES]\}[S]}{[ES]}$$

$$[ES]=\frac{[E_0][S]}{K_m+[S]} \tag{5-3}$$

将此式与(5-2)合并，可得

$$v=\frac{K_3[E_0][S]}{K_m+[S]} \tag{5-4}$$

或

$$\frac{v}{[E_0]}=\frac{K_3[S]}{K_m+[S]} \tag{5-5}$$

$[E_0]$ 是 $[ES]$ 所能达到的最大极限，也就是说在 $[E_0]$ - $[ES]$ 时，所有的酶分子都被利用起来与基质形成了结合状态，显然也是酶促反应可以发挥出最大的催化潜力的状况。因此，若设 $v=K_3[E_0]$，则 v 就是酶促反应的最大速率，从而式（5-4）又可改写成

$$v=\frac{V[S]}{K_m+[S]} \tag{5-6}$$

这是研究酶反应动力学的一个最基本的公式，常称米-门公式（Michaehs-Menten 公式），它显示了反应速率与基质浓度之间的关系。

式中　v——反应速率；

$[S]$——基质浓度；

V——最大反应速率；

K_m——酶催化反应中中间复合物 ES 分解速率与生成速率常数之比，常称米氏常数。

当 $K_m=[S]$ 时，由式（5-6），可得：

$$v=\frac{V}{2} \tag{5-7}$$

即当基质浓度等于米氏常数时，酶促反应速率正好为最大反应速率的一半（图 5-5），故 K_m 又称半饱和常数。K_m 值越小，表示酶与底物的反应越趋于完全；K_m 值越大，表示酶与底物的反应越不完全。

K_m 是酶的特征性常数。它只与酶的种类和性质有关，而与酶浓度无关。K_m 值受 pH 值及温度的影响。如果同一种酶有几种底物就有几个 K_m 值，其中 K_m 值最小的底物一般称为该酶的最适底物或天然底物。K_m 值可近似地表示酶对底物亲和力的大小。如果 K_m 小，说明 ES 的生成趋势大于分解趋势，即酶与底物结合的亲和力高，不需很高的底物浓度就能达到最大反应速率 V；反之，K_m 值大，说明酶与底物结合的亲和力小。

如果 $[S]$ 远小于 K_m，则米门方程可简化为 $v=V/(K_m S)$，酶促反应为一级反应。如果 $[S]$ 远大于 K_m，则米-门方程又可简化为 $v=V$，反应呈零级反应（图 5-5）。

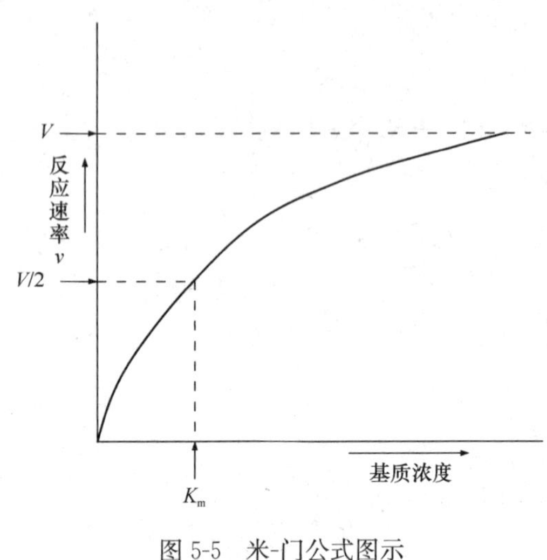

图 5-5　米-门公式图示

从图 5-5 中可以看到，在一定范围内反应速率随基质浓度的提高而加快，但当基质浓度很大时，就与基质浓度无关。这是因为酶促反应是分两步进行的，如式（5-1）所示。假如酶在反应进行过程中的浓度不变，当基质浓度很小时，则所有的基质都可与酶结合成复合物 ES，同时还有过剩的酶未与基质结合，此时再加基质，则可增加 ES 的浓度（亦即增加 ES 的分解速率），反应速率因而增加。若基质浓度很大，所有的酶都与基质结合成 ES，此时再加基质也不能增加 ES 的浓度，所以也就不能再提高反应的速率。

由式（5-4）表明，酶促反应速率与酶浓度 E_0 有关。酶浓度影响米-门方程中 V 的大小。因此，在水处理中为了加快反应速率，往往需培养尽可能多的细菌，提高酶浓度，从而增加反应器处理能力和速率。

求解 K_m 和 V 时，可以把式（5-6）取倒数变为以下形式。

$$\frac{1}{v}=\frac{K_m}{V}\cdot\frac{1}{S}+\frac{1}{V} \tag{5-8}$$

这是一个直线方程。很明显，可以利用基质浓度［S］与反应速率 v 的一些实验数据去估计最大反应速率 V 与米氏常数 K_m。这就是所谓的双倒数作图法。

米-门公式是从酶促反应中推导得出的，但它也适用于细菌生长的描述。

2. 影响酶活力的因素

由米-门公式可知：酶促反应速率受酶浓度［E］和底物浓度［S］的影响，也受温度、pH 值、激活剂和抑制剂的影响。

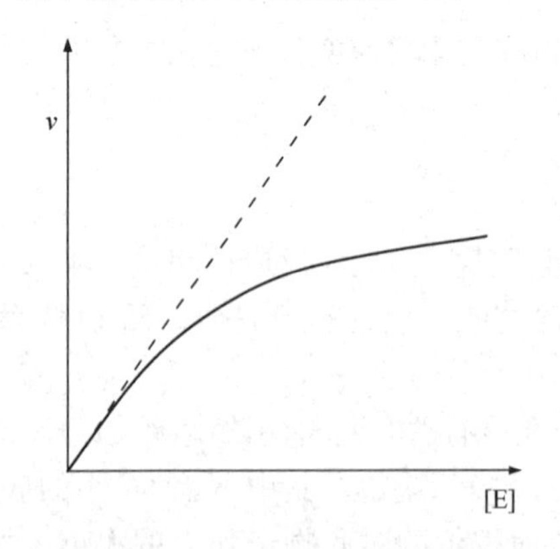

图 5-6　酶浓度与酶促反应速率的关系

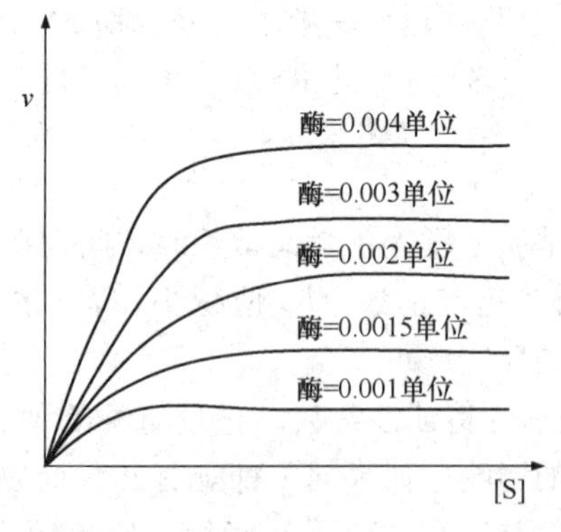

图 5-7　不同酶初始浓度下，底物浓度与酶促反应速率的关系

（1）温度对酶促反应速率的影响

各种酶在最适温度范围内，酶活性最强，酶促反应速率最大。在适宜的温度范围内，

温度每升高10℃，酶促反应速率可相应提高1～2倍。可用温度系数Q_{10}来表示温度对酶促反应的影响。Q_{10}表示温度每升高10℃，酶促反应速率随之可提高相应的因数。酶促反应的Q_{10}通常在1.4～2.0之间，小于无机催化反应和一般化学反应的Q_{10}。

要发挥酶最大的催化效率，必须保证酶有它最适宜的温度条件，每种酶都有自己的最适反应温度（能形成最大反应速度的温度）。高温会破坏酶蛋白，而低温又会使酶作用降低或停止。一般讲，动物组织中的各种酶的最适温度为37～40℃，微生物各种酶的最适温度在30～60℃，有的酶的最适温度则可达60℃以上，如黑曲糖化酶的最适温度为62～64℃。

在废水处理的污泥消化中，人们早就认识到控制温度的重要性。在污泥消化和生物滤池的设计中，也考虑了对于不同气候条件选择不同的设计数据。但对于活性污泥法曝气池的设计，温度因素还未加以考虑，这是因为它们的影响因素十分复杂，难以用数学方法来处理，其中与温度有关的主要因素有：所需曝气的时间，单位时间单位体积所需的氧气、溶解氧的变化。

（2）pH值对酶促反应速率的影响

酶在最适pH值范围内表现出活性，大于或小于最适pH值，都会降低酶的活性。对于不同的酶，pH值要求也不同。大多数酶的最适pH值为6～7。废水生物处理主要利用土壤微生物的混合群，应保持pH值为6～9之间。为什么pH值会影响酶的活力？因为酶的基本成分是蛋白质，是具有离解基团的两性电解质。它们的离解与pH值有关，电离形式不同，催化性质也就不同。例如，蔗糖酶只有处于等电状态时才具有酶活性，在酸或碱溶液中酶的活性都要减弱或丧失。此外，酶的作用还决定于基质的电离状况。例如，胃蛋白酶只能作用于蛋白质正离子，而胰蛋白酶则只能分解蛋白质负离子，所以胃蛋白酶和胰蛋白酶作用的最适pH值分别在比等电点偏酸或偏碱的一边。

pH值对酶活力的影响主要表现在两个方面：一方面，改变底物分子和酶分子的带电状态，从而影响酶和底物的结合；另一方面，过高、过低的pH值都会影响酶的稳定性，进而使酶遭到不可逆的破坏。

（3）底物浓度对酶促反应速率的影响

在生化反应中，若酶的浓度为定值，底物（基质）的起始浓度$[E_0]$较低时，酶促反应速率与底物浓度成正比，即随底物浓度[E]的增加而增加。当所有的酶与底物结合生成ES后，即使再增加底物浓度，中间产物浓度[ES]也不会增加，酶促反应速率也不增加。

从图5-7可看到：在底物浓度相同的条件下，酶促反应速率与酶的初始浓度$[E_0]$成正比。酶的初始浓度大，其酶促反应速率就大。

在实际测定中，即使酶浓度足够高，随着底物浓度的升高，酶促反应速率并没有因此增加，甚至受到抑制。其原因是：高浓度的底物降低了水的有效浓度，降低了分子扩散性，从而降低了酶促反应速率；过量的底物会与激活剂结合，降低了激活剂的有效浓度，也会降低酶促反应速率。过量的底物聚集在酶分子上，生成无活性的中间产物，不能释放出酶分子，从而也会降低反应浓度。

（4）酶浓度对酶促反应速率的影响

从米-门公式和图5-6可以看出：酶促反应速率与酶分子的浓度成正比。当底物分子浓度足够时，酶分子越多，底物转化的速率越快。在水处理中为了加快反应速度，往往需要培养尽可能多的细菌用以提高酶的总浓度，从而增加反应器的处理能力和速率。但事实证明，当酶浓度很高时，并不保持这种关系，曲线逐渐折向平缓。根据分析，这可能是高浓度的底物夹带有较多的抑制剂所致。

（5）毒物或抑制剂对酶促反应速率的影响

某些毒物或化学抑制剂也影响酶的活力。这种能减弱、抑制甚至破坏酶活性的物质称为酶的抑制剂。抑制剂对酶促反应的抑制可分为竞争性与非竞争性两类。与底物结构类似的物质争先与酶的活性中心结合，从而降低酶促反应速率，这种作用称为竞争性抑制。竞争性抑制是可逆性抑制，通过增加底物浓度最终可解除抑制，恢复酶的活性。与底物的结构类似的物质称为竞争性抑制剂。抑制剂与酶活性中心以外的位点结合后，底物仍可与酶活性中心结合，但酶不显示活性，这种作用称为非竞争性抑制。非竞争性抑制是不可逆的，增加底物浓度并不能解除对酶活性的抑制。与酶活性中心以外的位点结合的抑制剂，称为非竞争性抑制剂。不可逆抑制剂能与蛋白质化合形成不溶性盐类而沉淀，从而破坏酶的作用，如一些重金属盐类（Fe^{3+}、Hg^{2+}、Ag^{+}等），由于它们带正电而使酶蛋白沉淀。竞争性抑制剂是由于它的化学构造与基质很相似，因而争先与酶结合，以致减少了酶与正式基质结合的机会。

（6）激活剂对酶促反应速率的影响

能激活酶的物质称为激活剂。许多酶只有当某一种适当的激活剂存在时，才表现出催化或强化其催化活性，这称为对酶的激活作用。例如，金属离子的激活作用起了某种搭桥作用，它先与酶结合，形成酶-金属-底物的复合物。而某些酶被合成后呈现无活性状态，这种酶成为酶原。它必须经过适当的激活剂激活后才具有活性。

常见的激活剂有：

1）无机阳离子，如 Na^{+}、K^{+}、Rb^{+}、Cs^{+}、NH_4^{+}、Mg^{2+}、Ca^{2+}、Zn^{2+}、Cd^{2+}、Cu^{2+}、Mn^{2+}、Fe^{2+}、Co^{2+}、Ni^{2+}、Al^{3+}、Cr^{3+}；

2）无机阴离子，如 Cl^{-}、Br^{-}、I^{-}、CN^{-}、NO_3^{-}、S^{2-}、SO_4^{2-}、SeO_4^{2-}、AsO_4^{3-}、PO_4^{3-}；

3）有机化合物，如维生素 C、半胱氨酸、巯基乙酸、还原型谷胱甘肽、维生素 B_1、B_2 和 B_6 的磷酸酯，还有肠激酶。

5.2.4 微生物酶制剂

酶制剂是酶经过提纯、加工后的具有催化功能的生物水溶性酶，主要用于催化生产过程中的各种化学反应，具有催化效率高、高度专一性、作用条件温和、降低能耗、减少化学污染等特点，其应用领域遍布食品、纺织、饲料、洗涤剂、造纸、皮革、医药以及能源开发、环境保护等方面。将水溶性酶经过理、化处理与载体结合后形成的固相酶稳定性增加，可反复使用多次，且寿命长。几种常见酶制剂如下：

1. 碱性蛋白酶

碱性蛋白酶是由细菌原生质体诱变选育出的地衣芽孢杆菌 2709，经深层发酵、提取及精制而成的一种蛋白水解酶，其主要酶成分为地衣芽孢杆菌蛋白酶，是一种丝氨酸型的内切蛋白酶，它能水解蛋白质分子肽链生成多肽或氨基酸，具有较强的分解蛋白质的能力，广泛应用于食品、医疗、酿造、洗涤、丝绸、制革等行业。碱性蛋白酶是目前市场上流行的洗涤添加剂，能大幅度提高洗涤去污能力，特别对血渍、汗渍、奶渍、油渍等蛋白类污垢，具有独特的洗涤效果。

2. 脂肪酶

脂肪酶即三酰基甘油酰基水解酶，它催化天然底物油脂水解，生成脂肪酸、甘油和甘油单酯或二酯。脂肪酶基本组成单位仅为氨基酸，通常只有一条多肽链。它的催化活性仅仅决定于它的蛋白质结构。脂肪酶是一类具有多种催化能力的酶，可以催化三酰甘油酯及其他一些水不溶性酯类的水解、醇解、酯化、转酯化及酯类的逆向合成反应，除此之外还表现出其他一些酶的活性，如磷脂酶、溶血磷脂酶、胆固醇酯酶、酰肽水解酶活性等。脂肪酶不同活性的发挥依赖于反应体系的特点，如在油水界面促进酯水解，而在有机相中可以酶促合成和酯交换，在污废水处理领域中具有广泛的应用前景。

3. 纤维素酶

纤维素酶，是由多种水解酶组成的一个复杂酶系，自然界中很多真菌都能分泌纤维素酶。习惯上，将纤维素酶分成三类：C1 酶、Cx 酶和 β 葡糖苷酶。C1 酶是对纤维素最初起作用的酶，破坏纤维素链的结晶结构。Cx 酶是作用于经 C1 酶活化的纤维素、分解 β-1，4-糖苷键的纤维素酶。β 葡糖苷酶可以将纤维二糖、纤维三糖及其他低分子纤维糊精分解为葡萄糖。

4. 糖化酶

糖化酶又称葡萄糖淀粉酶，糖化酶是一种习惯上的名称，学名为 α-1,4-葡萄糖水解酶。糖化酶是由黑曲霉优良菌种，经深层发酵提取而成。外观浅棕色液体或黄褐色粉末，常应用于酒精、淀粉糖、味精、抗生素、柠檬酸、啤酒等工业以及白酒、黄酒。它能把淀粉从非还原性末端水解葡萄糖苷键产生葡萄糖，也能缓慢水解葡萄糖苷键，转化为葡萄糖。糖化酶是应用历史悠久的酶类，1500 年前，我国已经用糖化曲酿酒。

5. 淀粉酶

淀粉酶，是指能水解淀粉、糖原和有关多糖中的 O-葡萄糖键的酶。淀粉酶一般包括 α-淀粉酶与 β-淀粉酶。淀粉酶既作用于直链淀粉，亦作用于支链淀粉，无差别地随机切断糖链内部的 α-1,4-链。因此，其特征是引起底物溶液黏度的急剧下降和碘反应的消失，最终产物在分解直链淀粉时以葡萄糖为主，此外，还有少量麦芽三糖及麦芽糖。淀粉酶主要用作果汁加工中的淀粉分解和提高过滤速度以及蔬菜加工、糖浆制造、葡萄糖等加工制造。

5.3 微生物的代谢

一切生命现象都直接或间接与机体内进行的化学反应有关，即使是细胞的形态特征也不例外。例如，细菌细胞靠细胞壁维持外形，而细胞壁的坚韧性就与细菌肽聚糖等的合成有关。生物体进行的化学反应统称为代谢，它是推动一切生命活动的动力源。代谢包括合成代谢（组成代谢）与分解代谢。合成代谢又称同化作用或合成作用，是微生物不断从外界吸收营养物质，合成细胞物质的过程，在此过程中需要吸收能量。分解代谢又称异化作用或分解作用，是微生物将自身或外来的各种复杂有机物分解为简单化合物的过程，在此过程中有能量释放。合成代谢与分解代谢既有明显的差别，又紧密相关。分解代谢为合成代谢提供能量及原料；合成代谢又是分解代谢的基础。它们在生物体中偶联进行，相互对立而又统一，决定着生命的存在与发展。

5.3.1 微生物的呼吸

1. 呼吸作用的本质

生物体内的有机物在细胞内经过一系列的氧化分解，最终生成二氧化碳或其他产物，并且释放出能量的总过程，叫作呼吸作用。呼吸作用，是生物体在细胞内将有机物氧化分解并产生能量的化学过程，是所有的生物都具有一项生命活动，其中高等生物需要氧气完成呼吸作用，而细菌在有氧气或者无氧气的条件下均可完成呼吸作用。呼吸作用的本质是生物的氧化和还原的统一过程。即，在生物氧化中，呼吸基质脱下的氢和电子经载体传递，最终交给受体的生物学过程。生物的生命活动都需要消耗能量，这些能量来自生物体内糖类、脂类和蛋白质等有机物的氧化分解。生物体内有机物的氧化分解为生物提供了生命所需要的能量，具有十分重要的意义。

在呼吸作用中，三大营养物质：碳水化合物、蛋白质和脂质的基本组成单位——葡萄糖、氨基酸和脂肪酸，在酶的催化作用下被分解成更小的中间代谢产物。通过数个步骤，将能量转移到还原性氢中。最后经过一连串的电子传递链，氢被氧化生成水；原本贮存在其中的能量，则转移到 ATP 分子上，供生命活动使用。

（1）微生物产能的方式和种类

微生物进行生命活动需要能量，这些能量的来源主要是光能、化学能、机械能和光能，其中电能主要由电子移动产生；化学能来源于氧化有机物和无机物的化学反应中释放的能量；机械能依靠微生物运动产生的能力；光能为发光细菌特有产生。

（2）能量的消耗

微生物进行的一切生理活动需要消耗能量，生长时需要消耗能量，不生长时因维持生命状态也需要消耗能量。微生物产生的能量主要用于以下几个方面：

生物合成消耗能量微生物合成的 ATP 主要用于蛋白质、核酸、脂类和多糖等各种细胞物质和各种贮藏物质的合成，使微生物得以生长和繁殖。并且细胞内的核酸、蛋白质等大分子是处于不停的降解与合成状态的，用于这些大分子再生和转换的能量称为维持能量。

一些其他生命活动消耗能量微生物对营养物质的主动吸收、维持细胞渗透压、鞭毛运动、原生质流动以及细胞核分裂过程中染色体的分离等都需要消耗能量。

生物发光消耗能量到目前为止，在细菌、真菌和藻类中都发现有可发光的菌种存在。生物发光现象实质上是将化学能转变为光能的过程。该过程必须具备有发光素和发光素酶。

有些 ATP 以热的形式散失在需要 ATP 的合成反应中，ATP 水解时释放出的能量并非完全被利用，有些是以热的形式散失了。例如在进行微生物培养时，常表现出培养物自升温现象。因此，在发酵工业上常需降温设备来解决这个问题。

2. ATP 的生成方式

生物体的一切生命活动都是消耗能量的过程，因此能量代谢在新陈代谢中发挥着重要作用。不同的微生物产生能量的方式有所不同，各种能量形式都需要转换为一切生命活动都能使用的通用能源——ATP 后，才能被生物细胞直接利用。ATP 是机体内最重要的高能化合物。微生物产生 ATP 有 3 种方式，即氧化（或呼吸链）磷酸化、底物水平磷酸化和光合磷酸化。

（1）氧化磷酸化

好氧微生物呼吸时，通过电子传递体系产生 ATP 的过程。这种磷酸化的特点是当由物质氧化产生的质子和电子向最终电子受体转移时需经过一系列的氢和电子传递体，每个传递体都是一个氧化还原系统。这一系列氢和电子传递体在不同生物中大同小异，构成一条链，称其为呼吸链。流动的电子通过呼吸链时逐步释放出能量，该能量可使 ADP 生成 ATP。氧化磷酸化的过程表示为：

$$NADH+H^{+}+3ADP+3Pi+1/2O_2 \rightarrow NAD^{+}+4H_2O+3ATP$$

在呼吸链中，电子传递体主要由电子传递体系由 NAD（烟酰胺腺嘌呤二核苷酸）或 NADP（烟酰胺腺嘌呤二核苷酸磷酸）、FAD（黄素腺嘌呤二核苷酸）或 FMN（黄素单核苷酸）、辅酶 Q、细胞色素 b、细胞色素 c_1 等组成。呼吸链的这些酶系定向有序地、又是不对称地排列在真核微生物的线粒体内膜上，或排列在原核微生物的细胞质膜上。

电子传递水平磷酸化是经由呼吸链进行的。底物氧化时脱下的氢和电子首先交给 NAD^+ 生成 $NADH+H^+$（烟酰胺腺嘌呤二核苷酸），或交给 $NADP^+$ 生成 $NADPH+H^+$（烟酰胺腺嘌呤二核苷酸磷酸），后者经过转氢酶的作用也可以将氢转给 NAD^+ 生成 NAD-$PH+H^+$。也有的底物将脱下的氢和电子交给 FAD（黄素腺嘌呤二核苷酸）或 FMN（黄素单核苷酸）生成 $FADH_2$ 或 $FMNH_2$。然后 $NADH+H^+$ 或 $FADH_2$ 以及其他还原型载体上的氢原子以质子和电子的形式进入呼吸链，顺序传递至最终电子受体，同时偶联有 ATP 的产生。图 5-8 表示一条呼吸链的作用过程。电子传递磷酸化的效率通常用 P/O 来表示，P/O 代表每消耗一个氧原子所形成的 ATP 数。真核生物如酵母菌为 3，而细菌大约只可达到 1。

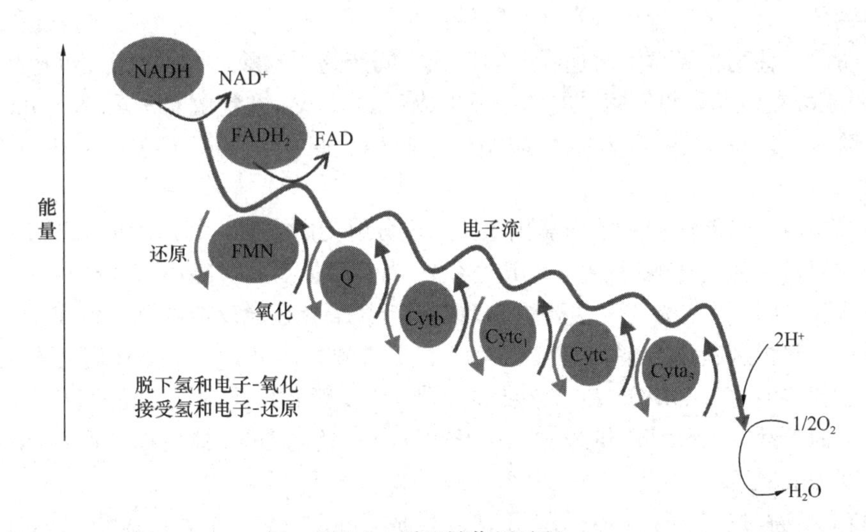

图 5-8 呼吸链作用过程

（2）底物水平磷酸化

厌氧微生物和兼性厌氧微生物在底物氧化过程中，产生一种含高自由能的中间体，这一中间体将高能键交给 ADP，使 ADP 磷酸化而生成 ATP。底物水平磷酸化作用与氧化磷酸化作用的区别在于底物水平磷酸化作用是指 ATP 的形成直接与一个中间代谢物上的磷酸基团转移相偶联，而氧化磷酸化作用是指 ATP 的生成基于电子传递相偶联的磷酸作用。

(3) 光合磷酸化光合磷酸化是将光能转变为化学能的过程。在这种转化过程中光合色素起着重要作用，光引起叶绿素、菌绿素或菌紫素逐出电子，通过电子传递产生 ATP。光合磷酸化生成 ATP 的方式为：

$$ADP + H_3PO_4 \longrightarrow ATP$$

$$AMP + 2H_3PO_4 \longrightarrow ATP$$

3. 细菌的呼吸类型

呼吸是大多数微生物产生能量（ATP）的方式，是指底物在氧化过程中脱下的氢或电子并不直接与中间代谢产物相耦联，而是通过一系列的电子传递过程，最终交给电子受体的生物学过程。呼吸作用是一种酶促氧化反应。虽名为氧化反应，不论有无氧气参与，都可称作呼吸作用（这是因为在化学上，有电子转移的反应过程，皆可称为氧化还原反应）。微生物体内发生的化学反应，基本上都是氧化还原反应。根据电子的最终受体是否为氧气，可将微生物的产能方式分为好氧呼吸和厌氧呼吸。

(1) 好氧呼吸（respiration）

当环境中存在足量的分子氧时，好氧微生物以游离的氧气（O_2）为最终电子受体，将底物彻底氧化分解，同时产生大量的能量。如自养微生物硫磺细菌氧化 H_2S，生成 H_2SO_4 和 ATP，异养微生物大肠杆菌氧化葡萄糖，最后将其彻底分解为 CO_2 和 H_2O，同时生成 ATP。在好氧呼吸过程中，基质被氧化较彻底，获得的 ATP 多，最终产物积累少。活性污泥法处理有机废水，即采用好氧呼吸。下面以葡萄糖为例介绍好氧呼吸的一般过程。

葡萄糖的有氧呼吸过程可分为 2 个阶段：

第一阶段，葡萄糖经糖酵解途径分解形成中间产物丙酮酸，同时产生 ATP 和 NADH $+H^+$，丙酮酸在丙酮酸脱氢酶系的作用下生成乙酰 CoA，并释放 CO_2 和 NADH$+H^+$；

第二阶段，乙酰 CoA 进入三羧酸循环，产生大量的 ATP、CO_2、NADH$+H^+$ 和 $FADH_2$。

将葡萄糖通过酶催化的一系列氧化还原反应分解为丙酮酸，并产生供给机体生命活动的能量的过程，称为糖酵解途径（EMP 途径）。如图 5-9 所示，糖酵解途径可分为两个步骤。第一步骤（图 5-9 步骤Ⅰ）主要是一系列不涉及氧化还原反应的预备性反应，包括葡萄糖的活化，并将六碳糖分解为三碳糖，产生 3-磷酸甘油醛，它是糖代谢的重要中间产物，第一步骤共消耗 2molATP。第二步骤（图 5-9 步骤Ⅱ）通过氧化还原反应生成 2mol 丙酮酸，同时产生 4molATP 和 2molNADH$+H^+$。氧化 1mol 葡萄糖共产生 4molATP，并需要消耗 2molATP，因此，净产生 2molATP。

乙酰 CoA 通过三羧酸循环过程可直接生成 1molATP，并通过脱氢（氧化）生成 3molNADH$+H^+$ 和 1mol$FADH_2$。代谢过程中产生的 NADH$+H^+$ 和 $FADH_2$ 能通过一个电子传递体系将质子和电子传递给最终电子受体 O_2，同时合成 ATP，将释放的能量储存起来。这一电子传递体系就是电子传递链，也称为呼吸链。

1mol 丙酮酸经三羧酸循环（图 5-10）完全氧化生成 H_2O 和 CO_2，可生成 4molNADH$+H^+$ 和 1mol$FADH_2$。1molNADH$+H^+$通过电子传递体系可产生 3molATP，

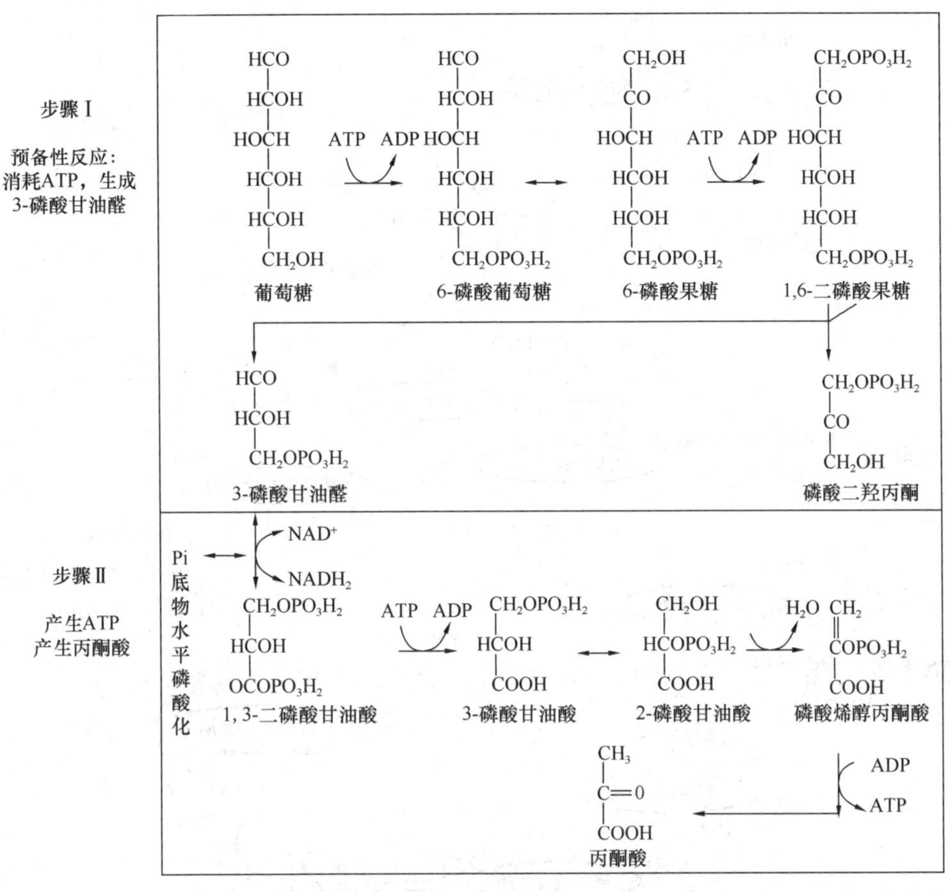

总反应式：$C_6H_{12}O_6 + 2NAD^+ + 2NAD^+ 2Pi \rightarrow 2CH_3COCOOH + 2NADH + 2ATP + 2H_2O + 2H^+$

图 5-9　糖酵解的两个步骤

则 4molNADH ＋ H^+ 共产生 12molATP；1mol$FADH_2$ 通过电子传递体系可产生 2molATP。另外，在三羧酸循环中还产生 1molGTP，GTP 可转变为 ATP，所以 1molGTP 相当于 1molATP。因此 1mol 丙酮酸经三羧酸循环可产生 15molATP。1mol 葡萄糖可产生 2mol 丙酮酸，则共生成 30molATP。在糖酵解阶段，葡萄糖分解生成 2mol 丙酮酸，同时还净产生 2molATP 和 2molNADH＋H^+；在有氧条件下，2molNADH＋H^+ 通过电子传递体系可产生 6molATP，故共产生 8molATP。将糖酵解和三羧酸循环阶段产生的能量相加可知，微生物氧化分解 1mol 葡萄糖总共可产生 38molATP。好氧微生物利用能量的效率大约为 42%，比厌氧微生物要高。

(2) 厌氧呼吸（anaerobic respiration）

进行厌氧呼吸的微生物以无机物（NO_3^-、NO_2^-、SO_4^{2-}、CO_3^{2-}）或小分子有机物为最终电子受体，主要分为分子内无氧呼吸和分子内无氧呼吸两种类型。

1) 分子内无氧呼吸类型（又称发酵）

发酵是某些厌氧微生物在生长过程中获得能量的一种方式，微生物以小分子有机物作为最终电子受体。下面以葡萄糖为例介绍发酵的一般过程。

如图 5-11 所示，经过糖酵解的两个阶段后，生成的丙酮酸被发酵为乙醇。在葡萄糖

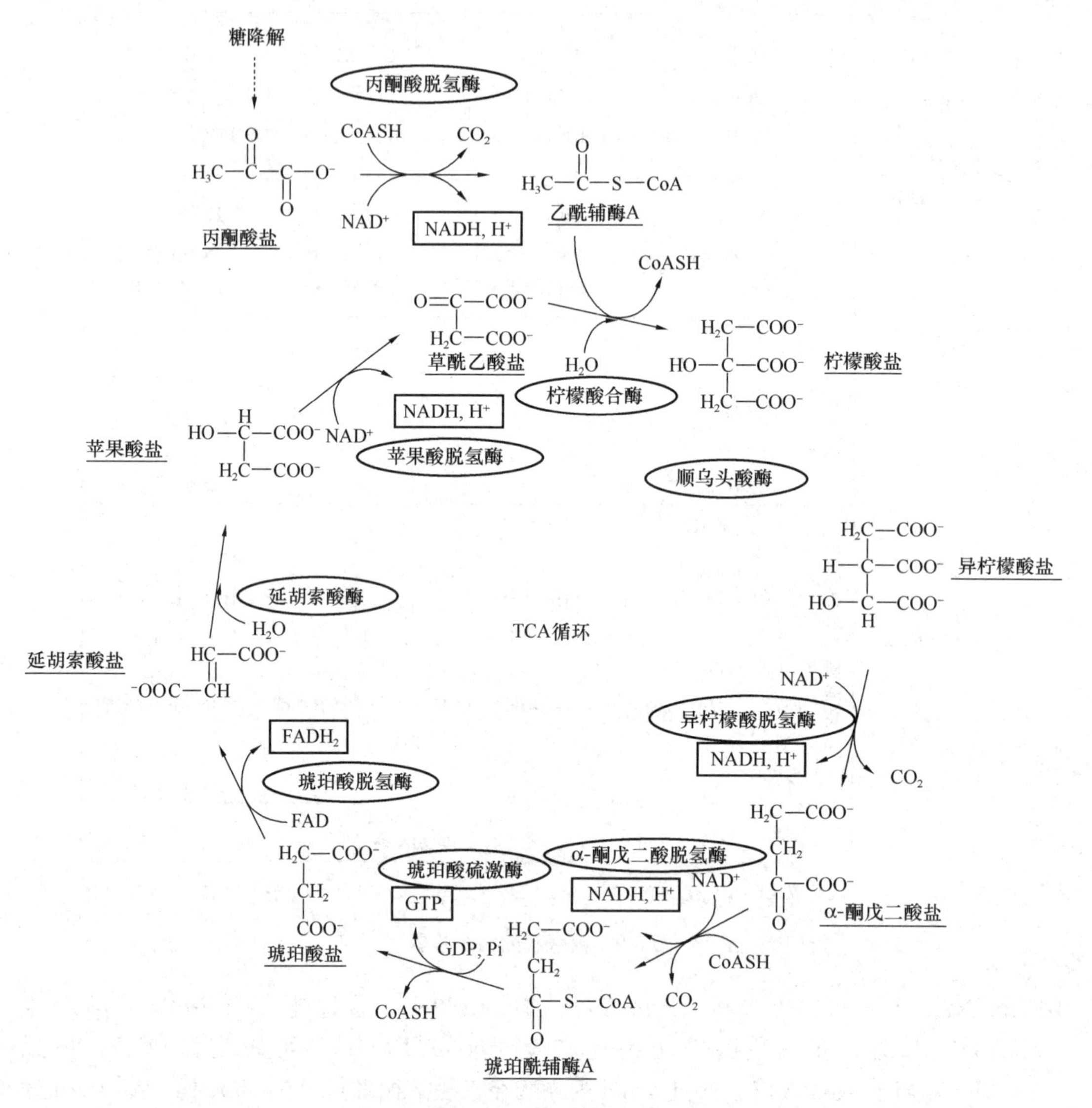

图 5-10　TCA 循环图

的乙醇发酵中（图 5-11 阶段Ⅲ），1mol 葡萄糖分子释放的能量为 238.3kJ，其中 26%的能量保存在 ATP 的高能键中，其他的能量则以热量形式散失。

微生物发酵的形式多种多样，丙酮酸是微生物进行葡萄糖酵解的中间产物，它在各种微生物的发酵作用下，又会产生不同的末端发酵产物。微生物的发酵类型就是根据末端发酵产物的差别来命名的，表 5-5 列出了碳水化合物发酵的主要类型。

碳水化合物发酵的主要类型　　　　**表 5-5**

分类	主要末端产物	典型微生物
丙酸发酵	丙酸、乙酸和 CO_2	丙酸杆菌属（*Propionibacterium*）
丁酸发酵	丁酸、乙酸、H_2 和 CO_2	梭状芽孢杆菌属（*Clostridium*）
丙酮丁醇发酵	丁醇、丙酮	梭状芽孢杆菌属（*Clostridium*）

续表

分类	主要末端产物	典型微生物
(同型)乳酸发酵	乳酸	乳酸杆菌属(*Latobacillus*),链球菌属(*Streptococcus*)
(异型)乳酸发酵	乳酸、乙醇、乙酸和CO_2	明串球菌属(*Leuconostoc*)
混合酸发酵	乳酸、乙酸、琥珀酸、乙醇、甲酸、H_2和CO_2	埃希菌属(*Escherichia*),假单胞菌属(*Psudomonas*)
乙醇发酵	乙醇、CO_2	酵母属(*Saccharomyces*)

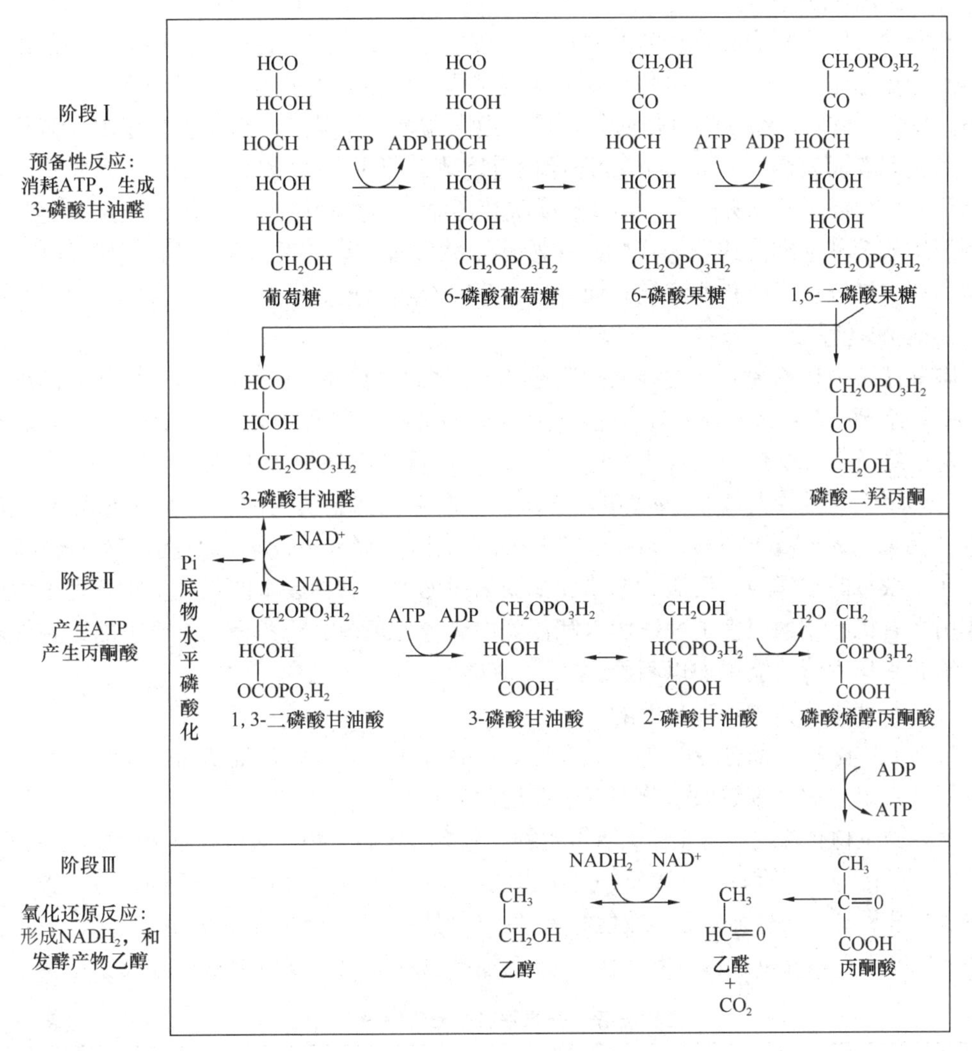

总反应式:$C_6H_{12}O_6 + 2H_3PO_4 + 2ADP \rightarrow CH_3CH_2OH + 2ATP + 2H_2O + 2CO_2$

释放能量:$\Delta G = -238.3kJ/mol$

图 5-11　葡萄糖厌氧发酵的三个阶段

2)分子外无氧呼吸类型(无氧呼吸)

进行厌氧呼吸的微生物以无机物(NO_3^-、NO_2^-、SO_4^{2-}、CO_3^{2-})为最终电子受体,一般生活在河流、湖泊和池塘的底部淤泥等缺氧的环境中。

① 硝酸盐呼吸

在缺氧条件下，有些细菌能以有机物作为供氢体，以硝酸盐作为最终电子受体，这类细菌称为硝酸盐还原菌。通过硝酸盐呼吸将 NO_3^- 还原为 N_2 以及 NO 和 N_2O 的过程称为反硝化作用。能进行反硝化作用的细菌有反硝化假单胞菌（*Pseudomonas denitrificans*）、铜绿假单胞菌（*Pseudomonas aeruginosa*）、地衣芽孢杆菌（*Bacillus licheniformis*）等。污水生物处理工程中，降低污水中含氮量的生物脱氮法就是在反硝化作用的原理上建立起来的。

② 硫酸盐呼吸

硫酸盐呼吸也称为异化型硫酸盐还原或反硫化作用。能进行硫酸盐还原作用的细菌称为硫酸盐还原菌，它能以有机物作为氧化的基质，氧化放出的电子可使 SO_4^{2-} 逐步还原为 H_2S。底物脱氢后，经呼吸链传递氢，最终由末端氢受体受氢，在递氢过程中与氧化磷酸化作用相偶联而获得 ATP。硫酸盐还原菌有脱硫弧菌属（*Desulphovibrio*）和脱硫肠状菌属（*Desulphotomaculum*）等。大多数硫酸盐还原菌不能利用葡萄糖作为能源，而利用乳酸和丙酮酸等其他细菌的发酵产物。在废水生物处理中，该呼吸产生的 H_2S 可以与某些重金属离子结合形成硫化物沉淀，而除去水中重金属污染。

③ 碳酸盐呼吸

碳酸盐呼吸也称为异化型碳酸盐还原或产甲烷作用。能进行碳酸盐还原作用的细菌属于产甲烷细菌（*Methanogens*），它能在氢等物质的氧化过程中，以 CO_2 或重碳酸盐作为呼吸链最终的电子受体，通过厌氧呼吸将 CO_2 或重碳酸还原为甲烷。常见的这类产甲烷细菌有产甲烷八叠球菌属（*Methanosarcina*）、产甲烷杆菌属（*Methanobacterium*）、产甲烷短杆菌属（*Methanobrevibacter*）、产甲烷球菌属（*Methanococcus*）等。产甲烷细菌主要存在于缺氧的沼泽地、河流、湖泊和池塘的淤泥中，它在废水的厌氧生物处理中发挥重要作用。有机废物的卫生填埋、污水和污泥的厌氧处理等需要考虑厌氧产生的甲烷气，可以收集起来作为清洁能源加以利用。

（3）兼性微生物的呼吸与发酵

自然界中除了一部分专性厌氧或专性好氧微生物外，大多数细菌为兼性微生物。污水生物处理系统中的大多数微生物都属于兼性微生物。

兼性微生物有两类，即兼性厌氧微生物和兼性好氧微生物。兼性厌氧微生物是一类在有氧条件下进行有氧呼吸，且在无氧条件下也能生存，并可进行发酵的微生物。兼性厌氧微生物主要有酵母属、肠杆菌科等。兼性好氧微生物则是一类进行无氧呼吸的微生物，但在有氧条件下也能生存，并可进行有氧呼吸。乙醇发酵、好氧呼吸、无氧呼吸的比较，见表 5-6。

乙醇发酵、好氧呼吸、无氧呼吸的比较 **表 5-6**

呼吸类型	最终电子受体	参与反应的酶与电子传递体系	最终产物	释放总能量（kJ）
乙醇发酵	中间代谢产物	脱氢酶，脱羧酶，乙醛还原酶辅酶：NAD	低分子有机物，CO_2，ATP	238.3
好氧呼吸	O_2	脱氢酶，脱羧酶，细胞色素氧化酶，辅酶：NAD，FAD，辅酶 Q，细胞色素 b、c_1、c、a、a_3	CO，H_2O，ATP，S，NO_3^-，SO_4^{2-}，Fe^{3+}	2876

续表

呼吸类型	最终电子受体	参与反应的酶与电子传递体系	最终产物	释放总能量（kJ）
无氧呼吸	NO_3^-，NO_2^-，SO_4^{2-}，CO_3^{2-}，CO_2	脱氢酶，脱羧酶，硝酸还原酶，硫酸还原酶，辅酶：NAD，细胞色素 b、c	H_2O，CO_2，NH_3，N_2，H_2S，CH_4，ATP	反硝化作用：1756 反硫化作用：1125

4. 化能自养型微生物的产能代谢

化能自养型微生物能从无机物的氧化中获得能量。氧化无机物的细菌有氢细菌、硝化细菌、硫细菌和铁细菌等。

（1）氢细菌

氢细菌（*Hydrogenomonas*），如嗜糖假单胞菌（*Pesudomonas saccharophila*），能通过电子传递体系从氢的氧化中获得能量。氢细菌的细胞膜上具有电子传递体系，电子传递体存在电势差，因此电子传递的某些步骤能产生 ATP。

$$H_2+\frac{1}{2}O_2 \longrightarrow H_2O+237.2kJ$$

氢细菌是兼性自养菌，不但能从氢的氧化中获得能量，还能利用有机物作碳源和能源生长。

（2）硝化细菌

硝化细菌（*Nitrifying bacteria*）能进行硝化作用。硝化作用是指将氨氧化为亚硝酸、亚硝酸氧化为硝酸的过程。硝化细菌分为两类。一类将氨氧化为亚硝酸，称为亚硝酸菌，例如亚硝化单胞菌属（*Nitrosomonas*）就属于亚硝酸菌。

$$NH_4^+ +\frac{3}{2}O_2 \longrightarrow NO_2^- +H_2O+2H^+ +270.7kJ$$

另一类将亚硝酸氧化为硝酸，称为硝酸菌，例如硝化杆菌属（*Nitrobacter*）等。硝化细菌在自然界的氮素循环中有重要作用。

$$NO_2^- +\frac{1}{2}O_2 \longrightarrow NO_3^- +77.4kJ$$

（3）硫细菌

硫细菌也叫无色硫细菌，通过硫化物或元素硫的氧化获得能量，这些物质最终被氧化为硫酸。硫细菌主要有氧化亚铁硫杆菌（*Thiobacillusferrooxidans*）等。硫细菌的产能反应如下。

$$S^{2-}+2O_2 \longrightarrow SO_4^{2-}+794.5kJ$$

$$S+\frac{3}{2}O_2+H_2O \longrightarrow SO_4^{2-}+2H^+ +584.9kJ$$

硫细菌存在于含硫、硫化氢和硫代硫酸盐丰富的环境中。在氧化硫化氢时可形成元素硫，元素硫可形成硫粒储藏在生物体内，当环境中的硫缺乏时，再通过硫的氧化释放能量。

（4）铁细菌

铁细菌因其在细胞外鞘或原生质内含有铁粒或铁离子而得名，一般生活在含溶解氧少，但溶有较多铁质和二氧化碳的水体中。它能从将 Fe^{2+} 氧化为 Fe^{3+} 的反应中获得能量，其反应如下。

$$4FeCO_3+O_2+6H_2O \longrightarrow 4Fe(OH)_3+4CO_2+167.5kJ$$

由于反应产生的能量很少，铁细菌为了满足对能量的需求，必然氧化大量的 Fe^{2+} 为 Fe^{3+}，从而形成大量的 Fe（OH）$_3$。如果铁细菌在输水管道中大量生存，其代谢作用产生的 Fe（OH）$_3$沉淀，会降低管道的输水能力，使水生色、浑浊，影响水质。而且，铁细菌对 Fe^{2+} 的吸收，将促使更多的管道铁质向水中溶解，从而加速了铁质管道的腐蚀。

5. 细菌与氧气的关系

按照微生物对氧气的需求来分类，可将其划分为需氧（好气）型、厌氧（嫌气）型、兼性厌氧型。

（1）好氧型

在有氧环境中生长繁殖，氧化有机物或无机物的产能代谢过程，以分子氧为最终电子受体，进行有氧呼吸。其中大多数细菌、真菌、藻类都为好氧型，培养方式主要有固体表面、液体浅层、通入空气或氧气、震荡等。

（2）厌氧型

是指在无氧气的环境中才能生长繁殖的微生物。此类微生物缺乏完善的呼吸酶系统，只能进行无氧发酵，不但不能利用分子氧，而且游离氧对其还有毒性作用，在有氧气存在的条件下会代谢产生 H_2O_2，但该类微生物不能分泌可以分解 H_2O_2 的氧化酶。如乳酸杆菌、梭状芽孢杆菌、产甲烷杆菌等。培养方式主要有抽真空、通入氮气或氢气等。

（3）兼性厌氧型

又称嫌气性微生物，在有氧或无氧环境中均能生长繁殖的微生物。在有氧（O_2）或缺氧条件下，可通过不同的氧化方式获得能量。兼性厌氧型微生物兼有需氧呼吸和无氧发酵两种功能，不论在有氧或无氧环境中都能生长，但以有氧时生长较好。当水体中溶解氧浓度小于 0.2～0.3mg/L 时，嫌气性微生物进行发酵、无氧呼吸，当水体中溶解氧浓度大于 0.2～0.3mg/L 时，嫌气性微生物进行有氧呼吸。如酵母菌在有氧环境中进行有氧呼吸，在缺氧条件下发酵葡萄糖生成酒精。许多肠道细菌，如大肠杆菌等均属此类。

6. 细菌的呼吸类型在废水生物处理中的应用

（1）活性污泥法和生物滤池

利用好氧微生物或兼性微生物进行好氧呼吸，优点是分解物质彻底，且产物是没有异味的物质，不会二次破坏正常环境。缺点是处理设备需供应氧气，设备复杂。

（2）厌氧消化法

利用厌氧微生物和兼性微生物的厌氧呼吸对有机污泥和高浓度有机废水进行发酵。虽然厌氧分解物质不彻底，反应需要时间长，产物有臭味，但设备简单，运行过程不需要额外通入氧气。

5.3.2 微生物物质代谢

微生物能直接吸收相对分子质量较小的有机物，而相对分子质量较大的有机物必须先分解为相对分子质量较小的有机物才能被微生物吸收。工业废水中可以被微生物转化利用的物质有碳水化合物、蛋白质、脂肪、油脂、有机酸、醇、醛、酮、酚等；生活污水中可以被微生物转化利用的物质包括碳水化合物、蛋白质、脂肪、洗涤剂等。

1. 不含氮有机物的转化

不含氮有机物主要有碳水化合物（如葡萄糖、蔗糖、乳糖、麦芽糖、淀粉、纤维素、半纤维素等）、脂肪、醛、酮、酚、某些有机酸、烃类、合成洗涤剂等。微生物在物质循环中起很重要的作用，下面介绍几种含碳有机物的转化。

（1）碳水化合物的分解

1）淀粉的分解

淀粉广泛存在于植物的种子（稻、麦、玉米）和果实中。凡是以上述物质作原料的工业废水，例如淀粉厂、酒厂废水、印染废水、抗生素发酵废水及生活污水等均含有淀粉。淀粉是葡萄糖聚合物，分为直链淀粉和支链淀粉。直链淀粉是葡萄糖分子脱水缩合，通过a-1,4-糖苷键相连形成的大分子物质；支链淀粉是在直链淀粉的基础上，它除以a-1,4-糖苷键相连外，还有由a-1,6-糖苷键相连，构成分支的链状结构。在自然淀粉中，直链淀粉占10%～20%左右，支链淀粉占80%～90%左右。自然界中的细菌、放线菌和真菌等多种微生物都可以降解淀粉，真菌中的根霉和曲霉等对淀粉的分解能力很强。

淀粉的分子较大，需要在淀粉水解酶的作用下分解为小分子的单糖和双糖才能被微生物吸收。淀粉酶主要包括如下几类。

① a-淀粉酶：

a-淀粉酶是一种内切酶，以随机方式分解a-1,4-糖苷键，能将淀粉切断，使其成为相对分子质量较小的糊精，使淀粉溶液黏度迅速下降。同时由于a-1,4-糖苷键的水解，还原性葡萄糖残基大量增加。

② β-淀粉酶：

β-淀粉酶是一种直链淀粉的端切酶，仅作用于链的末端单位。它从链的非还原性末端开始，每次切下两个葡萄糖单位——麦芽糖。由于麦芽糖能增加甜味，故又称为糖化酶。

③ 葡萄糖淀粉酶：

葡萄糖淀粉酶是一种外切酶，能从淀粉的非还原性末端开始，以葡萄糖为单位，逐步作用于淀粉的a-1,4-糖苷键，最终淀粉可完全水解为葡萄糖。

④a-1,6-糖苷酶：

是一种特异性水解a-1,6-糖苷键的淀粉酶。淀粉是多糖，在微生物作用下的分解过程如图5-12所示。

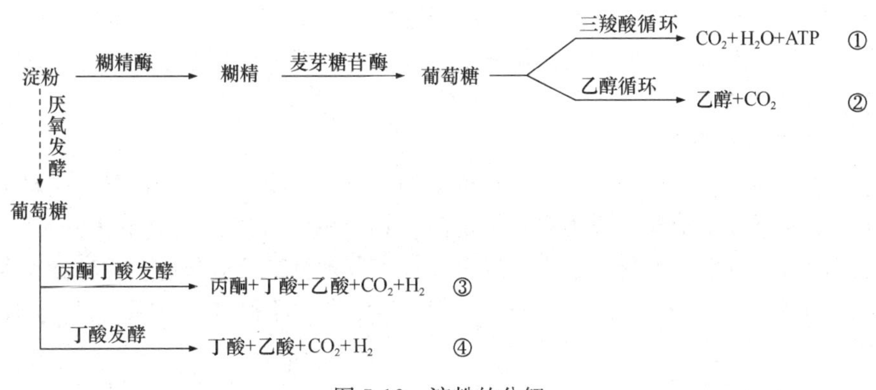

图5-12 淀粉的分解

在好氧条件下，淀粉沿着①的途径水解成葡萄糖，进而酵解成丙酮酸，经三羧酸循环完全氧化为二氧化碳和水。在厌氧条件下，淀粉沿着②的途径转化，产生乙醇和二氧化碳。在专性厌氧菌作用下，沿③和④途径进行。

2）纤维素的转化

纤维素是葡萄糖的高分子聚合物，每个纤维素分子含 1400～10000 个葡萄糖基，分子式为 $(C_6H_{10}O_5)_n$（n=1400～10000）。树木、农作物和以这些为原料的工业产生的废水，如棉纺印染废水、造纸废水、人造纤维废水及城市垃圾等，均含有大量纤维素。纤维素在微生物酶的作用下沿下列途径分解，如图 5-13 所示。

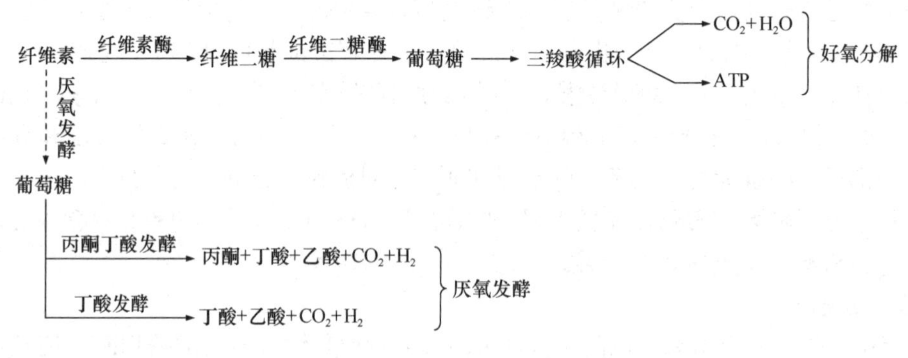

图 5-13　纤维素的分解

参与分解纤维素的微生物主要有细菌、放线菌和真菌，其中细菌研究得较多。好氧的纤维素分解菌中，黏细菌为多，占重要地位，有生孢食纤维菌、食纤维菌及堆囊黏菌。它们都是革兰阴性菌。好氧纤维素分解菌还有镰状纤维菌和纤维弧菌。黏细菌和弧菌均能同化无机氮（主要是硝酸氮），对氨基酸、蛋白质及其他无机氮利用能力较低，有的能还原硝酸盐为亚硝酸盐。其最适温度为 22～30℃，在 10～15℃便能分解纤维素，其最高温度为 40℃左右。最适 pH 值为 7～7.5，pH 值为 4.5～5 时不能生长，其 pH 值最高可达 8.5。厌氧的有产气纤维二糖芽孢梭菌、无芽孢厌氧分解菌及嗜热纤维芽孢梭菌，好热性厌氧分解菌最适温度 55～65℃，最高温度为 80℃。最适 pH 值为 7.4～7.6，中温性菌最适 pH 值为 7～7.4，在 pH 值为 8.4～9.7 还能生长。它们为专性厌氧。

分解纤维素的微生物还有青霉、曲霉、镰刀霉、木霉和毛霉。有好热真菌属和放线菌中的链霉菌属。它们在 23～65℃生长，最适温度为 50℃。细菌的纤维素酶结合在细胞质膜上，是表面酶。真菌和放线菌的纤维素酶是胞外酶，可分泌到培养基中，通过过滤和离心很容易分离得到。

3）半纤维素的转化

半纤维素存在于植物细胞壁中。半纤维素的组成中含聚戊糖，聚己糖，聚糖醛酸。造纸废水和人造纤维废水中含半纤维素。土壤微生物分解半纤维素的速率比分解纤维素快。分解纤维素的微生物大多数能分解半纤维素。许多芽孢杆菌、假单胞菌、节细菌及放线菌能分解半纤维素。霉菌有根霉、曲霉、小克银汉霉、青霉及镰刀霉。其分解过程如图 5-14 所示。

4）果胶质的转化

果胶质是由 D-半乳糖醛酸以 a-1,4-糖苷键构成的直链高分子化合物，其羧基与甲

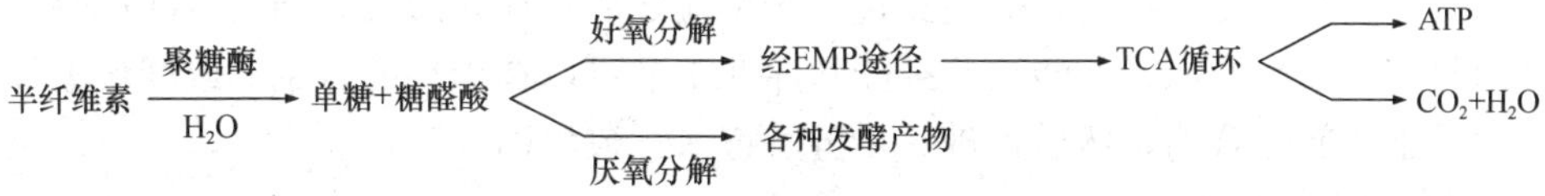

半纤维素 $\xrightarrow[H_2O]{\text{聚糖酶}}$ 单糖+糖醛酸

- $\xrightarrow{\text{好氧分解}}$ 经EMP途径 $\longrightarrow$ TCA循环 $\longrightarrow$ ATP；CO_2+H_2O
- $\xrightarrow{\text{厌氧分解}}$ 各种发酵产物

图 5-14　半纤维素的转化

基酯化形成甲基酯。果胶质存在于植物的细胞壁和细胞间质中，造纸、制麻废水多含果胶质。天然的果胶质不溶于水，称为原果胶。原果胶在酶的作用下发生如下反应（图 5-15）。

原果胶+H_2O $\xrightarrow{\text{原果胶酶}}$ 可溶性果胶+聚戊糖

可溶性果胶+H_2O $\xrightarrow{\text{果胶甲酯酶}}$ 果胶酸+甲醇

果胶酸+H_2O $\xrightarrow{\text{聚半乳糖酶}}$ 半乳糖醛酸

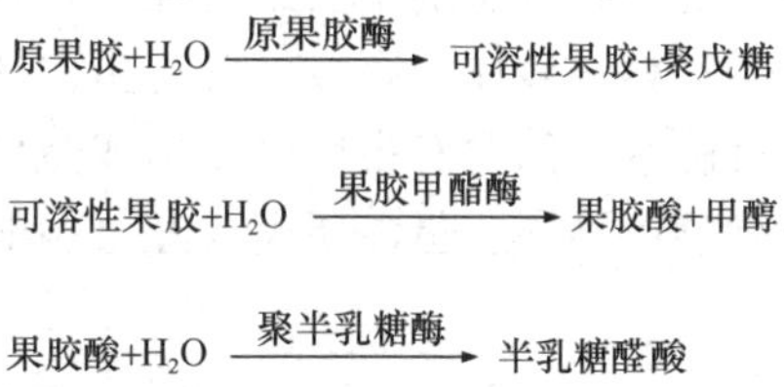

图 5-15　原果胶的转化

上述反应中的果胶酸、聚戊糖、半乳糖醛酸、甲醇等在好氧条件下被分解为二氧化碳和水；在厌氧条件下进行丁酸发酵，产物有丁酸、乙酸、醇类、二氧化碳和氢气。参与的微生物，如好氧菌有：枯草芽孢杆菌、多黏芽孢杆菌及不生芽孢的软腐欧式杆菌。厌氧菌有：蚀果胶梭菌和费新尼亚浸麻梭菌。分解果胶的真菌有青霉、曲霉、木霉、小克银汉霉、芽枝孢霉、根霉、毛霉，还有放线菌。

（2）脂肪的转化

脂类是生物体生命活动中重要的能源物质，也是合成细胞有机物质的碳源。人们通常将来自动物体的脂类称为脂肪，把来自植物体的脂类称为油。在洗毛、肉类加工等工业废水和生活污水中都含有油脂。脂类分解的第一阶段是在脂酶的作用下，分解为甘油和脂肪酸，甘油经过几步反应转变为丙酮酸，再进入三羧酸循环进行氧化分解。脂肪酸的分解主要通过 β-氧化的方式进行。脂肪酸经过 β-氧化后形成乙酰 CoA，在有氧条件下，乙酰 CoA 通过三羧酸循环彻底氧化分解，最终生成 H_2O 和 CO_2。

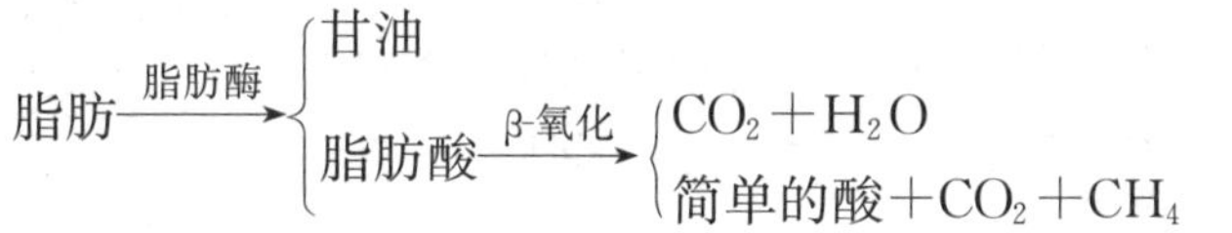

$$\text{脂肪}\xrightarrow{\text{脂肪酶}}\begin{cases}\text{甘油}\\ \text{脂肪酸}\xrightarrow{\beta\text{-氧化}}\begin{cases}CO_2+H_2O\\ \text{简单的酸}+CO_2+CH_4\end{cases}\end{cases}$$

（3）烃类物质的分解

石油中含有烷烃（30%）、环烷烃（46%）及芳香烃（28%）等烃类物质。

1）烷烃的分解

烷烃通式 C_nH_{2n+2}，可被微生物分解。

$$CH_4+2O_2\longrightarrow CO_2+2H_2O+887kJ$$

氧化烷烃的微生物大多为专一的甲基营养性细菌，如甲烷氧化弯曲菌（*Methylosinnus*）、甲基胞囊菌（*Methylocystis*）、甲基单胞菌（*Methylomonas*）、甲基球菌（*Methylococcus*）等。

2）芳香族化合物的分解

芳香族化合物是一类含有苯环或联苯类的化合物。在芳香族化合物中，酚类化合物比较重要，炼焦、石油、煤气等工业废水中都存在酚类化合物。微生物对不同芳香族化合物的氧化，最初的步骤虽然不同，但是经过几步反应之后，往往形成共同的中间产物——儿茶酚（即邻苯二酚）或原儿茶酸。儿茶酚和原儿茶酸可以在苯环的邻位上或间位上被氧化打开，生成脂肪族化合物，然后再进一步分解进入三羧酸循环。

2. 含氮有机物的分解

含氮有机物包括蛋白质、氨基酸、尿素、胺类、硝基化合物等。自然界中氮的循环除植物利用无机氮转变为有机氮外，其他各转变过程均由微生物作用完成，包括：氨化作用、硝化作用、反硝化作用、固氮作用。在此仅就蛋白质和尿素的分解代谢进行介绍。

（1）蛋白质的转化

蛋白质是生物细胞的主要组成成分，是许多氨基酸通过肽键连接形成的生物大分子。土壤中由于动植物残体的腐败，含有蛋白质和氨基酸；生活污水以及食品加工、屠宰场、制革工业等废水中都含有蛋白质。构成蛋白质的氨基酸有 20 种，在不同的蛋白质中，氨基酸的排列顺序不同。蛋白质需要经过酶的水解作用生成氨基酸后，才能被微生物吸收和利用。

$$\text{蛋白质} \rightarrow \text{胨} \rightarrow \text{肽} \rightarrow \text{氨基酸}$$

能够水解蛋白质的酶有胃蛋白酶、胰蛋白酶、弹性蛋白酶、羧肽酶、氨肽酶和二肽酶等。通过这些酶的作用，蛋白质能最终水解为氨基酸。微生物细胞内的氨基酸，一部分可直接用于合成菌体中新的蛋白质，另外一部分则被分解为含氮废物排出体外。氨基酸的分解代谢主要通过脱氨基作用完成。脱氨基作用使氨基酸分解为氨和一种不含氮的有机化合物。不含氮的有机化合物可以进一步分解或合成细胞物质，氨则可作为微生物的氮素来源。

1）脱氨作用

有机氮化合物在氨化微生物的作用下产生氨，称为氨化作用。脱氨的方式有氧化脱氨、还原脱氨、水解脱氨、减饱和脱氨。

① 氧化脱氨：在好氧微生物作用下进行。

$$\underset{\text{丙氨酸}}{CH_3-CHNH_2-COOH} + \frac{1}{2}O_2 \longrightarrow CH_3-CO-COOH + NH_3$$

$$CH_3-CO-COOH \xrightarrow{+O_2} \text{三羧酸循环} \longrightarrow CO_2 + H_2O + ATP$$

② 还原脱氨：由专性厌氧菌和兼性厌氧菌在厌氧条件下进行。

$$\underset{\text{甘氨酸}}{CH_2(NH_2)-COOH} + 2H \xrightarrow{\text{梭状芽孢杆菌}} \underset{\text{乙酸}}{CH_3-COOH} + NH_3$$

$$\underset{\text{丙氨酸}}{CH_3-CHNH_2-COOH} + 2H \longrightarrow \underset{\text{丙酸}}{CH_3-CH_2-COOH} + NH_3$$

③ 水解脱氨：氨基酸水解后生成羟酸

$$\underset{\text{丙氨酸}}{\begin{array}{l}CH_3\\|\\CHNH_2\\|\\COOH\end{array}} + H_2O \longrightarrow \underset{\text{乳酸}}{\begin{array}{l}CH_3\\|\\CHOH\\|\\COOH\end{array}} + NH_3$$

④ 减饱和脱氨：氨基酸再脱氨基时，在α、β键减饱和成为不饱和酸。

$$\underset{\text{天门冬氨酸}}{\begin{array}{l}COOH\\|\\CH_2\\|\\CHNH_2\\|\\COOH\end{array}} \longrightarrow \underset{\text{延胡索酸}}{\begin{array}{l}COOH\\|\\CH\\\|\\CH\\|\\COOH\end{array}} + NH_3$$

以上经脱氨基后形成的羧酸在厌氧条件下，可在不同的微生物作用下继续分解。

2）硝化作用

氨基酸脱下的氨，在有氧的条件下，经亚硝酸细菌和硝酸细菌转化为硝酸，称为硝化作用。由氨转化为硝酸分两步进行。

$$2NH_3+3O_2 \xrightarrow{\text{亚硝酸细菌}} 2HNO_2+2H_2O+ATP$$

此反应由包括亚硝酸单胞菌属（*Nitrosomonas*）、亚硝酸球菌属（*Nitrosococcus*）、亚硝酸螺菌属（*Nitrosospira*）、亚硝酸叶菌属（*Nitrosolobus*）和亚硝酸弧菌属（*Nitrosovibrio*）等起作用。

$$2HNO_2+O_2 \xrightarrow{\text{硝酸细菌}} 2HNO_3+ATP$$

此反应由硝化杆菌属（*Nitrobacter*）和硝化球菌属（*Nitrococcus*）等起作用。亚硝酸细菌和硝酸细菌都是好氧菌，适宜在中性和偏碱性环境中生长，不需要有机营养，它们能利用乙酸盐缓慢生长。亚硝酸细菌为革兰阴性菌，不产生芽孢，在硅胶固体培养基上长成细小、稠密的褐色、黑色或淡褐色的菌落。硝酸细菌在琼脂培养基和硅胶固体培养基上长成小的、由淡褐色变成黑色的菌落，且能在亚硝酸盐、硫酸镁和其他无机盐培养基中生长。其世代时间为31h。

3）反硝化作用

兼性厌氧的转硝酸盐细菌将硝酸盐还原为氮气，这称为反硝化作用。土壤、水体和污水生物处理构筑物中的硝酸盐在缺氧的情况下，总会发生反硝化作用。

反硝化作用通常有三种结果：

① 大多数细菌、放线菌及真菌利用硝酸为氮素，通过硝酸还原酶的作用将硝酸还原成氨，进而合成氨基酸、蛋白质和其他含氮化合物；

② 反硝化细菌（兼性厌氧菌）在厌氧条件下，将硝酸还原为氮气；

③ 将硝酸盐还原为亚硝酸。

能进行反硝化的微生物有自养的反硝化细菌，如脱氮硫杆菌（*Thiobacillius denirificans*），也有异养的反硝化细菌，包括一些兼性厌氧的假单胞菌、色杆菌属、微球菌属、芽孢杆菌属的一些种类。另外植物、微生物在同化硝酸盐时也发生反硝化，它们将硝酸盐还原成氨以合成有机氮化合物。

4）固氮作用

在固氮微生物的固氮酶催化作用下，把分子氮转化为氨，进而合成有机氮化合物，这叫固氮作用。各类固氮微生物进行的反应式基本相同。

$$N_2 + 6e^- + 6H + nATP \longrightarrow 2NH_3 + nADP + nPi$$

具有固氮能力的微生物都是原核的微生物。能独立生存进行固氮的微生物称为自生固氮微生物。其中，好氧的固氮菌包括固氮菌属（*Azotobacter*）、分枝杆菌属（*Mycobacterium*）、拜叶林克氏菌属（*Beijerinckia*）、假单胞菌属等；兼性自生固氮的微生物有多黏芽孢杆菌（*Bacillius polymyxa*）和克雷伯氏菌属（*Klebsiella*）的种类；厌氧自生固氮菌有巴氏固氮梭菌（*Clostridium pasterianum*）；光合细菌中的红螺菌属（*Rhodospirillum*）、小着色菌（*Coromatium minus*）及绿菌属（*Chlorobium*）等在光照和厌氧条件下也能固氮；此外，自生固氮微生物还包括蓝细菌中的一些种类。

与其他生物相互依存进行固氮的微生物称为共生固氮微生物，包括与豆科植物共生的根瘤菌（*Rhizobium*）、与非豆科植物共生的放线菌如弗兰克氏菌（*Frankia*）。蓝细菌与其他细菌或真菌也有共生固氮的现象。

（2）尿素的转化

人、禽畜尿中含有尿素，含氮47%，印染工业的印花浆用尿素做膨化剂和溶剂，故印染废水中含尿素。尿素能被许多细菌水解产生氨。尿素的分解过程很简单，尿素在尿素酶的作用下形成碳酸铵，碳酸铵很不稳定，再进一步分解为 NH_3、CO_2 和 H_2O。

$$CO(NH_2)_2 + 2H_2O \xrightarrow{\text{脲酶}} (NH_4)_2CO_3 \longrightarrow H_2O + 2NH_3 + CO_2$$

能水解尿素的细菌称为尿素细菌，尿素细菌可分为球状和杆状两类。尿素分解时不放出能量，因而不能作为碳源，只能作为氮源。尿素细菌利用单糖、双糖、淀粉及有机酸作碳源。

3. 无机元素的转化

（1）含硫有机物的转化

微生物参与了硫素代谢的各个过程，并起着很重要的作用。

生物体内的含硫有机物主要是含硫的蛋白质和氨基酸，如蛋氨酸、半胱氨酸、胱氨酸等。它们在微生物的作用下被分解，脱巯基产生硫化氢。能分解含硫有机物的微生物很多，引起含氮有机物分解的微生物都能分解含硫有机物产生硫化氢。

例如，变形杆菌能将半胱氨酸水解，产生氨和硫化氢：

$$CH_2SHCHNH_2COOH + 2H_2O \longrightarrow CH_3COOH + HCOOH + NH_3 + H_2S$$

含硫有机物如果分解不彻底，会有硫醇如甲硫醇（CH_3SH）暂时积累，而后再转化成硫化氢。

1）硫化作用

硫化作用，也称无机硫的氧化作用，它是在有氧条件下，通过硫细菌的作用将硫化氢转化成元素硫，再进而氧化成硫酸的过程。参与硫化作用的微生物有硫化细菌和硫磺细菌。

①硫化细菌

硫化细菌在分类上属于硫杆菌属（*Thoibacillius*），为革兰氏阴性杆菌，它能氧化硫化氢、元素硫、硫代硫酸盐、亚硫酸盐及多硫磺酸盐等来获得同化二氧化碳所需要的能量，并产生硫酸。它们一般在细胞外积累硫。由于硫酸的产生，会造成环境的 pH 值下降至 2 以下。硫杆菌广泛分布在土壤、淡水、海水、矿山排水中，包括有氧化硫硫杆菌（*Thoibacillius thiooxidans*）、排硫杆菌（*T. thioparus*）、氧化亚铁硫杆菌（*T. ferrooxidans*）、新型硫杆菌（*T. novellus*）等，为好氧菌；兼性厌氧的有脱氮硫杆菌（*T. denitrificans*）。几种硫化细菌氧化硫化物的化学反应式如下所示。

A. 氧化硫硫杆菌：氧化硫硫杆菌为专性自养菌。

$$2S+3O_2+2H_2O \longrightarrow 2H_2SO_4+\text{能量}$$

$$5Na_2S_2O_3+4O_2+H_2O \longrightarrow 5Na_2SO_4+4S+H_2SO_4+\text{能量}$$

$$2H_2S+O_2 \longrightarrow 2H_2O+2S+\text{能量}$$

B. 氧化亚铁硫杆菌：氧化硫酸亚铁成硫酸铁。

$$4FeSO_4+O_2+2H_2SO_4 \longrightarrow 2Fe_2(SO_4)_3+2H_2O$$

C. 脱氮硫杆菌：以硝酸盐为氧化元素硫的最终电子受体。

$$S+2NO_3^- \longrightarrow SO_4^{2-}+N_2\uparrow$$

② 硫磺细菌

将硫化氢氧化成硫，并将硫粒积累在细胞内（也有在细胞外的）的细菌，统称为硫磺细菌。硫磺细菌包括丝状硫磺细菌和光能自养的硫细菌。丝状硫磺细菌主要存在于富含硫化氢的淤泥表面，主要有贝日阿托氏菌（*Beggiatoa*）、透明颤菌属（*Vitreoscilla*）、辫硫菌属（*Thioploca*）、亮发菌属（*Leucothrix*）、发硫菌属（*Thiothrix*）等。除透明颤菌属和亮发菌属外，其余的菌均能将硫粒累积在细胞内。在环境中缺少硫化氢时，硫粒也可以缓慢地被氧化成硫酸盐。丝状硫细菌常在生活污水和含硫工业废水的生物处理装置中出现，与活性污泥的丝状膨胀有密切关系。

光合硫细菌有绿硫细菌（*Chlorobium*）和红硫细菌（*Chromatium*）等，它们能把硫化氢氧化成硫粒，以硫化氢为电子受体同化二氧化碳，均是在厌氧条件下进行的。其中绿硫细菌将硫粒积累在细胞外，红硫细菌则将硫粒沉积在细胞内。

$$2H_2S+CO_2 \longrightarrow [CH_2O]+H_2O+2S$$

2）反硫化作用

当环境条件处于缺氧状态时，硫酸盐、亚硫酸盐、硫代硫酸盐和次亚硫酸盐在微生物的作用下，还原成硫化氢，这个过程称为反硫化作用（或称硫酸盐还原作用）。

进行反硫化作用的微生物主要有脱硫弧菌属（*Desulfovibrio*）、脱硫肠状菌属（*Desulfotomaculum*）和脱硫单胞菌属（*Desulfomonas*）等，它们以氧化态硫化物为电子受体，氧化有机物或 H_2，以维持其生长。另外芽孢杆菌、假单胞菌、酵母的一些种也能进行硫酸盐还原。

例如，利用葡萄糖进行硫酸盐还原的过程为：

$$C_6H_{12}O_6+3H_2SO_4 \longrightarrow 6CO_2+6H_2O+3H_2S+\text{能量}$$

3）同化作用

同化作用指生物吸收的硫酸盐被转变成还原态的硫化物（也称为同化硫酸盐还原作用），然后再固定到蛋白质等成分中（主要以巯基形式存在）。硫循环与工农业生产和人类生活关系密切。氧化硫硫杆菌和氧化亚铁硫杆菌可用于细菌冶金，从低品位矿中溶解和回收贵金属；在混凝土排水管和铸铁排水管中，如果有硫酸盐存在，会因缺氧而发生反硫化，产生的硫化氢升到污水表面或进入空气后，被硫化细菌或硫磺细菌氧化成硫酸，再与管顶部的凝结水结合，结果使混凝土管和铸铁管受到腐蚀；化石燃料燃烧产生的 SO_2 进入大气后，经光氧化成 SO_3，进而成为硫酸，造成酸雨，对建筑物、植物等造成很大危害，酸雨已经成为严重的环境问题之一。

(2) 磷的转化

1) 有机磷的矿化作用

许多异养微生物在分解有机碳化物的同时也能分解有机磷化物。细菌、放线菌和真菌的一些种类，都能进行有机磷化物的矿化作用。例如，核酸在微生物核酸酶的作用下，被水解成核糖、磷酸和嘌呤或嘧啶。卵磷脂在微生物卵磷脂酶的作用下，被水解成甘油、脂肪酸、磷酸和胆碱。植素在土壤中缓慢分解，被微生物的植酸酶分解成磷酸和环己六醇。能分解有机磷化物的微生物代表种有蜡状芽孢杆菌（*Bacillius cereus*）、蜡状芽孢杆菌蕈状变种（*B. cereus var. mycoides*）、解磷巨大芽孢杆菌（*B. megaterium var. PhosPhaticum*）、多黏芽孢杆菌（*B. polymyxa*）和假单胞菌的一些种。

2) 难溶性无机磷的转化

难溶性的无机磷，如磷酸钙，可以和异养微生物生命活动产生的有机酸和碳酸、硝酸细菌和硫细菌产生的硝酸和硫酸等作用，转变成可溶性磷酸盐。例如：

$$Ca_3(PO_4)_2+2CH_3CHOHCOOH \longrightarrow 2CaHPO_4+Ca(CH_3CHOHCOO)_2$$

$$Ca_3(PO_4)_2+2H_2SO_4 \longrightarrow Ca(H_2PO_4)_2+2CaSO_4$$

3) 磷的同化作用

可溶性的无机磷化合物能被微生物同化为有机磷，成为活细胞的组分。在水体中，磷的同化主要是由藻类进行的，并沿食物链传递。

生物对磷的同化需要有足够的碳和氮的存在，当环境中 $C:N<100:1$ 或 $N:P<10:1$ 时，就会影响生物对磷的同化作用。水体中有效磷的含量与初级生产者的关系密切，可溶性磷元素含量的增加会导致水体富营养化。

(3) 铁的转化

微生物对铁的转化方式有氧化、还原以及铁的溶解或铁的沉淀等几个方面的作用。一般来说，在碱性环境中溶于水中的铁量很少，而在酸性环境中则有较多游离铁。

1) 铁化物的氧化和沉淀

在适当的条件下，铁细菌把低价的铁氧化成高价铁，从而获得能量，铁最终以氢氧化铁的状态沉淀下来。在含有低铁的工业废水中，在铁细菌的作用下，通过沉淀铁将其从水中去除，但当铁细菌生长在含铁较高的水管中时，产生的氢氧化铁沉积物将会在管壁上形成锈块，不仅影响水质，还会导致水管堵塞。

2) 铁化物的还原和溶解

沉淀的铁化物可由于微生物在生命活动中所产生的碳酸等无机酸及各种有机酸而溶解；另外，还可由于微生物分解有机物的过程中，降低了环境中氧化还原电位，使高价铁化物还原成亚铁化合物而溶解，这种现象特别是在氧不足的情况下容易发生。

5.3.3 代谢的调节

生命活动的基础在于新陈代谢。微生物体内的新陈代谢过程错综复杂，参与代谢的物质种类繁多，随着环境条件的变化而迅速改变代谢反应的速率。即便是同一种物质也会有不同的代谢途径，而且各种物质的代谢之间还存在着复杂的相互关系。各种代谢反应过程之间是相互制约，彼此协调的。为了使生物体内的代谢过程能够协调有序地进行，微生物在长期的进化过程中建立了一套严格、精密的代谢调节体系。

从细胞水平上来看，微生物的代谢调节能力要明显超过结构上比其复杂的高等动、植物细胞。这是因为，微生物细胞的体积极小，而所处的环境条件却比高等生物的细胞更为多变，每个细胞要在这样复杂的环境条件下求得独立生存和发展，就必须具备一整套发达的代谢调节系统。有学者估计，在一个 *E. coli* 细胞中，同时存在着多达 2500 种左右的蛋白质，其中有上千种是催化正常代谢反应的酶。如果细胞对这么多的蛋白质作平均使用，由于每个细菌细胞的容量只够装上约 10 万个蛋白质分子，所以每种酶平均还分摊不到 100 个分子，因而无法保证各种复杂、精巧的生命活动的正常运转。

事实上，在微生物的长期进化过程中，早已发展出的一整套极其高效代谢调节的能力，巧妙地解决了上述矛盾。例如，在每种微生物的基因组上，虽然潜藏着合成各种分解酶的能力，但是除了一部分是属于经常以较高浓度存在的组成酶外，大量的都是属于只有当其分解底物或有关诱导物存在时才会合成的诱导酶。据估计，诱导酶的总量约占细胞总蛋白质含量的 10%。通过代谢调节，微生物可最经济地利用其营养物，合成出能满足自己生长、繁殖所需要的一切中间代谢物，并做到既不缺乏、也不剩余或浪费任何代谢物的高效“经济核算”。

代谢调节的方式很多，例如可调节细胞膜对营养物的透性，通过酶的定位以限制它与相应底物的接触，以及调节代谢流等。其中以调节代谢流的方式最为重要，它包括“粗调”和“细调”两个方面、前者指调节酶合成量的诱导或阻遏机制，后者指调节现成酶催化活力的反馈抑制机制，通过上述两者的配合与协调，可达到最佳的代谢调节效果。

微生物细胞内的代谢过程绝大多数是由一系列连续的酶促反应组成的。因此，微生物对代谢过程的调节实际上主要是通过对酶以及酶的调控物质的活性、种类和数量的调节来实现的。微生物对代谢的调节主要包括酶活性的调节和酶合成的调节。其中酶活性的调节，调节的是已有酶分子的活性，是在酶化学水平上发生的，这是一种“细调”；而酶合成的调节，调节的是酶分子的合成量，这是在遗传学水平上发生的，这是一种“粗调”。微生物通过对其代谢系统的“粗调”和“细调”从而达到最佳的调节效果。

1. 酶活性的调节

酶活性的调节是指一定量的酶，通过改变酶分子构象或分子结构的改变来调节其催化反应的速率。这种调节方式可以使微生物细胞对环境变化作出迅速地反应。它是通过激活或抑制进行的。

酶活性的激活是指代谢途径中催化后面反应的酶活力为其前面的中间代谢产物（分解代谢时）或前体（合成代谢时）所促进的现象。例如，在糖原的合成过程中，6-磷酸葡萄糖作为中间产物就能起到激活糖原合成酶的作用，从而促进糖原的合成。

酶活性的抑制主要是产物抑制，它主要表现在某代谢途径的末端产物（即终产物）过量时，这一产物就会直接抑制该途径中第一个酶的活性，导致整个反应的速率减慢或停止，从而避免末端产物的过度累积。抑制大多属反馈抑制类型。

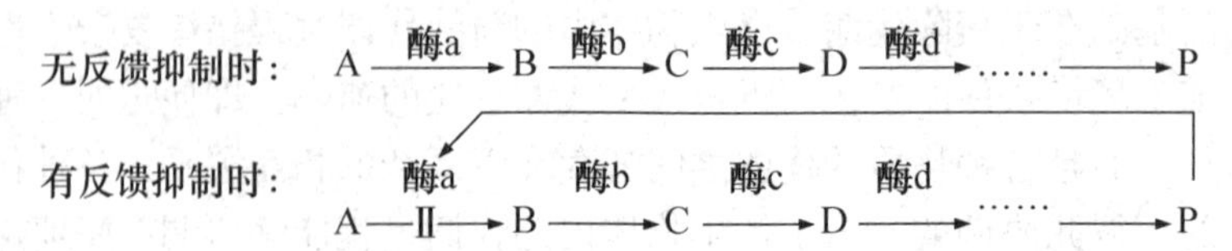

也就是说，反馈抑制作用是通过改变酶促反应中酶的活性来实现的。当末端产物过剩时，它就与第一个酶分子上的非催化部位以外的别构中心相互作用，使酶蛋白分子发生构象的改变，从而抑制酶的活性，使整个代谢过程受到抑制。这类活性受到底物或产物影响的酶叫作调节酶。一些代谢途径的末端产物往往是合成微生物细胞的原料，如氨基酸是合成蛋白质的原料，脂酰 CoA 是合成脂肪酸的原料，因此，末端产物的浓度会在生物合成的过程中逐渐降低，当末端产物的浓度降低到一定程度后，酶的活力又可以重新恢复。反馈抑制是酶活性调节的主要方式，它具有调节精细、快速以及需要这些终产物时可以消除抑制再重新合成等优点。

上述是最简单的直线式生化合成途径中的反馈抑制，很多生化合成过程往往是分支的，比较错综复杂。在分支的合成代谢途径中，为避免一条合成支路的终产物过量不致影响其他支路的终产物供应，有各种各样针对特定情况的反馈抑制。例如，天冬氨酸族氨基酸的生物合成受同工酶反馈机制和协同反馈抑制调节，谷氨酸酰合成受累积反馈调节，核苷酸生物合成受合作反馈抑制体调节以及芳香族氨基酸合成受顺序反馈抑制调节等。

酶活性调节的机制目前一般都用变构酶理论来解释。变构酶在生物合成途径中普遍存在。它有两个重要的结合部位，一个是与底物结合的活力部位或催化中心；另一个是与氨基酸或核苷酸等小分子效应物结合并变构的变构部位或调节中心。当变构部位上有效应物结合时，酶分子构象便发生改变，致使底物不再能结合在活性部位上而失活。只有当氨基酸或核苷酸等的浓度下降，平衡有利于效应物从变构部位上解离而使酶的活力部位又恢复到它催化的构象时，反馈抑制被解除，酶活力恢复，终产物重新合成。

2. 酶合成的调节

酶合成的调节是一种通过调节酶合成的数量而控制代谢反应速率的调节机制。它对代谢过程的调节是间接的、缓慢的，而且主要在基因的转录水平上进行调节。酶合成的调节主要有两种类型，即酶合成的诱导和酶合成的阻遏。这一调节作用的机制可以用操纵子学说解释。

(1) 诱导

诱导是酶促分解底物或产物诱使微生物细胞合成分解途径中有关酶的过程。通过诱导而产生的酶成为诱导酶，如β-半乳糖苷酶、青霉素酶等。诱导降解酶合成的物质成为诱导物，它常是酶的底物，例如诱导β-半乳糖苷酶或青霉素酶合成的乳糖或青霉素。此外，诱导物也可以是难以代谢的底物类似物，例如乳糖的结构类似物硫代甲基半乳糖苷和异丙基-β-D-半乳糖苷以及苄基青霉素的结构类似物 2,6-二甲基苄基青霉素等。

人们在研究中发现，大肠杆菌只有在含有乳糖的培养基上生长时，才能产生大量与乳糖代谢有关的β-半乳糖苷酶、β-半乳糖苷渗透酶和转乙酰基酶。这种环境中的某些物质能够促使微生物细胞合成某些酶蛋白的现象就是酶的诱导作用。

1961 年，Jacob 和 Monod 提出了乳糖操纵子学说，这一学说很好地解释了酶诱导的作用机制。乳糖操纵子学说的模型如图 5-16 所示。

操纵子是指一组功能上相关的基因，包括启动基因、操纵基因和结构基因。启动基因是转录的起始点。操纵基因能与阻遏物结合，以此来决定结构基因的转录是否能够进行。结构基因是确定酶蛋白氨基酸序列的 DNA，通过转录和翻译生成相应的酶。微生物的染色体上除了含有以上几种基因外，还有指导产生阻遏蛋白的调节基因。

根据乳糖操纵子学说，在没有诱导物（乳糖）存在的情况下，阻遏蛋白和操纵基因结合，从而阻止了启动基因发出指令合成 mRNA，转录无法进行，结构基因处于休眠状态，因此不能合成与乳糖代谢有关的酶。当乳糖存在时，乳糖作为诱导物与阻遏蛋白结合，并改变了阻遏蛋白的构象，从而使阻遏蛋白不能与操纵基因结合，操纵子“开关”被打开，启动基因发出可合成 mRNA 的指令，并由 mRNA 指导合成利用乳糖的酶（图 5-16）。

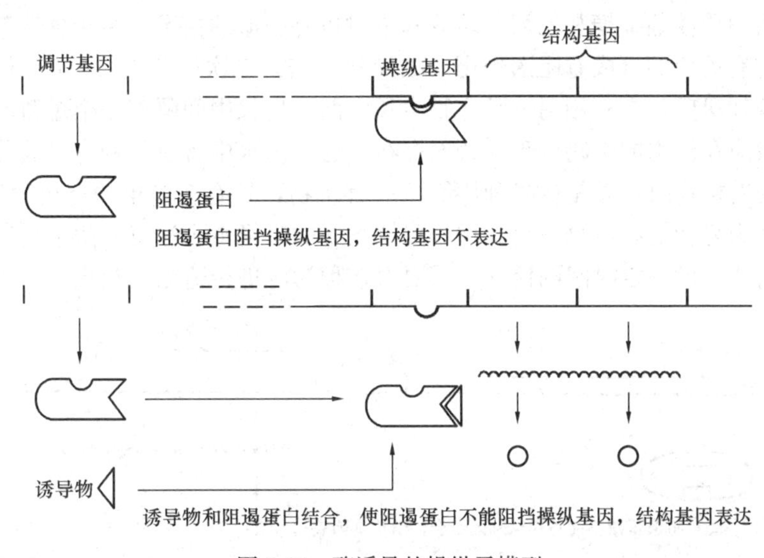

图 5-16　酶诱导的操纵子模型

（2）阻遏

阻遏是微生物在某些代谢途径中，当末端产物过量时，其调节体系就会阻止该途径中包括关键酶在内的一系列酶的合成，从而彻底地控制代谢，减少末端产物的生成的现象。阻遏主要由终产物阻遏和分解代谢产物阻遏。前者发生于生物合成途径中；后者则与分解代谢途径有关。

1）终产物阻遏

催化某一特异产物合成的酶，在培养基中有该产物存在的情况下常常是不合成的，即受阻遏的。这种由于终产物的过度积累而导致生物合成途径中酶合成的阻遏称为终产物阻遏，它常常发生在氨基酸、嘌呤和嘧啶等这些重要结构元件生物合成时。在正常情况下，当微生物细胞中氨基酸、嘌呤和嘧啶等过量时，与这些物质合成有关的许多酶就停止合成。

终产物阻遏也可以用操纵子学说来解释，其中研究较深入的是组氨酸操纵子系统（图 5-17）。大肠杆菌在低浓度组氨酸培养基上生长时，能合成大量的组氨酸。但是一旦组氨酸过量，它的合成就受到抑制。因为，当组氨酸浓度过高时，它先与 tRNA 生成复合体，称为辅阻遏物。辅阻遏物与阻遏蛋白结合，使阻遏蛋白活化，迅速和操纵基因结合，从而阻止了启动基因发出指令合成 mRNA，转录无法进行，不能合成与组氨酸合成有关的酶。

而当组氨酸浓度降低时，辅阻遏物不再与阻遏蛋白结合，使阻遏蛋白失去了活性，不能与操纵基因结合，操纵子“开关”被打开，启动基因发出可合成 mRNA 的指令，并由 mRNA 指导合成与组氨酸合成有关的酶。

2）分解代谢产物阻遏

当大肠杆菌在同时含有葡萄糖和乳糖的培养基上生长时，大肠杆菌总是首先利用葡萄糖而不利用乳糖，只有在葡萄糖被全部利用后，大肠杆菌才开始利用乳糖，这就是葡萄糖效应。其原因是葡萄糖的分解代谢产物阻遏了分解利用乳糖的有关酶合成的结果。生长在含葡萄糖和山梨醇或葡萄糖和乙酸的培养基中时也有类似的情况。由于葡萄糖常对分解利用其他底物的有关酶的合成有阻遏作用，故导致所谓“二次生长”，即先是利用葡萄糖生长，待葡萄糖耗尽后，再利用另一种底物生长，两次生长中间隔着一个短暂的停止期。

葡萄糖效应在污水的生物处理中普遍存在。通常污水中含有多种有机成分，微生物在利用污水中的有机物时，总是优先利用简单的有机物，只有在简单的有机物全部利用后，才开始利用较为复杂的有机物。在处理难降解物质的时候也应注意，微生物产生分解这些物质的酶类需要经过一定时间的诱导，需要对接种污泥进行适当的驯化。

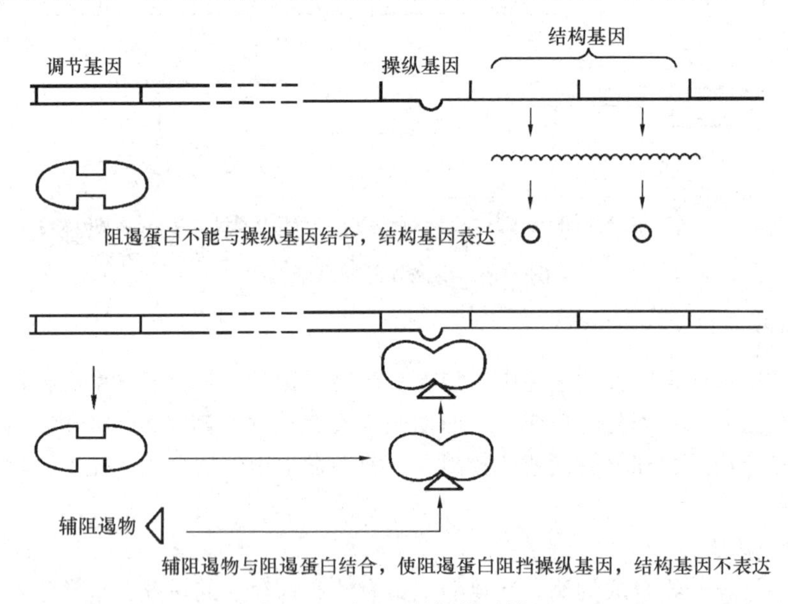

图 5-17 酶阻遏的操纵子模型

思考题

1. 酶的本质是什么？作为生物催化剂具有什么特性？
2. 酶的组成是什么？
3. 酶按催化的反应类型可分为几类？
4. 影响酶活的因素有哪些？是如何影响的？

5. 解释新陈代谢、同化作用、异化作用、光能无机自养、化能无机自养、光能有机异养、化能无机异养的概念。

6. 微生物的营养物质有哪些?

7. 培养基有哪些类型，分别起什么作用?

8. 营养物质进入细胞有哪些方式?

9. 微生物呼吸的本质是什么?

10. 根据递氢特点尤其是氢受体性质的不同，可把生物氧化分为哪三类?

11. 什么是硝酸盐呼吸、硫酸盐呼吸、碳酸盐呼吸?

12. 什么叫底物水平磷酸化、氧化磷酸化和光合磷酸化?

13. EMP途径的产物是什么? 产能如何? TCA途径的产能如何? 葡萄糖在好氧条件是如何彻底氧化，产能如何?

14. 生活污水中不含氮有机物主要有哪些? 淀粉是怎么被分解的?

15. 废水中蛋白质是如何被微生物分解的? 蛋白质氧化最终产物是什么?

16. 微生物代谢调节的方式有哪些?

第6章 微生物的生长与繁殖

6.1 微生物的培养

1. 微生物的培养方法

(1) 微生物的纯培养及获得方法

在自然环境中生存的微生物，都是混杂的。如果希望研究和利用某一种微生物，就需要把微生物分离出来，进行只含一种微生物的培养。在实验室条件下从一个单细胞繁殖而得到的后代称为纯培养。为了得到纯培养，可采用显微镜器直接在显微镜下挑取单个细胞进行培养。通常采用稀释涂布法（图 6-1)、稀释倒平板法或划线平板法（图 6-2）等来分离、纯化微生物。在纯培养中，防止其他微生物的进入是十分重要的，若其他微生物进入纯培养中，便称为污染。

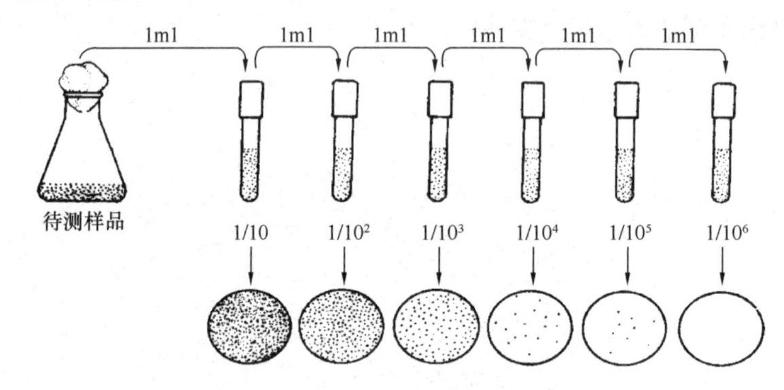

图 6-1 稀释倒平皿分离法示意图

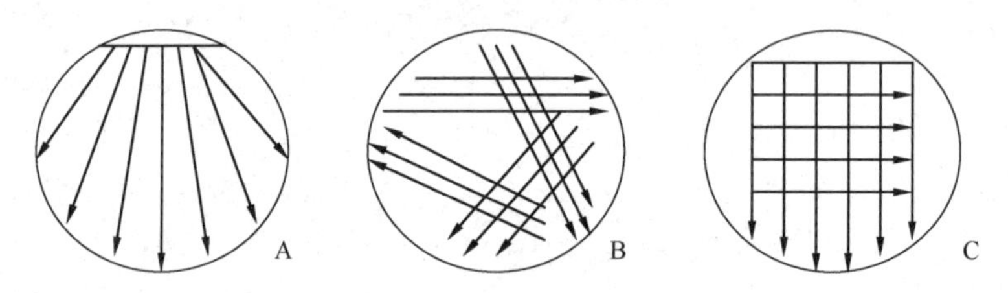

图 6-2 平皿划线分离法

A—扇形划线；B—连续划线；C—方格划线

(2) 微生物的培养方法

为了研究微生物的生长，首先要对微生物进行培养。微生物的培养方法根据培养过程中对氧气的需要与否可分为好氧培养和厌氧培养；还可根据所用培养基分为固体培养和液体培养。

1) 好氧培养方法

在实验室中，好氧的固体培养方法是将菌种接种在固体培养基的表面，使之暴露在空气中生长，可分为试管斜面、培养皿平板等。

液体培养方法在实验室中主要采用摇瓶培养法。将菌种接种到装有液体培养基的三角瓶中，在摇床上振荡培养，使空气中的氧气不断溶解进入液体培养基中。也可用小型发酵罐模拟发酵条件来进行培养。

2）厌氧培养方法

微生物的厌氧培养方法不需要提供氧气，对于厌氧微生物来说，氧气是有害的，因此要采用各种方法去氧或将厌氧微生物放在氧化还原电位低的条件下进行培养。实验室中除了要用特殊的培养装置，还需要在培养基中加入还原剂和氧化还原指示剂。早期的厌氧培养主要采用厌氧培养皿，现在已逐渐采用厌氧手套、Hungate 滚管和厌氧罐等方法。

2. 分批培养和连续培养

由于微生物个体太小，难以研究单个微生物，人们多通过培养研究其群体生长。常用的培养方法有分批培养和连续培养两种。

（1）分批培养

分批培养是将一定量的微生物接种在一个封闭的、盛有一定量液体培养基的容器内，保持一定的温度、pH 值和溶解氧量，微生物在其中生长繁殖，会出现微生物数量由少变多，达到高峰后又由多变少，甚至死亡的变化规律。

以细菌纯种培养为例，将少量细菌接种到一种新鲜的、定量的液体培养基中进行分批培养，定时取样（例如，每 2h 取样 1 次）计数。以细菌个数或细菌数的对数或细菌的干重为纵坐标，以培养时间为横坐标，连接坐标系上各点成一条曲线，即细菌的生长曲线（图 6-3）。

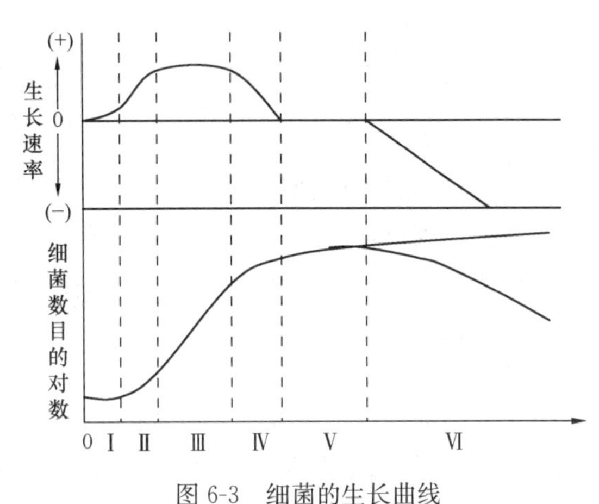

图 6-3　细菌的生长曲线

一般来讲，细菌质量的变化比个数的变化更能在本质上反映其生长的过程，因为细菌个数的变化只反映了细菌分裂的数目，质量则包括细菌个数的增加和每个菌体细胞物质的增长。各种细菌的生长速率不一，每一种细菌都有各自的生长曲线，但曲线的形状基本相同。其他微生物也有形状类似的生长曲线。废水生物处理中混合生长的活性污泥微生物也有类似的生长曲线。

（2）连续培养

在分批培养过程中，培养基一次加入，不予补充，不再更换。随着微生物活跃生长，培养基中的营养物质被逐渐消耗，代谢产物逐渐积累产生毒害作用，必然会使微生物生长速率下降并最终停止生长，导致死亡。为了防止上述情况的发生，人们发明了连续培养的方法。所谓连续培养，基本上就是在一个恒定容积的流动系统中培养微生物，一方面以一定速率不断地加入新的培养基，另一方面又以相同的速率流出培养物（菌体和代谢产物），以使培养系统中的细胞数量和营养状态保持稳态。

连续培养有恒浊器和恒化器两种（图 6-4）。两者的区别在于控制培养基流入到培养容器中的方式不同。

1）恒浊器

恒浊器是一种使培养液中细菌的浓度恒定，以浊度为控制指标的培养方式。按试验目

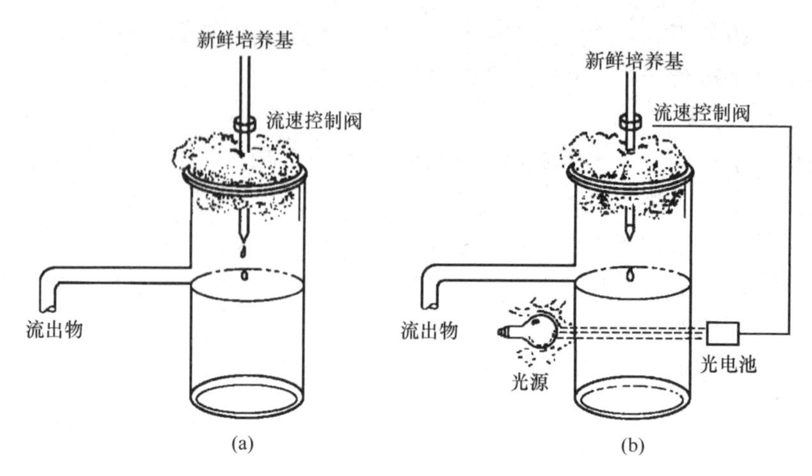

图 6-4　恒化培养装置和恒浊培养装置

（a）恒化培养装置；（b）恒浊培养装置

的，首先确定培养液的浊度保持在某一恒定值上。调节进水（含一定浓度的培养基）流速，使浊度达到恒定（用自动控制的浊度计测定）。当浊度较大时，加大进水流速，以降低浊度；浊度较小时，降低流速，提高浊度。发酵工业采用此法可获得大量的菌体和有经济价值的代谢产物。

2）恒化器

恒化器是维持进水中的营养成分恒定（其中对细菌生长有限制作用的成分要保持低浓度水平），以恒定流速进水，以相同流速流出代谢产物，使细菌处于最高生长速率状态的培养方式。

在连续培养中，微生物的生长状态和规律与分批培养中的不同。它们往往处于相当分批培养中生长曲线的某一个生长阶段。

恒化连续培养法尤其适用于废水生物处理。除了序批式间歇曝气器（SBR）法外，其余的污水生物处理法均采用恒化连续培养。

6.2　微生物生长繁殖的测定

由于微生物的个体很小，对于其生长繁殖量的测定，需要一些特定的方法手段。

1. 微生物生长的测定

测定微生物生长的方法很多，可分为直接法和间接法两大类。

（1）直接法

直接法是对菌体细胞的体积、质量等直接进行测定。

1）测体积：把微生物的培养液经自然沉降或离心后，对其体积进行测定。这种方法简便易行，但精度比较差，常用于初步比较。

2）称干重：将培养液通过离心或过滤并洗涤后，在 100～105℃烘干至恒重，也可用红外或真空干燥，然后称量。一般所得的干重为湿重的 10%～20%。

3）菌丝长度测量法：对于丝状真菌和一些放线菌，可以在培养基上测定一定时间内菌丝生长的长度，或是利用一只一端开口并带有刻度的细玻璃管，倒入合适的培养基，卧放。在开口的一端接种微生物，一段时间后记录其菌丝生长长度，借此衡量丝状微生物的生长。

（2）间接法

1）比浊法：微生物在生长过程中，由于原生质含量的增加，会引起培养液浑浊度的增加。对于某一特定微生物，不同含量的原生质对应着不同的浑浊度。经过标定，用浊度计或分光光度仪测定就可以求出微生物的生长量。

2）生理指标法：与生长量对应的指标很多，如微生物体内的碳、氮、磷、DNA、RNA、ATP、DAP 和 *N*-乙酰胞壁酸等的含量，以及产酸、产气、产二氧化碳、耗氧、黏度和产热等指标，它们都可用于生长量的测定。

2. 微生物繁殖的测定

微生物繁殖的测定，也就是微生物个体数量的测定，也可分为对微生物总数的测定和对活菌数的测定。

（1）微生物总数的测定

测定所得微生物总数包括活菌和死菌。

1）比例计数法

将已知颗粒浓度的液体与一待测细胞浓度的菌液按一定比例混合，在显微镜下数出各自的数目，然后求出未知菌液中的细胞浓度。这是比较粗的计数方法。

2）血球计数板法

使用特制的血球计数板，在显微镜下测定一定容积中的微生物个体数。本方法适用于个体比较大的微生物，如酵母菌的计数。

3）试剂纸法

在滤纸和琼脂中吸油合适的培养基，其中加入活性指示剂 2,3,5-氯化三苯基四氮唑（TTC，无色）待蘸取测试菌液后置密封包装袋中培养。短期培养后在滤纸上出现一定密度的玫瑰色微小菌落与标准纸色板上图谱比较即可估算出样品的含菌量。试剂纸法计数快捷准确。相比而言避免了平板计数法的人为操作误差。

4）特定微生物计数法

如果要测量环境样本中某特定微生物的数量，可以采用荧光原位杂交技术（Fluorescence In-Situ Hybridization，简称 FISH）。即根据已知微生物不同分类级别上种群特异的 DNA 序列，以利用荧光标记的特异寡聚核苷酸片段作为探针，与环境基因组中 DNA 分子杂交，监测该特异微生物种群的存在与丰度。该技术不但可用于已知基因或序列的染色体定位，而且也可用于未克隆基因或遗传标记及染色体畸变的研究。在基因定性、定量、整合、表达等方面的研究中颇具优势。

（2）活菌数的测定

1）液体稀释法

本方法是基于概率理论，对未知菌样做连续的 10 倍系列稀释，根据预估数，从最适宜的三个连续的 10 倍稀释液中各取 5mL 试样，接种到 3 组共 15 支装有培养液的试管中（每管加 1mL），培养后，记录每个稀释度出现生长的试管数。通过查 MPN（MostProbableNumber）表，再根据稀释倍数就可求出原样中的活菌数。

2）平板菌落（CFU）计数法

这是最常用的活菌计数法。将稀释到一定倍数的菌液与合适的固体培养基在凝固前均匀混合，或在已凝固的平板上涂布，计数培养后在平板上出现的菌落数，就可以求得原液中的微生物活菌数。微生物生长繁殖的测定，要根据要求和微生物的特点，选择最简单但能符合需要的方法。

3）染色计数法

为了弥补一些微生物在油镜下不易观察计数，而直接用血球计数板法又无法区分死细胞和活细胞的不足，人们发明了染色计数法。借助不同的染料对菌体进行适当的染色，可以方便的在显微镜下进行活菌计数。如酵母活细胞计数可用美蓝染色液，染色后在显微镜下观察，活细胞为无色，而死细胞为蓝色。

4）膜过滤法

用特殊的滤膜过滤一定体积的含菌样品，经吖啶橙染色，在紫外显微镜下观察细胞的荧光，活细胞会发橙色荧光，而死细胞则发绿色荧光。

6.3 微生物的生长特性

生长曲线的各个时期及其特点：

细菌的生长油线可细分为 6 个时期：停滞期（适应期）、加速期、对数期、减速期、静止期及衰亡期，分别对应图 6-3 中的Ⅰ～Ⅵ。

由于加速期和减速期历时都很短，可把加速期并入停滞期，把减速期并入静止期。因此，细菌的生长繁殖可粗分为 4 个时期。下面分别进行介绍。

（1）停滞期

少量细菌刚接入一定量的新鲜液体培养基中，有一段不生长的时期，这个时期的细菌要适应新的环境，合成所需要的新的酶类，并增长细胞体积和准备细胞分裂（图 6-3 中的Ⅰ）。在停滞期的后期（图 6-3 中的Ⅱ），开始细胞分裂。

不同细菌的停滞期长短不同，即使是同一种菌，停滞的长短也会改变。这取决于某些因素：接种量、菌龄、营养等。如果接种量大、菌龄小、营养和环境条件好，则停滞期就短。

在停滞期初期，一部分细菌适应环境而生存，而另一部分则死亡，细菌总数下降。到停滞期末期，存活细菌的细胞物质增加，体积增大，细胞代谢活跃，细胞中大量合成细胞分裂所需要的酶类、核酸、ATP 及其他成分，为细胞分裂做准备。此时的细菌细胞对外界环境条件较敏感，易受外界不良环境条件的影响而发生变异。

（2）对数期（指数期）

停滞期结束，细菌细胞的生理修复或调整完成后，细胞开始进入快速分裂阶段。细菌的生长速度达到最大，细菌数以几何级数增加，在生长曲线上成直线关系，故称为对数期（见图 6-3 中的Ⅲ）。

对数期内的细菌细胞数目以下列方式增加：1→2→4→8～……即 $2^0\rightarrow2^1\rightarrow2^2\rightarrow2^3\rightarrow2^4\cdots\cdots\sim2^n$，其中，$n$ 为代数（细菌分裂的次数或增殖的代数）。由此，可以计算细菌的世代时间 G。

处于对数期的细菌，得到丰富的营养，代谢活力最强，细菌生长速度最快，世代时间最短，对不良环境条件的抗性也比较强。此时细菌群体中细胞的化学成分及形态、生理特性比较一致。所以在教学实验和发酵工业中都用对数期的细胞作实验材料。

(3) 静止期(稳定期)

由于对数期的细菌迅速生长繁殖，消耗了大量的营养物质，同时代谢产物的大量积累对细菌本身产生毒害作用，另外，pH 值、溶解氧、氧化还原电位等条件也变得不利。结果造成细菌的生长速率逐渐下降，甚至到零，进入静止期(图 6-3 中的Ⅳ和Ⅴ)。

在静止期，细菌总数达到最大，新生数与死亡数大致相等，保持动态平衡。此时的细菌细胞从生理上的年轻转为衰老，细胞开始积累储存物质，如异染粒、聚-羟基丁酸(PHB)、肝糖、淀粉粒、脂肪粒等；芽孢菌形成芽孢；有些代谢产物，特别是次生代谢产物主要就是在静止期，特别是在对数期与静止期转换阶段所产生的，这些产物包括抗生素和一些酶。

(4) 衰亡期

处于静止期的细菌如果继续培养，由于营养物质被耗尽，细菌无法得到外源营养而进行内源呼吸(即消耗自身的储存物质进行呼吸，又称自身溶解)。静止期细菌代谢过程中产生的有害物质大量积累，抑制细菌的生长繁殖，此时，细菌的死亡率增加，活菌数减少，最终细菌数将以对数速率急剧下降(图 6-3 中的Ⅵ)。

衰亡期的细菌细胞常呈多形态，出现畸形或衰退型。

从根本上说，细菌的不同生长时期，是由外界提供的营养物的量决定的，即所谓的负荷(F/M)。

需要指出的是，细菌生长曲线的不同时期反映的是群体而不是个体细胞的生长规律，认识和掌握微生物的生长曲线，有重要的实践意义。

活性污泥中的微生物的生长规律和纯菌种的一致，它们的生长曲线相似。一般将其划分为三个阶段：生长上升阶段、生长下降阶段和内源呼吸阶段。

活性污泥法中的序批式间歇曝气器(SBR)是将分批培养的原理应用于废水的生物处理。SBR 中活性污泥的生长规律与纯菌种的类似。

6.4 微生物生长的影响因素

微生物除需要营养外，还受到其所处环境理化因素的极大影响。如果环境因子不正常，会造成微生物生命活动不正常，甚至变异或死亡。事实上，一种环境条件对某种微生物可能是有害的，而对另一种微生物则可能是有利的。

1. 温度

温度是微生物重要的生存因子。每一种微生物的生长都要求有一定的温度范围。在适宜的温度范围内，微生物能正常地进行生长繁殖，随着温度的升高，微生物的代谢速率和生长速率可相应提高。而过高或过低的温度都会对微生物生长产生影响。当温度太低，低于某一值时，可使原生质处于凝固状态，微生物的生长不能正常进行，这一温度为微生物生长的最低温度；而温度太高，超过某一温度值时，微生物的核酸、蛋白质和细胞其他成分会发生不可逆的变性作用，该温度为微生物生长的最高温度。所以每种微生物都有 3 种基本温度：最低温度、最适温度和最高温度。不同微生物对温度的要求不同，同一微生物在生长的不同时期对温度的要求也会不同，如青霉菌生长的最适温度是 30℃，而它产生青霉素的最适温度是 25℃。

根据最适温度的不同大多数细菌为嗜冷菌、嗜中温菌、嗜热菌、嗜超热菌（表 6-1）。大多数菌为嗜中温菌，少数为嗜冷菌和嗜热菌。

低温、中温和高温细菌的生长温度范围　　表 6-1

细菌	最低温度（℃）	最适温度（℃）	最高温度（℃）
嗜冷菌	−5～0	5～10	20～30
嗜中温菌	5～10	25～40	45～50
嗜热菌	30	50～60	70～80
嗜超热菌	＞55	70～105	110～113

嗜热菌或嗜超热菌是特殊的微生物，由于它们具有热稳定的酶及细胞机构，在高温下仍能稳定并发挥正常生理功能。这类菌包括芽孢杆菌和嗜热古菌，并可进一步细分（表 6-2）。

嗜热菌的分类及其生长温度　　表 6-2

	嗜超热菌	中度嗜热菌（55～75℃）	
		专性嗜热菌	兼性嗜热菌
生长温度	75℃以上生长良好	37℃以下不能生长	37℃以下能生长

在常见的微生物种类中，原生动物的最适温度一般为 16～25℃；大多数放线菌的最适温度在 23～37℃；霉菌的温度范围和放线菌差不多；多数藻类的最适温度在 28～30℃。了解不同微生物对温度的要求，有助于在培养微生物时选择合理的培养温度条件。在废水的生物处理中，大多数是中温性的微生物，一般控制温度在 30℃左右（表 6-3）。

废水生物处理中几种细菌的温度要求（℃）　　表 6-3

微生物	假单胞菌	硫氰氧化杆菌	维氏硝化杆菌	硝化球菌	亚硝化球菌	动胶菌
温度范围	25～35	27～33	10～37	15～30	2～30	10～45
最适温度	30		28～30	25～30	20～25	28～30

嗜冷微生物能在低温、甚至零度以下的环境生存，其最适温度在 5～15℃之间。有的微生物最适温度为 20～40℃，但能在 0℃生长，且生长速度很慢，并不是嗜冷微生物，而是耐冷微生物。

嗜冷微生物能在低温下生长的原因是：嗜冷微生物所含的酶能在低温下有效地催化反应；其主动输送物质的功能在低温下仍能运转良好，能有效地吸收必需的物质；嗜冷微生物的细胞质膜含有大量的不饱和脂肪酸，在低温下能保持膜的半流动性。当环境的温度过高或过低时，就会对微生物的生长产生影响。

（1）高温的影响

高温会使微生物的蛋白质发生凝固变性，呈不可逆的变性，导致微生物的死亡。另外，高温还可能会使细胞膜内的脂肪受热溶解，膜上产生小孔而使细胞内物质流失，导致死亡。利用高温导致微生物死亡的原理，在实际工作中，可以达到杀灭微生物的目的。在微生物实验中，需要对所用的培养基和器皿进行灭菌。

在实际工作中，人们经常会遇到两个概念：灭菌和消毒。这是两个不同的概念，需要注意区分。所谓灭菌是通过超高温或其他物理、化学手段将所有微生物的营养细胞以及所有的芽孢或孢子全部杀死，即杀死一切微生物；而消毒是利用物理、化学因素杀死致病微生物。显然灭菌的要求要高于消毒，更加严格。在微生物学研究和生产实际中，高温是最常用的进行灭菌和消毒的方法。

高温灭菌的方法有灼烧、干热灭菌和湿热灭菌等。

1）灼烧

实验室中常用酒精灯或煤气灯火焰对接种环、接种针或试管口等不会被高温破坏的物品进行灭菌。

2）干热灭菌

干热灭菌通常是将灭菌物品置于鼓风干燥箱内，在160℃下加热2h，或171℃下加热1h，或121℃下加热12h以上，利用热空气进行灭菌。该方法适用于金属和玻璃器皿等的灭菌。

3）湿热灭菌

湿热灭菌是最常用的灭菌方法，适用于大多数物品。它利用高压蒸汽和高温的联合作用，达到灭菌的效果（一般用1.03×10^{5}Pa，121℃，20min）。在相同温度下，湿热的效力比干热灭菌好。这是因为热蒸汽对细胞成分的破坏作用更强，水分子的存在有助于破坏维持蛋白质结构的氢键和其他作用力，更易使蛋白质变性，高温还可以使细胞膜脂溶解和破坏核酸结构；热蒸汽比热空气穿透力强，能有效地杀灭微生物；蒸汽存在潜热，当气体转变为液体时可放出大量热量，故可迅速提高灭菌物体的温度。

超高温的杀菌效果与微生物的种类、数量、生理状态、有无芽孢及pH值等都有关系。其中，芽孢是微生物中最耐热的结构，具有芽孢的细菌是最耐热的，因此，常常用芽孢菌的存活与否作为灭菌效果的指标。

高温消毒的方法有水煮沸法、巴斯德消毒法等。

1）水煮沸法

将物品置于沸水中，在100℃下维持15min以上，可杀死细菌和真菌的营养细胞和一些病毒，但不能全部杀死芽孢和真菌孢子。如延长煮沸时间或向水中加入2%的碳酸钠则可提高消毒的效果。该法适用于注射器、解剖用具及家庭餐具的消毒。

2）巴斯德消毒法

这是用于减少牛奶、酒等饮料等对热敏感的食品中微生物数量的方法，将食品在70℃下保持15min，然后迅速冷却（快速巴斯德消毒法），或在63～66℃下加热30min，然后快速冷却即可饮用。饮料经巴斯德消毒法消毒后其营养价值不受损害。

（2）低温的影响

低温对嗜中温和嗜高温的微生物生长不利。低温对微生物生长的影响主要是通过降低酶反应速度使微生物的生长受到抑制。在低温下，微生物的代谢活力极低，生长缓慢或停止，但不致死，而是处于休眠状态。处于低温下的微生物一旦重新获得适宜的温度，即可恢复活性。

利用这一特性，各种低温冰箱成为家庭或工业生产中保存食品等的有效手段，在微生物实验中冰箱也被用来保存生物样品或试剂等。

一般中温性的微生物，在10℃以下就不生长，这也是人们用冰箱冷藏（4℃）来保存食物（或菌种）的原因。但需要注意的是，低温条件下有些耐冷微生物仍然能缓慢生长，最终导致食品腐败，所以冷藏保存的时间一般只能维持几天。

当温度达到－10℃以下时，食物冷冻成固态，微生物基本上不生长，因而可以更长时间地保存食品。对于保存菌种，则要求更低的温度，如－80℃的低温冰箱，或－78℃的干冰，或－196℃的液氮等。

2. pH值

微生物的生命活动、物质代谢与pH值有密切关系。微生物对pH值的要求也存在最高、最低和最适三个点。不同微生物对pH值的要求有所不同。在常见的各类微生物中，大多数细菌、藻类和原生动物的最适pH值为6.5～7.5，pH值适应范围在4～10之间。某些细菌，如氧化硫硫杆菌和极端嗜酸菌，需在酸性环境中生活，其最适pH值为3，在pH值为1.5时仍可生活；放线菌需要在中性和偏碱性环境中生长，pH值以7.5～8.0最适宜；酵母菌和霉菌要求在酸性或偏酸性的环境中生活，最适pH值范围在3～6，有的pH值为5～6，其生长极限pH值为1.5～10。有些微生物对pH值要求严格，环境pH值变化不能太大；也有的微生物适应性较强，对pH值要求不甚严格。

在废水生物处理中，处理的主体是细菌，而且微生物对pH值变化的适应能力比较强，所以一般把曝气池中的pH值维持在6.5～8.5。此时，大多数细菌、藻类、放线菌和原生动物等都能正常生长繁殖，尤其是形成菌胶团的细菌能互相凝聚形成良好的絮状物，有利于水的净化。

在有机固体废物处理中，初始pH值在5～8，堆肥过程中pH值会下降到5以下，以后又上升到8.5，成熟堆肥的pH值在7～8。

在培养微生物的过程中，由于微生物生长繁殖和代谢活动的进行，培养基的pH值会发生变化，或是上升，或是下降。因此，在配制培养基时，经常可以加入缓冲性物质，如磷酸盐（KH_2PO_4和K_2HPO_4）等。在废水和污泥厌氧消化过程中，为了将pH值控制在适于产酸和产甲烷的6.6～7.6，也可以考虑加入缓冲物质，所加的缓冲物质有碳酸氢钠、碳酸钠、氢氧化钠、氢氧化铵和氨等。

过高或过低的pH值对微生物的影响，表现在以下几方面。

（1）影响蛋白质的解离，从而影响细胞表面的电荷，影响营养物质的吸收。如pH值低于1.5，微生物表面的电荷就会由带负电变为带正电。

（2）影响营养物质的离子化，影响其进入细胞。因为细菌表面带负电，非离子状态的化合物比离子状态的化合物更容易渗入细胞。

（3）影响酶的活性。极端的pH值会使酶的活性降低，直接破坏微生物细胞。进而影响微生物的生理活动，甚至直接破坏微生物细胞。

（4）降低抗热性。不适宜的pH值会降低微生物对高温的抵抗能力。废水生物处理中的pH值一般在6.5～8.5，这是因为低于6.5的酸性环境不利于细菌和原生动物的生长，尤其是对菌胶团细菌不利，而对霉菌和酵母菌有利。霉菌的大量繁殖，会造成污泥膨胀等问题。另一方面，过高的pH值会使原生动物呆滞，菌胶团解体，也会影响去除效果。

3. 干燥

水是生物生存的必要条件，没有水一切生命都不能存在。微生物细胞中含有大量水分，干燥会使微生物细胞失去水分，导致代谢终止或死亡。不同的微生物对于干燥的抵抗力有强有弱。一般没有荚膜、芽孢的微生物对干燥环境比较敏感。细菌的芽孢和其他微生物的孢子耐旱性较强，在干燥环境中可以保持几十年，当遇到适宜的生活条件，仍会发芽繁殖。

由于大多数微生物在干燥环境中不能生长发育，因而人们广泛利用干燥法来保存食品，防止食品腐败。

4. 氧化还原电位

氧化还原电位（E_h）是衡量环境氧化性的指标，单位为V或mV。氧化环境具有正电位，还原环境具有负电位。氧化还原电位可以使用氧化还原仪非常容易地测得。

各种微生物对氧化还原电位的要求不同，一般好氧微生物要求E_h在+300～+400mV，E_h在+100mV以上，好氧微生物生长；兼性厌氧微生物当E_h在+100mV以上时进行好氧呼吸，在+100mV以下时进行无氧呼吸；专性厌氧的微生物要求E_h在−250～−200mV，产甲烷菌要求的E_h更低，为−400～−300mV。

环境中的氧化还原电位受到氧分压和pH值等因子的影响。氧分压越高，氧化还原电位越高；而pH值低时，氧化还原电位会下降。

氧化还原电位可以通过加入一些还原剂来进行控制，如加入抗坏血酸（维生素C）、硫二乙醇钠、二硫苏糖醇、谷胱甘肽、硫化氢及金属铁等，可以把微生物体系中的氧化还原电位控制在低水平上。

5. 溶解氧

微生物对氧的需求和耐受能力在不同的类群中变化很大。根据微生物与氧的关系，可把微生物分为好氧微生物、兼性厌氧微生物和厌氧微生物。

（1）好氧微生物

好氧微生物包括所有需要氧才能生长的微生物。好氧微生物可分为两类：一类是专性好氧的微生物，它们的生长必需氧；另一类是微好氧微生物，它们在有少量自由氧存在的条件下生长最好。许多细菌和放线菌、霉菌、原生动物、微型后生动物等均属于好氧性微生物。蓝细菌和藻类等能在白天进行光合作用，放出氧气；夜间和阴天则利用氧气进行好氧呼吸，分解有机物获得能量。

对于好氧微生物来说，O_2的作用有两个，一是作为好氧呼吸的最终电子受体；二是参与不饱和脂肪酸等的生物合成。微生物在利用O_2的过程中，会产生一些有毒物质，如过氧化氢（H_2O_2）、过氧化物和羟自由基（—OH），好氧和微好氧微生物的体内具有相应的过氧化氢酶、过氧化物酶和超氧化物歧化酶，能对上述物质进行分解而保护微生物不受伤害。

微生物只能利用溶解于水中的O_2，即溶解氧（DO）。DO与水温、大气压等因素有关：温度越高，氧的溶解度越低；大气压越高，氧在水中的溶解度越高。

在好氧生物处理中，DO是个十分重要的因子。为了提供充足的氧，通常采用的方法是设置充氧设备充氧，例如，通过表面叶轮机械搅拌、鼓风曝气、压缩空气曝气、溶气释放器曝气、射流曝气等方式。在实验室中，最常用的是振荡器（摇床）充氧。在废水生物处理中，要根据进水的物质浓度、好氧微生物的数量、生理特性等指标来综合考虑氧的供给量，如进水的BOD_5为200～300mg/L、曝气池混合液悬浮固体（MLSS）的质量浓度在 2～3g/L 时，溶解氧的质量浓度要维持在 2mg/L 以上。

（2）兼性微生物

兼性微生物既能在有氧条件下生存，又能在无氧条件下生存，但两者所表现的生理状态是很不同的。兼性微生物在有氧存在下通常进行的是好氧代谢，氧化酶活性比较高，细胞色素及电子传递体系的其他组分正常存在；在氧缺乏时，微生物转而进行厌氧代谢，氧化酶失去活性，细胞色素及电子传递体系的其他组分减少或全部消失，一旦重新通入氧气，这些组分将很快恢复。

兼性微生物有酵母菌、肠道细菌、硝酸盐还原菌、某些原生动物、微型后生动物及个别真菌等。

在废水生物处理中，在正常供氧的情况下，兼性微生物与好氧微生物共同起作用；在供氧不足时，兼性微生物仍然起积极作用。在污水、污泥的厌氧消化过程中，兼性微生物的作用为水解、发酵大分子的蛋白质、脂肪、碳水化合物等。

硝酸盐还原菌（反硝化细菌），在缺氧而又有 NO_3^- 存在的条件下，进行无氧呼吸，利用 NO_3^- 作最终电子受体进行反硝化作用，使 NO_3^- 还原成 NO_2^-，进而产生 N_2。利用这一特性，在水处理中，采取适当的缺氧处理工艺，可以达到废水脱氮的目的。

（3）厌氧微生物

厌氧微生物只有在无氧条件下才能生存。厌氧微生物又可分为两类：一类是严格厌氧微生物，它们要求在绝对无氧的条件下才能生存，一遇氧就会死亡，如梭菌属（*Clostridium*）、拟杆菌属（*Bacteriodes*）、梭杆菌属（*Fusobacterium*）、脱硫弧菌属（*Desulflovibrio*）、所有的产甲烷菌等，产甲烷菌必须在氧浓度低于 1.45×10^{-56} mol/L 时才能生存；另一类是耐氧厌氧微生物，它们尽管不需要氧，但可耐受氧，在氧存在的条件下仍能生长，如大多数的乳酸菌，在有氧或无氧条件下均进行典型的乳酸发酵。

严格厌氧微生物在有氧环境中不能生存，它并不是被氧直接杀死的，而是由于缺乏过氧化氢酶和超氧化物歧化酶等，无法分解代谢过程中产生的过氧化氢（H_2O_2）和超氧阴离子（O_2^-）而中毒死亡的。

厌氧微生物在自然界中多分布在水体的底泥、泥炭、沼泽、积水的土壤等环境中以及废水生物处理的厌氧处理装置中。

6. 光及辐射

自然界中的辐射主要来自太阳，包括可见光（波长 380～760nm）、紫外辐射（波长 200～380nm）、近红外（波长 760～3000nm）、热红外（波长 6000～15000nm）及微波（波长一到几厘米），另外还有电离辐射等。除光合细菌外，一般细菌都不喜欢光线。许多微生物在日光直接照射下容易死亡，特别是病原微生物。日光中具有杀菌作用的主要成分是紫外线。细菌细胞吸收紫外线后，会因其和核酸发生变化和引起死亡。

（1）辐射的正面效应

可见光（380～760nm）和红外辐射（$<$1000nm）具有正面的生物学效应，它们是光合型微生物的能量来源。其中，不产氧的光合细菌能利用红外辐射进行光合作用，蓝细菌和藻类则利用可见光作为光合作用的能源。

（2）紫外辐射对微生物的影响

紫外辐射的波长在 200～380nm，其中波长为 265～266nm 的紫外辐射杀菌效力最强。

在太阳辐射中，由于大气层的吸收，这部分紫外辐射不能到达地球表面，通过大气到达地球表面的紫外辐射波长为 287～380nm。

紫外辐射对微生物具有致死作用和致突变的作用，其原因是微生物细胞中的核酸、嘌呤、嘧啶及蛋白质对紫外辐射具有特别强的吸收能力。DNA 和 RNA 对紫外辐射的吸收峰在 260nm 处，蛋白质的紫外吸收峰在 280nm 处。紫外辐射能引起 DNA 链上两个临近的胸腺嘧啶分子形成胸腺嘧啶二聚体，导致 DNA 无法正常复制而使微生物发生突变或死亡。一般细菌在紫外线下照射 5min 即能被杀死，芽孢则需 10min。由于紫外线不能透过普通玻璃，所以一般紫外线常用于杀死空气中的微生物，如在无菌或无菌箱中用得较多。

紫外辐射被广泛应用在科研、医疗、卫生等多个领域。

1）空气消毒：医院的手术室、研究单位的无菌操作室、无菌箱等，可以用配备的紫外辐射杀菌灯进行消毒。无菌室内紫外辐射杀菌灯的功率为 30W，在距离 1m 左右处，照射 20～30min，即可杀死空气中的微生物。

2）表面消毒：对某些不能用热或化学药品消毒的器具，例如胶质离心管、药瓶、牛奶瓶等，可用紫外辐射消毒。

3）诱变育种：微生物在低剂量的紫外辐射照射下，某些特性或性状会发生改变，经过筛选后，可以得到人们希望得到的优良品种。

（3）电离辐射

X 射线和 γ 射线均能使被照射的物质产生电离作用，故称之为电离辐射。X 射线和 γ 射线都是高能电磁波，X 射线的波长范围在 0.1～0.01nm，γ 射线的波长范围在 0.01～0.001nm。它们不同于紫外辐射，电离辐射具有非常强的穿透力。可以利用 X 射线和 γ 射线等电离辐射来诱导微生物突变，筛选优良菌种。

7. 水的活度与渗透压

（1）水的活度

水是微生物生命活动不可缺少的物质。在自然环境中，水的供应并不一定能满足微生物的需要的。水的可利用性既取决于水的含量，也取决于水被吸附的紧密程度和有机体把水移进体内的效力大小，此外，溶质变成水合物的程度也影响水的可利用性。水的活度 a_w 是用来表示水被吸附和溶液因子对水可利用性的影响的一种指标。

水的活度 a_w 表示在一定温度（如 25℃）下，某溶液或物质在与一定空间空气相平衡时的含水量与饱和空气水量的比值。它与相对湿度相对应，用测定蒸汽相中相对湿度的方法可得到溶液或物质的 a_w。如空气的相对湿度为 75%，此刻溶液或物质的 a_w 为 0.75。不同物质在相同浓度下的 a_w 不同。

大多数微生物在 a_w 为 0.95～0.99 时生长最好。嗜盐细菌属（*Helobacterium*）的细菌很特殊，在 a_w 低于 0.80 的含 NaCl 的培养基中生长最好。少数霉菌和酵母菌在 a_w 为 0.60～0.70 时仍能生长，在 a_w 为 0.60～0.65 时大多数微生物停止活动。

低水活度（干燥）能使微生物体内的蛋白质变性，引起代谢活动的停止，所以干燥会影响微生物的活性乃至其生命力。不同微生物对干燥的抗性差别很大，细菌的芽孢、藻类和真菌的孢子及原生动物的胞囊抗性较强。干燥条件下细胞会以休眠状态长期存活，一旦水分供应恢复则很快复活。

鉴于在极低水活度、极干燥环境中微生物不生长，干燥就成为保藏物品和食物的好方法。在微生物实验工作中，可利用灭菌的沙土管保存菌种、孢子，也可用真空冷冻干燥保存菌种。

（2）渗透压

任何两种浓度的溶液被半渗透膜隔开，均会产生渗透压。通过半透性膜水分子会从低渗透压的一面向高渗透压的一面流动。

溶液的渗透压取决于其浓度，溶质的离子或分子数目越多，渗透压越大。在同一质量浓度的溶液中，含小分子溶质的溶液渗透压比含大分子溶质的溶液大，如同为50g/L的质量浓度，葡萄糖溶液的渗透压要大于蔗糖溶液。离子溶液的渗透压比分子溶液大。

对于微生物来说，其细胞膜就是一层半透性膜。在细菌体内，磷酸盐、磷酸酯、嘌呤、嘧啶等以高度浓缩的状态存在，革兰氏阳性菌在菌体内还浓缩某些氨基酸，因此细菌体内的渗透压较高，约2020～2525kPa，革兰氏阴性菌的渗透压较低，约505～606kPa。

1）等渗溶液：周围溶液的渗透压等于细胞体内的渗透压，如当微生物处于质量浓度为5～8.5g/L的NaCl溶液时，微生物生长良好。上述溶液称为生理盐水。

2）低渗溶液：周围溶液的渗透压小于细胞体内的渗透压，如当微生物处于质量浓度为0.1g/L的NaCl溶液时。在低渗溶液中，水分从细胞外大量进入细胞，细胞膨胀，严重者破裂。

3）高渗溶液：周围溶液的渗透压大于细胞体内的渗透压，如当微生物处于质量浓度为200g/L的NaCl溶液时。此时微生物体内的水分子大量渗出，使细胞发生质壁分离。

等渗的生理盐水在微生物实验中被用来稀释菌液。高渗溶液可以用来保藏食物，如传统食品中的腌制工艺，可较长时间地保存鱼肉等。但有些微生物能在高渗透压的环境中生长，如花蜜酵母菌（*Nectzcomyces*）和某些霉菌在质量浓度为600～800g/L的糖溶液（渗透压为4545～9090kPa）中生长。海洋和盐湖中的微生物以及在水果汁中生长的微生物都是嗜高渗透压的，古菌中的极端嗜盐菌能在质量浓度为150～300g/L的盐溶液中生长。

8. 化学药剂

（1）重金属及其化合物

重金属汞、银、铜、铅及其化合物，能使蛋白质发生沉淀变性，它们与酶分子中的—SH结合，使酶失去活性；或者与菌体蛋白结合，使之变性或沉淀，因此，可以用来杀菌和防腐。

质量浓度为20～5mg/L的氯化汞（$HgCl_2$）能有效地杀死大多数细菌。自然界中有些细菌能耐较高浓度的汞，甚至能转化汞，如带MER质粒的腐臭假单胞菌，能在质量浓度为50～70mg/L的$HgCl_2$环境中生长。

硫酸铜对真菌和藻类的杀伤力较强，常被用来作杀藻剂。用硫酸铜和石灰配制而成的波尔多液，在农业上可用于防治某些植物病毒。

铅对微生物也是有毒害的作用，将微生物接触质量浓度为1～5g/L的铅盐溶液，几分钟内微生物就会死亡。

（2）有机化合物

醇、醛、酚等有机化合物能使蛋白质变性，是常用的杀菌剂。

1）醇

醇是脱水剂和脂溶剂，可使蛋白质脱水、变性，溶解细胞质膜的脂类物质，进而杀死微生物机体。其中以乙醇（酒精）最为常用。一般化学杀菌剂的杀菌力与其浓度成正比，但乙醇例外，体积分数为70%～75%的乙醇杀菌力最强。这是因为乙醇浓度过低无杀菌力；而过高的乙醇浓度，如无水乙醇因不含水很难渗入细胞，又因它可使细胞表面迅速失水，表面蛋白质沉淀变性形成一层薄膜，阻止乙醇分子进入菌体内，故不起杀菌作用。

甲醇杀菌力较差，对人体又有毒性，丙醇、丁醇及其他高级醇虽然杀菌力强，但不溶于水，故都不适宜作为杀菌剂。

一定浓度的醇（包括甲醇、乙醇、丙醇、丁醇）可作为微生物的碳源。在废水处理工艺中，甲醇可作为外加碳源补充进废水中。

2）甲醛

甲醛是很有效的杀菌剂，它与蛋白质的氨基（—NH）结合而干扰细菌的代谢机能，对细菌、真菌及其孢子和病毒均有效。

甲醛是气体，质量浓度为370～400g/L的甲醛水溶液称为福尔马林，其蒸气有强烈的刺激性，有杀菌和抑菌作用。可用福尔马林蒸熏消毒厂房及无菌室。甲醛溶液还被用于动物组织和原生动物标本的固定剂。

（3）卤族元素及其化合物

1）碘：碘是强杀菌剂。3%～7%的碘溶于70%～83%的乙醇溶液中配置成碘酊，是皮肤及小伤口有效的消毒剂。碘一般都做外用药。

2）氯气及氯化物：这是一类最广泛应用的消毒剂。氯气一般用于饮水的消毒，次氯酸盐等常用作食品加工过程中的消毒。氯气和氯化物的杀菌机制，是氯与水结合产生了次氯酸（HClO），次氯酸是一种强氧化剂，对微生物起破坏作用。

（4）氧化剂

氧化剂可氧化微生物的细胞物质而使其正常代谢受到阻碍，甚至死亡。各种微生物对高锰酸钾的抵抗力基本相同，0.1%的高锰酸钾溶液常用于消毒公共茶具和水果。

（5）表面活性剂

1）酚：酚是表面活性剂，酚及其衍生物能引起蛋白质变性，并破坏细胞质膜。苯酚又名石炭酸，质量浓度为1g/L时能抑制微生物生长（指未经驯化的微生物）。10g/L的石炭酸溶液在20min内可杀死细菌；30～50g/L的石炭酸溶液可用作喷雾消毒空气；细菌芽孢和病毒在50g/L的石炭酸溶液中能存活几小时。

甲酚的杀菌力比其他酚要强上好几倍，但它难溶于水，易与皂液或碱液形成乳浊液，叫来苏尔。10～20g/L的来苏尔常用于消毒皮肤，30～50g/L的来苏尔用于消毒桌面和用具。

微生物经驯化后，能忍受和利用较高浓度的酚，酚质量浓度高达1000mg/L的废水能被微生物处理。

2）新洁尔灭：新洁尔灭是季铵盐的一种，是一种表面活性强的杀菌剂。它对许多非芽孢型的致病菌、革兰氏阳性菌及革兰氏阴性菌等都有极强的致死作用。将质量浓度为50mg/L的新洁尔灭原液稀释为1mg/L的水溶液可用于皮肤消毒，浸泡5min即可达到消毒效果。新洁尔灭也可用于冷却循环水的杀菌除垢。

3）合成洗涤剂：合成洗涤剂具有很强的去污能力，被广泛应用于生活及生产过程。合成洗涤剂也是一种表面活性剂，除了洗涤污物外，还有杀菌作用。具有杀菌作用的合成洗涤剂为离子型的洗涤剂（包括阳离子型和阴离子型）。目前使用的主要是阴离子型的LAS（直链烷基苯磺酸钠）合成洗涤剂，它能被微生物降解。

（6）染料：染料特别是碱性染料，在低浓度下可抑制细菌生长。因为碱性染料的显色基团带正电，而一般细菌的细胞常带负电，碱性染料与细菌的蛋白质结合，起抑制作用。孔雀绿、亮绿、结晶紫等三苯甲烷染料等都有抑菌作用。革兰氏阳性菌对上述染料的反应比革兰氏阴性菌敏感，如结晶紫在质量浓度为$3.3\times10^{-4}\sim5.1\times10^{-4}$g/L时抑制革兰氏阳性菌，而需浓缩10倍才能抑制革兰氏阴性菌。利用不同的微生物对染料反应的差异，在培养基中加入某一浓度的染料，以适合某一种微生物生长而又抑制另一种微生物的生长，可制成所谓的选择性培养基。

9. 抗生素

许多微生物在代谢过程中产生能杀死其他微生物或抑制其他微生物生长的化学物质，即抗生素。抗生素有广谱和狭谱之分。氯霉素、金霉素、土霉素和四环素可抑制许多不同种类的微生物，叫广谱抗生素。青霉素只能杀死或抑制革兰氏阳性菌，多黏菌素只能杀死革兰氏阴性菌，叫狭谱抗生素。

产生抗生素的微生物主要有放线菌和一些霉菌等。大多数抗生素由于具有太强的毒性而不具有利用价值，目前仍不断有新的抗生素被发现。

抗生素的用途主要在临床医学上。在分离微生物时，可在培养基中加入某种合适的抗生素，以抑制杂菌生长，使所需的微生物正常生长。杀死或抑制细菌生长的抗生素对人体无毒性或毒性很小。一种抗生素只对某些微生物有作用，而对另一些微生物则无效，这是因为不同的抗生素对微生物的作用部位不同。

抗生素对微生物的影响有以下四方面：抑制微生物细胞壁合成；破坏微生物的细胞质膜；抑制蛋白质合成；干扰核酸的合成。

微生物具有很强的适应能力，当它发生突变后，会产生一些对抗生素具有抵抗能力的菌株。这些抗药性菌株的出现，会带来一系列的严重问题，这也是目前在抗生素使用上面临的很严峻的形势。一般抗药菌株的唯一克星是超强抗生素——万古霉素，但1997年世界上首次发现了万古霉素也不起作用的金黄色葡萄球菌。这是一种毒性很强的菌株，能够通过伤口、褥疮甚至皮肤接触传染，导致死亡。

10. 其他因素

除了前面提到的环境因子，环境中的其他一些因子也会对微生物的生长产生影响。

（1）超声波

超声波是频率超过20000Hz的声波，人耳听不见。超声波具有强烈的生物学效应，能破坏细胞。在实际工作中，经常利用超声波来破坏细胞壁，制成细菌裂解液。频率在800～1000kHz的超声波可用来治疗疾病，它能引起致病生物体发生破坏性改变。

（2）表面张力

表面张力是作用在物体表面单位长度上的收缩力。不同物质表面的表面张力不同，水的表面张力为 7.3×10^{-4}N/m，一般培养基的表面张力为 $4.5\times10^{-4}\sim6.5\times10^{-4}$N/m，适合微生物生长。若表面张力降低，会对微生物的生长、繁殖及其形态产生影响。

影响微生物生长的环境因素很多，可以说微生物生存周围的一切环境因素都会对它产生或多或少的影响。

6.5 微生物生长曲线与废水微生物处理的关系

在废水生物处理过程中，如果条件适宜，活性污泥的增长过程与纯种单细胞微生物的增殖过程大体相仿，也可以存在停滞期、对数期、静止期和衰亡期。但由于活性污泥是多种微生物的混合群体，其生长受废水性质、浓度、水温、pH 值、溶解氧等多种环境因素影响，因此，在处理构筑物中通常仅出现生长曲线中的某一、两个阶段。且处于不同阶段时的污泥，其特性有很大的区别。污泥的这些特性对生产运行有一定的指导意义，分述如下。

1. 停滞期

如果活性污泥被接种到与原来生活习性不同的废水中（营养类型发生变化，污泥培养驯化），或污水处理厂因故中断运行后再运行，则可能出现停滞期。这种情况下，污泥需经过若干时间的停滞后，才能适应新的废水，或从衰老状态恢复到正常状态。停滞期是否存在和停滞期的长短，与接种活性污泥的数量、废水性质、生长条件等因素有关。

2. 对数期

若废水中有机物浓度高，且培养条件适宜，则可能存在对数生长期（如污泥培养驯化过程）。处于对数期的污泥絮凝性较差，呈分散状态，镜检能看到较多的游离细菌，混合液沉淀后其上层液混浊，以滤纸过滤时，滤速很慢。

3. 静止期

当废水中有机物浓度较低，污泥浓度较高时，污泥则有可能处于静止期。处于静止期的活性污泥絮凝性好，混合液沉淀后上层液清澈，以滤纸过滤时，滤速快。处理效果好的活性污泥法构筑物中，污泥处于静止期。

4. 衰亡期

当有机物浓度低（F/M 低），营养物明显不足时，则可出现衰亡期。处于衰亡期的污泥较松散，沉降性能好，混合液沉淀后上清液清澈，但有细小泥花，以滤纸过滤时，滤速快。

由于废水生物处理（活性污泥）实际是连续运行，其微生物生长规律不同于分批培养时的规律，只能是处于生长曲线的某一阶段。一般废水生物处理中的微生物生长划分成三个阶段：生长上升阶段、生长下降阶段和内源呼吸阶段。它是由负荷（F/M）所决定的（图 6-5）。按照不同的水质情况，可以利用不同生长阶段的微生物来处理废水（图 6-6）。

常规活性污泥法，是利用静止期（生长下降阶段）的微生物。这是因为对数期的微生物生长繁殖快，代谢活力强，能大量去除废水中的有机物，但是相应地要求进水有机物浓度要高，而出水有机物浓度也相应提高，不易达到排放标准；且对数期的微生物生长旺盛，没形成荚膜和黏液层，不易形成菌胶团，沉淀性能差，降低出水水质。而处于静止期的微生物虽然代谢活力略低，但仍能较好地去除水中的有机物；且微生物体内积累了大量

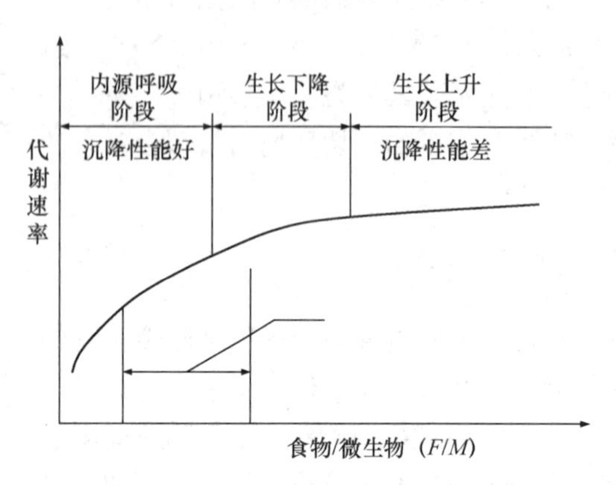

图 6-5　微生物代谢速率与 F/M 的关系

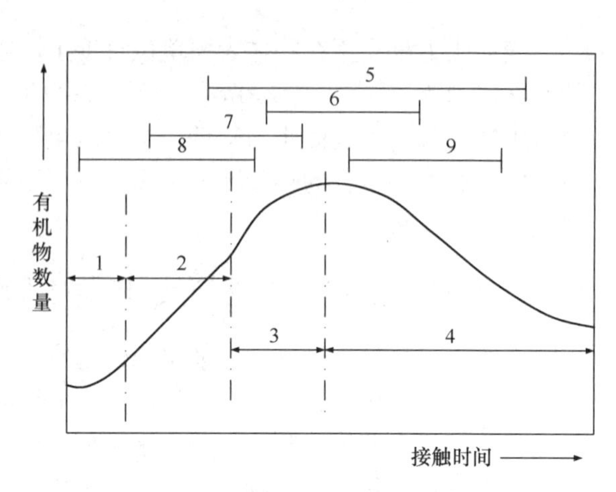

图 6-6　活性污泥的生长曲线及其应用

1～4—活性污泥的生长曲线四个时期；
5—常规活性污泥法；6—生物吸附法；
7—高负荷活性污泥法；8—分散曝气；
9—延时曝气

的储存物，形成荚膜等，强化了微生物的生物吸附能力，自我絮凝、聚合能力强，在二沉池中泥水分离效果好，出水水质好。

当然也有利用其他阶段微生物的废水生物处理方法，如高负荷活性污泥法是利用对数期（生长上升阶段）和减速期（生长下降阶段）的微生物；而对于有机物含量低的废水，可以采用延时曝气法，即利用衰亡期（内源呼吸阶段）的微生物进行处理，通常把曝气时间延长到 8h 以上，甚至 24h，延长水力停留时间，以增大进水量，提高有机负荷，满足微生物的营养要求。

思考题

1. 典型生长曲线的四个阶段是什么？各有什么应用？

2. pH 值过高或过低对微生物生长有什么影响？为什么污水生物处理的 pH 值一般要维持在 6.5 以上？

3. 微生物培养过程中，什么原因是培养基 pH 值下降？什么原因使 pH 值上升？在生产中如何调节控制 pH 值？

4. 好氧微生物培养中，如何控制溶解氧浓度？

第 7 章　微生物的遗传变异与基因工程

遗传和变异是生物体最本质的属性之一。遗传性是指生物的亲代传递给其子代一套遗传信息的特性。遗传性是一种潜力，只有当子代生活在适宜的环境条件下时，通过代谢和发育才能使其后代转化为与亲代相同的具体性状。生物体所携带的全部遗传因子或基因的总称，即遗传型。具有一定遗传型的个体，在特定的外界环境中，通过生长和发育所表现出来的种种形态和生理特征的总和，即为其表型。

同样遗传型的生物，在不同的外界条件下，会呈现不同的表型。这类表型上的差别，只能称适应或饰变。而不是真正的变异，因为它是群体中任一个体都可变的，并不能遗传给下一代，在这种个体中，其遗传物质的结构未发生变化。例如，黏质沙雷氏菌（*Serretia marcescens*，又称黏质赛氏杆菌）在 25℃下培养时，会产生一种深红色的灵杆菌素，把菌落染成似鲜血那样（因此过去称它为神灵色杆菌或灵杆菌）。可是，当培养在 37℃下时，群体中所有细胞都不产色素。如果重新降温至 25℃，产色素能力又得到恢复。只有遗传型的改变，即生物体遗传物质结构上发生的变化，才称为变异。在群体中，发生变异的概率是极低的（例如上述黏质沙雷氏菌产色素性状的突变率为万分之一），但一旦发生后，却是稳定的，可遗传的。

从遗传学研究的角度来看，微生物有着许多重要的生物学特性：个体的体制极其简单，营养体一般都是单倍体，易于在成分简单的合成培养基上大量生长繁殖，繁殖速度快，易于累积不同的最终代谢产物及中间代谢物，菌落形态特征的可见性与多样性，环境条件对微生物群体中各个体作用的直接和均匀，以及存在着处于进化过程中的多种原始方式的有性生殖类型等。对微生物遗传变异规律的深入研究，不仅促进了现代生物学的发展，而且还为微生物育种工作提供了丰富的理论基础。

7.1　微生物的遗传

7.1.1　遗传的物质基础

核酸尤其是 DNA 是生物体的遗传物质基础，它们在生物体中有多种多样的存在方式。为便于全面了解和运用这些知识，下面试图从 7 个方面来加以叙述。

1. 细胞水平

从细胞水平来看，不论是真核微生物还是原核微生物，它们的大部或几乎全部 DNA 都在细胞核或核质体中。在不同的微生物细胞或是在同种微生物的不同类型细胞中，细胞核的数目是不同的。例如，酵母、黑曲霉、产黄青霉等真菌以及多数放线菌一般是单核的；有的是多核的，如脉孢菌（*Neurospora*）和米曲霉；在细菌中，杆菌大多存在两个核质体，而球菌一般只有一个。

2. 细胞核水平

从细胞核水平来看，真核生物与原核生物之间存在着一系列明显的差别。前者的核有核膜包裹，形成有完整形态的核，核内的 DNA 与组蛋白结合成显微镜下可见的染色体；而后者的核则无核膜包裹，呈松散的核质体状态存在，DNA 不与蛋白质相结合等。

不论是真核生物还是原核生物，除了它们具有集中着大部分 DNA 的核或核质体外，在细胞质中还存在着一些能自主复制的另一类遗传物质，广义地讲，它们都可称作质粒（Plasmid）。例如真核生物中的各种细胞质基因（叶绿体，线粒体，中心体等）和共生生物（如草履虫放毒者品系中的卡巴颗粒等）；原核生物中如细菌的致育因子（即F因子，fertility factor），抗药性因子（即R因子，resistance factor），以及大肠杆菌素因子（Col，colicinogenic factor）等。现把微生物核外染色体的存在形式归纳如图7-1。

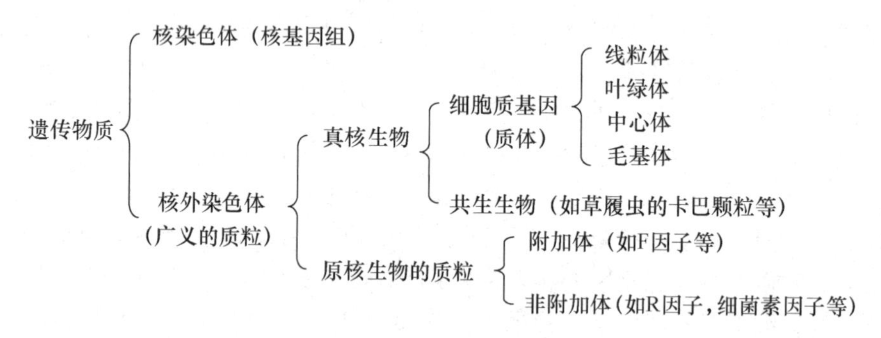

图7-1　微生物核外染色体的存在形式

3. 染色体水平

不同生物体在一个细胞核内，往往有不同数目的染色体。真核微生物常有较多的染色体，如酵母菌属（*Saccharomyces*）有17条，汉逊酵母属（*Hansenula*）有4条，脉孢菌属有7条等；而在原核微生物中，每一个核质体只是由一个裸露的、光学显微镜下无法看到的环状染色体组成。因此，对原核生物来说，所谓染色体水平，实际上就是核酸水平。

除染色体的数目外，染色体的套数也有不同。如果在一个细胞中只有一套相同功能的染色体，它就是一个单倍体。在自然界中发现的微生物，多数都是单倍体的，高等动植物的生殖细胞也都是单倍体；反之，包含有两套相同功能染色体的细胞，就称双倍体。例如高等动、植物的细胞、少数微生物（如酿酒酵母）的营养细胞以及由两个单倍体的性细胞通过接合或体细胞融合而形成的合子，都是双倍体。在原核生物中，通过转化、转导或接合等过程而获得外来染色体片段时，只能形成一种不稳定的称作部分双倍体的细胞。

4. 核酸水平

从核酸的种类来看，大多数生物的遗传物质是DNA，只有部分病毒（其中多数是植物病毒，还有少数是噬菌体）的遗传物质是RNA。在真核生物中，DNA总是缠绕着组蛋白，两者一起构成了复合物——染色体，而原核生物的DNA都是单独存在的，在核酸的结构上，绝大多数微生物的DNA是双链的，只有少数病毒为单链结构（如大肠杆菌的Φ×174和fd噬菌体等）；RNA也有双链（大多数真菌病毒）与单链（大多数RNA噬菌体）之分。从DNA的长度来看，真核生物要比原核生物长得多，但在不同生物间的差别很大，如酵母菌的DNA长约6.5mm，木肠杆菌约1.1～1.4mm，枯草杆菌（*Bacillus subtilis*）约1.7mm，嗜血流感杆菌（*Haemophilus influenzae*）为0.832mm。可以设想，这样长的DNA分子，其所包含的基因数量是极大的。例如，枯草杆菌约含10000个，大肠杆菌约有 7500 个，T_2 噬菌体有 360 个，而最小的 RNA 噬菌体 MS_2 却只有 3 个。此外，同是双链 DNA，其存在状态也有不同，多数呈环状，但有的呈线状（如在病毒粒子中时），如果是细菌质粒，还可称超螺旋（“麻花”）状。

5. 基因水平

在生物体内，一切具有自主复制能力的遗传功能单位，都可称为基因，它的物质基础是一个具特定核苷酸顺序的核酸片段。基因有两种，其中的结构基因用于编码酶的结构，为细胞产生蛋白质提供了可能；而调节基因则用于调节酶的合成，它使该细胞在某一特定条件下合成蛋白质的功能得到了实现。每一基因的分子量约为 6.7×10^5，即约含 1000 对核苷酸。每个细菌一般含有 5000～10000 个基因。

6. 密码子水平

遗传密码就是指 DNA 链上各个核苷酸的特定排列顺序。每个密码子（codon）是由三个核苷酸顺序决定的，它是负载遗传信息的基本单位。生物体内的无数蛋白质都是生物体各种生理功能的具体执行者。可是，蛋白质分子并无自主复制能力，它是按 DNA 分子结构上遗传信息的指令而合成的。当然，其间要经历一段复杂的过程：大体上要先把 DNA 上的遗传信息转移到 mRNA 分子上去，形成一条与 DNA 碱基顺序互补的 mRNA 链（即转录），然后再由 mRNA 上的核苷酸顺序去决定合成蛋白质时的氨基酸排列顺序（即转译）。20 世纪 60 年代初，经过许多科学工作者的深入研究，终于找出了转录与转译间的相互关系，破译了遗传密码的奥秘，并发现各种生物都遵循着一套共同的密码。由于 DNA 上的三联密码要通过转录成 mRNA 密码才与氨基酸相对应，因此，三联密码一般都用 mRNA 上的三个核苷酸顺序来表示。

由 4 种核苷酸组成三联密码子的方式可多达 64 种，它们用于决定 20 种氨基酸来说已是绰绰有余了。事实上，在生物进化过程中早已解决了这一问题：有些密码子的功能是重复的（如决定亮氨酸的就有 6 个密码子），而另一些则被用作“起读”（AUG，代表甲硫氨酸或甲酰甲硫氨酸，是一个起始信号）或“终止”（UAA，UGA，UAG，即表中以句号“.”表示的）信号。

7. 核苷酸水平

上面所讲到的基因水平，实际上是一个遗传的功能单位，密码子水平是一种信息单位，而这里提出的核苷酸水平（即碱基水平）则可认为是一个最低突变单位或交换单位。在绝大多数生物的 DNA 组分中，都只有腺苷酸（AMP）、胸苷酸（TMP）、鸟苷酸（GMP）和胞苷酸（CMP）4 种脱氧核苷酸，但也有少数例外，它们含有一些稀有碱基，例如，T 偶数噬菌体的 DNA 上就含有少量 5-羟基胞嘧啶。

7.1.2　核酸的结构

核酸是由许多核苷酸聚合成的生物大分子化合物，为生命的最基本物质之一。核酸广泛存在于所有动植物细胞、微生物体内，生物体内的核酸常与蛋白质结合形成核蛋白。不同的核酸，其化学组成、核苷酸排列顺序等不同。根据化学组成不同，核酸可分为核糖核酸（简称 RNA）和脱氧核糖核酸（简称 DNA）。

DNA 是储存、复制和传递遗传信息的主要物质基础。DNA 是规则的双螺旋结构，特点如下：（1）两条 DNA 互补链反向平行。（2）由脱氧核糖和磷酸间隔相连而成的亲水骨架在螺旋分子的外侧，而疏水的碱基对则在螺旋分子内部，碱基平面与螺旋轴垂直，螺旋旋转一周正好为10个碱基对，螺距为3.4nm，这样相邻碱基平面间隔为0.34nm并有一个36°的夹角。(3) DNA双螺旋的表面存在一个大沟和一个小沟，蛋白质分子通过这两个沟与碱基相识别。(4) 两条DNA链依靠彼此碱基之间形成的氢键而结合在一起。根据碱基结构特征，只能形成嘌呤与嘧啶配对，即A与T相配对，形成2个氢键；G与C相配对，形成3个氢键。因此G与C之间的连接较为稳定。(5) DNA双螺旋结构比较稳定。维持这种稳定性主要靠碱基对之间的氢键以及碱基的堆集力。

RNA在蛋白质合成过程中起着重要作用。其中信使RNA(mRNA)，指导蛋白质的合成；核糖体RNA(rRNA)，与蛋白质组成核糖体，是蛋白质合成的场所；转移RNA(tRNA)，可识别mRNA上的信息，并将特定的氨基酸送到rRNA上供蛋白质合成。绝大部分RNA分子都是线状单链，但是RNA分子的某些区域可自身回折进行碱基互补配对，形成局部双螺旋。

7.1.3 遗传信息的传递与表达

DNA上储存的遗传信息需要通过一系列物质变化过程才能在生理上和形态上表达出相应的遗传性状。不同细胞中DNA储存的特定遗传信息是如何转化为不同细胞，又具有特定酶促作用的蛋白质？这是遗传信息传递的问题。

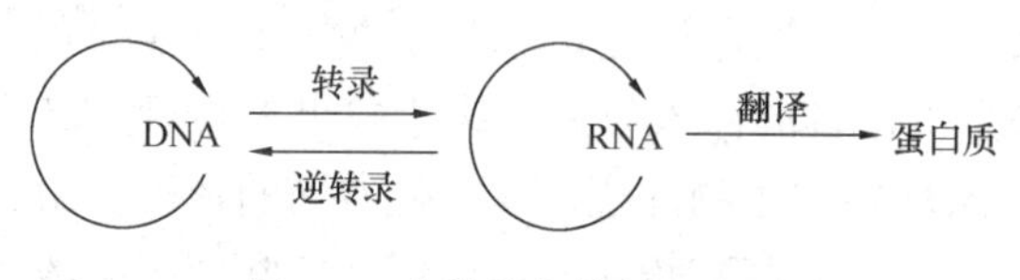

图7-2 遗传信息传递和表达

DNA的复制和遗传信息传递的基本规则，称为分子遗传学的中心法则。过程如下：(1) 将携带遗传信息的DNA复制 (replication)；(2) 将DNA携带的遗传信息转录 (transcription) 到RNA上；(3) 将RNA获得的信息翻译 (translation) 成蛋白质。只含RNA的病毒其遗传信息储存在RNA上，通过逆转录酶的作用由RNA转录为DNA，这叫反向转录。从而将遗传信息传给后代，如图7-2所示。

(1) DNA的复制

DNA的复制过程包括解旋和复制。首先是DNA的双链从一端打开，分离成两条单链，然后以每条单链为模板，通过碱基配对逐渐建立起完全互补的一套核苷酸单位，新连接上的多核苷酸链与原有的多核苷酸链重新形成新的双螺旋DNA。这样，在DNA聚合酶的催化下，一个DNA分子最终复制成两个结构完全相同的DNA，从而准确地将遗传特性传递给子代。复制后的DNA分子，各由一条新链和一条旧链构成双螺旋结构，这种复制方法称为半保留复制（图7-3）。

(2) 转录——mRNA的合成

以DNA的一条单链为模板，在RNA聚合酶的能化下，按碱基互补原则合成RNA，这种遗传信息由DNA到RNA的传递过程称为转录。DNA与RNA间的互补关系如图7-4所示。

在转录过程中，将基因DNA上遗传信息转录下的RNA为mRNA，由mRNA来指导蛋白质的合成。

反转录通常发生在RNA病毒的增殖过程中，某些RNA病毒在寄主细胞中首先由RNA转录为DNA。

(3) 翻译

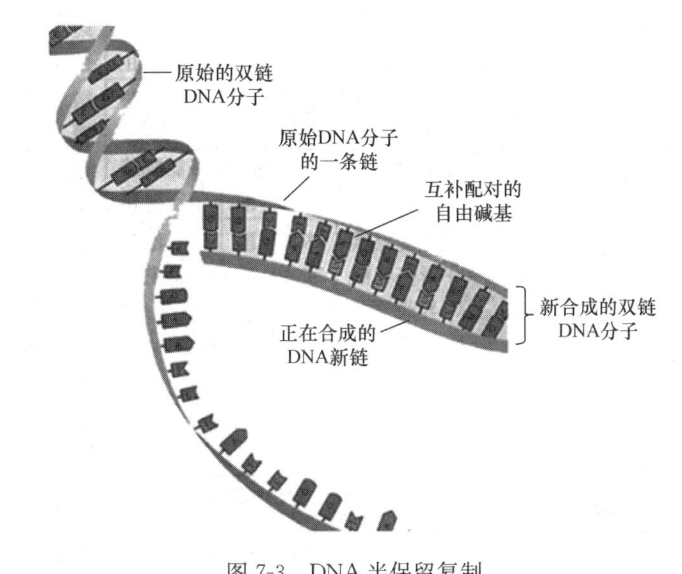

图 7-3　DNA 半保留复制

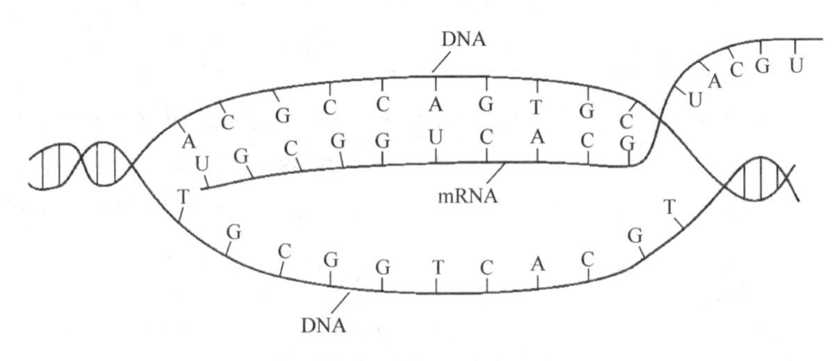

图 7-4　遗传信息传递和表达

转录后的 mRNA 作为合成蛋白质的模板，并且由 mRNA 的碱基排列顺序决定多肽链中复基酸的排列顺序，这种遗传信息从 mRNA 到蛋白质的传递过程称为翻译。

蛋白质是由大量氨基酸按一定排列顺序构成的多肽，组成蛋白质的氨基酸有 20 种。mRNA 上每三个碱基决定个氨基酸，这种对应于氨基酸的碱基三联体称为密码子，共有四个密码子，编码字典见表 7-1。其中 61 个密码子分别代表 20 种氨基酸。每种氨基酸有 1～6 个密码子不等，另外 3 个密码子（UAA、UGA 和 UAG）是终止密码子，作为肽链终止合成的信号，不代表任何氨基酸。密码子 AUG 代表甲硫氨酸，也称起始密码子，是肽链合成的启动信号。

20 种氨基酸的遗传密码的编码字典　　　　**表 7-1**

第一个核苷酸（5′）	第二个核苷酸				第三个核苷酸（3′）
	U	C	A	G	
U	苯丙氨酸	丝氨酸	酪氨酸	半胱氨酸	U
	苯丙氨酸	丝氨酸	酪氨酸	半胱氨酸	C
	亮氨酸	丝氨酸	终止密码子	终止密码子	A
	亮氨酸	丝氨酸	终止密码子	色氨酸	G

续表

第一个核苷酸（5′）	第二个核苷酸				第三个核苷酸（3′）
	U	C	A	G	
C	亮氨酸	脯氨酸	组氨酸	精氨酸	U
	亮氨酸	脯氨酸	组氨酸	精氨酸	C
	亮氨酸	脯氨酸	谷氨酰胺	精氨酸	A
	亮氨酸	脯氨酸	谷氨酰胺	精氨酸	G
A	异亮氨酸	苏氨酸	天冬酰胺	丝氨酸	U
	异亮氨酸	苏氨酸	天冬酰胺	丝氨酸	C
	异亮氨酸	苏氨酸	赖氨酸	精氨酸	A
	甲硫氨酸	苏氨酸	赖氨酸	精氨酸	G
G	缬氨酸	丙氨酸	天冬氨酸	甘氨酸	U
	缬氨酸	丙氨酸	天冬氨酸	甘氨酸	C
	缬氨酸	丙氨酸	谷氨酸	甘氨酸	A
	缬氨酸	丙氨酸	谷氨酸	甘氨酸	G

在翻译过程中，mRNA 与核糖体首先结合在一起，然后靠 tRNA 对 mRNA 上密码子的识别作用将 mRNA 上的密码子翻译出来并选择特定的氨基酸送到核糖体上，随着核糖体在 mRNA 上不断移动，合成多肽链，到达终止密码时，合成的多肽链就释放出来，如图 7-5 所示。

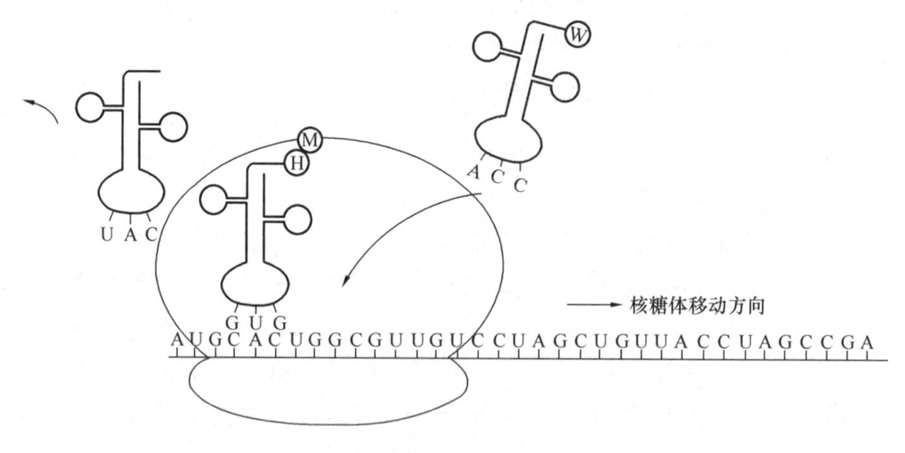

图 7-5　遗传信息的表达和特定蛋白质的合成

7.2　微生物的变异

7.2.1　变异的本质一基因突变

突变就是遗传物质——核酸（DNA 或 RNA 病毒中的 RNA）中的核苷酸顺序突然发生了稳定的可遗传的变化。

突变包括基因突变（又称点突变）和染色体畸变两类，其中尤以前者为常见，故作为讨论的重点。基因突变是由于 DNA 链上的一对或少数几对碱基发生改变而引起的。而染色体畸变则是DNA的大段变化（损伤）现象，表现为染色体的添加（即插入）、缺失重复、易位和倒位。由子重组或附加体等外源遗传物质的整合而引起的DNA改变，则不属于突变的范围。

在微生物中，突变是经常发生的。研究突变的规律，不但有助于对基因定位和基因功能等基本理论问题的了解，而且还为诱变育种或医疗保健工作中有效地消灭病原微生物等问题提供必要的理论基础。

7.2.2　基因突变类型

突变的原因是多种多样的，依据突变的机制一般情况下突变类型可概括如图7-6所示。

(1) 诱变

凡能显著提高突变频率的理化因子，都可称为诱变剂。诱变剂的种类很多，作用方式多样。即使是同一种诱变剂，也常有几种作用方式。以下拟从遗传物质结构变化的特点来讨论各种代表性诱变剂的作用机制。

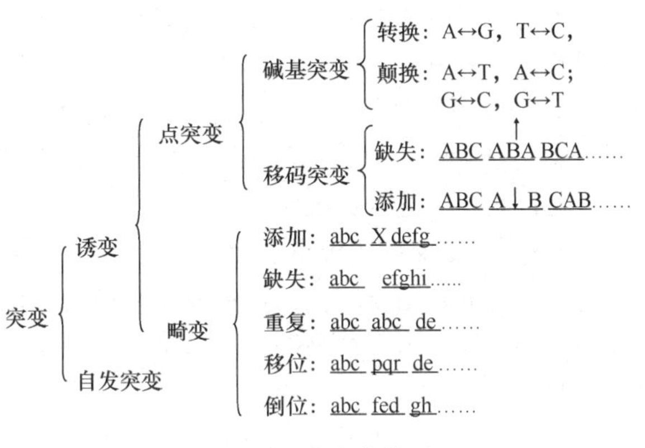

图7-6　突变的类型

碱基对的置换：对DNA来说，碱基对的置换属于一种微小的损伤，有时也称点突变。它只涉及一对碱基被另一对碱基所置换。置换又可分为两个亚类：一类叫转换，即DNA链中的一个嘌呤被另一个嘌呤或是一个嘧啶被另一个嘧啶所置换；另一类叫颠换，即一个嘌呤被另一个嘧啶或是一个嘧啶被另一个嘌呤所置换。对于某一种具体诱变剂来说，既可同时引起转换与颠换，也可只具其中的一个功能。

移码突变是指由一种诱变剂引起DNA分子中的一个或少数几个核苷酸的增添（插入）或缺失，从而使该部位后面的全部遗传密码发生转录或转译错误的一类突变。由移码突变所产生的突变体称为移码突变体。与染色体畸变相比，移码突变也属于DNA分子的微小损伤。

染色体畸变：某些理化因子，如 X 射线等的辐射和烷化剂、亚硝酸等，除了能引起点突变外，还会引DNA的大损伤——染色体畸变，它既包括染色体结构上的缺失、重复、倒位和易位，又包括染色体数目的变化。

从染色体结构上的变化，又可分染色体内畸变和染色体间畸变两类。染色体内畸变只涉及一个染色体上的变化，例如发生染色体的部分缺失或重复时，其结果可造成基因的减少或增加；又如发生倒位或易位时，则可造成基因排列顺序的改变，但数目却不改变，其中的倒位是指断裂下来的一段染色体旋转180°后，重新插入到原来染色体的位置上，从而使它的基因顺序与其他基因的顺序方向相反；易位则是指断裂下来的一小段染色体顺向或逆向地插入到原来的一条染色体的其他部位上。至于染色体间畸变，系指非同源染色体间的易位。

染色体畸变在高等生物中一般很容易观察，在微生物中，尤其在原核生物中，只是近年来才证实了它的存在。

(2) 自发突变

自发突变是指微生物在没有人工参与下所发生的突变。称它为“自发突变”绝不意味着这种突变是没有原因的，而只是说明人们对它们还没有很好认识而已。通过对诱变机制的研究，启发人们对自发突变机制的了解。下面讨论几种自发突变的可能机制。

背景辐射和环境因素的诱变：不少“自发突变”实质上是由于一些原因不详的低剂量诱变因素长期的综合效应。例如充满宇宙空间的各种短波辐射、高温的诱变效应以及自然界中普遍存在的一些低浓度的诱变物质（在微环境中有时也可能是高浓度）的作用等。

微生物自身代谢产物的诱变：过氧化氢是微生物的一种正常代谢产物。过氧化氢对脉孢菌具有诱变作用，它可以通过加入过氧化氢酶而降低，但如果同时再加入抑制剂(KCN)，则又可提高突变率。此外，还证明 KCN 可以提高自发突变率。这就说明，过氧化氢可能是自发突变中的一种内源诱变剂。在许多微生物的陈旧培养物中易出现自发突变株，可能也是由于这类原因。

7.2.3 基因突变的特点

整个生物界，由于它们的遗传物质基础是相同的，所以显示在遗传变异的本质上都遵循着同样的规律，这在基因突变的水平上尤为明显。以下拟以细菌的抗药性为例，来说明基因突变的一般特点。

细菌抗药性的产生可通过 3 条途径，即基因突变、抗药性质粒（R 因子）的转移和生理上的适应性（即群体中所有个体都可同时产生，但适应范围不大，且不能遗传）。这里要讨论的只是第一类情况。

1. 不对应性

这是突变的一个重要特点，也是容易引起争论的问题。即突变的性状与引起突变的原因间无直接的对应关系。例如，细菌在有青霉素的环境下，出现了抗青霉素的突变体；在紫外线的作用下，出现了抗紫外线的突变体；在较高的培养温度下，出现了耐高温的突变体等。表面上看来，会认为正是由于青霉素、紫外线或高温的“诱变”，才产生了相对应的突变性状。事实恰恰相反，这类性状都可通过自发的或其他任何诱变因子诱发而得。这里的青霉素、紫外线或高温仅是起着淘汰原有非突变型（敏感型）个体的作用。如果说它有诱变作用（例如其中的紫外线），也可以诱发任何性状的变异，而不是专一地诱发抗紫外线的一种变异。乍一听，这一结论似乎不符合事实，而且要证实这一结论的实验亦难设计，但下面要介绍的 3 个巧妙的经典实验，将证明它是有确凿根据的。

2. 自发性

各种性状的突变，可以在没有人为的诱变因素处理下自发地发生。

3. 稀有性

自发突变虽可随时发生，但突变的频率是较低和稳定的，一般在 10^{-9}～10^{-6}之间。所谓突变率，一般指每一细胞在每一世代中发生某一性状的概率。也有用每单位群体在繁殖一代过程中所形成突变体的数目来表示的。例如，突变率为 1×10^{-8}者，就意味着当 10^{8} 个细胞群体分裂成 2×10^{8} 个细胞时，平均会形成一个突变体。由于突变率极低，所以非选择性突变型的突变率很难测定。只有测定选择性突变才可获得有关数据。

4. 独立性

突变的发生一般是独立的，即在某一群体中，既可发生抗青霉素的突变型，也可发生抗链霉素或任何其他药物的抗药性，而且还可发生其他不属抗药性的任何突变。某一基因的突变，既不提高也不降低其他基因的突变率。例如，巨大芽孢杆菌（*Bac. megaterium*）抗异烟肼的突变率是 5×10^{-5}，而抗氨基柳酸的突变率是 5×10^{-6}，对两者具有双重抗性的突变率是 8×10^{-10}，正好近乎两者的乘积。这就指出两基因突变是独立的，亦即说明突变不仅对某一细胞是随机的，且对某一基因也是随机的。

5. 诱变性

通过诱变剂的作用，可提高自发突变的频率，一般可提高 10×10^{5} 倍。不论是自发突变或诱发突变得到的突变型，它们间并无本质上的差别，因为诱变剂仅起着提高突变率的作用。

6. 稳定性

由于突变的根源是遗传物质结构上发生了稳定的变化，所以产生的新性状也是稳定的、可遗传的。

7. 可逆性

由原始的野生型基因变异为突变型基因的过程，称为正向突变（forwardmutation），相反的过程则称为回复突变或回变（backmutation 或 reversemutation）。实验证明，任何性状既有正向突变，也可发生回复突变。

7.2.4 突变与育种

1. 自发突变与育种

（1）从生产中选育

在日常的大生产过程中，微生物也会以一定频率发生自发突变。富于实际经验和善于细致观察的人们就可以及时抓住这类良机来选育优良的生产菌种。例如，从污染噬菌体的发酵液中有可能分离到抗噬菌体的再生菌；又如，在酒精工业中，曾有过一株分生孢子为白色的糖化菌，就是在原来孢子为黑色的宇佐美曲霉（*Aspergillususamii*）3758 发生自发突变后，及时从生产过程中挑选出来的。这一菌株不仅产生丰富的白色分生孢子，而且糖化率比原菌株强，培养条件也比原菌株粗放。

（2）定向培育优良菌种

任何育种工作者都希望自己能在最短的时间内培育出比较理想的菌株。因此，定向培育微生物的工作是与微生物的应用相伴发展的。

定向培育一般是指用某一特定环境长期处理某一微生物（群体），同时不断地对它们进行移种传代，以达到积累和选择合适的自发突变体的一种古老育种方法。由于自发突变的频率较低，变异程度较轻微，所以培育新种的过程一般十分缓慢。与诱变育种、杂交育种和基因工程技术相比，定向培育法带有守株待兔式的被动状态，除某些抗性突变外，一般往往要坚持相当长的时间才能奏效。

2. 诱变育种

诱变育种就是利用物理或化学诱变剂处理均匀分散的微生物细胞群，促进其突变频率的大幅度提高，然后设法采用简便、快速和高效的筛选方法，从中挑选少数符合育种目的的突变株，以供生产实践或科学实验之用。

诱变育种具有极其重要的实践意义。当今发酵工业和其他生产单位所使用的高产菌株，几乎毫无例外地都是通过诱变育种而大大提高了生产性能的。最突出的例子是，1943年时，产黄青霉（*Penicilliumchrysogenum*）每毫升发酵液只产生约 20 单位的青霉素，通过育种（主要是诱变育种）和其他措施的配合，目前的发酵单位已比原来提高了三四十倍。诱变育种除能提高产量外，还可达到改进产品质量的目的；从方法上来说，它具有方法简便、工作速度快和收效显著等优点，故仍是目前最广泛使用的育种手段。

诱变育种的具体操作环节很多，且常因工作目的、育种对象和操作者的安排而有所差异，但其中最基本环节却是雷同的。现以产量变异为例说明如图 7-7 所示。

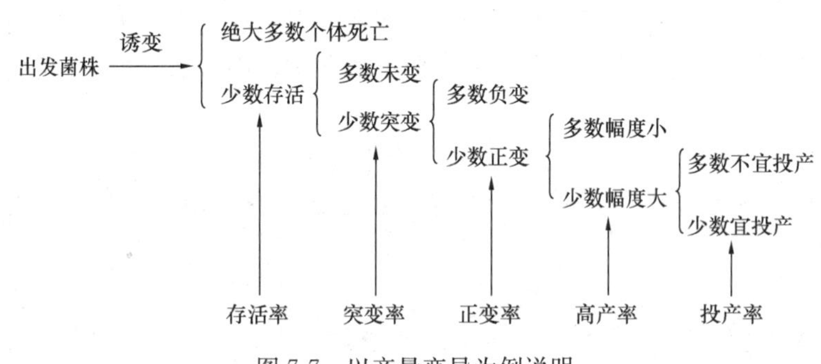

图 7-7　以产量变异为例说明

7.3　基因重组

基因重组是改变微生物遗传性状的另一途径。把来自不同性状的个体细胞的遗传物质转移到一起，使基因重新组合，产生新品种，称为基因重组或遗传重组。现在人们不仅能在同种或相似物种间实现基因重组，而且已经能够在亲缘关系很远的生物间实现基因重组。

重组是分子水平上的一个概念，可以理解为遗传物质分子水平的杂交。真核微生物的有性杂交、准性杂交等和原核微生物的转化、转导和原生质体融合等都是基因重组在细胞水平上的反应。

基因重组是杂交育种的理论基础。利用已知性状的供菌体和受菌体作为标本，基因重组技术使杂交育种的效率大大提高。

7.3.1　杂交

在细菌、放线菌等原核微生物中，供体菌和受体菌之间直接接触，前者的部分 DNA 进入后者细胞内，并与其核染色体发生交换、整合，从而使后者获得供体菌的遗传性状，这种现象称为结合，也称为杂交。通过杂交可以获得有目的、定向的新品种。在大肠杆菌中 F 因子的传递，就是一个典型的例子。F 因子是大肠杆菌体内的质粒，是一段小分子的 DNA，控制大肠杆菌性丝的形成，将 F^+ 或 Hfr 菌株与 F^- 菌株杂交，结果导致 F 因子或 F 因子连同部分染色体 DNA 向后者的转移。

在原核微生物体内的质粒，往往具有一些特殊的功能，除了前面提到的 F 因子，还有对药物产生抗性的 R 因子。在假单胞菌属的细菌中存在着各种降解性质粒，通常以其降解的物质进行命名如恶臭假单胞菌（*Pseudomonasputida*）的分解樟脑（camphor）的质粒（CAM）、食油假单胞菌（*P. oleovorans*）分解正辛烷（coctane）的质粒（OCT）、恶臭假单胞菌 R-1 分解水杨酸（salicylate）的质粒（SAL）、铜绿色假单胞菌（*P. aeruginosa*）分解萘（naphthalene）的质粒（NPL）等，这些质粒常会由于外界因素的影响而发生丢失或转移。质粒也可以从一个供体细胞转移到不含该质粒的受体细胞中，使后者具有该质粒所决定的遗传性状，有的质粒在转移过程中还会携带部分供体的染色体基因一起转移，从而使受体细胞获得由供体细胞染色体决定的遗传性状。

质粒的这些特点，使之成为遗传育种的有力工具。可利用细胞结合或融合技术，将供体的质粒转移到受体细胞内，培育出具有多种质粒功能的新品种的微生物。质粒育种的方法已经在环境工程中获得初步研究成果。例如，尼龙寡聚物的化学成分是氨基己酸环状二聚体，尼龙寡聚物在化工厂污水中难以被一般微生物分解，人们发现黄杆菌属（*Flavobacterium*）、棒状杆菌属（*Corynebacterium*）和产碱杆菌属（*Alcaligenes*）的细菌具有分解尼龙寡聚物的质粒 pOAD，其上的两个基因分别指令合成分解尼龙寡聚物的酶 EI 和酶 EII；但上述三个属的细菌不易在污水中繁殖，使其难以在废水处理中实际应用，而污水中普遍存在的大肠杆菌又无分解尼龙寡聚物的质粒。冈田等人已成功地把分解尼龙寡聚物的质粒 pOAD 基因移植到受体细胞大肠杆菌内，使后者获得了该基因指令的遗传性状，成为具有分解尼龙寡聚物能力的大肠杆菌。

另外，在基因工程中质粒常被用于基因转移的运载工具——载体。

7.3.2 转化

转化是最早被发现的细菌遗传物质转移现象。1928 年格里菲斯（Griffith）的转化实验以及以后的工作是对 DNA 是遗传物质的证实。

受体细胞直接吸收来自供体细胞的 DNA 片段，并把它整合到自己的基因组里，从而获得供体细胞部分遗传性状的现象，称为转化。图 7-8 为转化全过程示意图。

在原核微生物中，转化是一种普遍现象。在肺炎链球菌、芽孢杆菌属、假单胞菌属、萘氏球菌属等及一些放线菌、蓝细菌、酵母菌和黑曲霉中都发现有转化现象的存在。发生转化需要两个条件：一个是受体菌要处于感受态，即能够从外界吸收 DNA 分子进行转化的生理状态，感受态的出现是由遗传决定的，也受到细胞的生理状态、菌龄、培养条件等的影响；另一个条件是转化因子，即具有转化活性的外源 DNA，要求有一定的高相对分子质量和同源性，才能保证转化的进行。

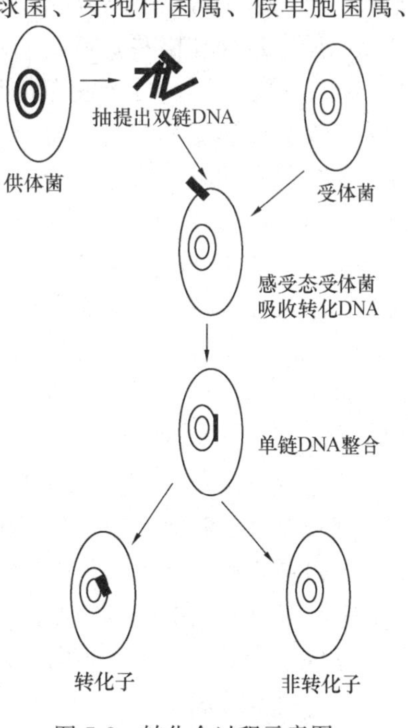

图 7-8 转化全过程示意图

7.3.3 转导

以完全或部分缺陷噬菌体作为媒介，把供体细胞的 DNA 片段转移到受体细胞中去，并使后者发生遗传变异，这种现象称为转导。在噬菌体内只含有供体 DNA 的称为完全缺陷噬菌体；在噬菌体内同时含有供体 DNA 和噬菌体 DNA 的称为部分缺陷噬菌体（部分噬菌体的 DNA 被供体 DNA 所替换）。根据噬菌体和转导 DNA 产生途径的不同，可将转导分为普遍性转导和局限性转导。

(1) 普遍性转导

通过完全缺陷噬菌体对供菌体任何DNA片段的“误包”，由噬菌体将该DNA携带的遗传信息传递到受体菌，在感染受体时，所有转导基因都能以相同的频率转移，这种转导称为普遍性转导。

(2) 局限性转导

通过部分缺陷的温和噬菌体把供体菌少数特定基因携带到受体菌中，并获得表达，这种转导方法称为局限性转导。如果转导子是由于“误切”造成的，其形成频率很低，为10^{-6}（低频转导）；如果转导子是从双重溶源菌而来的，则其转导频率理论上可高达50%（高频转导）。

7.3.4 原生质体融合

原生质体融合是细胞工程的重要内容和方法，它是通过人为的方法，使遗传性状不同的两个细胞原生质体发生融合，进而发生遗传重组，并产生同时带有双亲性状的、遗传性很稳定的融合体的过程。这种方法克服了传统杂交方法所面临的远缘杂交障碍。

为提高融合的效率，目前常用的诱导原生质体融合的方法有化学促融法和电诱导法等。如用聚乙二醇（PEG）作为化学促融剂，或者借助电场的作用，引发细胞融合。另外借助非遗传标记的方法，也可以提高融合效率。

原生质体融合技术不仅可以应用在原核微生物上，也可以应用在真核微生物上，是一个更有效的研究遗传物质的技术，已经广泛被应用在遗传育种上。

7.3.5 基因工程

微生物育种的实践推动着微生物遗传变异基本理论的研究，而对遗传变异本质的日益深入研究又大大地促进了遗传育种实践的发展。理论和实践间的这种辩证关系，在微生物遗传育种领域中得到了充分的证实。在只知道微生物存在自发突变的阶段，必然只能停留在从生产中选种和搞些少量定向培育的工作。1927年，发现X射线能诱发生物体突变。1946年，当发现了化学诱变剂的诱变作用，并初步研究了它们的作用规律后，在生产实践中就掀起了诱变育种的热潮。几乎在同一时期，由于对微生物的有性杂交、准性生殖和原核微生物种种基因重组现象的研究，在育种实践上就出现了杂交育种的新技术。20世纪50年代以来，由于对遗传物质的存在形式、转移方式以及结构功能等问题的深入研究，促进了分子遗传学的飞速发展。20世纪70年代后，一个理论与实践密切结合的、可人为控制的育种新领域——基因工程（gene engineering）就应运而生了。

基因工程是指在基因水平上的遗传工程（genetic engineering），它是用人为方法将所需要的某一供体生物的遗传物质——DNA大分子提取出来，在离体条件下进行切割后，把它和作为载体的DNA分子连接起来，然后导入某一受体细胞中，以让外来的遗传物质在其中“安家落户”，进行正常的复制和表达，从而获得一种新物种的一种崭新的育种技术。所以基因工程是人们在分子生物学理论指导下的一种自觉的、能像工程一样可事先设计和控制的育种新技术，是人工的、离体的、分子水平上的一种遗传重组的新技术，是一种可完成超远缘杂交的育种新技术，因而必然是一种最新、最有前途的定向育种新技术。

基因工程的主要操作步骤可概括在图7-9中。

(1) 基因分离

分别提取供体细胞（各种生物都可选用）的DNA，根据“工程蓝图”的要求，在供体DNA中，加入专性很强的限制性核酸内切酶，从而获得带有特定基因并露出称为粘接末端的DNA单链部分。必要时，这种粘接末端也可用人工方法进行合成。作为载体的细菌质粒等的DNA也可用同样的限制性核酸内切酶切断，露出其相应的粘接末端。

（2）体外重组

把供体细胞的DNA片段和质粒DNA片段放在试管中，在较低的温度5～6℃下混合“退火”。由于每一种限制性核酸内切酶所切断的双链DNA片段的粘接末端由相同的核苷酸组成，所以当两者混到一起时，凡粘接末端上碱基互补的片段，就会因为氢键的作用而彼此吸引，重新形成双键。这时，在外加连接酶的作用下，供体的DNA片段与质粒DNA片段的裂口处“缝合”，形成一个完整的有复制能力的环状重组体，即“杂种质粒”。

（3）载体连接

即通过载体把供体的遗传基因导入到受体细胞内。载体必须具有自主复制能力。一般可以利用质粒的转化作用，将供体基因带入受体细胞内；有时也可用特定的噬菌体（如大肠杆菌的λ噬菌）或病毒（如在正常猴体内繁殖的SV40球形病毒）作载体进行传递。

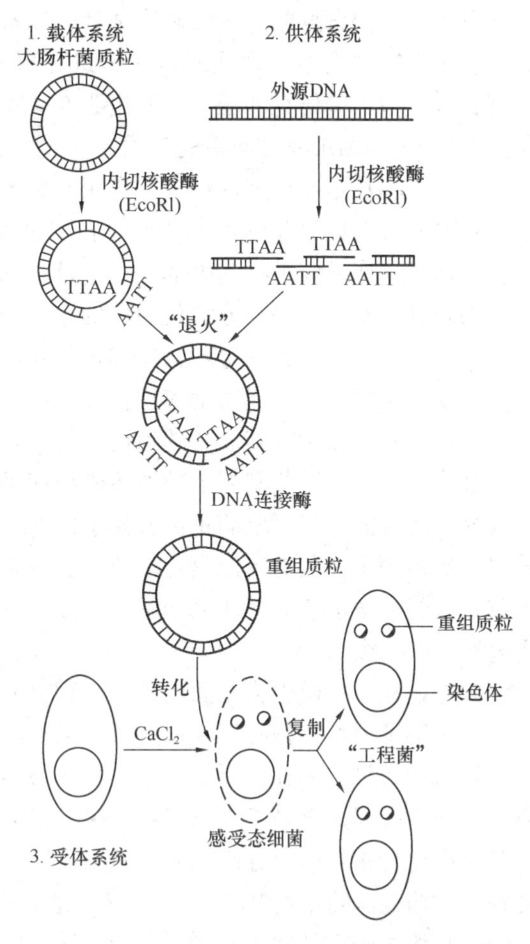

图7-9　基因工程的主要操作示意图

（4）复制、表达

在理想情况下，上述这种“杂种质粒”进入受体细胞后，能通过自主复制而得到扩增，并使受体细胞表达出为供体细胞所固有的部分遗传性状，称为“工程菌”。

（5）筛选、繁殖

当前，由于分离纯净的基因功能单位还较困难，所以通过重组后的“杂种质粒”的性状是否都符合原定“蓝图”，以及它能否在受体细胞内正常增殖和表达等能力还需经过仔细检查，以便能在大量个体中设法筛选出所需要性状的个体，然后才可加以繁殖和利用。

基因工程虽然是在20世纪70年代初才开始发展起来的一个遗传育种新领域，但由于它反映了时代的要求，因而至今已取得了不少成就。目前在原核微生物间的基因工程早已获得成功，例如1972年时就有人把肺炎克氏杆菌（*Klebsiella pneumoniae*）的固氮基因转移到大肠杆菌中；许多动物如果蝇、非洲爪蛙、海胆、兔、鼠或人的DNA转移到大肠杆菌中也已成功；同时，还可用人工合成的DNA片段进行转移。今后，基因工程将不只局限在微生物间进行，而还能在动、植物和微生物间进行任意的、定向的超远缘的分子杂交，以大大加快育种的速度。有人估计，用基因工程方法获得新种，要比它们自然进化的速度快 1 亿～10 亿倍。利用基因工程进行育种工作的出现，为遗传育种工作者提出了一系列具有吸引力的研究课题，同时也为有关工作展示了一幅光辉灿烂的美好前景。

7.3.6 基因工程在环境的应用

基因工程技术在环境保护中的应用起始于 20 世纪 80 年代。应用基因工程菌处理污染物的主要优势有以下几点：集中与创造目的基因，提供综合性代谢新污染物的通路和杂种细胞；提高代谢通路结构基因的表达，针对新的污染物，改变表达的调节方式；控制降解途径的限制性步骤，提高分解代谢酶的合成或其他生化反应过程效率；防止有毒污染物的产生，防止非需要产品的出现，用确定的基因实现最初的目的。

目前，科学家已经成功地应用基因工程技术制造出许多对污染物具有降解功能的微生物，并在一些领域中得到成功的运用。例如，生存于污染环境中的某些细菌细胞内存在着抗重金属的基因，这些基因上的遗传密码能够使细胞分泌出相关的生化物质，增强细胞生物膜的通透性能，将摄取的重金属元素沉积在细胞内或细胞外。目前，人们已发现抗汞、抗铜、抗铅等多种菌株。但是，这类菌株多数生长繁殖并不迅速。把这种抗金属的基因，转移到生长繁殖迅速的受体菌中，构成繁殖率高、富集金属速度快的新菌株，可用于净化重金属污染的废水。

此外，在原核微生物之间的基因工程已有不少成功的例子。在环境保护方面，利用基因工程获得了分解多种有毒物质的新型菌种。若采用这种多功能的超级细菌可望提高废水生物处理的效果。例如：A. Khan 等从 *P. putda*OV83 分离出 3-苯儿茶酚双加氧酶基因，将它与 pCP13 质粒连接后转入 *E. coli* 中表达。还有将降解氯化芳香化合物的基因和降解甲基芳香化合物的基因分别切割下来组合在一起构建成工程菌，使它同时具有降解上述两种物质的功能。除草剂 2,4-二氯苯氧乙酸是致癌物质，美国对它的生物降解研究一直很重视，并积极研究基因工程菌。已将降解 2,4-二氯苯氧乙酸的基因片段组建到质粒上，将质粒转移到快速生长的受体菌体内构建成高效降解的功能菌。减少了在土壤中 2,4-二氯苯氧乙酸的累积量，有益于环境保护。

尼龙是极难生物降解的人工合成物质，现已发现自然界中的黄杆菌属（*Flavobacterium*）、棒状杆菌属（*Coynebacteriun*）和产碱杆菌属（*Alcaligenes*）均含有分解尼龙低聚物 6－氨基己酸环状二聚体的 pOAD2 质粒，S. Negoro 等人将上述三种菌的 pOAD2 质粒和大肠杆菌的 pBR322 质粒分别提取出来，用限制性内切酶 HindIII 分别切割 pOAD2 质粒和 pBR322 质粒，得到整齐相应的切口，以 pBR322 质粒为受体，用 T4 连接酶连接，获得第一次重组质粒。再以重组质粒为受体，以同样操作方法进行第二次基因重组，获得具有合成酶 EI 和酶 EII 能力的质粒。将经两次重组的质粒转入大肠杆菌体内后得以表达，获得了生长繁殖快、含有高效降解尼龙低聚物 6－氨基己酸环状二聚体质粒的大肠杆菌。

在环境保护领域里还获得不少成功的实例，目前已获得含有快速降解几丁质、果胶、纤维二糖、淀粉和维甲基纤维素等质粒的大肠杆菌。

基因工程菌在废水生物处理模拟试验中也取得一些成果。McClure 用 4L 曝气池装置考察体内含有降解 3-氯苯甲酸酯质粒 pD10 的基因工程菌的存活时间和代谢活性。工程菌浓度为 4×10^6 个/L，存活时间达 56 天以上。但 32 天以后，降解 3-氯苯甲酸酯的功能下降。

质粒育种和基因工程在环境保护中的实际应用受到人们的关注和予以很大的期望。但在具体实施上有较大的难度。因为细菌的质粒本身容易丢失或转移，重组的质粒也会面临这个问题。再者，质粒具有不相容性，两种不同的质粒不能稳定地共存于同一宿主内。只有在一定条件下，属于不同的不相容群的质粒才能稳定地共存于同一宿主中。

关于基因工程应用的生态安全性是人们十分关注的问题，目前仍在研究之中。至今人们还没有制定出一部广泛使用工程菌的国际章程。考查基因工程菌存活情况、基因工程菌新基因的稳定性能、新基因转移到其他生物体中或其他非目标环境之中的规律以及基因工程菌对生态系统的副作用等，均是紧紧围绕着治理污染基因工程菌的安全性和有效性进行的。科学家们通过对某些基因工程生物考查后初步认为：基因工程菌对自然界的微生物或高等生物不构成有害的威胁，基因工程菌有一定的寿命，菌种可能分化为有效至无效多种类型；基因工程菌进入净化系统之后，需要一段适应期，但比土著种的驯化期要短得多；基因工程菌降解污染物功能下降时，可以重新接种；目标污染物可能大量杀死土著菌，而基因工程菌却容易适应而生存，并发挥功能。当然，基因工程菌的安全有效性的研究还有待深入；但是它不会影响应用基因工程菌治理环境污染目标的实现，相反会促使该项技术的发展。特别是进入 21 世纪后，人类面临许多问题，如粮食短缺、能源危机、环境污染等，如何解决这些问题是当代人无法回避的。在环境科学与工程领域，如何更安全、有效、经济地利用现代生物学技术，解决诸如污染物治理、生态保护等问题，是许多科学工作者正在努力的方向。

思考题

1. 微生物的遗传和变异的概念？遗传和变异的物质基础是什么？
2. 微生物的遗传信息是如何传递的？
3. 基因突变的类型和特点是什么？
4. 转化、转导、基因工程的概念。

第二篇

水处理工艺的生物学原理与技术应用

第8章　好氧水处理工艺的生物学原理

好氧生物处理是在有氧的条件下借助好氧微生物的作用处理废水。有机物的生物分解过程是通过一系列的生化反应，最终将有机物分解成小分子有机物或简单无机物的过程，好氧分解的最终产物是稳定而无臭的物质，包括二氧化碳、水、硝酸盐、硫酸盐、磷酸盐等。废水好氧生物处理的对象中，溶解性的有机物通过直接渗入细胞内被吸收，固体及胶体态的有机物被间接吸收，通常先附着在菌体外，由细菌所分泌的胞外酶分解为溶解性物质，再渗入细胞内部。

废水的好氧生物处理具有无臭味、时间短的优点，条件适宜情况下可去除80%～90%的BOD_5，缺点是设备相对复杂，不能直接处理有机物浓度较高的废水，通常COD<1500mg/L的有机废水适合用好氧生物处理方法，有机物浓度过高时，由于好氧生物代谢迅速，水中溶解氧难以即时供应，好氧微生物生长受限，难以保证处理质量，适宜用厌氧生物方法进行处理。废水的好氧生物处理方法主要包括活性污泥法、生物膜法、氧化塘法及污水灌溉等。

8.1　活性污泥法

活性污泥法是利用悬浮生长的微生物絮凝体（活性污泥）处理有机废水的一类生化处理方法。活性污泥法对水质水量适应性广、运行方式灵活多样、可控制性及运行的经济性良好，具有生物脱氮、除磷效能，是一种广泛应用并行之有效的传统污水生物处理方法，也是一项极具发展前景的污水处理技术，自1916年在曼彻斯特市建造第一个活性污泥法污水处理厂开始，活性污泥法的研究与应用经过百余年的发展，在理论和实践上都取得了很大进步。

8.1.1　活性污泥的组成和性质

活性污泥由细菌、原生动物等微生物与悬浮物质、胶体物质混杂在一起形成的具有很强吸附分解有机物能力的絮状体颗粒组成。

活性污泥通常为棕褐色，溶解氧缺乏时颜色偏黑，营养不足时颜色偏白，含水率在99%左右，密度约为1.002～1.006g/cm^3，混合液和回流污泥略有差异，前者为1.002～1.003g/cm^3，后者为1.004～1.006g/cm^3，绒粒大小为0.02～0.2mm，比表面积为20～100cm^2/mL。活性污泥具有生物活性，即吸附氧化有机物的能力，它的胞外酶在水溶液中将废水中的大分子物质水解为小分子，进而吸收到体内而被氧化分解。活性污泥还具有自我繁殖的能力和一定的沉降性能。通常情况下，活性污泥呈弱酸性（pH值约为6.7），当进水改变时，对进水pH值的变化有一定的承受能力。

8.1.2　活性污泥中的微生物群落

好氧活性污泥是由多种多样的好氧微生物和兼性厌氧微生物（兼有少量的厌氧微生物）与污（废）水中有机和无机固体物混凝交织在一起，形成的絮状体或称绒粒。活性污泥中的微生物主要是细菌，它们在有机污染物的净化过程中起最主要的作用，其数量约为污泥中微生物总质量的90%～95%，在某些工业废水的活性污泥中甚至可达100%。此外，污泥中还含有酵母菌、丝状真菌、放线菌以及微型藻类、原生动物和后生动物等微型动物。

（1）细菌

1）菌胶团细菌

菌胶团是具有荚膜或黏液的絮凝性细菌相互絮凝聚集而成的细菌团块，是好氧活性污泥的结构和功能中心。

对好氧活性污泥中细菌分离、鉴定的结果表明活性污泥中的细菌种类很多。其中，哪些是形成菌胶团的细菌呢？关于这一点说法不一。有人认为，活性污泥中所有的细菌都能在低营养条件下形成菌胶团；还有人认为从活性污泥絮凝体中分出来的细菌并不都能形成菌胶团，即使在低营养条件下，大概也只有20%的细菌能够形成菌胶团。有关资料报道，活性污泥絮体中的优势细菌是中间埃希氏菌（*E. intermedia*）、生枝动物胶菌（*Zoogzoea ramigera*）、放线形诺卡氏菌（*Nocardia actinomorphya*）、蜡状芽孢杆菌（*Bacillus cereus*）、假单胞菌属（*Pseudomonas*）、粪产气副大肠杆菌（*Pseudomonas aerogenoides*）、大肠杆菌（*E. coli*）、产碱杆菌属（*Alcaligenes*）、黄杆菌属（*Flavobacterium*）、产气杆菌（*Aerobacter aerogenoides*）、变形菌类（*Proteus*）、丛毛单胞菌属（*Comamonas*）等类细菌。

对处理生活污水的活性污泥进行细菌分离试验，结果表明凝絮体中的优势菌为假单胞菌（*Pseudomonadacea*）、无色杆菌科（*Acthromobacteraceae*）、棒状杆菌科（*Corynebacteriaceae*）和黄杆菌属（*Flavobacerium*）。除上述几个属外，产碱杆菌（*Alcaligenes*）也是生活污水活性污泥凝絮体的主要组成成分。

工业废水活性污泥凝絮体中细菌的优势组分有很大不同。中国科学院水生生物研究所1976年的资料表明他们从武汉印染厂染色废水活性污泥中分离到的25株菌种中有22株属于动胶菌属（*Zoogloea*），显然与生活污水活性污泥中的细菌成分有明显差异。

2）丝状细菌

同菌胶团细菌一样，丝状细菌是活性污泥中另一重要组成成分。丝状细菌在活性污泥中可交叉穿织在菌胶团之间，或附着生长于凝絮体表面，少数种类可游离于污泥絮粒之间。丝状细菌具有很强的氧化分解有机物的能力，起着一定的净化作用。在有些情况下，它在数量上可超过菌胶团细菌，使污泥凝絮体沉降性能变差，严重时引起活性污泥膨胀，造成出水质量下降。

（2）真菌

活性污泥中的真菌，主要为丝状真菌。已有报道的菌属有毛霉属（*Mucor*）、根霉属（*Rhizpus*）、曲霉属（*Aspergillus*）、青霉属（*Penicillum*）、镰刀霉属（*Fusarium*）、漆斑菌属（*Myrothecium*）、粘帚霉属（*Gliocladium*）、瓶霉属（*Phialophora*）、芽枝霉属（*Cladosporium*）、短梗霉属（*Aureobasidium*）、木霉属（*Trichoderma*）和头孢霉属（*Cephalosporium*）。

真菌在活性污泥中的出现一般与水质有关，它常常出现于某些含碳较高或pH值较低的工业废水处理系统中。有人从活性污泥中分离到约20种真菌，其中菌落出现率最高的为头孢霉属（*Cephalosporium*），占38%，此外，芽枝霉属（*Cladosporium*）占2%，青霉属（*Penicillum*）占19%，酵母菌占1%。

（3）微型动物

在处理生活污水的活性污泥中存在着大量的原生动物和部分微型后生动物，其质量可占污泥总生物量的5%～10%，而在处理工业废水的活性污泥中，它们的种类和数量往往少得多。

1）原生动物

在活性污泥中所见的原生动物有鞭毛虫类、肉足虫类、纤毛虫类及吸管虫类等。

鞭毛虫类：鞭毛虫具有明确的细胞壁，由1～2根鞭毛从事运动。根据体内有无叶绿素而分为植物性鞭毛虫和动物性鞭毛虫两种。植物性鞭毛虫具有光合作用，是自养性原生动物，与活性污泥的功能并无直接关系。动物性鞭毛虫中一部分以溶解性有机物为食，在一般废水中有机物浓度较低，因此，仅以溶解性有机物为食的鞭毛虫无法生存，在活性污泥的构成生物中以固形物为食的气球滴虫类的动物性鞭毛虫居多。

肉足虫类：在肉足虫类中人们最熟悉的是变形虫。其细胞没有细胞壁，由原生质流动而伸出伪足，并依靠这一伪足进行运动。在活性污泥中经常出现的是变形虫和具有坚固硬壳的表壳虫。

纤毛虫类：在构成活性污泥的原生动物中，纤毛虫的数量最多，种属也很广。纤毛虫依靠在细胞周围规矩排列的纤毛进行运动，捕食包括细菌在内的悬浮固体。

活性污泥中的原生动物都属于好氧性，其代谢、增殖形式与细菌大体相同。动物性鞭毛虫直接利用溶解性有机物以取得能量，因此当废水中底质浓度高（5000～10000mg/L）时，这种鞭毛虫增多。但是，原生动物多摄取细菌等固体有机物作为营养。它们多不能在自己体内合成其本身发育所需要的全部物质，而是有选择地捕食含有这些物质较多的细菌。因此，在某一条件下，由于构成活性污泥的细菌种属发生变化，捕食细菌的原生动物的种属也随之出现种种变化。在活性污泥中最常见的纤毛虫类也摄取与分解悬浮性有机物，但其分解速度与活性污泥中的细菌所进行的净化作用速度相比是极其微小的，从活性污泥的整体出发是可以不予考虑的。不存在原生动物的活性污泥也能够进行良好的净化作用。

2）后生动物

在活性污泥中常会遇到借助显微镜才可看清楚的微型后生动物，如轮虫、线虫、颤蚯蚓、甲壳动物、小昆虫及其幼虫等。

轮虫：轮虫是相对简单的后生动物，形体微小，长为0.04～2mm，多数不超过0.5mm。其身体长形，可区分出头部、躯干、后尾部。头部有一个头冠，其上有一列或多列纤毛形成纤毛环，是轮虫摄食和运动的工具，纤毛可有规律地摆动，使纤毛环如车轮转动，故称轮虫。大多数轮虫以细菌、藻类及小的原生动物为食，故在废水处理中有净化作用。

在废水的生物处理中，轮虫可作为指示生物。活性污泥中出现轮虫，往往表明处理效果良好，但当轮虫数量过多，则有可能破坏污泥的结构，使污泥松散上浮。

线虫：身体圆形，似打足气的轮胎，可吞噬细小的污泥絮粒，在高负荷的活性污泥中也会出现。通常认为在活性污泥中出现的线虫以双胃虫属、干线虫属、小杆属、矛线虫属居多。

微型甲壳动物：甲壳动物的特点是具有坚硬的甲壳，它们以细菌、藻类为食，其自身又是鱼类的基本食料。它们广泛分布于地表水中，包括淡水和海水。它们是河流污染与水体自净的指示生物。动物生活时需要氧气，无毒废水处理中如没有后生动物生长则说明溶解氧不足。

由于动物的体型较细菌大得多，借助于显微镜即可将它们很容易地区别出来。

活性污泥中的动物有的代谢方式似细菌，可以通过体表吸收溶解性有机物，然后使之氧化分解；另一些可吞噬废水中细小有机物颗粒或游离细菌。因此，也可以起到净化废水的作用。固着型的纤毛虫及吸管虫等还可分泌乳液，使之附着在凝絮体上生长，从而有利于絮体的形成。因此，在活性污泥培养初期，一旦在处理系统中发现固着型的钟虫，随后即可看到污泥絮体已开始形成并逐渐增多。

（4）微型藻类

藻类是含有光合色素的一类生物，在光照下能进行光合作用，利用无机的 CO_2 和氮、磷盐来合成藻体（有机物）。因此，在某些系统中用适当的方法采集藻类可达到有效去除氮、磷的目的。藻类进行光合作用释放的氧又可供污泥中的细菌氧化分解有机物之用。在某些特殊情况下，有的单细胞藻类可降解废水中的有机物。

综上所述，活性污泥主要由细菌、真菌、微型动物、微型藻类四大类微生物组成，其中细菌中的菌胶团细菌为最主要成分，微生物之间存在着复杂的相互关系，他们的种类、数量对营养条件（废水种类、化学组成、浓度）、温度、供养、pH 值等环境条件改变而不停发生变化。

8.1.3 活性污泥水质净化的作用机理

1. 活性污泥菌胶团的形成及作用

在活性污泥培养的早期，可看到大量新形成的典型菌胶团，它们可呈现大型指状分支、垂丝状、球状、蘑菇形等种种形状。进入正常运转阶段的活性污泥，除少数负荷较高、废水碳氮比较高的活性污泥外，典型的新生菌胶团仅在絮粒边缘，可偶尔见到。因为在处理废水的过程中，具有很强吸附能力的菌胶团把废水中的杂质和游离细菌等吸附在其上，形成了活性污泥的凝絮体。因此，菌胶团构成了活性污泥絮体的骨架。

关于活性污泥菌胶团的形成主要有以下 3 种假说：

（1）荚膜学说

认为活性污泥中微生物处于内源呼吸期或减速增殖期后段时，运动性能微弱，动能很低，不能与范德华力相抗衡，并且在布朗运动作用下，菌体互相碰撞、结合。大多数细菌体外有荚膜样物质，当细菌进入老龄后细胞外多糖类聚合物分泌增加，同荚膜一样都能使细菌凝聚在一起，形成菌胶团。

（2）PHB 学说

认为动胶菌产生的聚 β-羟基丁酸颗粒（PHB）是一种聚酯类物质，当它们积累时，细菌细胞的分裂就不彻底，它们彼此粘连结合时，细胞便由小凝块形成了大的絮凝体。

（3）胞外聚合物学说

认为活性污泥中的一些细菌能产生直径很小的细长纤维类聚合物，这些细纤维由于以多糖为主，并含有少量的蛋白质和核酸，化学性质与纤维类似。絮凝体的形成是由于这些相互间细纤维的不规则缠绕而结合在一起。同时，它们还可能利用黏性纤维将那些不分泌胞外聚合物的细菌及其他颗粒碎片通过搭桥作用粘连在一起，从而使细胞失去原来的胶体稳定性，紧密地聚合成大块的絮凝体。在细菌密度较小的情况下，能够积聚胞外聚合物的细菌通过增加聚合物纤维的方式增大菌体表面积，细菌间相互碰撞的概率增大，加速絮凝速度。

另外，还有人认为，Ca^{2+}，Mg^{2+}等二价金属离子也可能通过金属键促成菌胶团的形成。曾有学者做过以下实验：向活性污泥中加入 EDTA 或去离子水可使菌胶团破坏，后添加一定浓度的Ca^{2+}，在室温下静置一段时间，菌胶团再次形成。以上实验说明，Ca^{2+}，Mg^{2+}等二价金属离子在菌胶团细菌的形成过程中起到了"桥联作用"，促进了菌胶团的形成。

在微生物处理废水时，菌胶团可以像网一样捕获水体中的有机物，而达到浓度密集。根据化学反应的质量作用定律，反应速率和参加反应物的摩尔浓度的指数幂成正比，因此，酶促水质净化的氧化降解反应速率主要决定于菌胶团上有机物的浓度和酶的活化特性，当酶一定时，则主要取决于在允许范围内有机物的浓度（指有机物不使微生物中毒的浓度）。

综上所述，菌胶团细菌的作用可概括为以下几点：

1）菌胶团细菌是构成活性污泥凝絮体的主要成分，具有很强的生物吸附和氧化分解有机物的能力；

2）为原生动物和微型后生动物提供了良好的生存环境；

3）保护作用，细菌形成菌胶团后可防止被微型动物吞噬，并在一定程度上可免受毒物的影响；

4）有很好的沉降性能，使混合液在二沉池中迅速地完成泥水分离；

5）具有指示作用，通过菌胶团的颜色、透明度、数量、颗粒大小及结构的松紧程度可衡量好氧活性污泥的性能，例如新生菌胶团颜色浅、无色透明、结构紧密，则说明菌胶团生命力旺盛，再生能力强；相反，老化的菌胶团颜色深，结构松散，活性不强，再生能力差。

2. 活性污泥的净化反应原理

活性污泥的净化反应过程就是有机污染物作为营养物质被活性污泥微生物摄取、代谢和利用，从而使污水得到净化，微生物获得能量和新的细胞，活性污泥得到增长的过程。此过程是通过几个阶段和一系列作用完成的。

（1）絮凝、吸附作用

1）活性污泥的"活性"

正常发育的活性污泥微生物体内，存在大量的由蛋白质、碳水化合物和核酸组成的生物聚合物，这些生物聚合物是带有电荷的电介质，因此，由这种微生物形成的生物絮凝体，都具有生理、物理、化学吸附作用和凝聚、沉淀作用，在其与废水接触后，能够使废水中呈悬浮状和肢体状的有机污染物失稳、凝聚，并被吸附在活性污泥表面。

2）活性污泥的作用

① 活性污泥的大的表面积，使它能够与混合液广泛接触，在较短的时间内（15～40min），通过吸附作用去除废水中大量的呈悬浮和肢体状态的有机污染物，使废水的 BOD 值（或 COD 值）大幅度下降。

② 小分子有机物能够直接在透膜酶的催化作用下，透过细胞壁被摄入细菌体内；大分子有机物则必须首先被吸附在细胞表面，在水解酶的作用下，水解成小分子再被摄入

体内。

3）影响活性污泥作用的因素

活性污泥吸附作用的大小与一系列因素有关。首先是废水的性质、特征。由于活性污泥对呈悬浮和胶体状态的有机污染物吸附能力较强，因而对含有这类污染物多的废水处理效果好。此外，活性污泥应当经过比较充分的再生曝气，使其吸附功能得到恢复和增强，一般应使活性污泥中的微生物进入内源代谢期。

（2）活性污泥中微生物的代谢及其增殖规律

1）活性污泥中微生物的代谢活性

污泥中的微生物将有机物摄入体内后，以其作为营养加以代谢。在好氧条件下，代谢按两个途径进行（图 8-1），一为合成代谢，部分有机物被微生物所利用，合成新的细胞物质；二为分解代谢，部分有机物被分解形成 CO_2 和 H_2O 等稳定物质，并产生能量，用于合成代谢。同时，微生物细胞物质也能进行自身的氧化分解，即内源代谢或内源呼吸。当废水中有机物充足时，合成反应占优势，内源代谢不明显；当有机物浓度大大降低或已耗尽时，微生物的内源呼吸作用就成为向微生物提供能量，维持其生命活动的主要方式。

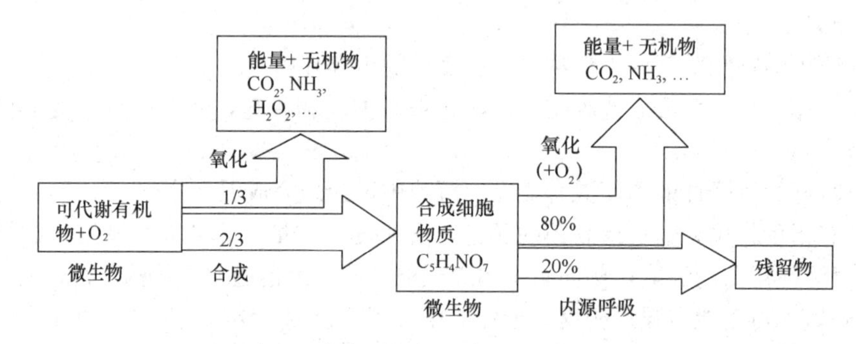

图 8-1　好氧处理过程中的微生物机制

2）增殖规律

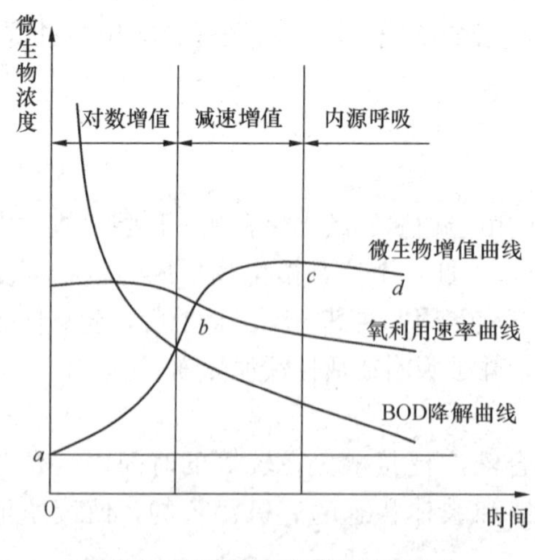

图 8-2　间歇静态培养活性污泥中微生物的增殖曲线

微生物增殖、有机物降解、微生物的内源代谢以及氧的消耗等过程在曝气池内是同步进行的。活性污泥微生物是多种属细菌与多种原生动物的混合群体，但从整体来看，其增殖过程是遵循一定规律进行的，对此可用增殖曲线（图 8-2）表示。从图可见，活性污泥微生物的增殖分为对数增殖期、减速增殖期与内源呼吸期。在温度适宜、溶解氧充足，而且不存在抑制物质的条件下，活性污泥微生物的增殖速率主要取决于微生物与有机基质的相对数量，即有机基质（F）与微生物（M）的比值（F/M），它也是影响有机物去除速率、氧利用速率的重要因素。

（3）活性污泥的凝聚、沉淀与浓缩

活性污泥系统净化废水的最后程序是泥水分离，这一过程是在二次沉淀池或沉淀区内进行的。

良好的凝聚、沉降与浓缩性能是正常活性污泥所具有的特性。活性污泥在二次沉淀池的沉降经历絮凝沉淀、成层沉淀与压缩等过程，最后在池的污泥区形成浓度较高的作为回流污泥的浓缩污泥层。

正常的活性污泥在静置状态下，于 30min 内即可基本完成絮凝沉淀和成层沉淀过程。浓缩过程比较缓慢，要达到完全浓缩，需时较长。影响活性污泥凝聚与沉淀性能的因素较多，其中以原废水性质为主。此外，水温、pH 值、溶解氧浓度以及活性污泥的有机负荷也是重要的影响因素。对活性污泥的凝聚、沉淀性能，可用 SVI、SV 和 MLSS 等 3 项指标共同评价。

3. 活性污泥性能及数量的评价指标

发育良好的活性污泥在外观上呈黄褐色的絮凝颗粒状，也称生物絮凝体，其粒径一般为 0.02～0.2mm，具有较大的表面积，大体上为 20～100cm^2/mL，含水率在 99%以上，相对密度为 1.002～1.006g/cm^3，因含水率不同而异。活性污泥的固体物质含量仅占 1%以下。固体物质由 4 部分组成：

1）活细胞（Ma），在活性污泥中具有活性的那一部分；

2）微生物内源代谢的残留物（Me），这部分物质无活性，且难于生物降解；

3）由原废水夹入，难于生物降解的有机物（Mi）；

4）由原废水夹入，附着在活性污泥上的无机物质（Mii）。

前 3 类为有机物质，一般占固体成分的 75%～85%。活性污泥的数量和各项性能的评价可用下列指标表示。

（1）混合液悬浮固体浓度（mixed liquor suspended solids，MLSS）

这项指标表示活性污泥在曝气池内的浓度，包括活性污泥组成的各种物质，单位用 mg/L 或 g/m^3 表示：

$$MLSS = Ma + Me + Mi + Mii \tag{8-1}$$

具有活性的微生物（Ma）只占其中的一部分，因此用 MLSS 表示活性污泥浓度误差较大。但考虑到在一定条件下，MLSS 中活性微生物量所占比例较为固定，因此，仍普遍以 MLSS 值作为表示活性污泥微生物量的相对指标。

（2）挥发性悬浮固体浓度（mixed liquor volatile suspended solids，MLVSS）

这项指标表示有机悬浮固体的浓度，单位为 mg/L 或 g/m^3：

$$MLVSS = Ma + Me + Mi \tag{8-2}$$

这项指标能够比较准确地表示微生物的数量，但其中仍包括非活性微生物 Me 和惰性物质 Mi。因此，仍是活性污泥微生物量的相对指标。在条件一定时，MLVSS/MLSS 比值较稳定，城市污水的活性污泥为 0.75～0.85。

（3）污泥沉降比（sludge volume，SV）

污泥沉降比是指将曝气池流出来的混合液在量筒中静置 30min，其沉淀污泥与原混合液的体积比，以%表示。正常的活性污泥经 30 min 静沉，可以接近它的标准密度。

该指标能够相对地反映污泥浓度和污泥的凝聚、沉降性能，用以控制污泥的排放量和早期膨胀。本指标测定方法简单易行，处理城市污水活性污泥的沉降比为 20%～30%。

(4) 污泥容积指数（sludge volume index，SVI）

污泥容积指数是指曝气池出口处混合液经 30min 静沉，1g 干污泥所形成的污泥体积，单位为 mL/g。

$$SVI=\frac{SV}{MLSS} \tag{8-3}$$

或

$$SVI=SV(\%)\times\frac{10}{MLSS} \tag{8-4}$$

如某曝气池的污泥沉降比为 30%，混合液中活性污泥浓度为 2500mg/L，则可求得污泥容积指数为：

$$SVI=30\times\frac{10}{2500}\times\frac{1}{1000}=120(mL/g)$$

SVI 值能够更好地评价污泥的凝聚性能和沉降性能，其值过低，说明泥粒细小，密实，无机成分多；过高说明污泥沉降性能不好，将要或已经发生膨胀现象。城市污水处理活性污泥的 SVI 值为 50～150mL/g，但应注意以下两种情况：一是工业废水处理活性污泥的 SVI 值有时偏高或偏低也属正常；二是高浓度活性污泥法系统中的 MLSS 值较高，即使污泥沉降性能较差，SVI 值也不会很高。

8.1.4 活性污泥净化反应的影响因素

同所有微生物一样，活性污泥微生物只有在适宜的环境条件下才能存活，其生理活动才能正常进行，活性污泥处理技术就是人为地为微生物创造良好的生活环境条件，使微生物对有机物质的降解功能得到强化。能够影响微生物生理活动的因素较多，主要有以下几种。

(1) 营养物质

活性污泥微生物为了进行各项生命活动，必须不断地从其周围环境中摄取各种营养物。微生物的组成物质有碳、氢、氧、氮等几种元素，约占 90%～97%；无机盐类占 3%～10%，其中磷的含量最高，占其中的 50%。

碳是构成微生物细胞的重要物质，参与活性污泥处理的微生物对碳源的需求量较大，一般 BOD_5 不应低于 100 mg/L。

氮是微生物细胞内蛋白质和核酸的重要组成元素，氮可来源于 N_2，NH_3，NO_3^- 等无机含氮单质及化合物，也可以来自蛋白质、胨及氨基酸等有机含氮化合物。由于氮是合成蛋白质所必需的，因此氮成为评价污水可生化处理性的必需指标。

磷是合成核蛋白、卵磷脂及其他磷化合物的重要元素，在微生物的代谢和物质转化过程中起着重要的作用。辅酶Ⅰ、辅酶Ⅱ、磷酸腺苷（ADP 和 ATP）等都含有磷，磷源不足将影响酶的活性，从而使微生物的生理功能受到影响。微生物主要从无机磷化合物中获取磷，进入细胞后迅速转化为含磷化合物。

一般来说，生活污水和城市污水含有足够的各种营养物质，但工业废水却不然，对碳含量低的工业废水，用活性污泥法处理时，应补充投加碳源，如生活污水、淘米水以及淀粉等。对含氮量低的工业废水，则应补充投加尿素、硫酸铵等。对缺乏磷的工业废水，需另行投加磷酸钾、磷酸钠、过磷酸钙以及磷酸等。

微生物对氮和磷的需要量可按 BOD∶N∶P＝100∶5∶1 来考虑。但实际上微生物对氮与磷的需要量还与剩余污泥量有关，即与污泥龄和微生物比增殖速率有关，就此还可用下式计算：

$$氮的需要量 = 0.122\Delta x \tag{8-5}$$

$$磷的需要量 = 0.023\Delta x \tag{8-6}$$

式中　　Δx——活性污泥增长量（以 MLVSS 计，kg/d）；

0.122、0.023——生物体内氮和磷所占的比例。

硫、钠、钾、钙、镁、铁等微量元素对微生物的生理活动有刺激作用，但对其需求量极少，在一般情况下，对生活污水、城市污水以及绝大部分有机性工业废水进行生物处理时，都无需另行投加。

（2）溶解氧

参与污水活性污泥处理的是以好氧呼吸的好氧菌为主体的微生物种群，这样，在曝气池内必须有足够的溶解氧。

对混合液中的游离细菌来说，溶解氧保持在 0.3mg/L 即可满足要求，但是活性污泥是微生物群体“聚居”的絮凝体，溶解氧必须扩散到絮凝体深处。大量的实际运行数据表明，若使曝气池内的微生物保持正常的生理活动，在曝气池内的溶解氧浓度一般宜保持在不低于 2mg/L 程度（以出口处为准）。在曝气池内的局部区域，如进口区，有机污染物相对集中，浓度高，耗氧速率高，溶解氧浓度不易保持 2mg/L，可以有所降低，但不应低于 1mg/L。

但曝气池内的溶解氧浓度也不是越高越好，溶解氧过高导致有机污染物分解过快，从而使微生物缺乏营养，活性污泥易于老化，结构松散。此外，溶解氧过高，过量耗能，在经济上也是不适宜的。

（3）pH 值

以 pH 值表示的氢离子浓度对于自然水体和污水都是一个重要的水质参数。污水中氢离子浓度不适宜，则很难通过生物方法处理，如果在排放前浓度仍然没有改变，可能会改变自然水体中的氢离子浓度。

pH 值对微生物的生命活动影响很大，主要作用在于引起细胞质膜上电荷性质的改变，从而影响微生物细胞对营养物质的吸收；影响代谢过程中酶的活性；引起细胞质等电点的变化，从而影响微生物的呼吸作用和对营养物质的代谢功能；改变有害物质的毒性。

不同种属的微生物生理活动适应的 pH 值，都有一定的范围。在范围内，还可分为最低 pH 值、最适 pH 值与最高 pH 值。在最低或最高的 pH 值的环境中，微生物虽然能够成活，但生理活动微弱，易于死亡，增殖速率大为降低。高浓度的氢离子还可导致菌体表面蛋白质和核酸水解而变性。

活性污泥微生物的最适 pH 值为 6.5～8.5。如果 pH 值降至 4.5 以下，原生动物会全部消失，丝状菌将占优势，易于产生污泥膨胀现象；当 pH 值超过 9.0 时，微生物的代谢速率将受到影响。

微生物的代谢活动能够改变环境的 pH 值，如微生物对含氮化合物的利用，由于脱氨作用而产酸，可使环境的 pH 值下降；由于脱羧作用而产生碱性胺，可使 pH 值上升。因此，活性污泥混合液本身具有一定的缓冲作用。

经过长时间的驯化，活性污泥系统也能够处理具有一定酸性或碱性的废水。但是，如果废水的 pH 值突然急剧变化，对微生物将是一个严重冲击，甚至能够破坏整个系统的运行。在用活性污泥系统处理酸性、碱性或pH值变化幅度较大的工业废水时，应考虑事先进行中和处理或设均质池。

（4）温度

温度是影响微生物正常生理活动的重要因素之一，其影响主要反映在3个方面：

1）随着温度在一定范围内升高，细胞中的生化反应速率加快，增殖速率也加快；

2）细胞的组成物质如蛋白质、核酸等对温度很敏感，如温度突然大幅度增高并超过一定限度，可使其组织遭受到不可逆的破坏；

3）温度对于气体转移速率和生物固体沉降性等也有较大的影响。微生物的最适温度是指在这一温度条件下，微生物的生理活动强劲、旺盛，表现在增殖时裂殖速率快，世代时间短。在好氧处理中不考虑代谢中间产物，一般来说，代谢速率越快的微生物，处理有机物的能力越高。

活性污泥微生物的最适温度范围是15～30℃。一般水温低于15℃，即可对活性污泥的功能产生不利影响。但是如果水温的降低是缓慢的，微生物逐步适应了这种变化，即所谓受到了温度降低的驯化，这样，即使水温降低到6～7℃，通过采取一定的技术措施，如降低负荷，提高活性污泥和溶解氧的浓度，以及延长曝气时间等，仍能取得较好的处理效果。在我国北方地区，大中型的活性污泥处理系统可在露天建设，但小型活性污泥处理系统则可以考虑建在室内，水温过高的工业废水在进入生物处理系统前，应采取降温措施。

（5）有毒物质（抑制物质）

对微生物有毒害作用或抑制作用的物质较多，大致可分为重金属、氰化物、H_2S、卤族元素及其化合物等无机物质，以及酚、醇、醛、染料等有机化合物。

重金属离子（铅、锡、铬、铁、铜、锌等）对微生物都产生毒害作用，它们能够和细胞的蛋白质结合，使其变性或沉淀。汞、银、砷的离子对微生物的亲和力较大，能与微生物酶蛋白的—SH基结合，抑制其正常的代谢功能。

酚类化合物对菌体细胞膜有损害作用，并能够促使菌体蛋白凝固。此外，酚又能对某些酶系统（如脱氨酶和氧化酶）产生抑制作用，破坏细胞的正常代谢作用。酚的许多衍生物，如对位甲酚、偏位甲酚、邻位甲酚、丙基酚、丁基酚，都有很强的杀菌功能。

甲醛能够与蛋白质的氨基相结合，使蛋白质变性，破坏菌体的细胞质。

但是，有毒物质对微生物的毒害作用，有一个量的概念，即只有有毒物质在环境中达到某一浓度时，毒害与抑制作用才显露出来，这一浓度称为有毒物质极限允许浓度。如果缓慢地、逐步地向污水中增高有毒物质的浓度，微生物能够逐渐适应并得到变异、驯化。实践证明，经过长期驯化的活性污泥能够承受较高浓度的上述化合物，有毒的有机化合物还能被微生物所氧化分解，甚至可能成为活性污泥微生物的营养物质而被摄取。

此外，有毒物质的毒害作用还与处理过程的pH值、水温、溶解氧及微生物的数量等因素有关。

（6）有机负荷率

活性污泥系统的有机负荷率，又称为BOD污泥负荷。它所表示的是曝气池内单位质量的活性污泥在单位时间内承受的有机基质质量，即F/M值[kgBOD/(kg MLSS·d)]。有机负荷率不仅是影响微生物代谢的重要因素，对活性污泥系统的运行也产生相当的影响。

8.1.5 活性污泥工艺及进展

1. 活性污泥法的典型工艺

活性污泥法是以活性污泥为主体的污水生物处理技术，其原理是通过充分曝气供氧，使大量繁殖的微生物群体悬浮在水中，从而降解污水中的有机污染物，停止曝气时，悬浮微生物絮凝体沉淀并与水分离，使污水得到净化、澄清。

活性污泥系统主要由活性污泥反应器、曝气池、曝气系统、二沉池、污泥回流系统和污泥排放系统组成，其主体构筑物是曝气池（图 8-3）。废水先进入沉淀预处理（如初沉池）除去某些大的悬浮物后进入曝气池，与池内活性污泥混合，通过曝气，一方面使活性污泥处于悬浮状态，保证废水与活性污泥充分接触，另一方面向活性污泥提供氧气，保持好氧条件，保证微生物的正常生长和繁殖，从而使水中的有机物被活性污泥吸附、氧化、分解。处理后的废水和活性污泥一同流入二次沉淀池，进行泥水分离，上清液排放。沉淀的活性污泥部分回流入曝气池，与曝气池内废水混合，补充曝气池内活性污泥的流失。通常，参与分解废水中有机物的微生物的增殖速度慢于微生物在曝气池内的平均停留时间，如果不将浓缩的活性污泥回流到曝气池，则具有净化功能的微生物将会逐渐减少。同时，由于微生物的新陈代谢作用，不断有新的原生质合成，系统中活性污泥量会不断增加，因此，多余的活性污泥应从系统中排出，这部分污泥称为剩余污泥。

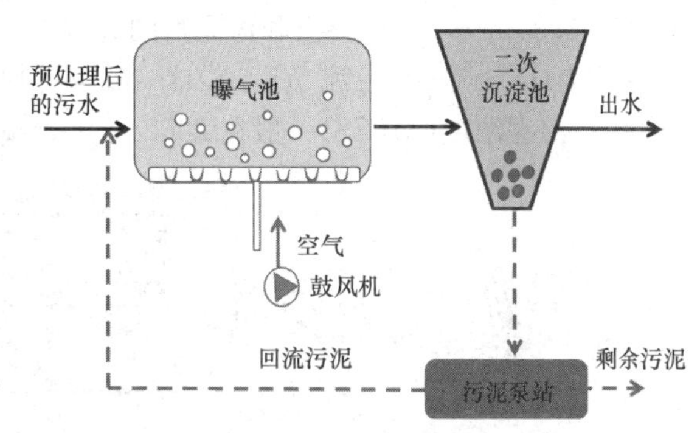

图 8-3 活性污泥法基本流程

按照废水和回流污泥的入流方式及其在曝气池内的混合方式，活性污泥法可分为推流式和完全混合式两大类。推流式活性污泥曝气池有若干个狭长的流槽，废水从一端进入，从另一端流出。此类曝气池又可分为平流（并联）式和转流（串联）式两种。废水在池内的流动过程中，底物降解，微生物增长，污泥负荷（F/M）沿程变化，系统在生长曲线某一段上工作。完全混合式是在废水进入曝气池后，在搅拌作用下立即与池内活性污泥混合液混合，废水得到良好的稀释，污泥与废水充分混合，可以最大限度地承受废水水质变化的冲击。同时，由于池内各点水质均匀，F/M 一定，系统处于生长曲线的某一点上工作。实际运行时，可以调节 F/M，使曝气池在最佳工况条件下工作。

按供氧方式，活性污泥法又可分为鼓风曝气式和机械曝气式两大类，无论哪一种方式，其活性中心都是曝气池中的活性污泥。

2. 氧化沟工艺

氧化沟工艺又称循环曝气池，是活性污泥法的一种变形工艺，荷兰卫生工程研究所 20 世纪 50 年代研制开发，由巴斯维尔（I. A. Pasveer）博士设计，并于 1954 年在荷兰的福尔斯霍滕（Voorschoten）市建成第一座氧化沟工艺系统的污水处理厂。我国于 20 世纪 80 年代引进氧化沟工艺系统，首先在邯郸市建成一座规模为 10 万 m^3/d 的交替式氧化沟工艺系统，处理效果良好，以后又陆续在上海、广州、杭州、苏州、唐山、西安、昆明等十数座城市建成多家采用氧化沟工艺的污水处理厂。

（1）氧化沟的工艺流程

氧化沟工艺因其反应器在表面上呈封闭环状的沟渠形而得名，平面多为椭圆形或圆形，总长可达几十米甚至百米以上。氧化沟通常在延时曝气条件下使用，水和固体的停留时间长，有机物质负荷低。它通常使用带方向控制的曝气和搅拌装置，使被处理的污水与活性污泥形成混合液，在环状沟渠内不停地循环流动（图 8-4）。氧化沟混合液流速一般为 0.25～0.35m/s，污泥负荷和污泥龄的选取需考虑污泥稳定化和氨氮硝化两个因素。一般污泥龄为 15～30d，污泥负荷 0.03～0.08kgBOD_5/(kgMLSS·d)，水力停留时间为 16～24h，污泥浓度(MLSS)一般在 2000～6000mg/L。

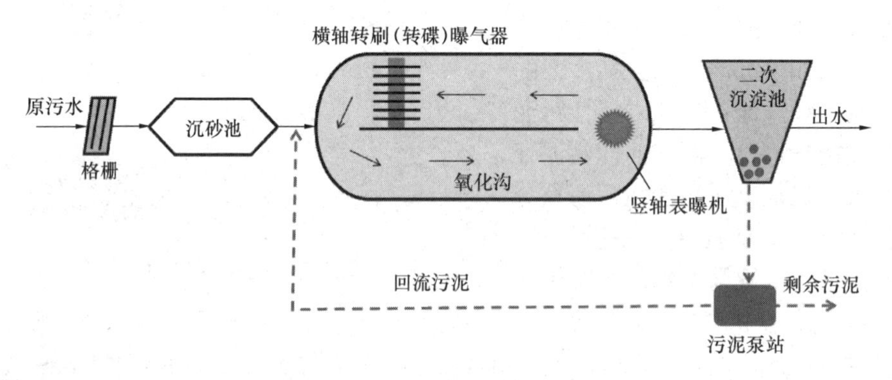

图 8-4　氧化沟工艺流程

氧化沟曝气池占地面积比一般的生物处理要大，一般不设初沉池，前端可设置厌氧池，氧化沟系统的基本构成包括氧化沟池体、曝气设备、进出水装置、导流和混合装置，后设二沉池。

（2）氧化沟工艺特征

氧化沟的技术特点主要表现在以下几个方面。

1）出水水质好，对水温、水质、水量的变动有较强的适应性，有一定的抗冲击负荷能力。对城市污水进行处理时，其处理水水质的 BOD 为 10～15mg/L，SS 为 10～20mg/L，NH_4-N 为 1～3mg/L。

2）属于延时曝气运行方式，曝气充分，强度可以调节，污泥龄长，为普通活性污泥法工艺系统的 3～6 倍，能够存活世代时间长、增殖速度慢的微生物如硝化菌等。此外，氧化沟内混合液的水质均匀，流态结合了推流式及完全混合式特点，在同一反应器内有共存好氧区和缺氧区的条件，可以实现一个氧化沟反应器内的硝化和反硝化作用，具有较强的脱氮功能。

3）与其他工艺相比臭味较小；剩余污泥较少，污泥不经消化也容易脱水，污泥处理费用较低。

4）处理工艺流程简单，运行操作有很强的灵活多样性。不设初沉池，原污水挟入的悬浮有机物颗粒，在氧化沟内停留时间较长，在水力冲刷作用下，被分解为微小颗粒，最终为微生物摄取分解，提高了处理的稳定性。

5）污水处理厂只需要最低限度的机械设备，增加了污水处理厂正常运转的安全性；构造形式和曝气设备多样化；管理简化，运行简单，工程费用相当于或低于其他污水生物处理技术。

（3）常用氧化沟的类型及技术特点

氧化沟技术发展较快，类型多样，根据其构造和特征，主要分为帕斯维尔氧化沟（Pasveer）、卡鲁塞尔氧化沟（Carrousel）、奥贝尔氧化沟（Orbal）、交替工作式氧化沟、一体化氧化沟（合建式氧化沟）等，各种氧化沟的形式及技术特点见表 8-1。

各种氧化沟的形式及技术特点 **表 8-1**

名称	性能特点	结构形式	曝气设备	适用条件
帕斯维尔氧化沟	（1）出水水质好，脱氮效果明显； （2）构筑物简单，运行管理方便； （3）结构形式多样，可根据地形选择合适的构筑物形状； （4）单座构筑物处理能力有限，流量较大时，分组太多占地面积大，增加了管理的难度	单环路、有同心圆形、折流形及 U 形等形式，多为钢筋混凝土结构	转刷、转盘、水深较深时配置潜水推进器	出水水质要求高的小型污水处理厂
卡鲁塞尔氧化沟	（1）出水水质好，存在明显的富氧区和缺氧区，脱氮效率高； （2）曝气设施单机功率大，调节性能好，数量少，既可节省投资，又可使运行管理简化； （3）有极强的混合搅拌与耐冲击负荷能力； （4）沟深加大，使占地面积减少，土建费用降低； （5）用电量较大，设备效率一般； （6）设备安装较为复杂，维修和更换烦琐	多沟串联	立式低速表曝机，每组沟渠只在一端安设一个表面曝气机	大中型污水处理厂，特别是用地紧张的大型污水处理厂
奥贝尔氧化沟	（1）出水水质好，脱氮率高，可实现同步硝化反硝化； （2）可以在未来负荷增加的情况下加以扩展； （3）易于适应多种进水情况和出水要求的变化； （4）容易维护； （5）节能，运行时所需动力小； （6）受结构形式的限制，总图布置困难	三个或多个沟通道，相互连通；常用为 3 个同心沟，外沟约占总容积的 50%	水平轴曝气转盘（转碟），可进行多个组合	出水要求高的大中型污水处理厂
交替工作式氧化沟	（1）出水水质好； （2）不需单独设置二沉池，处理流程短，节省占地； （3）不需单独设置反硝化区，通过运行过程中设置停曝期进行反硝化，具有较高的氮去除率； （4）设备闲置率高； （5）自动化程度要求高，增加了运行管理难度	单沟（A 型）、双沟（B 型）和三沟（T 型）沟之间相互连通	水平轴曝气转盘	出水要求高的大中型污水处理厂

续表

名称	性能特点	结构形式	曝气设备	适用条件
一体化氧化沟	(1) 工艺流程短、构筑物和设备少； (2) 不设置单独的二沉池，氧化沟系统占地面积较小； (3) 沟内设置沉淀区，污泥自动回流，基建投资和运行费用少； (4) 造价低、建设快，设备事故率低，运行管理工作量小； (5) 固液分离比一般二沉池高； (6) 运行和启动存在一定问题； (7) 技术尚处于研究开发阶段	单沟环形沟道，分为内置式固液分离和外置式分离	水平轴曝气转盘	中小型污水处理厂

3. AB 法

AB 法废水处理工艺又叫吸附-生物降解工艺（Adsorption Biodegradation），是 20 世纪 70 年代中期，由德国亚琛（Aachen）工业大学 Bohnke 教授开发的活性污泥污水处理技术的新工艺。

(1) AB 法工艺流程

污水经过预处理后，进入生物处理单元，该单元分为 A 段和 B 段，两段完全分开，各自拥有独立的污泥回流系统，每段能够培育出独特的、适合本段污水处理工艺要求和水质特征的微生物种群（图 8-5)。

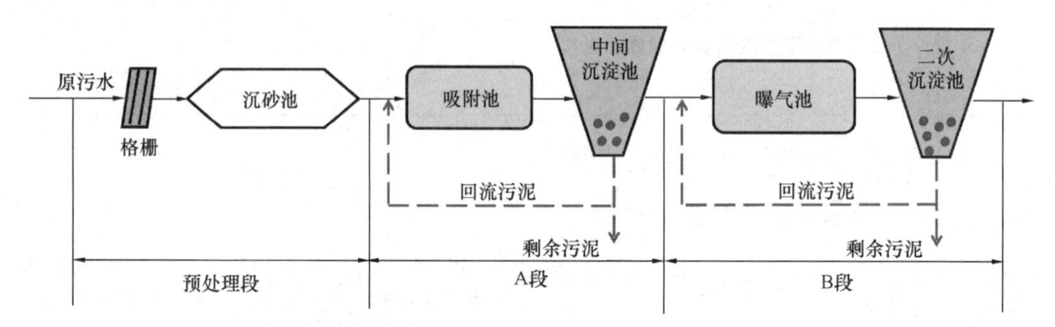

图 8-5　AB 法废水处理工艺流程

A 段为吸附段，由吸附池和中间沉淀池组成，主要利用生物絮凝和生物吸附作用进行水质净化。根据不同进水水质，可选择好氧或缺氧环境运行，能够成活的微生物一般是抗冲击负荷能力较强的原核细菌（世代时间为 20～30min），该阶段污泥负荷较高，污泥产率高，经处理后的污水可生化性提高。

B 段为生物氧化段，由曝气池及二次沉淀池组成，主要实现生物降解作用，B 段接收 A 段处理后的来水，水质和水量较稳定，在低负荷（总负荷的 40%～70%）条件下运行，其容积与传统活性污泥工艺曝气池的容积相比减少约 40%。B 段的污泥龄较长，有利于世代时间长的自养型硝化细菌繁殖，具有产生硝化反应的条件，AB 两段微生物组成及工艺运行参数如表 8-2 所示。

A 段、B 段微生物组成及工艺运行参数　　表 8-2

工艺参数	A段	B段
微生物类别	细菌	细菌、原生动物、后生动物
污泥产率系数	0.924	0.614
世代时间	0.3～0.5h	长
污泥负荷[$kgBOD_5$/(kgMLSS・d)]	2～6	0.1～0.3
污泥浓度 MLSS(mg/L)	2000	3500
污泥龄 SRT(d)	0.3～0.5	15～25
水力停留时间 HRT(h)	0.5～1	2～6
溶解氧 DO 浓度(mg/L)	0.2～0.7	1～2

（2）AB 法工艺特征

1）污水不设初次沉淀池，能够充分利用城市排水系统中长期适应的菌群，是经过优选、培育和驯化出的与原污水水质相适应的微生物种群，形成开放性的生物动力学系统。

2）将传统对有机物一段式的降解过程分为两段实施。参与反应的是有差别的两类微生物种属，并保持各自特性，A 段出水水质、水量稳定，B 段不易被冲击负荷及毒物影响，难降解的有机物易被 B 段微生物摄取、降解。

3）处理效果稳定，可根据经济条件分期建设。

4）A 段增加了碳的去除和 B 段污泥龄的相应加长，改善了 B 段硝化过程的工艺条件。

5）产泥量较高，增加了污泥处置的费用。

4. SBR 工艺

间歇式活性污泥法（Sequencing Batch Reactor），简称 SBR 工艺，又称序批式活性污泥法处理系统，是在一个反应器中周期性完成生物降解和泥水分离过程的污水处理工艺。近年来，随着自动化水平的提高和设备制造工艺的改进，SBR 工艺克服了早期应用存在的操作烦琐等缺点，提高了设备可靠性，设计合理的 SBR 工艺具有良好的脱氮除磷效果，因而备受关注，成为污水处理工艺中应用非常广泛的工艺之一。

（1）SBR 工艺流程

SBR 工艺的运行工况是以间歇操作为主要特征，每个 SBR 反应器的运行操作在时间上是按次序排列、间歇运行的，按运行次序，一个运行周期可分为五个阶段，即：进水、反应、沉淀、出水和闲置（待机），如图 8-6 所示。

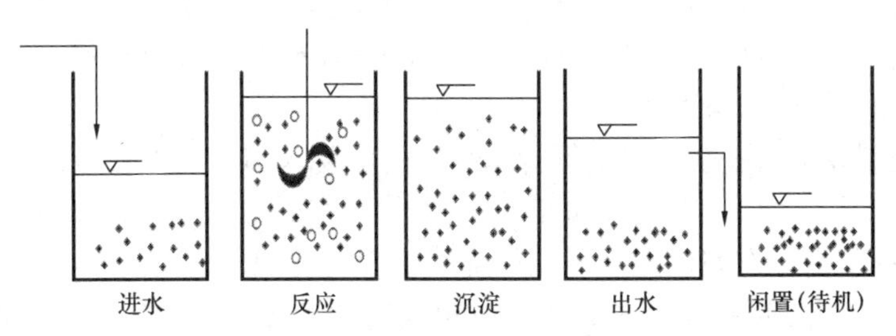

图 8-6　SBR 反应工艺过程

1）进水阶段

在原污水进水注入之前，反应器处于5个阶段中最后的闲置阶段（待机阶段）。经处理后的污水已在前一排水阶段排放，反应器内残存着高浓度的活性污泥混合液，反应器起到水质调节池的作用。

2）反应阶段

反应阶段包括曝气与搅拌混合，由于SBR法在时间上的灵活控制，通过调节曝气量、反应时间与污泥龄，很容易实现好氧、缺氧与厌氧状态交替的环境条件，强化有机物的降解，同时为实现脱氮除磷提供了有利的条件。

3）沉淀阶段

本阶段相当于传统活性污泥法的二次沉淀池，停止曝气和搅拌，静止沉淀，泥水分离，沉淀效果良好。

4）出水阶段

已沉淀后的上层清液由反应器上部滗水器排出，一直排放到最低水位；反应池底部沉降的活性污泥大部分为下个处理周期使用，可根据需要间歇性排放老化的剩余污泥，维持反应器内正常污泥浓度，保持活性污泥污染物降解性能。

5）闲置阶段

也称待机阶段，即在处理水排放后，反应器处于停滞状态，等待下一个操作运行周期开始的阶段。此阶段根据污水水量的变化情况，其时间可长可短、可有可无。

（2）SBR工艺特征

1）结构形式简单，运行方式灵活多变，一个运行周期中，各个阶段的运行时间、反应器内混合液体积以及运行状态等都可以根据具体污水性质及运行功能要求等调整，以保证出水水质符合要求。

2）工艺流程简单，占地小，基建与运行费用低，曝气池集有机物降解与混合液沉淀于一体，不需要污泥回流及其设备和动力消耗，不设二次沉淀池。

3）对运行方式进行调节，可以在单一的曝气池内能够进行脱氮和除磷；近似于静止沉淀的特点，使泥水分离不受干扰，出水SS较低且稳定。生化反应推动力大、速率快、效率高、出水水质好。

4）在处理周期开始和结束时，反应器内水质和污泥负荷由高到低变化，溶解氧则由低到高变化，SBR工艺在时间上的推流反应器特征，具有抑制污泥膨胀的条件。

5）在某一时刻，SBR反应器内各处水质均匀，具有完全混合的水力学特征，因而具有较好的抗冲击负荷能力，处理有毒或高浓度有机废水的能力强。

6）应用电动阀、液位计、自动计时器及可编程序控制器等自控仪表，能使本工艺过程实现全部自动化的操作与管理。

7）系统控制设备较复杂，对运行管理维护能力要求高，从综合效益看，不适宜用于大型污水处理厂。

SBR工艺的新变种有间歇进水周期循环式活性污泥工艺（CAST）、连续进水周期循环曝气活性污泥工艺（CASS）、连续进水分离式周期循环延时曝气工艺（IDEA）等。在工程实践中，设计人员可根据进出水水质灵活组合处理工序和时段，灵活设置进水、曝气方式，灵活进行反应器内分区。

5. MBR 工艺

膜生物反应器（Membrane Bioreactor，简称 MBR）是用膜分离过程取代传统活性污泥法中二次沉淀池的水处理技术，是膜技术与污水生物处理技术的有机结合，可在一个处理构筑物内完成生物降解和固液分离的功能，占地省，节约土地资源。MBR 工艺最早出现于 1969 年，至今已有 50 多年的历史。

（1）MBR 工艺流程

MBR 膜组件浸没在膜池的混合液中，在产水泵产生的负压条件下，生化处理过的清水透过膜汇集，全部污泥和绝大部分游离细菌被膜截留，实现泥水分离过程。MBR 中的分离膜可以依据设计出水水质选择微滤膜或超滤膜，所使用的膜孔径在 0.1～0.4μm 之间。按照膜的位置不同，MBR 可以分为浸没式（又称为一体式，图 8-7）MBR 和分置式 MBR。浸没式 MBR 是将分离膜浸入好氧曝气池的混合液中，利用池中曝气形成的强烈紊流防止或减缓膜的堵塞，可以在保持较高膜通量的同时，降低跨膜压差。浸没式 MBR 的优点是占地面积小、运行电耗低。缺点是化学清洗时需要停止运行，且清洗操作很不方便。分置式 MBR 是在生物池外进行泥与水的膜分离，通常采用错流式过滤方式。与浸没式 MBR 相反，分置式 MBR 的优点是化学清洗方便且清洗彻底，清洗时不影响系统运行，膜的使用寿命长，但缺点是占地面积大，运行电耗高。

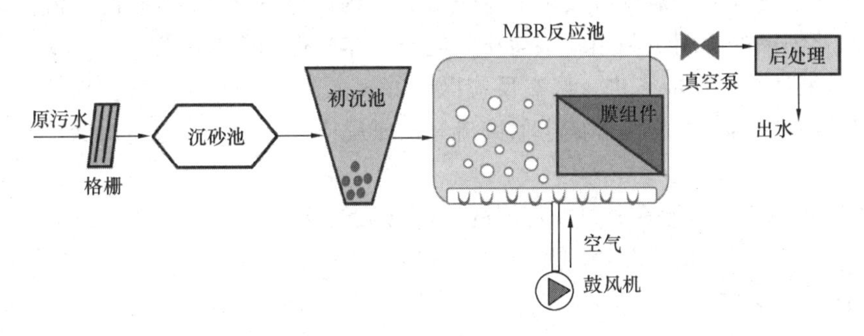

图 8-7　一体式 MBR 工艺流程图

（2）MBR 工艺特征

1）MBR 将膜分离技术与传统生物处理技术有机结合，实现污泥停留时间和水力停留时间的分离，大大提高了固液分离效率，泥水分离更加彻底和高效。

2）出水水质好，当采用超滤膜时，出水 SS 几乎为零，COD、BOD 等指标大幅度降低，可高效去除氨氮及难降解有机物。

3）曝气池中活性污泥浓度高，提高了生化反应速率。

4）流程短，污水处理设施占地面积相对较小，占地省 40%，不受应用场合限值。

5）通过降低 F/M 减少剩余污泥产生量，污泥产量少，污泥膨胀概率降低。

6）运行控制趋于灵活，能够实现智能化控制，可用于传统工艺升级改造。

7）膜的造价还较高，导致建设费用高；膜组件易受污染，膜使用寿命有限；运行管理复杂，系统运行能耗较高。

6. A^2/O 工艺

城镇污水处理厂通常需要在一个流程中同时完成脱氮、除磷功能，依据生物脱氮除磷理论而产生的最基本的工艺是由美国气体产品与化学公司在 20 世纪 70 年代发明的 A^2/O

(Anaerobic-Anoxic-Oxic)工艺，也称 AAO 工艺，应用广泛。

(1) A^2/O 工艺流程及特征

A^2/O 工艺在一个处理系统中同时具有厌氧区、缺氧区、好氧区（图 8-8）。

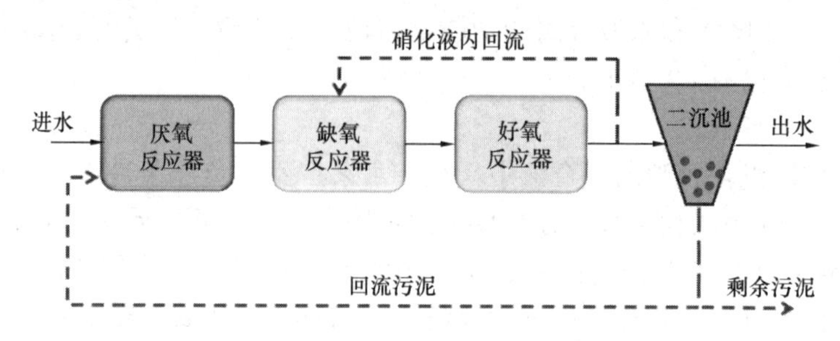

图 8-8　A^2/O 工艺流程图

1）污水进入厌氧反应器，同时进入的还有从二沉池回流的含磷活性污泥，本反应器中聚磷菌在厌氧环境条件下释磷，同时转化易降解 COD、VFA 为 PHB，部分含氮有机物进行氨化。

2）污水经过厌氧反应器后进入缺氧反应器，本反应器的首要功能是进行脱氮。硝态氮通过混合液内循环由好氧反应器传输过来，通常内回流为 2～4 倍原污水流量，部分有机物在反硝化细菌的作用下利用硝酸盐作为电子受体而得到降解去除。

3）混合液从缺氧反应区进入好氧反应区，好氧区除进一步降解有机物外，还进行氨氮的硝化和磷的吸收，混合液中硝态氮回流至缺氧反应区，污泥中过量吸收的磷通过剩余污泥排除。

4）二沉池的功能是泥水分离，污泥的一部分回流至厌氧反应器，上清液作为处理水排放。

(2) A^2/O 工艺特点

A^2/O 工艺适用于对氮、磷排放指标均有严格要求的城镇污水处理，其特点如下：

1）作为同步脱氮除磷工艺，工艺流程简单，总水力停留时间少于其他同类工艺，节省基建投资。

2）该工艺在厌氧、缺氧、好氧环境下交替运行，有利于抑制丝状菌的膨胀. 改善污泥沉降性能。

3）该工艺中厌氧、缺氧池只需轻缓搅拌以不增加溶解氧浓度，运行费用低。

4）便于在常规活性污泥工艺基础上改造成 A^2/O，污泥中含磷浓度高，具有很高的肥效。

5）该工艺脱氮效果受混合液回流比大小的影响，除磷效果受回流污泥夹带的溶解氧和硝态氮的影响，系统所排放的剩余污泥中，仅有一部分污泥是经历了完整的厌氧和好氧的过程，影响了污泥充分吸收磷，因而脱氮除磷效果不可能很高。

A^2/O 近年来也发展了各种变形和改进工艺，同济大学研究开发的倒置 A^2/O 工艺(图 8-9)，由于具有明显的节能和提高除磷效果，在大、中型城镇污水处理厂建设和改造工程中得到广泛应用。

该工艺的特点是：采用较短停留时间的初沉池，使进水中的细小有机悬浮固体有相当

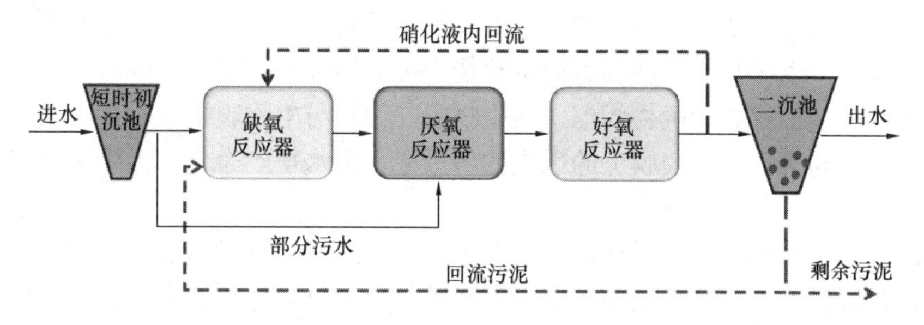

图 8-9 倒置 A^2/O 工艺流程

一部分进入生物反应器，以满足反硝化细菌和聚磷菌对碳源的需要，并使生物反应器中的污泥能达到较高的浓度；整个系统中的活性污泥都完整地经历过厌氧和好氧的过程，因此排放的剩余污泥中都能充分地吸收磷；避免了回流污泥中的硝酸盐对厌氧释磷的影响；由于反应器中活性污泥浓度较高，从而促进了好氧反应器中的同步硝化、反硝化，因此可以用较少的总回流量（污泥回流和混合液回流）达到较好的总氮去除效果。

8.1.6 好氧活性污泥运行中微生物造成的问题

（1）生物泡沫

由于活性污泥中某些微生物的异常生长，曝气过程中气泡会通过选择性浮选与微生物机体结合生成稳定的生物泡沫。生物泡沫黏度大，质地较厚，呈棕褐色、稳定性强，一般情况下很难将其吹走，有研究表明诺卡氏菌属的丝状微生物超量生长，气泡又附着在诺卡氏菌的菌体上会造成生物泡沫的产生，一般温度大于 18 ℃，污泥龄大于 9 天利于该菌的生长。

活性污泥处理系统以低负荷运转时，在沉淀池或曝气不足的地方会发生反硝化作用而产生氮气，氮气的释放在一定程度上减小污泥密度并带动部分污泥上浮，从而出现泡沫现象，这样产生的悬浮泡沫通常不是很稳定。

抑制泡沫的措施有在曝气池上安装喷洒管网，用压力水（处理后的废水或自来水）喷洒，打破泡沫；定时投加除沫剂（如机油、煤油等）以破除泡沫；油类物质投加量控制在 0.5～1.5mg/L 范围内等。

（2）污泥膨胀

如果活性污泥中的丝状菌过度生长繁殖，就可能导致丝状菌污泥膨胀（以下简称污泥膨胀），造成污泥沉降性能变差，污泥随出水大量流失，稀薄污泥回流至曝气池，出水 BOD_5 升高，出水水质相应恶化，如不及时加以控制，就会使系统中的污泥越来越少，从根本上破坏曝气池的运行，甚至造成重大的经济损失。

活性污泥膨胀的判定依据为污泥体积指数（sludge volume index，SVI），超过 150mL/g，则发生污泥膨胀。产生的原因包括 BOD∶N 及 BOD∶P 高，N 不足，进水中低分子碳水化合物过多，水温低，溶解氧低，pH 值低，重金属等有毒物质流入过多等，防止措施包括控制营养比例，控制污泥负荷率，添加氯、H_2O_2、O_3 控制丝状菌的生长，降低溶解氧浓度（曝气池 2mg/L），投加混凝剂，改善污泥的絮凝，调节水的酸碱度等。

8.2 生物膜法

生物膜法又称为固定膜法，主要去除废水中溶解的和胶体的有机污染物。污水的生物膜处理法是与活性污泥法并列的一种污水好氧生物处理技术。这种处理方法的实质是使细菌和真菌等菌类微生物与原生动物、后生动物一类的微型动物附着在滤料或某些载体上生长繁育，并在其上形成膜状生物污泥——生物膜。污水与生物膜接触时，污水中的有机污染物，作为营养物质，为生物膜上的微生物所摄取，污水得到净化，微生物自身也得到繁衍增殖。

污水的生物膜处理法既是古老的，又是发展中的污水生物处理技术。1893 年英国将污水喷洒在粗滤料上进行净化实验，取得良好的净化效果，生物滤池问世，开始用于污水处理。此时的滤料主要使用碎石、卵石，炉渣等实心滤料，缺点是占地面积大，容易堵塞。如今，依托化工行业的快速发展生物滤池的填料从"笨重的"孔隙率低的实心滤料，发展到高强度、轻质、比表面积大、孔隙率高的各种塑料滤料，大幅度提高了生物膜法的处理效率。属于生物膜处理法的工艺有生物滤池（普通生物滤池、高负荷生物滤池、塔式生物滤池）、生物转盘、生物接触氧化池、生物流化床、曝气生物滤池、移动床生物膜反应器（MBBR）等。

8.2.1 好氧生物膜

好氧生物膜是由多种多样的好氧微生物和兼性厌氧微生物黏附在生物滤池滤料上或生物转盘盘片上的一层带黏性、薄膜状的微生物混合群体，是生物膜法净化污水的工作主体。

1. 好氧生物膜中的微生物

污水中含有生物膜所需的各种微生物。细菌多数为革兰氏阴性菌，能形成菌胶团，主要有无色杆菌、黄杆菌、极毛杆菌、球衣细菌及贝氏硫杆菌等，真菌包括镰刀菌、青霉、毛霉、地霉及多种酵母菌，藻类包括小球藻、蓝藻和绿藻等（仅在滤池表面），原生动物包括钟虫、盖纤虫、等枝虫及草履虫等，后生动物包括轮虫和线虫。

普通滤池的生物膜厚度为 2～3mm，当 BOD 负荷大，水力负荷小时厚度会增加。随着生物生长老化或水流速度增加，生物膜会发生脱落。普通生物滤池中生物膜的微生物群落有生物膜生物、膜面生物及滤池扫除生物。生物膜生物以菌胶团为主，辅以浮游球衣菌、藻类等，它们主要起净化和降解作用；膜面生物是固着型纤毛虫和游泳型纤毛虫，起促进滤池净化速度、提高整体效率的作用；而滤池扫除生物包括轮虫、线虫、寡毛类的沙蚕、瓢体虫等，起去除滤池内的污泥、防止污泥积聚和堵塞的作用。

好氧生物膜在滤池内分布不同于活性污泥，生物膜附着在滤料上不动，废水自上而下淋洒在生物膜上。因此，在滤池的不同高度位置，微生物得到的营养不同，造成微生物种类和数量也就不同。若把滤池分为上、中、下三层，在上层，营养物质浓度高，生长的多为细菌以及少量鞭毛虫；在中层，营养物质减少，微生物种类增加，有菌胶团、浮游球衣菌、鞭毛虫、变形虫、豆形虫、肾形虫等；在下层，由于有机物浓度低，低分子有机物较多，微生物种类更多，除菌胶团、浮游球衣菌外，有钟虫为主的固着型纤毛虫和少数游泳型纤毛虫，还有轮虫等。

2. 好氧生物膜净化废水的作用机理

在成熟的生物滤池中，沿水流方向，微生物组成及对有机物的分解达到稳定和平衡。在生物滤池中，上层生物膜中的生物膜生物（絮凝性细菌及其他微生物）和生物膜面生物（固着型纤毛虫、游泳型纤毛虫及微型后生动物）吸附废水中的大分子有机物，将其水解为小分子有机物，同时吸收溶解性有机物和经水解的小分子有机物进入体内，并氧化分解之，利用吸收的营养构建自身细胞。上一层生物膜的代谢产物流向下一层，被下一层的生物膜生物吸收氧化，分解为二氧化碳和水。老化的生物膜和游离细菌被滤池扫除生物吞噬。好氧生物膜的净化作用见图 8-10。

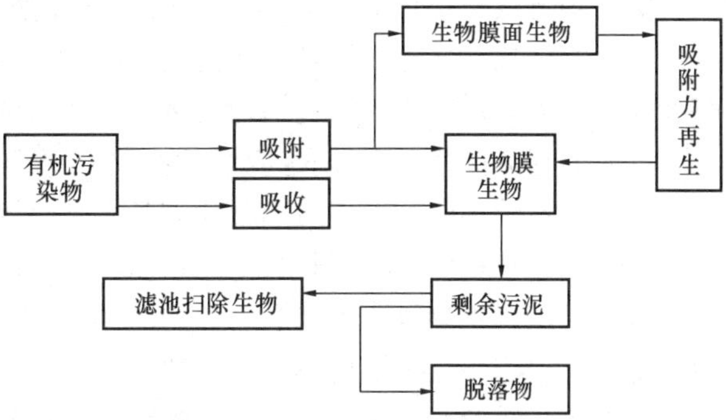

图 8-10　生物滤池净化作用模式图

在生物膜的最外层形成以好氧微生物为主的生物膜层。而在生物膜深部会由于扩散作用的限制而形成缺氧或厌氧区，在这里，由于厌氧菌作用，硫化氢、氨和有机酸等物质容易积累。如果供氧充分，形成的有机酸在异养菌作用下被转化成 CO_2 和水，而氨及硫化氢在自养菌作用下被氧化成各种稳定的盐类。

3. 好氧生物膜的培养

好氧生物膜的培养有自然挂膜法、活性污泥挂膜法和优势菌挂膜法，它们的区别主要在于菌种来源的不同。自然挂膜法用的是带有自然菌种的废水；活性污泥挂膜法用的是活性污泥，与本厂废水混合后进入滤池；而优势菌挂膜法中的优势菌为从自然环境筛选或通过遗传育种，甚至为基因工程构建成的超级菌，它们对某种废水具有强降解能力。在挂膜过程中，污水或混合液被慢速泵入滤池内，循环运行 3～7d，使滤料上逐渐形成一层带黏性的微生物薄膜，即生物膜。待系统稳定，达到设计标准，完成生物膜的培养，就能正式运行了。

4. 好氧生物膜法的微生物学特征

（1）微生物种类丰富、食物链长

生物膜法的工艺提供了稳定的环境适于微生物生长栖息及繁衍，微生物无需像活性污泥那样承受强烈的搅拌冲击，细菌可以大量繁殖，在生物膜上还可能大量出现丝状菌，但却不会产生污泥膨胀，影响出水水质。在生物膜上能够栖息高层次营养水平的生物，线虫类、轮虫类以及寡毛虫类的微型动物出现的频率较高，在日光照射到的部位能够出现藻类，在生物滤池上可能还会出现滤池蝇等昆虫类生物，生物膜及活性污泥上的微生物类型及数量如表 8-3 所示。

生物膜和活性污泥上的微生物类型及数量　　表 8-3

微生物种类	活性污泥法	生物膜法	微生物种类	活性污泥法	生物膜法
细菌	++++	++++	其他纤毛虫	++	+++
真菌	++	+++	轮虫	+	+++
藻类	－	++	线虫	+	++
鞭毛虫	++	+++	寡毛虫	－	++
肉足虫	++	+++	其他后生动物	－	+
绿毛虫（纤毛虫）	++++	++++	昆虫类	－	++
吸管虫（纤毛虫）	+	+			

在生物膜上生长繁育的生物类型广泛，种属繁多，使工艺具有较强的耐冲击负荷能力，由于食物链长，在生物膜处理系统内产生的污泥量也少于活性污泥处理系统，一般生物膜处理法产生的污泥量较活性污泥处理系统少 1/4 左右。

（2）能够存活世代时间较长的微生物，利于分段运行及形成优势种属

硝化菌和亚硝化菌的世代时间都比较长，比增殖速度较小，在生物膜处理法中，生物污泥的生物固体平均停留时间较长，与污水的停留时间无关，因此，硝化菌和亚硝化菌也得以繁衍、增殖，生物膜法工艺具有一定的硝化功能，采取适当的运行方式，也可以具有反硝化脱氮的功能。生物膜处理法多分段进行，在正常运行的条件下，每段都繁衍与进入本段污水水质相适应的微生物，并形成优势种属，这种现象有利于微生物新陈代谢功能的充分发挥和有机污染物的降解。

8.2.2 生物膜法工艺进展

1. 生物滤池

生物滤池是传统的生物膜处理方法，结构上主要由三部分组成，滤床，包括池体和滤料，布水系统及排水系统（图 8-11）。

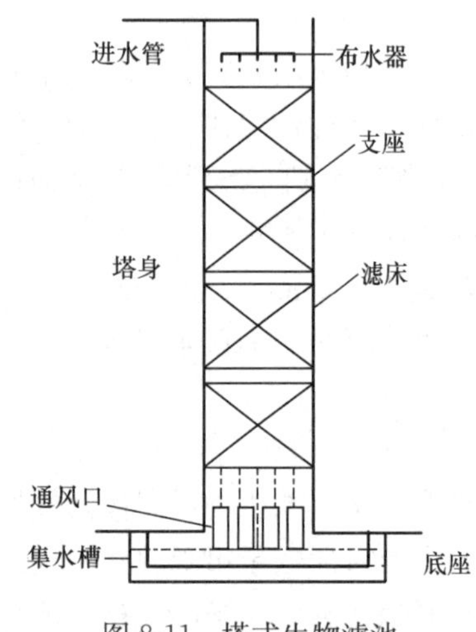

图 8-11 塔式生物滤池

滤料是生物膜赖以生存的载体。滤料应具备以下特性：（1）能为微生物的栖息提供大量的表面积；（2）能使废水以液膜状均匀分布在其表面；（3）有足够大的孔隙率，使生物膜能随水通过孔隙流到池底；（4）保证有良好的通风；（5）适合于生物膜的形成与黏附；（6）有较好的机械强度，不易变形与破碎。滤料材料包括碎石、卵石及炉渣等。近年来主要使用塑料滤料，包括聚氯乙烯、聚苯乙烯等。布水系统的主要作用是将废水均匀地喷洒在滤料上。排水系统位于滤床底部，主要作用是收集、排出处理后的废水，并保证滤池通风。

2. 生物转盘

第一座生物转盘污水处理厂于 1954 年在德国建成，我国于 20 世纪 70 年代开始进行研究生物转盘工艺，在印染、造纸、皮革和石油化工等行业的工业废水处理中得到应用。

生物转盘去除污水中有机污染物的机理，与生物滤池基本相同，但构造形式与生物滤池很不相同，见图 8-12。生物转盘为推流式，废水从始端流向末端，生物膜随盘片转动，盘片的生物膜有 40%～50%浸没在废水中，其余部分接触空气获得氧，盘片上的生物膜与废水、空气交替接触，盘片每转动一圈，即进行一次吸附—吸氧—氧化分解过程，微生

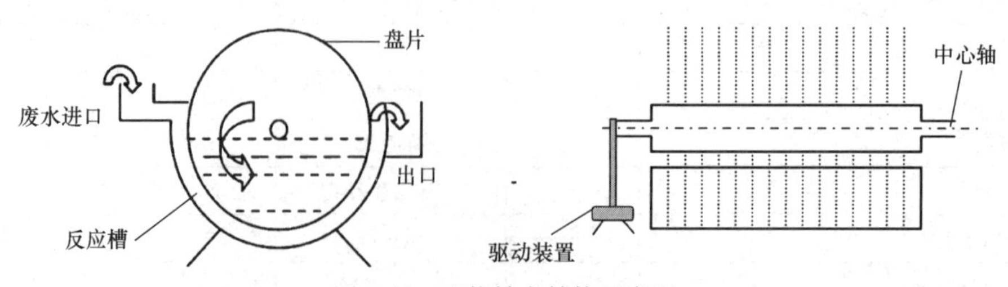

图 8-12 生物转盘结构示意图

物的分布从始端向末端逐渐变化，种类逐渐增加。圆盘不断转动，污水得到净化，同时盘片上的生物膜不断生长、增厚。老化的生物膜靠圆盘旋转时产生的剪切力脱落下来，生物膜得到更新。

与生物滤池相比，生物转盘有如下特点：不易发生堵塞现象，净化效果好；能耗低，管理方便动占地面积较大；有气味产生，对环境有一定影响。

3. 生物流化床

20 世纪 70 年代美国开发出的一种新型生物膜法废水处理构筑物，采用相对密度大于 1 的细小惰性颗粒（砂、焦炭、陶粒、活性炭等）为载体，微生物生长于载体表面形成生物膜；废水（先经充氧或在床内充氧）自下向上流动，使载体处于流化状态，污水与附着的生物膜充分接触（图 8-13）。流化床内生物固体浓度很高，氧和有机物的传质效率也高，使生物流化床工艺成为一种高效的生物处理技术。

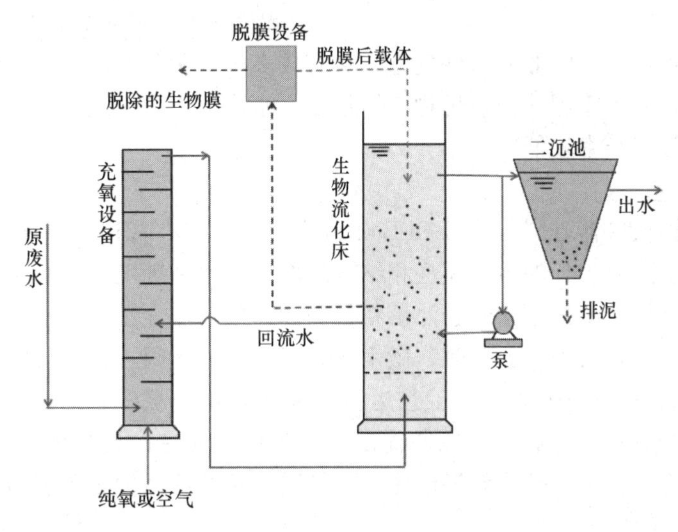

图 8-13　两相生物流化床工艺流程图

生物流化床具有以下特点：每单位体积表面积比其他生物膜法大很多，传质速率快，容积负荷高，抗冲击负荷能力强；生物膜厚度较薄且均匀，微生物的活性较强；传质效果好，有利于微生物对污染物的吸附和降解；设备和载体易磨损，设计时需考虑防堵塞、曝气方法、进水配水系统的选用等问题。

4. 生物接触氧化法

生物接触氧化法是在生物滤池的基础上发展演变而来的。早在 19 世纪末就开始了生物接触氧化法污水处理技术的试验研究，1912 年克洛斯（Closs）获得了德国专利登记，我国从 1975 年开始了生物接触氧化法污水处理的试验工作，目前，生物接触氧化法在国内的污水处理领域，特别在有机工业废水生物处理、小型生活污水处理中得到广泛应用。

生物接触氧化池平面形状一般采用矩形，进水端应有防止短流措施，出水一般为堰式出水，池内设置填料，填料淹没在污水中，填料上长满生物膜，污水与生物膜接触过程中，水中的有机物被微生物吸附、氧化分解和转化为新的生物膜。从填料上脱落的生物膜，随水流到二沉池后被去除，污水得到净化。空气通过设在池底的布气装置进入水流，随气泡上升时向微生物提供氧气，图 8-14 为接触氧化池构造示意图。

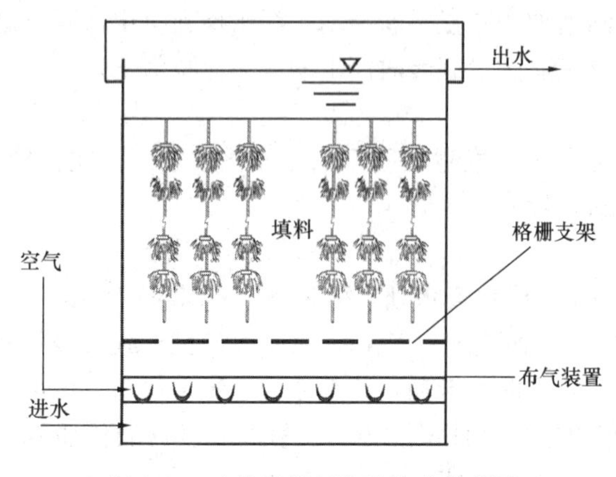

图 8-14　生物接触氧化池构造示意图

生物接触氧化池填料要求对微生物无毒害、易挂膜、质轻、高强度、抗老化、比表面积大和孔隙率高。目前生物接触氧化法中的填料种类繁多而且还在不断推陈出新。常用的有粒状填料（诸如炉渣、沸石、塑料球、纤维球等）、蜂窝填料、软性纤维坟料、半软性填料以及组合填料等。各种坟料因其材料、性质、比表面积、空隙率的不同，而直接影响挂膜、微生物生长、氧利用率等。

生物接触氧化法是介于活性污泥法和生物滤池两者之间的污水生物处理技术，具有下列特点：池内的充氧条件良好，具有较高的容积负荷；不需要污泥回流，不存在污泥膨胀问题，运行管理简便；生物固体量多，水流属于完全混合型，对水质水量的抗冲击能力较强；污泥产率较低。

5. MBBR 工艺

移动床生物膜反应器（Moving Bed Biofilm Reactor，MBBR）工艺是将悬浮生长的活性污泥法与流化态附着生长的生物膜法相结合的新型污水处理工艺，开发于 20 世纪 80 年代中期，其原理是将密度接近水的悬浮填料投加到曝气池作为微生物载体，填料在反应器内处于流化状态，并与污水充分接触，微生物处于气、液、固三相生长环境中，达到污水处理目的。悬浮载体填料是 MBBR 工艺运行的关键，每个载体均形成一个微型反应器，同时存在厌氧、好氧等微生物，生物膜泥龄长，为生长缓慢的硝化菌提供了有利生存环境，可实现有效的硝化和反硝化效果。此外，悬浮生长的活性污泥泥龄相对较短，主要起去除有机物的作用（图 8-15）。

MBBR 工艺具有活性污泥法的高效性和运转灵活性，又具有传统生物膜法耐冲击负荷、泥龄长、剩余污泥少的特点，主要特征包括：污泥负荷低，而处理效率高，运行稳定；传氧效率高，可有效完成污染物、污泥、气三相的接触、交换、吸附等过程；附着在悬浮载体表面及内部的微生物数量大、种类多生物活性相对较高，有机物去除率高，出水水质好；载体内部的兼氧和厌氧区，外部好氧区，整体脱氮效果好；易于维护管理，投资及占地面积小；不易产生污泥膨胀。

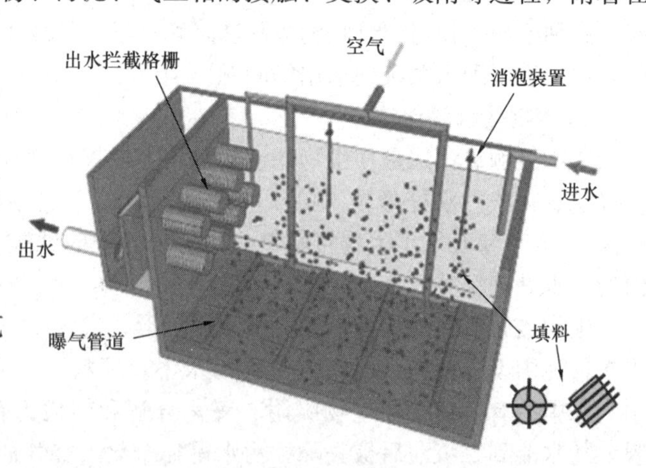

图 8-15　MBBR 反应器结构示意图

6. 曝气生物滤池（BAF）工艺

曝气生物滤池（Biological Aerated Filter，BAF），又称颗粒填料生物滤池，是 20 世纪 70 年代末在生物滤池、生物接触氧化法等生物膜法的基础上发展而来的接触氧化和过滤相结合的工艺，被称为“第三代生物滤池”。

曝气生物滤池根据功能上可划分为DC型曝气生物滤池（主要考虑碳氧化的滤池）、N型曝气生物曝气池（考虑硝化的滤池，也可将去除BOD和硝化功能合并一池）、DN型曝气生物滤池（硝化反硝化的滤池）以及DN-P滤池（脱氮除磷的滤池）。根据滤池进出水情况，划分为上向流（同向流）曝气生物滤池和下向流（逆向流）曝气生物滤池，在选择应用上要根据进出水水质要求、当地条件等因素综合考虑。

曝气生物滤池基本结构如图8-16所示，运行特性包括了生物氧化降解过程、截流过程及反冲洗过程。曝气生物滤池填料层中的滤料多采用粒状的陶粒、无烟煤、石英砂、膨胀页岩等，应满足强度、耐磨、耐水、耐腐蚀等方面的要求，多选用相对密度较小的滤料。布气系统多采用穿孔板布气系统，设置在距滤料层底面0.3m处。反冲洗系统中的反冲水可采用设置在滤料层上部的排水槽排出，为防止滤料流失，可采用翼形排水槽或虹吸管排水，BAF工艺运行参数如表8-4所示。BAF池内由于填料细小、过滤作用强，因此出水不再进行沉淀，节省了二沉池。但为减少反冲洗次数，其进水SS浓度有一定限制，一般需要初沉等预处理措施。

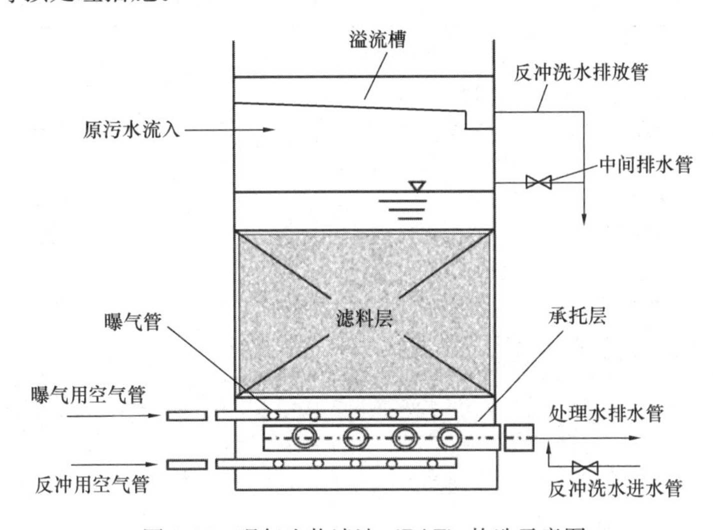

图8-16 曝气生物滤池（BAF）构造示意图

BAF工艺运行参数 **表8-4**

工艺参数	运行值	工艺参数	运行值
容积负荷[kgBOD$_5$/(m^3·d)]	3～8	水力停留时间HRT(h)	0.5～0.7
污泥浓度MLSS(mg/L)	8～23	占地面积	1/3～1/5

BAF工艺系统特征包括：处理能力强，容积负荷高；较小的池容和占地面积，节省基建投资，运行费用低；抗冲击负荷能力强，运行管理方便；易挂膜，启动快；臭气产生量少，环境质量高；工艺对进水SS要求严格，水头损失大；产生的污泥稳定性差，后续处理较困难。

8.3 氧化塘

8.3.1 氧化塘概述

氧化塘（oxidation pond），又称为稳定塘（stabilization pond），是一种利用天然或人工修整的池塘处理废水的构筑物。它从19世纪末开始使用，但在20世纪50年代后才得到较快发展，目前在全世界有几十个国家采用该技术处理废水。氧化塘对废水的净化过程与天然水体的自净过程很接近，在塘内同时进行有机物好氧分解、厌氧消化和光合作用。前两种分别以好氧细菌和厌氧细菌为主进行，后者由藻类和水生植物进行。这三种作用应相互协调，所以，氧化塘处理废水系统实际上是一种菌藻共生的联合系统。

根据塘内微生物优势群体类型和水内溶解氧来源等，可把氧化塘分为四类：好氧塘、厌氧塘、兼性塘和曝气塘，四种氧化塘的特点及适用条件如表8-5所示，实际上，大多数氧化塘严格来讲都是兼性塘。

常用稳定塘的特点和适用条件　　**表8-5**

内容	好氧塘	兼性塘	厌氧塘	曝气塘
优点	（1）池塘浅，溶解氧高，菌藻共生、活跃，处理效果好； （2）管理简便基建投资少，运行费用低	（1）基建投资和运行费用低； （2）塘中分不同区域有不同的作用，耐冲击负荷； （3）管理简便，处理效果好	（1）耐冲击负荷强； （2）占地小，所需动力少； （3）贮泥多，且起到一定的浓缩消化作用	（1）耐冲击负荷较强，处理程度较高； （2）体积较小，占地省； （3）所产生气味小
缺点	（1）池面大，占地多； （2）出水中藻类含量高，需进行补充处理； （3）产生一定臭味	（1）池面大，占地较多； （2）出水水质不稳定，有波动； （3）夏季运行时常有漂浮污泥； （4）产生一定臭味	（1）对温度要求较高； （2）产生臭味大	（1）出水中含固体物质高； （2）运行费用较高； （3）易起泡沫
适用条件	适宜处理二级生化处理后的出水，去除营养物和溶解性有机物	适用于小城镇污水处理和工业废水	适宜处理温度高、有机物浓度高的废水	适宜处理城镇污水和工业废水

8.3.2 氧化塘作用机理

在氧化塘内存活并对废水起净化作用的生物有细菌、藻类、微型动物（原生动物和后生动物）、水生植物以及其他水生动物。它们互相依存、互相制约，构成稳定的生态系统。

氧化塘生态系统及其净化废水的原理见图8-17，当废水进入氧化塘内，水中的溶解性有机物被好氧细菌氧化分解，本过程所需的氧通过大气扩散进入水体或通过人工曝气（曝气塘）加以补充，还有相当一部分来自藻类和水生植物进行的光合作用，而藻类光合

作用所需要的 CO_2 则由细菌在分解有机物过程中产生。废水中的可沉固体和塘中生物的尸体沉积于塘底，构成污泥，它们在产酸细菌作用下分解成低分子有机酸、醇、氨等，其中一部分进入好氧层被氧化分解，另一部分则被污泥中的产甲烷细菌分解成甲烷。

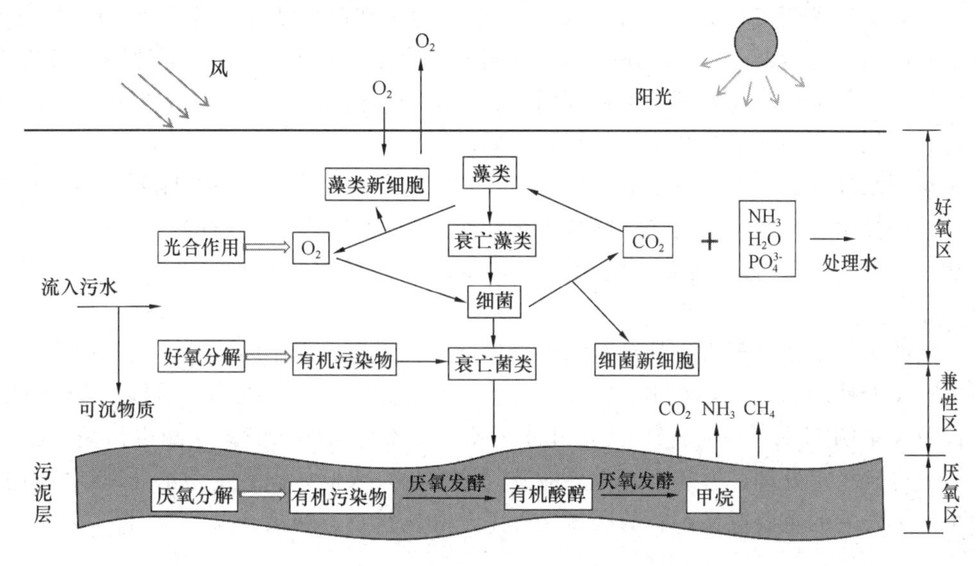

图 8-17　氧化塘生态系统及其净化废水的原理

8.3.3　氧化塘的应用

氧化塘作为废水处理技术，具有工程简单、投资省、能耗少、维护方便、成本低以及能实现废水资源化等优点。它既能够作为废水二级处理技术应用，也可以作为活性污泥法或生物膜法后的深度处理技术，又可以作为一级处理技术。如将其串联起来，能够完成一级、二级以及深度处理全部系统的净化功能。

但是，氧化塘也有一些难于解决的问题，其中主要有：占地面积大；处理效果不稳定，易受季节、气温、光照等自然因素影响；防渗处理若不当，可能导致地下水污染；易于散发臭气和滋生蚊蝇等。

思考题

1. 好氧活性污泥的组成和性质如何？
2. 菌胶团是如何形成的？功能是什么？
3. 影响活性污泥净化反应的影响因素有哪些？
4. 阐述活性污泥法的基本流程及原理。
5. 简述 A^2/O 工艺的原理及特征。
6. 分析说明好氧活性污泥运行时微生物会造成哪些问题。
7. 生物膜的概念是什么？阐述生物膜法处理废水的基本原理。
8. 阐述氧化塘的作用原理。

第9章　厌氧水处理工艺的生物学原理

自从人类发现沼气以来，对于厌氧处理废水的研究已经历了一个多世纪，1881年，法国的罗伊斯·莫拉斯（Louis Mouras）发明的“自动净化器”，开始了利用厌氧消化处理废水的历史。厌氧生物处理技术是利用厌氧微生物的代谢过程，在无需提供氧气的情况下，把有机物转化为无机物和少量的细胞物质。

厌氧废水处理是一种低成本的废水处理技术，它是把废水的处理和能源的回收利用相结合的一种技术。废水厌氧生物处理技术是在严格厌氧的条件下进行的，与好氧生物处理法相比，有经济、节能、高效、剩余污泥量少、对营养物的需求量小、灵活易管理等优点。

早期的厌氧生物处理研究都针对污泥消化，是在无氧、无硝酸盐存在的条件下，有兼性微生物及专性厌氧微生物的作用，将复杂的有机物分解成无机物，最终产物是CH_4、CO_2以及少量的H_2S、NH_3、H_2等，并能杀死部分寄生虫卵与病菌，减少污泥体积，从而使污泥得到稳定处理，近年来，世界能源问题突出，人们认识到了污水处理领域节能降耗对可持续发展的重要意义，新的厌氧处理工艺和构筑物不断被开发和应用。

9.1　厌氧生物处理的基本原理

9.1.1　厌氧生物处理的基本原理

在废水的厌氧处理过程中，废水中的有机物经大量微生物的共同作用，被最终转化为甲烷、二氧化碳、水、硫化氢和氨。在此过程中，不同微生物的代谢过程相互影响，相互制约，形成复杂的生态系统。

1979年布利安特（Bryant）等人提出了厌氧消化的三阶段4类群理论。三阶段包括水解发酵阶段、产氢产乙酸阶段及产甲烷阶段，涉及发酵细菌、产氢产乙酸细菌、同型产乙酸细菌及产甲烷细菌4大类群。复杂物料（即高分子有机物）在废水中以悬浮或胶体形式存在，厌氧降解过程如图9-1所示。

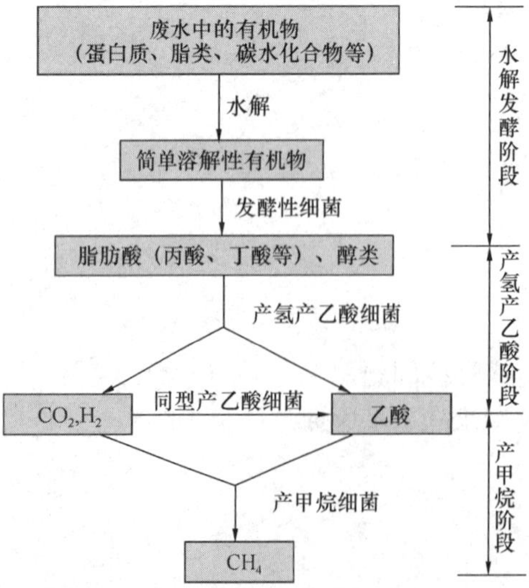

图9-1　厌氧降解过程示意图

（1）水解发酵阶段

1）水解阶段

水解即复杂的非溶解性聚合物转化为简单的溶解性单体或二聚体的过程。如淀粉在水体中被水解为葡萄糖，蛋白质被水解为二肽或氨基酸等。一些非多聚类物质，如烷烃、苯等就不太容易发生水解反应。高分子有机物因相对分子质量巨大，不能透过细胞膜，就不可能被细菌直接利用。首先它们被细菌胞外酶分解为小分子，此阶段包含蛋白质、碳水化合物和脂类的水解，而且水解过程较缓慢，因此是含高分子有机物或悬浮物废液厌氧降解的限速阶段。

常见的水解反应式可以写成以下标准形式：

$$R-X+H_2O \longrightarrow R-OX+X^-+H^+ \tag{9-1}$$

式中 R——有机物分子的主体碳链；

X——分子中的极性基团。

水解速度可由以下动力学方程表示：

$$d\rho/dt=-K_h\rho \tag{9-2}$$

式中 ρ——可降解非溶解性底物的浓度（g/L）；

K_h——水解常数（/ d）。

许多因素会影响到水解速度：温度；有机质在反应器内的保留时间；有机质的成分，例如木质素、碳水化合物、蛋白质与脂肪的质量分数；有机质颗粒的大小；pH 值；氨的浓度；水解产物的浓度。

厌氧微生物利用胞外酶催化水解反应，胞外酶能否有效接触到底物对水解速率的影响很大。因此大的颗粒比小颗粒底物水解要缓慢得多。对来自植物中的物料，其生物降解性取决于纤维素和半纤维素被木质素包裹的程度。纤维素和半纤维素是可以生物水解的，但木质素难以水解，当木质素包裹在纤维素和半纤维素表面时，酶无法接触纤维素和半纤维素，导致水解缓慢。

K_h值的大小通常只适用于某一特定的底物，因而不是普遍有效的。假如已知某一特定条件下的 K_h值，那么就可以利用上式计算最佳的停留时间和预测在此停留时间下沼气的产量。表 9-1 列出了不同温度和停留时间下的 K_h值。

温度和停留时间对污水污泥中不同组分的 K_h值的影响 **表 9-1**

温度（℃）	停留时间（d）					
	脂肪		纤维素		蛋白质	
	15	60	15	60	15	60
15	0	0	0.03	0.018	0.02	0.01
25	0.09	0.03	0.27	0.16	0.03	0.01
30	0.11	0.04	0.62	0.21	0.03	0.01

2）发酵（或酸化）阶段

水解过程产生的小分子化合物在发酵细菌（即酸化菌）的细胞内转化为更简单的化合物并分泌到细胞外。与此同时，酸化菌也利用部分物质合成新的细胞物质。此过程包含氨基酸、糖类、高级脂肪酸和醇类的厌氧氧化，主要产物有挥发性脂肪酸、醇类、乳酸、二氧化碳、氢气、氨、硫化氢等。在此过程中，有机化合物既是电子受体又是电子供体。溶解性有机物被转化为以挥发性脂肪酸为主的末端产物，因此也称之为酸化。

酸化过程是由大量的多种发酵细菌完成的。其中重要的细菌类群有梭状芽孢杆菌（*Clostridium*）和拟杆菌（*Bacteriodes*），它们的作用是分解糖、氨基酸和有机酸。

① 糖的分解

糖作为主要的底物，酸化产物是乙酸、丙酸、丁酸、乙醇、二氧化碳和氢气的混合物。在一个稳定的一步反应器（即酸化与产甲烷在同一反应器）中，乙酸、二氧化碳和氢气是酸化细菌最主要的末端产物，其中氢气又能相当有效地被产甲烷菌利用形成甲烷，也可以被硫酸盐还原菌或脱氮菌利用。

② 氨基酸的分解

此反应需要两个氨基酸参与，其中一个氨基酸分子氧化脱氮，并产生质子使另一个氨基酸分子还原，两个氨基酸分子都伴有脱氨基作用，这就是两个不同底物分子偶联进行氧化还原脱氨反应。例如丙氨酸和甘氨酸的降解：

$$CH_3CHNH_2COOH(\text{丙氨酸}) + 2H_2O \longrightarrow CH_3COOH + CO_2 + NH_3 + 4H^+ \quad (9\text{-}3)$$

$$2CH_2NH_2COOH(\text{甘氨酸}) + 4H^+ \longrightarrow 2CH_3COOH + 2NH_3 \quad (9\text{-}4)$$

将以上二式合并：

$$CH_3CHNH_2COOH + 2CH_2NH_2COOH + 2H_2O \longrightarrow 3CH_3COOH + 3NH_3 + CO_2 \quad (9\text{-}5)$$

这里丙氨酸作为质子供体，甘氨酸则作为质子受体。

由于氨基酸的降解能够产生 NH_3，因此这一过程会影响到溶液中 NH_3 的存在，这对厌氧过程非常重要：一是 NH_3 在高浓度下对细菌有抑制作用；二是 NH_3 是微生物的营养源，细菌利用氨态氮作为其氮源。

③ 较高级的脂肪酸遵循β氧化机理进行生物降解

在降解过程中，脂肪酸末端每次脱落两个碳原子（即乙酸）。对于含偶数个碳原子的较高级脂肪酸，这一反应终产物为乙酸，而对于含奇数个碳原子的脂肪酸，最终形成丙酸。不饱和脂肪酸首先通过氢化作用变成饱和脂肪酸，然后按β氧化过程降解。例如棕榈酸（含 16 个碳原子）的反应是：

$$CH_3(CH_2)_{14}COO^- + 14H_2O \rightarrow 8CH_3COO^- + 7H^+ + 14H_2 \quad (9\text{-}6)$$

含有 17 个碳的脂肪酸的降解反应是：

$$CH_3(CH_2)_{15}COO^- + 14H_2O \longrightarrow 7CH_3COO^- + CH_3(CH_2)_2OH + 7H^+ + 14H_2O \quad (9\text{-}7)$$

从反应式可以看出，脂肪酸发酵会产生大量氢气，这一反应的顺利进行，必须依赖于消耗氢的产甲烷过程，以便使氢浓度维持在较低水平。此外，还可以看出，脂肪酸的降解能使 pH 值下降，因此在反应系统中应当有足够的缓冲能力。

在厌氧降解过程中，酸化细菌对酸的耐受力必须加以考虑。酸化过程在 pH 值下降到 4 时仍可以进行。但是产甲烷过程的最佳 pH 值在 6.8～7.2，因此，pH 值的下降会减少甲烷的生成和氢的消耗，并进一步引起酸化末端产物组成的改变。

（2）产氢产乙酸阶段

在此阶段，酸化反应的产物被进一步转化为乙酸、氢气、碳酸及新的细胞物质。发酵酸化阶段的产物在产乙酸阶段被产乙酸菌转化为乙酸、氢气和二氧化碳。产氢产乙酸的某些反应见表 9-2。

产氢产乙酸反应 **表 9-2**

反应	标准吉布斯自由能
$CH_3CHOHCOO^- + 2H_2O \longrightarrow CH_3COO^- + HCO_3^- + H^+ + 2H_2$ （乳酸）	$\Delta G_0' = -4.2kJ/mol$

续表

反应	标准吉布斯自由能
$CH_3CH_2OH+H_2O \longrightarrow CH_3COO^-+H^++2H_2$ （乙酸）	$\Delta G'_o=+9.6$ kJ/mol
$CH_3CH_2CH_2COO^-+2H_2O \longrightarrow 2CH_3COO^-+H^++2H_2$ （丁酸）	$\Delta G'_o=+48.1$kJ/mol
$CH_3CH_2COO^-+3H_2O \longrightarrow CH_3CO_3^-+H^++3H_2$ （丙酸）	$\Delta G'_o=+76.1$kJ/mol
$CH_3OH+2CO_2 \longrightarrow 3CH_3COO^-+2H_2O$ （甲醇）	$\Delta G'_o=-2.9$kJ/mol
$2HCO_3^-+4H_2+H^+ \longrightarrow CH_3COO^-+4H_2O$ （碳酸）	$\Delta G'_o=-70.3$kJ/mol

表中$\Delta G'_o$是反应的标准吉布斯自由能（pH值为7，25℃和1.013×10^5Pa），假定水为纯液体，所有化合物在溶液中浓度为1mol/L 。

由表9-2可看出，在标准条件下乙醇、丁酸和丙酸不会被降解，因为在这些反应中不产生自由能（$\Delta G'_o$为正值）。但如果氢浓度降低可把这些反应导向产物方向。

如上所述，产乙酸菌与利用氢、甲酸的产甲烷菌在空间位置和生化反应过程中有密切的“合作”关系，因此要分离产乙酸菌的纯培养物有相当的难度，但混合培养物较易分离。除了许多产甲烷菌可以利用氢以外，硫酸盐还原菌和脱氮菌也能消耗氢。这类产乙酸菌用氢作为电子供体将二氧化碳和甲醇还原为乙酸，此即同型产乙酸过程。

（3）产甲烷阶段

在这一过程里，乙酸、氢气、碳酸、甲酸和甲醇等被转化为甲烷、二氧化碳和新的细胞物质。在厌氧反应器中，所产的甲烷约70%由乙酸歧化菌产生。乙酸中的羧基从乙酸分子中分离，转化为二氧化碳，甲基最终转化为甲烷。

大约30%的甲烷由嗜氢甲烷菌形成。大约一半的嗜氢甲烷菌也能利用甲酸，这个过程可以直接进行：

$$4HCOOH \longrightarrow CH_4+3CO_2+2H_2O \quad (9\text{-}8)$$

或间接进行：

$$4HCOOH \longrightarrow 4H_2+4CO_2 \quad (9\text{-}9)$$

$$4H_2+CO_2 \longrightarrow CH_4+2H_2O \quad (9\text{-}10)$$

1）甲醇降解转化为甲烷

甲醇的降解在自然界生态系统中并非十分重要，但在厌氧处理含甲醇废水时它的作用相当重要。甲醇能被甲烷八叠球菌直接转化为甲烷，但甲醇也能由梭状芽孢杆菌（*Clostridia*）先转化为乙酸，然后被利用乙酸的甲烷菌进一步转化为甲烷。最重要的产甲烷过程有：

$$CH_3COO^-+H_2O \longrightarrow CH_4+HCO_3^- \quad \Delta G'_o=-31.0\text{kJ/mol} \quad (9\text{-}11)$$

$$HCO_3^-+H^++4H_2 \longrightarrow CH_4+3H_2O \quad \Delta G'_o=-135.6\text{kJ/mol} \quad (9\text{-}12)$$

$$4CH_3OH \longrightarrow 3CH_4+CO_2+2H_2O \quad \Delta G'_o=-312\text{kJ/mol} \quad (9\text{-}13)$$

$$4HCOO^- + 2H^+ \longrightarrow CH_4 + CO_2 + 2HCO_3^- \qquad \Delta G'_0 = -32.9kJ/mol \qquad (9\text{-}14)$$

2）甲烷形成的生物化学过程

甲烷的形成主要是甲基辅酶 M（CH_3，—S—CH，—CH，—SO_3^-）的作用。

甲基辅酶 M 是主要的中间产物。二氧化碳转化为甲基辅酶 M 是以氢为电子供体的涉及相当多中间产物的还原过程。

甲基还原酶系的重要辅助因子 F_{430} 与血红蛋白结构类似，但其中心离子不是铁而是镍，这说明镍是保证反应器良好运转不可缺少的痕量元素。F_{420} 是厌氧污泥鉴别的特征：氧化态的 F_{420} 能吸收 420 nm 的光而散发出 470nm 的光，因此污泥中 F_{420} 的含量很容易用荧光频谱仪检测到。它是判断厌氧污泥潜在的产甲烷活性的一种快速方法。

但是利用氢的产甲烷菌的 F_{420} 含量[大约为$(1\sim3)\times10^3\mu g/gVSS$]大大高于利用乙酸的产甲烷菌，因此污泥中 F_{420} 的测定仅当污泥中细菌的组成比例变化不大时才有意义。

（4）缺氧条件下的其他生物降解作用

缺氧条件指生化反应中电子受体含有氧，但系统中不存在氧气或臭氧的条件。硫酸盐、亚硫酸盐和硝酸盐就是这样的电子受体。

1）含硫酸盐或亚硫酸盐废水的厌氧反应器

含硫化合物会被硫酸盐还原菌（SRB）还原为硫化氢。这一过程会使甲烷产量减少，因为 SRB 的生长需要消耗底物 H_2，与产甲烷菌发生竞争。

根据所利用底物的不同，SRB 可分为 3 类：

① 以氢为底物的硫酸盐还原菌（HSRB）；

② 以乙酸为底物的硫酸盐还原菌（ASRB）；

③ 以高级脂肪酸为底物的硫酸盐还原菌（FASRB）。

在 FASRB 中，一部分细菌能将高级脂肪酸完全氧化为二氧化碳、水和硫化氢，另外的细菌则不完全氧化高级脂肪酸，其主要产物为乙酸。

在有机物的降解中少量硫酸盐的存在并不是坏事，但是与甲烷相比，硫化氢的不利之处是它在水里的溶解度要高得多。因为每克以硫化氢形式存在的硫相当于 2gCOD，因此在处理含硫酸盐废水时，尽管有机物的氧化很不错，COD 的去除率却不一定很高。

厌氧降解过程主要的中间产物既可以被甲烷菌和产乙酸菌降解，又可以被 SRB 降解，而且它们生长的 pH 值和温度条件类似，它们对底物的利用将是竞争性的，竞争的结果将由这些细菌的动力学性质决定。硫酸盐完全被还原需要有足够的 COD 含量，即 COD 与 SO_4^{2-} 的质量比应当超过 0.67。

2）脱氮作用

脱氮在厌氧过程中一般很少见，有机氮化合物或蛋白质一般转化为氨而不是硝酸盐。仅当进液中含有硝酸盐或亚硝酸盐时，脱氮作用才会发生。

脱氮作用由脱氮微生物（反硝化细菌）来完成，它们是既能用氧又能用硝酸盐来氧化有机物的化能异养菌。脱氮过程中，硝酸盐经由亚硝酸盐转化为氮气或氮的氧化物。一般来讲，脱氮微生物优先选择氧而不是亚硝酸盐作为电子受体，但若分子氧已被消耗，则脱氮微生物开始利用硝酸盐，即脱氮作用在缺氧状况下进行。下面是甲醇以硝酸盐作为电子受体的生物氧化过程：

$$5CH_3OH + 6NO_3^- \longrightarrow 3N_2 + 4HCO_3^{2-} + CO_3^{2-} + 8H_2O \qquad (9\text{-}15)$$

当通过亚硝酸盐进行氧化时，反应式如下：

$$CH_3OH + 2NO_2^- \longrightarrow N_2 + CO_3^{2-} + 2H_2O \tag{9-16}$$

从以上反应中可知，脱氮过程中溶液的 pH 值将增加。与硫酸盐还原类似，可以推断出，仅当 COD∶NO_3^-（g/g）超过20∶7 时，脱氮过程才可能彻底完成。

9.1.2 厌氧生物处理参加的微生物

厌氧消化是自然界中富营养化的湖泊和被污染的河底中常见的一种现象，在厌氧环境中必定存在着各种厌氧微生物。与好氧反应相比，厌氧反应微生物数量较少，但种类却比较丰富。在一个厌氧反应器内可以同时存在各类厌氧微生物，有细菌、真菌和微型动物。厌氧生物处理的细菌，可分为产酸菌与产甲烷菌两大类，共同完成一个复杂的降解反应过程。在消化池中，一般认为除细菌外的其他微生物的作用很微小。

1. 产酸菌（非产甲烷菌）

（1）产酸菌的种类

在厌氧消化过程中的产酸阶段，参与有机物降解而产生脂肪酸的一类微生物为厌氧产酸菌，主要由专性厌氧菌和兼性厌氧菌组成，大约有 18 个属，50 多种。其中专性厌氧菌主要有梭状芽孢杆菌（*Clostridium*）、拟杆菌属（*Bocteroides*）、双歧杆菌属（*Bifidobactorium*）、丁酸弧菌属（*Butyrivibrio*）等；兼性厌氧菌主要有变形菌属（*Proteus hauser*）、假单胞菌属（*Pseudomonas*）、芽孢杆菌属（*Bacillus*）、链球菌属（*Streptococcus*）和真细菌属（*Eubacterium*）以及黄色杆菌属（*Xanthobacter*）、产碱菌属（*Alcaligenes*）、埃希氏菌属（*Escherichia*）等。以上这些细菌虽然大量存在于消化池中，但被消化的有机物不同，优势种群也有区别。

1）在富含纤维素的消化池内，可以分离出蜡状芽孢杆菌（*B. cereus*）、巨大芽孢杆菌（*B. megaterium*）、粪产碱菌（*Alcalilgenes faecalis*）、普通变形菌（*Proteus vulgaris*）、铜绿假单胞菌（*Pseudomonas aeruginosa*）、食爬虫假单胞菌（*Ps. reptilovora*）、核黄素假单胞菌（*Ps. riboflavina*）、溶纤维丁酸弧菌（*Butyrivibrio fibrsolvens*）和栖瘤胃拟杆菌（*Bacteroides ruminicola*）等。

2）在富含淀粉的消化池内，可以分离出变异微球菌（*Micrococcus varians*）、尿素微球菌（*M. ureae*）、亮白微球菌（*M. candidus*）、巨大芽孢杆菌、蜡状芽孢杆菌和假单胞菌属等。

3）在富含蛋白质的消化池内，可以分离出蜡状芽孢杆菌、环状芽孢杆菌（*B. circulans*）、球形芽孢杆菌（*B. spaericus*）、枯草芽孢杆菌（*B. subtilis*）、变异微球菌、大肠杆菌（*Esc herichia coli*）和假单胞菌属等。

4）在富含肉类罐头废物的消化池内，可以分离出脱氮假单胞菌（*Pseudomonas denitrificans*）、印度沙雷氏菌（*Serratia indicans*）和克雷伯氏菌（*Klebsiella trevisan*）等。

5）在硫化物浓度较高的消化池内，专性厌氧菌的脱硫弧菌属（*Desulfovibrio* sp.）是主要菌群。

6）在充塞生活废物和养鸡场废物的消化池内，兼性厌氧的大肠杆菌和链球菌（*Streptococcus*）占绝对优势，有时可达种群的 50%。

Crowther 等人于 1975 年的资料指出，在产酸细菌中，专性厌氧菌的活菌数有 10^8～10^{10}个/mL 。

（2）产酸菌的形态与性质

与产甲烷菌相比，产酸菌世代短，数十分钟到数小时即可繁殖一代。与好氧菌相比，大多数产酸菌缺乏细胞色素或细胞色素不完全。产酸菌由于大多数属于兼性厌氧细菌，对pH值、有机酸、温度、氧气等环境条件的适应性较强，与产酸菌同时存在于消化池内的产甲烷菌对上述环境条件的要求则很苛刻。一般情况下，只要满足了产甲烷菌的生长要求，产酸菌就能正常生长。

2. 产甲烷菌

（1）产甲烷菌的种类

有关产甲烷菌的研究很多，也分离得到了各种各样的产甲烷菌株。根据产甲烷菌的形态和生理特征，可将其进行分类。目前最新的Bergy's细菌手册第九版中将产甲烷菌分为：3目、7科、19属、65种。

常见的产甲烷菌有索氏甲烷杆菌（*Methanobacterium soehngenii*）、反刍甲烷杆菌（*M. ruminantium*）、甲酸甲烷杆菌（*M. formicium*）、热自养甲烷杆菌（*M. thermoatrophicum*）、巴氏甲烷八叠球菌（*Methanosarcina barkeri*）、甲烷八叠球菌（*M. menthanica*）和亨氏甲烷螺菌（*Methanospirizlum hungatii*）等。其中大多数都可以在厌氧消化池中分离到。

（2）产甲烷菌的数量

对生活污水的污泥中分离出来的6种产甲烷菌作了数量比较：甲烷螺菌的数量为1×10^8个/mL；甲酸甲烷杆菌、反刍甲烷杆菌、甲烷杆菌的数量均为1×10^7个/mL；巴氏甲烷八叠球菌、甲烷球菌属的数量为1×10^6个/mL。人工合成的污水在实验装置中培养后的甲烷细菌数量为$1\times10^8\sim1.9\times10^9$个/mL。

（3）产甲烷菌的形态与性质

1）形态

产甲烷菌的种类虽然不多，但却具有多种形态。产甲烷菌的来源及形态如表9-3所示。

各种产甲烷菌的来源及形态　　表9-3

菌名	来源	形态
反刍甲烷杆菌	瘤胃	球形至短杆链状
反刍甲烷杆菌	污泥	球形至短杆链状
甲烷杆菌 M. O. H 菌株	奥氏甲烷杆菌	不规则的弯曲杆状
甲酸甲烷杆菌	泥浆、污泥	不规则的弯曲杆状
运动甲烷杆菌	瘤胃	短杆状，能运动
热自养甲烷杆菌	污泥	杆状和丝状
喜树甲烷杆菌	活动的湿木和沉积物	杆状
甲烷杆菌 A. Z 菌株	污泥	杆状，常形成玫瑰花饰
巴氏甲烷杆菌八叠球菌	泥浆、污泥	八叠球状
万尼氏甲烷球菌	泥浆	能运动的球状
Cariaco 分离 JRI 菌株	沟渠	不规则的球状，不运动
黑海分离 JRI 菌株	黑海	不运动的球状
亨氏甲烷螺菌	污泥	螺旋状

2）性质

产甲烷菌的革兰氏反应、运动性及其对温度和 pH 值的适应性有着较大差异（表 9-4）。产甲烷菌在生理上具有高度的专化性。它们的生长都需要严格的厌氧条件，所有的产甲烷菌在获得能量的方式上有着惊人的相似之处，所需的能量必须通过 CO_2 还原而形成甲烷的途径。还原过程中所用的电子是由氢和甲酸盐的氧化作用产生，或通过乙酸盐和醇等化合物发酵产生 CH_4 和 CO_2 的途径产生。产甲烷菌不能分解除了乙酸和甲酸之外的脂肪酸。产酸菌降解大分子有机物生成 C_3 以上的脂肪酸要在产酸菌作用下生成 H_2 和 CO_2，然后才能被产甲烷菌所利用。

几种产甲烷菌的革兰氏反应、运动性和最适温度、pH 值　　表 9-4

菌名	革兰氏反应	运动性	最适温度	最适 pH 值
反刍甲烷杆菌	＋＋	不运动	37～43℃	6.0～8.0
甲酸甲烷杆菌	不一	不运动	38℃和 45℃ 生长良好，55℃不生长	
索氏甲烷杆菌	—	不运动		
热自养甲烷杆菌	＋	不运动	65～70℃；最低 40℃，最高 75℃	7.2～7.6
甲烷杆菌 M. O. H 菌株	不一	不运动	37～40℃	6.5～8.5
巴氏甲烷八叠球菌	＋	不运动	30～37℃	7.0
万尼氏甲烷球菌		运动	30～40℃	7.4～9.2
亨氏甲烷螺菌	＋	运动		

产甲烷菌对底物的要求都非常严格。除了巴氏甲烷八叠球菌在利用 H_2 和 CO_2 的同时，还利用甲醇和醋酸盐外，其他菌所要求的底物都是 H_2 和 CO_2 或者兼用甲酸盐。

（4）产甲烷菌的独特性状

古细菌是一群具有独特基因结构的单细胞生物，可被划分为 5 个类群，产甲烷菌是其中的一个类群。产甲烷菌是一类比较特殊的专性厌氧菌。近年来的研究表明，这种菌与其他厌氧菌相比较有很多独特的生理形状：

1）产甲烷菌在系统发育上与典型的原核微生物有很大的差别，这类细菌的细胞壁不含胞壁酸或其他原核生物所含有的肽聚糖。因此，产甲烷菌是一组特殊的古细菌。

2）产甲烷菌具有一种特殊的辅酶——乙巯基乙烷磺酸（$HS—CH_2CH_2—SO_3H$），又叫辅酶 M（HS—CoM）。这个辅酶存在于纯培养的各种产甲烷菌中，它具有转移甲基的功能。它们是产甲烷菌内可能存在的甲基还原酶系统的重要组成部分。但在非甲烷菌、真核组织以及原核有机体中都未见到。

3）产甲烷菌在紫外线下能发出荧光。

4）产甲烷菌不存在其他细菌所具备的细胞色素 b、c 系统，也缺乏一般厌氧菌所能产生的铁氧还原蛋白。

5）甲烷菌有生物排他性。它对周围的病原菌及其他微生物的生活能力均有很大影响。伤寒菌、霍乱菌在甲烷菌存在的情况下无法培养；好氧菌与酸性消化时的碱性厌氧菌没有这种特性。

6）产甲烷菌能在没有太阳能和叶绿素的情况下分解 CO_2。

7）产甲烷菌生长特别缓慢，能够利用的底物较少，增值速率低，世代周期长，一般为 4～6d 繁殖一代，分离培养比较困难。

8）产甲烷菌对环境非常敏感，最佳 pH 值为 6.8～7.2，温度不得超出其适宜温度的 ±1 ℃。

9.1.3 厌氧微生物群体间的关系

在厌氧生物处理反应器中，产酸菌和产甲烷菌相互依赖，为对方创造维持生命活动所必需的良好的环境条件，但又相互制约。厌氧微生物群体间的相互关系表现在以下几个方面。

（1）产酸菌为产甲烷菌提供生长和产甲烷所需要的基质

产酸菌把各种复杂的有机物质，如碳水化合物、脂肪、蛋白质等进行厌氧降解，生成游离氢、二氧化碳、氨、乙酸、挥发性有机酸（VFA）、甲醇和乙醇等产物，其中丙酸、丁酸、乙醇等又可被产氢产乙酸菌转化为氢、二氧化碳、乙酸等。这样，产酸菌通过其生命活动，为产甲烷菌提供了合成细胞物质和产甲烷所需的碳前体和电子供体、氢供体和氮源。产甲烷菌充当厌氧环境有机物分解中微生物食物链的最后一个生物体。

（2）产酸菌为产甲烷菌创造适宜的厌氧还原条件

厌氧发酵初期，由于加料会使空气进入发酵池，原料、水本身也携带有一定量的氧或氧化还原剂，这对于产甲烷菌是有害的。它的去除需要依赖产酸菌中需氧和兼性厌氧微生物的活动。产酸菌绝大多数是专性厌氧菌，但通常约有 1%的兼性厌氧菌存在于厌氧环境中，这些兼性厌氧菌能够起到保护甲烷菌这样的专性厌氧菌免受氧的损害与抑制。各种厌氧微生物对氧化还原电位的适应也不相同，通过它们有顺序地交替生长和代谢活动，使发酵液氧化还原电位不断下降，使反应器内的环境逐步形成适合于产甲烷菌的绝对厌氧环境。

（3）产酸菌为产甲烷菌清除有毒物质

在工业废水中，常含有对产甲烷菌有毒害作用的物质，如酚类、苯甲酸、氰化物、长链脂肪酸和重金属等。产酸菌能裂解苯环，降解氰化物等，从中获得能源和碳源。这些作用不仅解除了对产甲烷菌的毒害，而且给它提供了养分。另外，产酸菌的产物硫化氢，可与重金属离子作用生成不溶性的金属硫化物沉淀，从而解除一些重金属的毒害作用。但 H_2S 的浓度不能过高，否则会对产甲烷菌产生毒害作用。

（4）产甲烷菌为产酸菌的生化反应解除反馈抑制

产酸菌的发酵产物对其本身的不断形成产生反馈抑制。例如，产酸菌在产酸过程中产生大量的氢，氢的积累可以抑制产氢过程的进行，酸的积累则抑制产酸菌继续产酸。在正常的厌氧发酵中，产甲烷菌连续利用由产酸菌产生的氢、乙酸、二氧化碳等，使厌氧系统中不致有氢和酸的积累，就不会产生反馈抑制，使产酸菌的生长和代谢能够正常进行。

（5）产酸菌和产甲烷菌共同维持环境中适宜的 pH 值

在厌氧发酵初期，产酸菌首先降解原料中的糖类、淀粉等有机物，生成大量的有机酸，产生的二氧化碳也部分溶于水，使发酵液的 pH 值明显下降。同时，产酸菌类群中的氨化细菌能够分解蛋白质产生氨，中和部分酸；产甲烷菌利用乙酸、甲酸、氧和二氧化碳形成甲烷，消耗氧和二氧化碳。两个类群的共同作用使 pH 值稳定在一个适宜范围内。

9.1.4 厌氧生物处理的影响因素

(1) 温度

根据微生物生长的温度范围，将微生物分为3类：嗜冷微生物(5～20℃)、嗜温微生物(20～42℃)和嗜热微生物(42～75℃)。相应地，厌氧废水处理也分为低温、中温和高温3类，其温度范围与上述细菌生长温度范围相对应，即在这3类不同区间运行的厌氧反应器内生长着不同类型的微生物。

在每一个温度区间，随着温度的上升，细菌生长速率逐渐上升并达到最大值，相应的温度即为细菌的最适生长温度。超过细菌的最适生长温度后，细菌生长速率迅速下降。在每个区间的上限，细菌的死亡速率已开始超过细菌的增殖速率。

温度既可以影响细胞内部的生化过程，也可以影响细胞外部环境的化学或生物化学过程。可降解化合物的生物转化直接受温度的影响，自由能的形成与$\Delta G'_0$将变化。

温度也影响到微生物所在环境的理化性质，例如，液体黏度随温度升高而降低，这使得固体颗粒（包括污泥）在较高的温度下，会有更好的沉淀性能。

气体溶解度随温度的上升而减少，因此在高温下反应器的出水中溶解有少量的H_2，NH_3，H_2S和CH_4。这对厌氧过程很有利，因为这些物质表现为COD而影响出水质量。

较高温度下水的表面张力减少，化合物在水中的扩散速率增加。温度也影响化学平衡常数和离解常数。不但盐的溶解度随温度而增加，某些物质如VFA、NH_3和H_2S等未离解分子的比例与浓度也随温度变化，上述化合物的毒性恰恰由其非离解形式的分子引起。

细胞内部的物质甚至也受到温度的影响。细胞遗传物质脱氧核糖核酸(DNA)和核糖核酸(RNA)的遗传密码主要由4种碱基：鸟嘌呤(G)、腺嘌呤(A)、胞嘧啶(C)和胸腺嘧啶(T)组成。DNA和RNA双螺旋结构上的各个"链"上的每个碱基按A—T，G—C的方式与另一"链"上的碱基配对，从而形成复杂的排列组合方式，由此表达了细胞的遗传信息和生物性状。每一物种有其特有的碱基对的组成方式，据报道，在嗜热菌中，DNA和RNA中含有更多的G—C键。G—C间的连接是3个氢键，而A－T连接只有2个氢键，前者更能抵抗较高温度。

嗜热菌中的酶和蛋白质也更耐高温，其原因之一是其结构上的不同（例如更多的S—S键），嗜热菌中的核糖体也比嗜温菌更稳定。

菌种对生长温度的要求是菌种固有的特性。一般不能通过驯化的方式改变菌种对温度的要求，已有用中温反应器中的污泥接种在高温反应器并取得成功的例子，但这是种泥和废水中少量嗜热菌（在中温时处于休眠状态）在适宜于它们生长的温度下迅速增殖的结果，而不是中温污泥经驯化"转变"为高温污泥。高温菌的生长速率是中温菌的2～3倍。

产甲烷菌的温度范围为5～60℃，在35℃和53℃上下可分别获得较高的消化效率；厌氧消化对温度的突变也十分敏感，要求日变化小于±2℃。中温消化：35～38℃；高温消化：52～55℃，在高温阶段对杀灭病原菌更为有效，通常高温消化的反应速率为中温消化的1.5～1.9倍，但甲烷在气体中占比例低，消化不彻底，高温消化需要较多的能量，不经济，需综合考量后进行选取。

(2) pH值

pH值是废水厌氧处理最重要的影响因素之一。厌氧处理的pH值范围是指反应器内反应区的pH值，而不是溶液的pH值。因为废水进入反应器后，水解、发酵和产酸反应会迅速改变溶液的 pH 值。水解菌与产酸菌对 pH 值有较大范围的适应性，大多数这类细菌可以在 pH 值为 5.0～8.5 范围内生长良好，甚至可以在 pH 值小于 5.0 时仍可生长。但产甲烷菌对 pH 值非常敏感，适宜的生长 pH 值为 6.8～7.2，这也是通常情况下厌氧处理所应控制的 pH 值范围，在 pH 值小于 6.5 或大于 8.2 的环境中，厌氧消化会受到严重抑制，主要就是对产甲烷细菌的抑制。

pH 值改变最大的影响因素是酸的形成，特别是乙酸的形成。因此含有大量溶解性碳水化合物（例如糖、淀粉等）的废水进入反应器后 pH 值将迅速降低，而已酸化的废水进入反应器后 pH 值将上升。特别是对于含大量蛋白质或氨基酸的废水，由于氨的形成，pH 值会略有上升。因此对不同特性的废水，可选择不同的溶液 pH 值，这一溶液 pH 值可能高于或低于反应器内所要求的 pH 值。反应器出液的 pH 值一般等于或接近于反应器内的 pH 值。

微生物对 pH 值的波动十分敏感，即使在其生长范围内 pH 值的突然改变也会引起细菌活力的明显下降，这表明细菌对 pH 值改变的适应比对温度改变的适应过程要慢得多。超过生长范围 pH 值的改变会引起更加严重的后果，低于 pH 值下限并持续过久时，会导致甲烷菌活力丧失殆尽而产乙酸菌大量繁殖，引起反应器系统的“酸化”，使反应器系统难以恢复至原来状态。

pH 值对产甲烷菌的影响与 VFA 的浓度有关，这是因为 VFA 在非离解状态下是有毒的。pH 值越低，游离酸所占比例越大，因而在同一总 VFA 浓度下它们的毒性也大。

pH 值的波动对厌氧污泥的产甲烷菌活性也会产生影响，其影响程度取决于：

① 波动持续的时间；

② 波动的幅度，一般 pH 值越低，影响越大；

③ VFA 的浓度；

④ VFA 的组成。

细菌也可以逐渐适应某些低 pH 值的废水，例如经驯化的含产甲烷丝菌（*Methanothrix*）的污泥在 pH 值为 6.0 时仍能顺利产甲烷。

对于利用甲醇作底物产甲烷的巴氏甲烷八叠球菌来说，较为特殊。这个细菌在 pH＝3.5 时仍能把甲醇转化为甲烷，在这种情况下，细菌对 pH 值不敏感的原因是甲醇是非酸性的化合物。在某种情况下，甲醇不直接转化为甲烷而是先产生中间产物乙酸，反应如下：

$$4CH_3OH + 2CO_2 \longrightarrow 3CH_3COOH + 2H_2O \tag{9-17}$$

由于这一反应，系统中 pH 值会严重下降并导致厌氧过程恶化。

在厌氧处理的情况下，VFA 是影响碳酸氢盐碱度最重要的可变因素。这是因为其他的一些因素，例如强碱含量、无机酸和产气中 CO_2 的含量，通常是相对稳定的，而 VFA 可能会因操作条件的变化而产生较大波动，VFA 浓度的增加不可避免地引起碳酸氢盐碱度的下降。

（3）营养物与微量元素

微生物维持良好的生长状态，不仅需要足够的有机营养，还要有适量的微量元素。虽然细菌需要的微量元素非常少，但微量元素的缺乏能够导致细菌活力下降。

厌氧消化池中的营养主要由污水提供，营养物质的确定主要是依据组成细胞的化学成分，因此，分析细菌的化学组成是了解其营养的基础。甲烷菌的化学组成见表 9-5。

从表中可以看出，甲烷菌有相对较高的铁、镍和钴浓度，当这些元素在废水中浓度过低时，就应当向废水中添加这些元素。

所需要营养物的浓度可以根据废水的可生物降解的 COD(COD_{BD})浓度和它的酸化程度来估算，其中酸化程度影响细胞的产率。估算厌氧过程所需最小营养物浓度的公式如(9-18)：

$$\rho = COD_{BD} Y \rho_{cell} 1.14 \tag{9-18}$$

式中 ρ——所需最低的营养元素的浓度（mg/L）；

COD_{BD}——进液中可生物降解的 COD 浓度（g/L）；

Y——细胞产率（$gVSS/gCOD_{BD}$）；

ρ_{cell}——该元素在细胞中的含量（mg/g 干细胞）。

细胞产率 Y 与废水酸化程度有关。对于尚未酸化的废水，Y 值可取 0.15；对于完全酸化的废水，Y 值取 0.03。另外，计算结果在实际使用时应扩大一倍，使营养物有足够的剩余。例如对一个浓度 4gCOD/L 的废水，其 COD_{BD} 占 COD 的 80%，则其中氮元素的最低浓度应为（假定为完全酸化的废水）：

$$\rho_N = 4 \times 0.8 \times 0.03 \times 65 \times 1.14 = 7.1 mg/L$$

上述结果乘以 2，可知该种废水的氮含量应补充到 14.2mg/L。

对于基本上未酸化的废水，即当 $Y \approx 0.15$ 时，COD_{BD}：N：P 大约可取 350：5：1 或 C：N：P=130：5：1。对基本上完全酸化的废水，即当 $Y=0.05$ 时，COD_{BD}：N：P=1000：5：1 或者 C：N：P=330：5：1。对于部分酸化废水，可依上法进行推算。

甲烷菌的化学组成（g/kg） **表 9-5**

元素	含量	元素	含量	元素	含量
氮	65	镁	3	锌	0.060
磷	15	铁	1.8	锰	0.020
钾	10	镍	0.10	铜	0.010
硫	20	钴	0.075		
钙	4	钼	0.060		

近年来有研究表明，在磷非常缺乏时，虽然细胞增长减少，但产甲烷过程仍进行得非常好。这一发现对于以磷控制剩余污泥的量是非常有吸引力的。对于其他元素的此类观察尚未见报道。在运转初期，氮的浓度可以略高一些，有利于生物的繁殖。除此之外，加入微量的金属元素（如 Fe^{2+}，Ni^{2+}，Cu^{2+}，Co^{2+}，Mn^{2+} 等）也是十分必要的。

（4）有毒物质

废水中含有一些有毒化合物，这些毒性物质使细菌产生不可逆转的退化，活性下降。对于毒物抑制浓度的控制可事先通过实验逐个地找出。常见的抑制厌氧生物过程的物质主要有硫化物、氨氮、重金属、氰化物以及某些特殊的有机物等。

硫酸盐和其他含硫的氧化物很容易在厌氧消化过程中被还原成硫化物。可溶性的硫化物达到一定浓度时，会对厌氧消化过程特别是产甲烷过程产生严重的抑制作用。投加某些金属盐类，如 Fe^{2+}，可以去除 S^{2-}，或采用吹脱法从系统中去除 H_2S 等都可以减轻硫化物对厌氧过程的抑制作用。氨氮是厌氧消化的缓冲剂，有利于维持较高的 pH 值，同时也可以被产甲烷菌作为氮源利用。但如果氨氮浓度过高，就会对厌氧消化过程产生毒害作用，抑制浓度一般认为是 50～200mg/L，但经过一定驯化后，适应能力会有一定的加强。重金属主要是通过破坏厌氧细菌的酶系统而抑制整个厌氧过程，不同的重金属离子以不同的形态存在，会导致不同程度的抑制。

（5）氧化还原电位

由于所有的产甲烷菌都是专性厌氧菌，因此严格的厌氧环境是其进行正常生理活动的基本条件。非产甲烷菌可以在氧化还原电位为＋100～－100mV 的环境中正常生长和活动；产甲烷菌的最适氧化还原电位为－150～－400mV。在培养产甲烷菌的初期，氧化还原电位不能高于－330mV。这里所指的氧化还原电位是指产甲烷菌所处的微环境，而不是指整个厌氧反应器。因此在实际操作中，并不要求一定要保证进入厌氧反应器废水的氧化还原电位要达到上述的要求。

9.2 厌氧法处理废水的应用

9.2.1 厌氧法处理废水的特征

厌氧生物处理一般针对有机污泥和高浓度的有机废水，与好氧处理在工艺和适用范围等方面有很大差别，对于高浓度的有机废水，通常作为预处理，可使 BOD 降低 50%～90%。

厌氧处理的优点包括：

（1）能量需求大大降低：不需供氧气，同时还可产生甲烷，每去除 1kgCOD 好氧生物处理一般需消耗 0.5～1.0kW/h 电能，每去除 1kgCOD 厌氧生物处理约能产生 3.5kW/h 电能，以日 COD 为 10t 的工厂为例，若 COD 去除率为 80%，甲烷产量为理论的 80%时，则可日产甲烷 2240m^3，其热值相当于 3.85t 原煤，可发电 5400 度。

（2）对营养物的需求量少，好氧方法 BOD∶N∶P＝100∶5∶1，而厌氧方法为(350～500)∶5∶1，相对而言对 N/P 的需求要小得多，因此，厌氧处理时可以不添加或少添加营养盐。

（3）厌氧微生物的增殖速率比好氧微生物低得多，不需要曝气，产生的污泥量少，设备简单，运行费用低。

厌氧处理的缺点包括：

（1）初次启动过程缓慢，处理时间长，厌氧微生物对有毒物质和温度变化较为敏感，工业中通常需要设置进水的控温装置。

（2）发酵分解有机物不完全，出水的有机物浓度高于好氧处理。

（3）有臭气产生和有色物质生成。臭气主要是硫酸盐还原菌（SRB）形成的具有臭味的硫化氢气体以及硫醇、氨气、有机酸等臭气。同时硫化氢还会与水中的铁离子等金属离子反应形成黑色的硫化物沉淀，使处理后的废水颜色较深，需要添加后处理设施，进一步脱色脱臭。

9.2.2 厌氧法处理废水的应用—UASB 工艺

最早的厌氧处理反应器为化粪池，随即开发出普通消化池、厌氧生物滤池、厌氧活性污泥法、厌氧流化床、升流式厌氧污泥床（UASB）及厌氧氨氧化等技术。

1974 年荷兰 Gatze Lettinga 教授开发出升流式厌氧污泥床（Up-flow Anaerobic

Sludge Blanket，UASB）反应器，在反应器中首次成功培养出厌氧颗粒污泥，具有划时代的意义。

UASB 反应器（Up-flow Anaerobic Sludge Blanket）为第二代厌氧反应器，其结构包括进水分配系统、反应区（颗粒污泥区、悬浮污泥区）、三相分离器、出水系统及排泥系统。进水分配系统将进入反应器的原废水均匀地分配到反应器整个横断面，均匀上升，并且起到水力搅拌的作用。反应区包括颗粒污泥区和悬浮污泥区，具有良好凝聚和沉降性能的污泥在池底部形成颗粒污泥层，大部分有机物在这里转化为 CH_4 和 CO_2，在其上部由于沼气的扰动和黏附形成污泥浓度较小的悬浮污泥层。池顶的三相分离器将气体（沼气）、固体（污泥）和液体（废水）三相进行分离，消化气从上部导出，污泥滑落回悬浮污泥区，出水从澄清区流出（图 9-2）。

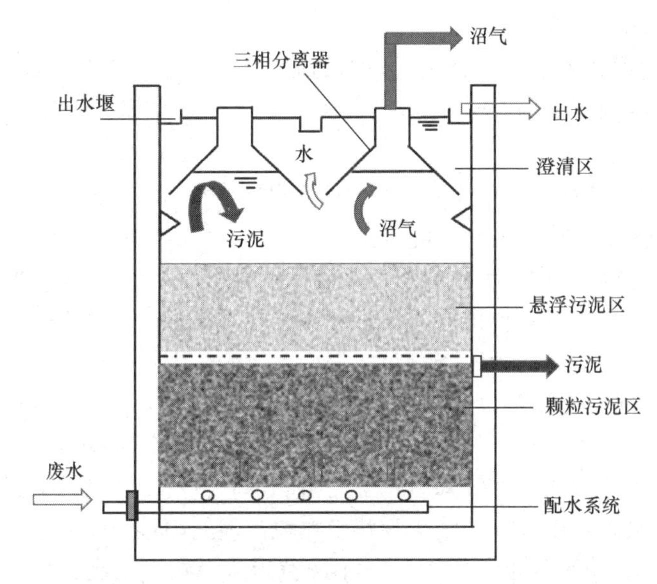

图 9-2　升流式厌氧污泥床反应器结构示意图

UASB 反应器的特点包括：污泥床内生物量多，颗粒污泥浓度可达 40～80g/L，悬浮污泥浓度约为 10～30g/L；容积负荷率高，废水在反应器内停留时间短，池容大大缩小；设备简单，无需设沉淀池和污泥回流装置，不需填充填料，不需设机械搅拌装置，不存在堵塞问题。

9.2.3　厌氧颗粒污泥的形成及影响因素

1. 污泥颗粒化的定义

在升流式厌氧污泥床（UASB）反应器内，厌氧污泥可以以絮状的聚集体（絮状污泥）或直径 0.5～6.0mm 的球形、椭球形颗粒污泥形态存在。

（1）颗粒污泥

颗粒污泥是具有自我平衡能力的微生态系统。它是特别适宜于上流式废水处理系统的微生物聚集体，这一聚集体的形态相对较大（直径>0.5mm）。与絮状污泥短时间形成的聚集体不同，颗粒污泥物理性状是相对稳定的。颗粒污泥最主要的特征是它具有较高的沉降速度和高比产甲烷活性。

与其他类型的固定化不同，颗粒污泥的形成实际上是微生物自固定化的一种形式。但是它的形成与存在不依赖于任何惰性物质载体，惰性载体对颗粒污泥的形成和稳定都不是必需的物质。

（2）污泥颗粒化

在厌氧反应器内颗粒污泥形成的过程称为污泥颗粒化。颗粒污泥的形成可以使 UASB 内保留高浓度的厌氧污泥，它是大多数 UASB 反应器启动的目标和启动成功的标志。

人们已经习惯于把颗粒污泥的概念同 UASB 反应器联系在一起，其实并非仅仅 UASB 反应器可形成颗粒污泥，一些其他的厌氧反应器也能产生颗粒污泥，这些反应器包括流化床、升流式厌氧生物滤池、厌氧气提反应器等。形成颗粒污泥的厌氧反应器的共同特征是它们都是上流式的反应器。

2. 颗粒污泥的性质和基本组成

（1）颗粒污泥的物理性质

1）颗粒污泥的形状大多数具有相对规则的球形或椭球形。成熟的颗粒污泥表面边界清晰，直径变化范围为 0.14～5mm，最大直径可达 7mm。它的形状取决于反应器的运行条件。

2）颗粒污泥的密度在 1030～1080kg/m^3。密度与颗粒直径之间的关系尚未完全确定，一般认为污泥的密度随直径的增大而降低。

3）颗粒污泥的颜色通常呈黑色或灰色，肉眼可见表面包裹着灰白色的生物膜。但也曾观察到白色的颗粒污泥。颗粒污泥的颜色取决于处理条件，特别是与 Fe、Ni、Co 等金属的硫化物有关。*X* 射线分析表明当颗粒污泥中 S/Fe 的值比较低时，颗粒呈黑色。

4）颗粒污泥表面可用扫描电镜进行观察，通过观察可以发现许多孔隙和洞穴，这些孔隙和洞穴被认为是底物与营养物质传递的通道，气体也可经此输送出去。直径较大的颗粒污泥往往有一个空腔，这是由于基质不足而引起细胞自溶造成的，大而空的颗粒污泥容易被水流冲出或被水流剪切成碎片，成为新生颗粒污泥的内核。

5）颗粒污泥的孔隙率在 40%～80%，小颗粒污泥的孔隙率高，大颗粒污泥的孔隙率低，因此小颗粒污泥具有更强的生命力和相对高的比产甲烷活性。

6）颗粒污泥有良好的沉降性能，Schmidt 等认为其沉降速度范围为 18～100m/h，典型值在 18～50m/h。根据沉降速率可将颗粒污泥分为 3 种：第一种，沉降性能不好，18～20m/h；第二种，沉降性能满意，20～50m/h；第三种，沉降性能很好，50～100m/h。后两种属于良好的污泥。

（2）颗粒污泥基本组成

1）无机组分

污泥的无机矿物成分或灰分占颗粒干重的 10%～90%，其变化范围非常大，主要取决于废水的组成、工艺条件等。

颗粒污泥的干重（TSS）是挥发性悬浮物（VSS）与灰分（ASH）之和。VSS 主要由细胞和胞外有机物组成，通常情况下占污泥总量的 70%～90%，在高浓度 Ca^{2+} 存在时占污泥总量的 30%。在研究中发现含 VSS 约 90%的颗粒污泥中，有机物中粗蛋白占 11%～12.5%，碳水化合物占 10%～20%。

颗粒污泥中无机灰分的主要组成是钙、钾和铁，其含量因生长基质的不同而有较大的差异，其范围为 8%～66%。中温条件下复杂基质培养的颗粒污泥灰分比单一基质培养的要低；高温条件下培养的污泥灰分比中温培养高1.5倍。灰分的增加将提高颗粒污泥的密度，过高的灰分会导致污泥孔隙率的降低，影响基质在颗粒污泥中的扩散。

颗粒污泥中一般含C40%～50%、含H约7%、含N约10%；Fe、Ca、Si、P、S均为大量元素；Ca、Mg、Fe和其他一些金属离子可能以碳酸盐、磷酸盐、硅酸盐或硫化物的形式存在于颗粒污泥中。

2）有机组分

一些细菌的表面分泌一层薄薄的黏液层即胞外聚合物（ECP）。ECP定义为细菌产生的含有多糖的结构，既可以在细胞壁外层的荚膜中发现，也可以在与细胞壁完全分离的松散黏质高聚物的溶液中发现。一般认为ECP的作用在于其累积在单个细胞壁上，使菌体可附着于其他物质表面或相互黏合而形成颗粒。厌氧与好氧污泥分泌的ECP成分有很大差异，厌氧污泥的ECP以蛋白质和胞外聚多糖（Extracellular Polysaccharides，EPS）为主；好氧污泥的分泌物以碳水化合物为主，但好氧污泥产生的ECP约为厌氧污泥的4～7倍。尽管国内外许多研究者对ECP的作用进行了很多研究，对ECP在厌氧污泥颗粒化中的作用机制提出了许多假设，但必须注意：

① 与好氧污泥相比，厌氧颗粒污泥的胞外聚合物含量少，占污泥干重的1%～3.5%；

② 在有些情况下形成的颗粒污泥中尚未发现有ECP的存在；

③ 不同的培养条件和方法培养出的颗粒污泥中ECP的组成是不同的；

④ ECP的提取方法对测量结果的影响很大，因此在利用不同的提取方法时，对各种颗粒污泥中ECP的含量和组成进行比较非常困难。

3. 颗粒污泥的微生物相

颗粒污泥本质上是多种微生物的聚集体，主要由厌氧消化微生物组成。颗粒污泥中参与分解复杂有机物、生成甲烷的厌氧细菌可分为3类：水解发酵菌、产乙酸菌和产甲烷菌。

厌氧细菌在颗粒污泥内生长、繁殖，各种细菌互营互生，菌丝交错，相互结合形成复杂的菌群结构，增加了微生物组成鉴定的复杂性。检验颗粒污泥微生物相的方法有电镜技术（TEM或SEM）、限制性培养基法、最可能计数法（most probable number，MPN）和免疫探针法等。限于条件，国内的研究大多采用电镜技术，对细菌的鉴定较为粗糙。免疫探针法能较为准确地鉴定细菌种类及其分布，国外研究人员运用较多。

目前，对颗粒污泥中微生物相的研究大部分集中在产甲烷菌上，对其他两类细菌的研究还不是很多。

研究发现，72%的甲烷是通过乙酸转化的，颗粒污泥中已发现的产甲烷菌中，甲烷髦毛菌和甲烷八叠球菌是唯一两种能代谢乙酸的产甲烷菌。甲烷髦毛菌是丝状微生物，仅能在乙酸基质中生长。甲烷八叠球菌可利用的基质较多，有乙酸、甲醇、甲胺，也可利用H_2和CO_2；甲烷八叠球菌以甲醇为基质比以其他有机物为基质生长速度快。在乙酸基质中，甲烷八叠球菌的最大增长速率高于甲烷髦毛菌，但其对基质的亲和力较低，半饱和常数K_s=3～5mmol/L，甲烷髦毛菌的基质亲和力强，半饱和常数K_s=0.5～0.7mmol/L。因此，当乙酸浓度较低时，甲烷髦毛菌占优势；当乙酸浓度较高时，甲烷八叠球菌占优势。这与试验观察相符。

在绝大多数颗粒污泥中，都能发现甲烷髦毛菌，其在颗粒污泥形成过程中的重要地位为许多研究者认可。甲烷鬃毛菌的菌体提供了连接其他细菌的网络结构。观察到的甲烷鬃毛菌有两种形态：一种是多个杆状细菌组成的丝状细菌，另一种是四五个细胞组成的杆状菌。甲烷八叠球菌含有高浓度的荧光辅助因子 F_{420}，因此很容易检测。在 420 nm 附近，甲烷八叠球菌会发出蓝绿光，而且它有较强的成团能力，在中温污泥中较少能观察到，在高温污泥和高乙酸基质中常见到其踪影。

许多研究者利用免疫鉴别法检测了在不同条件下运行的 UASB 反应器中占优势的产甲烷菌群，没有发现某种单一的产甲烷菌在厌氧颗粒污泥中占优势。利用免疫学方法检测出的产甲烷微生物包括甲酸甲烷杆菌（*Methanobacterium fomicium*）、嗜树甲烷短杆菌（*Methanobrevibacter arboriphil*）和嗜热碱甲烷杆菌（*Methanobacterium thermoautotrophicum*）。这些微生物是中温和高温颗粒污泥中的主要氢营养型甲烷菌。免疫学方法还成功地检测出反应器的操作条件改变时引起颗粒污泥中产甲烷菌的变化情况。当反应器进水中基质的种类增加时，颗粒污泥中产甲烷菌的种属更广泛；反应器的运行温度从中温变到高温时，产甲烷菌会发生明显的变化；在变到中温条件之前，产甲烷菌的多样性更加复杂。

4. 颗粒污泥的结构

颗粒污泥的结构是指各种细菌在颗粒污泥中的分布状况。利用扫描电子显微镜（Scanning Electron Microscopy，SEM）可以观察颗粒污泥的表面（图 9-3）。SEM 观察的结果表明，在颗粒污泥的表面经常存在着一些孔洞和孔穴，这些洞穴可以作为基质或气体传输的通道。

图 9-3 厌氧颗粒污泥

利用透射电子显微镜可以研究颗粒污泥的内部结构。在颗粒污泥的内部可以观察到互营性细菌形成的微菌落：降解丙酸的互营杆菌（*Syntrophobacter*）与甲烷短杆菌（*Methanobrebibacter spp.*），降解丁酸的互营单胞菌（*Syntrophomonas*）与甲烷短杆菌，产丙酸的丙酸杆菌（*Propionibacteriom* sp.）和降解乙醇的暗杆菌（*Pelobacter* sp.）。

一些学者认为不同的互营细菌是随机地在颗粒污泥中生长，并不存在明显的结构层次性。生长在甲醇和糖类废水中的颗粒污泥中没有细菌的有序分布，丁酸基质下生长的颗粒污泥中存在两类细菌族，一类是孙氏甲烷鬃毛菌；另一类由嗜树木甲烷短杆菌和一种丙酸氧化菌组成。两类细菌组成的聚集体在整个颗粒污泥中随机分布。赵一章等人对人工配水、屠宰废水和丙酮丁醇废水形成的颗粒污泥进行了观察，虽然各种细菌处于有序的网状排列，但各种微生物区系多呈现随机性分布，未观察到颗粒层次之分。另一些学者则认为细菌在颗粒污泥中的分布有较清晰的层次性，并提出了一些结构模型。含碳水化合物废水中生长的颗粒污泥中，细菌有十分明显的定位。外层主要是水解菌和产酸菌，内核的优势菌为甲烷鬃毛菌。

图 9-4 是一个较为典型的颗粒污泥结构模型，颗粒污泥中各菌群呈有规律的分布，此模型为许多人证实。甲烷鬃毛菌构成颗粒污泥的内核，在颗粒化过程中提供了很好的网络

结构。甲烷鬃毛菌所需的乙酸是由产氢产乙酸菌等提供，丙酸丁酸分解物中的高浓度 H_2 促进了氢营养型细菌的生长，产氢产乙酸菌和氢营养型细菌构成颗粒污泥的第二层。颗粒污泥的最外层由产酸菌和氢营养型细菌构成。

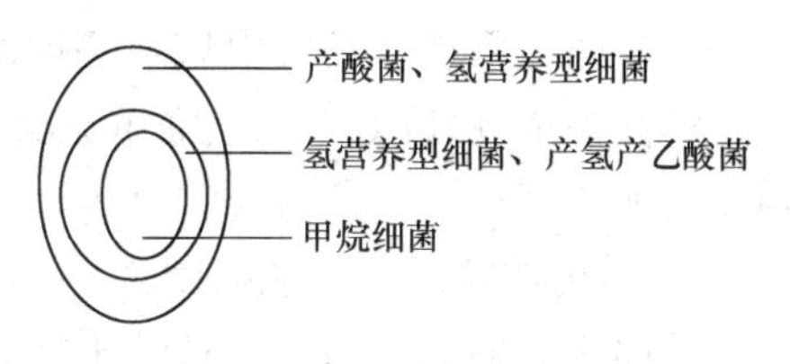

图 9-4　颗粒污泥内部结构

研究证明，大多数产甲烷菌和产乙酸菌表面呈疏水性，大多数产酸菌为亲水性。基质表面张力在 50～55mN/m 时，亲水性和疏水性细菌都难以形成颗粒污泥；在糖类等表面张力小于 50mN/m 的基质中，形成的颗粒污泥外层为亲水性产酸菌，内层为疏水性产甲烷菌；而在蛋白质丰富的基质中，由于表面张力大于 55mN/m，疏水性细菌（如产甲烷菌）在颗粒污泥中占据优势地位。低表面张力环境下形成的亲水性表面的颗粒污泥稳定性更高一些，而疏水性表面的颗粒污泥与 CH_4 等气体有强烈的粘接作用，易被气泡携带冲洗出反应器。因此，在蛋白质丰富的基质中，冲洗出的污泥量更大，而参与降解的生物量更小。

污泥颗粒化过程的复杂性决定了颗粒污泥结构的复杂性，生长基质、操作条件、反应器中的流体流动状况等都会影响颗粒污泥的结构。此外，所采取的研究方法、观察手段的不同，也是导致观察结果不同的重要原因。

5. 污泥颗粒化过程

(1) 颗粒化机理

到目前为止，还没有比较全面的理论能够清楚地阐明颗粒污泥的形成机理。关于此有种种假说，大多数是根据观察颗粒污泥培养过程中所出现的现象提出的。

在厌氧污泥颗粒化理论中，多数学者研究支持的是二次成核学说，认为营养不足、衰弱的颗粒污泥，在水流剪切力作用下破裂成碎片，污泥碎片可作为新内核，重新形成颗粒污泥。二次成核学说较好地说明了加入少量颗粒污泥可加速颗粒化进程的现象，已为大多数研究者接受。

(2) 颗粒化过程

颗粒化过程是单一分散的厌氧微生物聚集生长成为颗粒污泥的过程，它的持续时间较长且过程复杂。颗粒化过程由多个阶段组成：细菌与基体（有机、无机材料）的吸引粘连、微生物聚集体的形成、成熟污泥的形成。

细菌与基体的吸附粘连过程是颗粒污泥形成的初始阶段，也是决定污泥结构的重要阶段。一般来说，细菌与基体之间的排斥力阻碍着两者的接近，但离子强度的改变，Ca^{2+} 和 Mg^{2+} 的电荷中和作用与 ECP 的作用可以降低排斥位能，并促进细菌向基体接近。细菌与基体接近后，通过细菌的附属物（如甲烷鬃毛菌的菌丝）或通过多聚物的粘接，将细菌粘接到基体上。随着粘连到基体上的细菌数目的增多，形成多种微生物群系互营发生的聚集体，即具有初步代谢作用的微污泥体。微生物聚集体在适宜的条件下，各种微生物竞相繁殖，最终形成沉降性能良好、产甲烷活性高的颗粒污泥。

目前大多数学说着眼于颗粒化第一阶段，对第二、第三阶段的研究工作则不多见。针对基体的不同，研究者提出了不同的颗粒污泥形成机制。甲烷鬃毛菌相互聚集在一起形成具有框架结构的内核，从而使产乙酸菌以及氢营养菌附着其上，最后是发酵细菌（产酸菌及其他氢营养菌）在外围生长，形成颗粒污泥。在脂肪酸降解颗粒污泥的形成过程中，甲酸甲烷杆菌先粘连在马氏甲烷八叠球菌上形成聚集体，而甲酸甲烷杆菌、甲烷髦毛菌、丁酸降解菌构成互营丙酸-丁酸降解聚集体，最后两类聚集体通过甲酸甲烷杆菌的连接形成颗粒污泥。

6. 影响颗粒污泥形成的因素

不同来源的颗粒污泥其特性不同，影响颗粒污泥特性形成的因素主要有废水组成和操作因素。

(1) 负荷

颗粒污泥的直径随负荷增大和进液浓度上升而增大，但是由于进液浓度与负荷的相关性，实际上颗粒污泥的大小受底物传质过程中所进入颗粒内部的深度所支配。当颗粒大小与传质之间不相适应时，颗粒内部即会因营养不足使细胞自溶，最终导致颗粒破碎。高的负荷或高的进液浓度可以使底物更多地进入颗粒内部，从而允许有大的颗粒存在和生长。突然减少反应器负荷，一方面会导致颗粒污泥强度降低；另一方面，由于低负荷下产气减少，与此有关的流体剪切力与内部产气压力也减少，负荷的突然降低虽然会导致中空的颗粒污泥产生，但并不一定使颗粒发生明显的破裂。研究发现，突然降低负荷一段时间后，再增加负荷会引起颗粒污泥的破碎。这种情形可能经常发生在用颗粒污泥接种的二次启动过程中。

在实践中看到的负荷与颗粒污泥大小的关系可能有所不同，因为颗粒大小与反应器的结构（尤其是反应器高度）、产气和水流形成的剪切力有关。许多二次启动中遇到的问题可能归因于在新的反应器中的污泥负荷大大低于种泥原先的负荷。二次启动的初期往往采用较低负荷以便使种泥适应新的废水，在此过程中颗粒污泥强度会降低。数周后，当反应器达到设计负荷时，这些强度降低的颗粒污泥会破碎。为此，在许多情况下，二次启动可以迅速采用设计负荷，在启动初期洗出相对多的污泥比数周后洗出更多的污泥更可取。

(2) 水流与产气

虽然颗粒化过程与很多因素有关，但水流与产气选择性地洗出较小的颗粒和絮状污泥无疑是其中关键因素之一。高的负荷产生大量生物气有助于洗出细小污泥，这是高负荷下颗粒污泥平均直径较大的原因之一。

(3) 水力停留时间（HRT）和上流速度

HRT 和上流速度是细小污泥洗出的主要因素。高的 HRT 意味着细小分散的细胞可以在反应器内生长，从而不利于颗粒化。HRT 较小，意味着高的上流速度，由于洗出作用加强而利于颗粒化完成。高的上流速度所形成的颗粒污泥也较大。

(4) 悬浮物

废水中含有的悬浮物对颗粒污泥的发育会产生不利的影响。悬浮物种类不同对颗粒污泥的影响也不同。一般来说，难降解的有机物（例如纤维和木质素）会使污泥中细胞浓度降低；当游离细菌附着在不易沉降的有机悬浮物上会引起颗粒污泥生长缓慢；有些可降解的有机物（例如脂肪和蛋白质）附着在颗粒污泥上而又不能很快降解时，会引起底物传质的困难，同时也妨碍内部产生的气体向外扩散。颗粒污泥吸附有机物在其表面会引起水解和产酸菌大量生长并由此改变颗粒污泥的性质。低浓度的悬浮物吸附到颗粒污泥上会引起颗粒污泥洗出或者形成分层的颗粒污泥结构，这种颗粒污泥的强度低，易于破碎。

（5）产酸菌

当废水预酸化产生的悬浮产酸菌的浓度超过 0.3gCOD/L 时，会引起 UASB 反应器中严重的污泥上浮问题。因此认为两相 UASB 系统有严重缺陷，至少应在预酸化之后设法除去废水中的产酸细菌。在未酸化的废水中形成的颗粒污泥含有相当多的产酸菌。由于产酸菌的生长率远大于产甲烷菌，在酸化废水中颗粒污泥生长要快得多。

另一方面，由于产酸菌的大量存在，导致污泥的比产甲烷活性降低。但是由于产酸菌在不同的底物中产率不同，因此在不同性质的废水颗粒中生长的速度也不同。例如在以蔗糖为底物的废水中污泥的增长比以明胶为底物的废水要快。

不同培养条件下形成的颗粒污泥，在形态特性、微生物相、污泥结构上有很大的差异，研究者提出了不同的颗粒污泥结构模型和形成机制，这说明了颗粒化过程的复杂性。尽管分歧很大，对颗粒化过程仍取得了一些共识，如 Ca^{2+}，Mg^{2+} 等金属离子和 ECP 的促进作用；ECP 对颗粒结构的维持作用；甲烷鬃毛菌的网络框架作用等。

目前的研究工作对颗粒污泥的微生物相注重颇多，尤其是对甲烷菌的作用研究更多，但从热力学角度的研究并不多见。事实上，从热力学角度的研究较好地解释了为什么在 UASB 中大多数颗粒污泥表面为产酸菌，而产甲烷菌多在内层，这无疑为研究工作提供了一条新思路。一些新技术，如免疫探针技术的应用，已使人们更深入地了解颗粒污泥的结构特征。相信随着研究方法的不断丰富，检测手段的不断提高，对颗粒污泥的认识将更加深入。

7. 污泥颗粒化的优点

（1）细菌形成颗粒状的聚集体是一个微生态系统，其中不同类型的种群组成了共生或互生体系，有利于形成细菌生长的条件并有利于有机物的降解；

（2）颗粒的形成有利于其中的细菌对营养的吸收；

（3）颗粒使发酵菌中间产物的扩散距离大大缩短，这对复杂有机物的降解具有重要意义；

（4）在废水性质（如 pH 值、毒物浓度等）突然变化时，颗粒污泥能维持一个相对稳定的微环境，使代谢过程继续进行。

厌氧颗粒污泥是由产甲烷菌、产乙酸菌和水解发酵菌等构成的自凝聚体，其良好的沉淀性能和产甲烷活性是升流式厌氧污泥床反应器成功的关键。

UASB 作为一种高效厌氧生物反应器，在世界范围内被大量应用而且运转非常成功。其最大特点就是能够形成沉降性能良好、产甲烷活性高的颗粒污泥。厌氧颗粒污泥的形成使 UASB 中有较高的生物相，从而确保厌氧生化过程稳定高效地运行。

思考题

1. 说明厌氧生物处理的原理。

2. 为什么厌氧生物处理废水的 pH 值要维持在 6.8～7.2？从参加的微生物的生理特性方面分析。

3. 比较说明好氧生物法和厌氧生物法处理废水各有哪些特征？

4. 什么是污泥颗粒化？

5. 阐述影响厌氧颗粒污泥形成的主要因素。

6. 简述 UASB 反应器的结构组成及工艺原理。

第 10 章　生物脱氮除磷工艺原理与技术应用

含有大量营养成分的污水流入水体后，引起水体的富营养化现象在世界各地日趋严重，已成为人类所面临的严重的水环境问题之一。引起水体富营养化的主要营养成分有氮、磷、钾和有机碳等。污水中的有机碳经一般的生物处理后能基本除去，氮、磷之外的其他成分相对于富营养化发生过程中的需求量极低，不会成为富营养化的限制因子。因此，引起藻类大量繁殖的主要因子是氮和磷。所以防止水体富营养化的主要任务是控制污染源，降低污水中的氮、磷含量。

氮、磷的去除可用化学法，也可用生物法。但化学法的处理费用较高，而且有大量的污泥产生，而传统的生物法去除效率较差，难以满足出水水质的要求，这是因为细菌为了合成菌体虽然需要氮和磷，但所需数量有限。

10.1　水体中氮和磷的危害

自 20 世纪 50 年代以来，水体富营养化现象已成为世界上重要的水环境污染问题。富营养化通常是指在人类活动的影响下，生活污水、化肥和食品等工业废水、降水以及地表径流中含有的大量氮、磷及其他无机盐等植物营养物质输入水库、湖泊、河口、海湾等缓流水体后，引起藻类及其他浮游生物迅速繁殖，水体溶解氧下降，水质恶化，鱼类及其他生物大量死亡的现象。

10.1.1　水体富营养化

1. 水体中氮的危害

氮是生命体中最重要的元素之一，它在水体中通常以有机氮和无机氮两种形态存在。前者有蛋白质、多肽、氨基酸和尿素等，它们来源于生活污水、农业废弃物（植物秸秆、牲畜粪便等）和某些工业废水（如羊毛加工、制革、印染、食品加工等），这些有机氮经微生物分解后转化为无机氮；水中的无机氮指氨氮、亚硝态氮和硝态氮（这 3 种无机氮统称为氮化合物），它们一部分是由有机氮经微生物分解转化后形成的，还有一部分是来自施用氮肥的农田排水和地表径流以及某些工业废水。在一定的条件下各种形式的氮可以相互转化。

通常以总氮（Total Kjelddly Nitrogen，TKN）来表示污水中各种氮的总量。对于城市污水，经过二级处理后，除部分氮被微生物用于合成细胞外，大部分转化为氨氮，如表 10-1 所示氮化合物是营养物质，过多的氮化合物进入水体将恶化水体质量，影响渔业发展和危害人体健康。因此，水体氮污染问题正日益受到人们关注。氮污染的主要危害为：

（1）氨氮排入水体会因硝化作用而耗去大量的氧造成水体溶解氧下降。氨氮在硝化细菌作用下被氧化为硝酸盐，氧化 lmg 的 NH_4^+-N 为 NO_3^--N 要消化水体的溶解氧 4.57mg。

（2）藻类的代谢会使水体变色并产生难闻的气味，影响感观；水体富营养化后，藻类的大量繁殖将降低水的质量；蓝绿藻产生的毒物可危害鱼和家畜；藻类的腐烂还能引起溶解氧的大大减少；进行水处理时，由于滤池易被堵塞，缩短了冲洗周期，增加水处理费用。

（3）氮化合物对人和生物有毒害作用。硝酸盐和亚硝酸盐有可能转化为亚硝胺，而亚硝胺是致癌、致突变和致畸物质，对人体有潜在的威胁。饮用水中硝态氮超过 10mg/L 会引起婴儿的高铁血红蛋白症，亚硝酸可使血红素中的 Fe^{2+} 转化为 Fe^{3+} 而失去结合氧的能力。水中亚硝酸氮超过 1mg/L 时，会使水生生物的血液结合氧的能力降低；超过 3mg/L 时，可在 24～96h 使鱼类死亡。

（4）氨氮会与氯发生作用生成氯胺，并被氧化为氮。当以含有较高浓度氨氮的水体作为水源，或对含氨氮量较高的污水处理厂出水进行消毒时，要增加氯消耗量。

城市污水的含氮量和传统处理方法的除氮效率 **表 10-1**

项目	未处理污水	一级处理出水		二级处理出水	
	含氮量(mg/L)	含氮量(mg/L)	去除率	含氮量(mg/L)	去除率
有机氮	10～25	7～20	10%～40%	3～6	50%～80%
①溶解的	4～15	4～15	0	1～3	50%～80%
②悬浮的	4～15	2～9	40%～70%	1～5	50%～80%
NH_4^+-N	10～30	10～30	0	10～30	<10%
NO_2^--N	0～0.1	0～0.1	0	0～0.1	很低
NO_3^--N	0～0.5	0～0.5	0	0～0.5	很低
TKN	15～50	15～40	5%～25%	10～40	25%～55%

2. 水体中磷的危害

磷是生物圈中非常重要的元素之一，它不仅是生物细胞的重要组成成分，而且在遗传物质的组成和能量的贮存中都不可缺少，生物的核酸、卵磷脂、ATP 和植酸中都含有磷。

有机磷在微生物的作用下，可通过矿化作用转化为无机磷。无机磷以不溶性和可溶性磷酸盐两种形式存在，不溶性磷酸盐在某些产酸微生物的作用下转化成可溶性磷酸盐，后者同某些盐基化合物结合，转化成不溶的钙盐、镁盐、铁盐等。上述种种途径就构成了磷在自然界中的循环。

磷主要通过人体排泄物、洗涤剂中的增强一缩合无磷酸盐化合物、农药和化肥等形式进入废水中。污水中的磷主要以磷酸盐（$H_2PO_4^-$，HPO_4^{2-}）、聚磷酸盐（poly-P）和有机磷的形式存在。聚磷酸盐或有机磷在水溶液中经过水解或生物降解，最后都会转化为正磷酸盐。正磷酸盐在水溶液中呈溶解状态，在接近中性的 pH 值条件下，主要以 HPO_4^{2-} 的形式存在。

随着工业、农业生产的增长，人口的增加，含磷洗涤剂和农药、化肥的大量使用，近年来水体磷污染日益加剧。磷是造成水体富营养化的重要因子。受磷污染的水体、藻类会大量繁殖，藻体死亡后分解会使水体产生霉味和臭味，许多藻类还会产生毒素，进而通过食物链影响人类的健康。

3. 水体富营养化

水体富营养化（eutrophication）是指在人类活动的影响下，生物所需要的氮、磷等营养物质大量进入湖泊、河湖、海湾等缓流水体，引起藻类及其他浮游生物迅速繁殖，水体溶解氧量下降，水质恶化，鱼类及其他生物大量死亡的现象。在自然条件下，湖泊也会从贫营养状态过渡到富营养状态，不过这种自然过程非常缓慢。而人为排放含营养物质的工业废水和生活污水所引起的水体富营养化则可以在短时间内出现。水体出现富营养化现象时，主要表现为浮游生物大量繁殖，因占优势的浮游生物的颜色不同，水面往往呈现蓝色、红色、棕色、乳白色等，这种现象在江河、湖泊中称为“水华”（淡水水体中藻类大量繁殖的一种自然生态现象）或“湖靛”，在海洋则称为“赤潮”。

（1）水体富营养化的原因

氮、磷是植物生长重要且必需的营养物质，随着化肥、洗涤剂和农药的普遍使用，以及未经处理的城市污水大量排放入水体，使得水体中磷、氮等植物营养元素数量大大增加，而且各种元素之间的比例和它们存在的形式又非常适宜于被水生植物如藻类所利用，刺激了它们大量繁殖，在表层水中形成了巨大的生物量，导致淡水水体中的“水华”和海水中的“赤潮”发生，即造成水体富营养化。

富营养和贫营养最初是 Weber 用于描述泥炭沼的营养条件提出的，以后由 Nauman 引入湖沼学，用于阐述湖泊分类与演化方面的概念，一直沿用至今。湖沼学家一致认为富营养化是水体衰老的一种表现，它既可以在湖泊、水库这样的水体里发生，也可以在近海海域等缓流水体里发生，是一种十分缓慢的自然过程。但如果水体受到氮、磷等植物营养性物质污染后，就可以使富营养化进程大大加速。因此，现在人们将富营养化看作是氮、磷等植物营养性物质含量过多所引起的水质污染现象，并把这一现象当作湖泊演化过程中逐渐衰亡的一种标志。

与富营养化关系密切的藻类，被报道较多的是蓝藻（蓝细菌）中的微囊藻属（*microcystis*）、腔球藻属（*coelosphaerium*）和鱼腥藻属（*anabaena*）。根据中国科学院海洋研究所研究人员的研究，我国渤海湾的“赤潮”生物主要是：夜光藻（*Noctiluca miKalis*）、中肋骨条藻（*Skeletonema costatum*）、微型原甲藻（*Prorocentrum minimum*）及红海束毛藻（*Trichodesmium erythrahum*）等。国外学者的研究标明，形成赤潮的生物除上述种类外，还有腰鞭毛虫（*Dinoflagellata*）、裸甲藻（*Gymnodinium aeiuginosum*）、短裸甲藻（*G. breve*）、棱角甲藻（*Ceratiiun fiisus*）、角刺藻（*Chaetoceras*）、卵形隐藻（*Cryptomonas ovata*）、无纹多沟藻（*Polykrikos schwaitzi*）等数十种。有人分析，发生赤潮时海水中铁、锰的含量可比通常情况下高 10～20 倍，其他，如维生素 B_{12}、四氮杂茚、间二氮杂苯等有机氮化合物的含量也大为增加。赤潮的发生还同海区的气象、水文条件有关，一般认为，在阳光强烈、水温升高、海水停滞、海面上空气流稳定，以及水底层出现无氧和低氧水团时，赤潮生物大量繁殖，形成集结群体的有利自然条件。

在适宜的光照、温度、pH 值和具备充分营养物质的条件下，天然水体中的藻类进行光合作用，合成本身的原生质。植物营养的组成、各营养成分之间的含量比例、单位时间的负荷量，以及营养元素的限制性是决定湖泊水体营养贫富程度的基本因素。Stumm 曾对水体中藻类的新陈代谢过程进行了研究，其研究结果表明：在光合作用下，有机物生成速度 P 和异养呼吸对有机物分解速度 R 之间呈静止状态。可用简单的化学计量关系来表征这种状态。反应式为：

$$106CO_2 + 16NO_3^- + HPO_4^{2-} + 122H_2O + 18H^+ + \text{能量} + \text{微量元素} \quad (10\text{-}1)$$

$$P \downarrow \uparrow R$$

$$\{C_{106}H_{263}O_{110}N_{16}\}P_1 + 138O_2$$

反应式的化学计量关系以一种简单的方式反映了利贝格最小定律：植物生长取决于外界供给它所需要的养料中数量最少的那一种。可以看出，在藻类分子量所占的重要百分比中磷最小，氮次之。可以看出，藻类繁殖的程度主要取决于水体中氮、磷的含量，当供应量充足时，藻类可以得到充分增殖；如果供应量受到限制，则藻类的生产量就将随之受到限制。一般认为，当水体中的总磷超过 0.02mg/L，无机氮为 0.3mg/L 以上时，即可认为水体处于富营养化。

一些学者研究认为，水体中氮、磷浓度的比值与藻类增殖有着密切的关系。日本学者坂 本曾指出，当湖水的总氮和总磷浓度的比值在 10∶1～25∶1 的范围时，藻类生长与氮、磷存在着直线相关关系。另一位日本学者合田健进而提出，当湖水中总氮与总磷的浓度比值在 12∶1～13∶1 时，最适宜于藻类增殖。我国学者在对武汉东湖水质富营养化演变过程进行研究时发现，湖水中氮与磷的浓度比值为 11.8∶1～15.5∶1，平均值为 12∶1 时，有利于藻类生长，从而造成水华盈湖的局面。若总氮对总磷的浓度比值小于此值时，则藻类增殖可能受到影响。还有的学者研究认为，当总氮与总磷的浓度比值低于 4 以下时，氮很可能成为湖泊水质富营养化起决定性作用的限制因素。

（2）水体富营养化的危害

富营养化会影响水体的水质，会造成水的透明度降低，使得阳光难以穿透水层，从而影响水中植物的光合作用，可能造成溶解氧的过饱和状态。溶解氧的过饱和以及水中溶解氧少，都对水生动物有害，造成鱼类大量死亡。同时，因为水体富营养化，水体表面生长着以蓝藻、绿藻为优势种的大量水藻，形成一层“绿色浮渣”，致使底层堆积的有机物质在厌氧条件分解产生的有害气体和一些浮游生物产生的生物毒素也会伤害鱼类。因富营养化水中含有硝酸盐和亚硝酸盐，人畜长期饮用这些物质含量超过一定标准的水，也会中毒致病。在形成“绿色浮渣”后，水下的藻类会因得不到阳光照射而呼吸水内氧气，不能进行光合作用。水内氧气会逐渐减少，水内生物也会因氧气不足而死亡。死去的藻类和生物又会在水内进行氧化作用，这时水体也会变得很臭，水资源也会被污染的不可再用。

富营养化造成的危害是严重的，特别是湖泊、水库、内海、河口等水体，水流缓慢，停留时间长，既适合于植物营养素的积聚，又适合于水生植物的繁殖。水体中由于藻类和异养细菌的代谢活动，耗尽了水中的溶解氧，大量的藻类覆盖在水面上，大气中的氧不易溶于水，造成水体缺氧，使浮游动物、鱼类无法生存。富营养化的水体底部沉积着很丰富的有机物，在水体缺氧的情况下，这些有机物加剧了水体底泥的厌氧发酵，如：沼气发酵、硫酸盐还原反应等，相应地引起了微生物种群、群落的演变。

在富营养化水体中，藻类大量繁殖聚集成团块，漂浮于水面，影响水的感观性状。在用作自来水水源时，这些藻类常常堵塞水厂的滤池，并使水质出现异臭或异味。藻类产生的黏液可黏附于水生动物的腮上，影响其呼吸，导致其窒息死亡，如夜光藻等，对养殖鱼类的危害就很大。有些赤潮藻，大量繁殖时分泌的有害物质，如氨、硫化氢等可以危害水体的生态环境，并使其他生物中毒，造成生物群落结构异常。世界上许多国家的近海水域时有赤潮发生，且次数明显增加，经济损失严重。据报道，1987 年美国纽约的萨福克县发生赤潮，经济损失在 18 亿美元以上；1987～1991 年在濑户内海发生的赤潮造成日本经济损失达 111.52 亿日元；1988 年在马来西亚发生的赤潮给沙巴造成损失近 2 亿美元；1989 年在我国渤海沿岸发生的赤潮造成的损失达 3.4 亿元人民币；1998 年春在珠江口发生的赤潮给广东省渔业造成 4000 万元人民币的经济损失，使香港损失约 1 亿港元。

有些藻类能产生毒素，如麻痹性贝毒、腹泻性贝毒、神经性贝毒等，而贝类（蛤、蛇、蚌等）能富集此类毒素，人食用了被毒化了的贝类后可发生中毒甚至死亡。1982年印度东部沿岸曾发生麻痹性贝毒中毒事件，造成85人中毒，3人死亡；1983年菲律宾发生的贝毒中毒事件，使700人中毒，21人死亡；1986年12月我国福建省居民因食用受赤潮毒素污染的贝类，造成135人中毒，1人死亡。富营养化湖泊中的优势藻，如蓝藻（又称蓝细菌）的某些种类可产生藻类毒素，如铜绿微囊藻等能产生多肽类毒素，水华鱼腥藻等能产生生物碱毒素（如鱼腥藻毒素a）。有资料表明，一种藻可产生多种毒素，且不同时间、不同地点的藻样，其产毒条件、产毒量或毒素成分有一定的差异。铜绿藻毒素可致野生动物和家畜中毒死亡，病理检查时，可见肝脏充血、水肿，肝脏中央坏死，肝细胞和肝内皮细胞破坏；电镜检查时，可见肝细胞内质网、线粒体等亚细胞成分明显受损，肝窦扩张，严重时细胞崩解。近年来人们研究发现，微囊藻粗毒素可明显增强3-甲基胆芯及有机污染物启动的细胞恶性转化，在二阶段诱导的细胞转化中能激活咬癌基因。微囊藻毒素与促癌剂大田软海绵酸（ocadaic acid）相似，可以强烈抑制细胞蛋白磷酸酶的活性，此酶是逆转蛋白激酶C的主要酶，其活性抑制将导致细胞内蛋白磷酸化，继之影响与细胞生长有关的因子表达，而且，可能在某些癌症的发生中起重要作用。鱼腥藻毒素a则是很强的烟碱样神经肌肉去极化阻断剂。藻类毒素对人体健康的影响已受到人们的重视，因为此等毒素一旦进入水中，一般供水净化处理系统和家庭煮沸都不能使之全部失活。

在这里，应着重指出硝酸盐对人类健康的危害，硝酸盐本身是无毒的，在水中检出硝酸盐即说明有机物已经分解。但是人们现在发现，硝酸盐在人的胃中可能还原为亚硝酸盐，亚硝酸盐又能在人体内与仲胺合成亚硝胺，而亚硝胺则是致癌、致变异和致畸胎的所谓“三致”物质。此外，饮用水中硝酸盐氮含量过高还会在婴儿体内产生变性血红蛋白，因此，国家制定了地表水环境质量标准，规定饮用水中硝酸盐氮的含量不得超过10mg/L。

（3）引起水体富营养化过量氮磷的来源

水体中过量的氮、磷等营养物质主要来自未加处理或处理不完全的工业废水和生活污水、有机垃圾和家畜家禽粪便以及农施化肥，其中最大的来源是农田上施用的大量化肥。农田径流挟带的大量氨氮和硝酸盐氮进入水体后，改变了其中原有的氮平衡，促进某些适应新条件的藻类种属迅速增殖，覆盖了大面积水面。例如我国南方水网地区一些湖汊河道中从农田流入的大量的氮促进了水花生、水葫芦、水浮莲、鸭草等浮水植物的大量繁殖，致使有些河段影响航运。在这些水生植物死亡后，细菌将其分解，从而使其所在水体中增加了有机物，导致其进一步耗氧，使大批鱼类死亡。最近，美国的有关研究部门发现，含有尿素、氨氮为主要氮形态的生活污水和人畜粪便，排入水体后会使正常的氮循环变成“短路循环”，即尿素和氨氮的大量排入，破坏了正常的氮、磷比例，并且导致在这一水域生存的浮游植物群落完全改变，原来正常的浮游植物群落是由硅藻、鞭毛虫和腰鞭虫组成的，而这些种群几乎完全被蓝藻、红藻和小的鞭毛虫类（Nannochloris属，Stichococcus属）所取代。

水体中的过量磷主要来源于肥料、农业废弃物和城市污水。据有关资料说明，在过去的15年内地表水的磷酸盐含量增加了25倍，在美国进入水体的磷酸盐有60%是来自城市污水。在城市污水中磷酸盐的主要来源是洗涤剂，它除了引起水体富营养化以外，还使许多水体产生大量泡沫。水体中过量的磷一方面来自外来的工业废水和生活污水；另一方面还有其内源作用，即水体中的底泥在还原状态下会释放磷酸盐，从而增加磷的含量，特别是在一些因硝酸盐引起的富营养化的湖泊中，由于城市污水的排入使之更加复杂化，会使该系统迅速恶化，即使停止加入磷酸盐，问题也不会解决。这是因为多年来在底部沉积了大量的富含磷酸盐的沉淀物，它由于不溶性的铁盐保护层作用通常是不会参与混合的。但是，当底层水含氧量低而处于还原状态时（通常在夏季分层时出现），保护层消失，从而使磷酸盐释入水中所致。

由于雨、雪对大气的淋洗和对磷灰石、硝石、鸟粪层的冲刷，使一定量的植物营养物质汇入水体。Browman 等人的分析结果是：城镇住房地区径流中所含颗粒磷约占磷的 40%，磷酸盐中磷约占总磷的 53% ，而农村地区则不同，它们分别为 62%和 3%。Grahan 等人研究了磷从空气中传播输入的污染量，他们检测了大气中磷的浓度，计算了磷的沉积率，发现每年约有 320×10^{10} g 的磷从空中沉积到陆地，沉积率为 0.7～10μg/(m^2 · 年)。空气中磷的主要来源是土壤颗粒、海盐颗粒以及工业源，其中包括磷酸盐工业和固定燃烧源等。Adams 等人在研究安大略中南部湖泊过程中发现，冰和雪中所含的磷负荷量也是很重要的因素，应该计算在内，冰雪中合计的磷负荷可占陆、水总负荷的 22%。

据调查，每年流入美国威斯康星州蒙大拿湖中的磷约为 21t，其中 36%来自生活污水和工业废水，17%来自市区地面的雨水；流入湖中的氮约为 215t，其中 10%来自生活污水和工业废水，6%来自市区地面的雨水。

（4）水体富营养化的认定指标

在湖泊水体中，凡生产者、还原者、消费者达到生态平衡的湖泊属于调和型的湖泊。这种类型的湖泊又可依据湖水营养化程度的高低分为贫营养化湖、低营养化湖、中营养化湖和富营养化湖。在另一种所谓非调和型的湖泊中，不存在能生产有机物质的生产者，这类湖泊可分为腐殖质营养湖和酸性湖两类。

对于调和型的湖泊，国外许多学者根据湖水营养物质的浓度、藻类所含叶绿素-a 的量、湖水的透明度，以及需氧量等各项指标来划分水质营养化程度，并以此作为判断水质营养化 程度的标准，如 Gekstatter 提出的划分水质营养状态的标准，在水质富营养化研究中被美国环保局（EPA）采用，其标准见表 10-2。

Gekstatter 划分水质营养程度的主要参数和标准　　表 10-2

参数项目	单位	贫营养	中营养	富营养
总磷浓度	mg/L	<0.01	0.01～0.02	>0.02
叶绿素-a 浓度	μg/L	<4	4～10	>10
透明度	m	>3.7	2.0～3.7	<2.0
溶解氧饱和度	%	>80	10～80	<10

日本学者相崎守弘等人在研究湖泊富营养化时，把水质营养状态与水体中的总氮、总磷、叶绿素、悬浮物（有机物、无机物）、耗氧量以及细菌总数等水质参数联系起来，根据这些参数的浓度或含量来评分确定富营养化程度，水质富营养化程度愈严重，则评分愈高（如表 10-3 所示）。

水质富营养化程度与水质参数关系评分标准　　表 10-3

营养程度评分	叶绿素(μg/L)	透明度(m)	总磷(μg/L)	悬浮物(mg/L)	悬浮物有机碳(μg/L)	悬浮物有机氮(μg/L)	总氮(mg/L)	耗氧量(mg/L)	细菌总数(个/mL)
0	0.10	48	0.4	0.04	0.02	3	0.010	0.06	4.2×10^4
10	0.26	27	0.9	0.09	0.05	6	0.020	0.12	8.3×10^4
20	0.66	15	2.0	0.23	0.10	13	0.040	0.24	1.6×10^5
30	1.60	8	4.6	0.55	0.21	29	0.079	0.48	3.2×10^5
40	4.10	4.4	10.0	1.30	0.44	62	0.160	0.96	6.4×10^5
50	10.00	2.4	23.0	2.10	0.92	130	0.310	1.80	1.3×10^6
60	26.00	1.3	50.0	7.70	1.90	290	0.650	3.60	2.5×10^6
70	64.00	0.73	110.0	19.00	4.10	620	1.200	7.10	4.9×10^6
80	160.00	0.40	250.0	45.00	8.60	1340	2.300	14.0	9.6×10^6
90	400.00	0.22	555.0	108.00	18.00	2900	4.600	27.00	1.9×10^7
100	1000.00	0.12	1230.0	160.00	38.00	6500	91.000	54.00	3.8×10^7

我国学者根据调查研究，把湖泊水体营养化程度分为 5 级，如表 10-4 所示。

湖泊水体富营养化的分级　　表 10-4

评价指标	贫营养	贫一中	中一富	富营养	重度富营养
总磷(mg/L)	<0.001	0.001～0.005	0.005～0.02	0.02～0.05	>0.05
总氮(mg/L)	<0.1	0.1～0.2	0.2～0.3	0.3～1	>1
BOD(mg/L)	<1	1～3	3～5	5～8	>8
COD(mg/L)	1	3	5	8	12
透明度(m)	>4	4～2	2～1	1～0.5	<0.5

另外，Vdlenweider 认为湖泊的富营养化除了与水中的营养物质浓度有关外，还与营养 物质的负荷有关，并提出了不同水深湖泊的负荷量标准，如表 10-5 所示。

湖泊水体富营养化的负荷标准　　表 10-5

湖泊平均水深(m)	容许负荷［g/（m^2·a)］		危险负荷［g/（m^2·a)］	
	总氮	总磷	总氮	总磷
5	1.0	0.07	2.0	0.10
10	1.5	0.10	3.0	0.20
50	4.0	0.25	8.0	0.50
100	6.0	0.40	12.0	0.80
150	7.5	0.50	15.0	1.00
200	9.0	0.60	18.0	1.20

根据上述标准，我国许多大、中型湖泊均面临着富营养化的问题，有些湖泊的营养物质浓度大大超过了氮磷富营养化的发生浓度，有些湖泊的总氮浓度甚至高达 10 倍以上，如表 10-6 所示。据初步估计，我国受污染或达中一富营养化的湖泊水域面积已达淡水湖

泊总面积的一半左右，并有增加的趋势。由此可见，富营养化已成为我国水环境中最为重要的环境问题。

我国某些湖泊的营养状态 **表 10-6**

湖名	总磷(mg/L)	溶解氧(mg/L)	总氮(mg/L)	叶绿素-a(mg/L)	透明度(m)
太湖	0.052	9.00	2.14	5.35	0.50
鄱阳湖	0.148	7.87	2.38	0.55	1.05
洞庭湖	0.190	9.17	1.11	1.38	0.35
巢湖	0.204	7.95	2.30	14.98	0.25
南京玄武湖	0.970	8.31	3.90	99.28	0.27
杭州西湖	0.170	8.28	3.10	56.58	0.55
滇池草海	0.083	4.93	8.60	138.64	0.36
武汉墨水湖	0.740	4.52	20.8	153.59	0.24

(5) 防治对策

富营养化的防治是水污染处理中最为复杂和困难的问题。这是因为：

①污染源的复杂性，导致水质富营养化的氮、磷营养物质，既有天然源，又有人为源；既有外源性，又有内源性。这就给控制污染源带来了困难；

②营养物质去除的高难度，至今还没有任何单一的生物学、化学和物理措施能够彻底去除废水的氮、磷营养物质。通常的二级生化处理方法只能去除 30%～50%的氮、磷。

1) 控制外源性营养物质输入

绝大多数水体富营养化主要是外界输入的营养物质在水体中富集造成的。如果减少或者截断外部输入的营养物质，就使水体失去了营养物质富集的可能性。为此，首先应该着重减少或者截断外部营养物质的输入，控制外源性营养物质，应从控制人为污染源着手，应准确调查清楚排入水体营养物质的主要排放源，监测排入水体的废水和污水中的氮、磷浓度，计算出年排放的氮、磷总量，为实施控制外源性营养物质的措施提供可靠的科学依据。

2) 减少内源性营养物质负荷

输入到湖泊等水体的营养物质在时空分布上是非常复杂的。氮、磷元素在水体中可能被水生生物吸收利用，或者以溶解性盐类形式溶于水中，或者经过复杂的物理化学反应和生物作用而沉降，并在底泥中不断积累，或者从底泥中释放进入水中。减少内源性营养物负荷，有效地控制湖泊内部磷富集，应视不同情况，采用不同的方法。

(6) 防治方法

国外许多国家已经认识到，政府对污水采用三级处理，去除点源污水中的氮和磷，加以回收再利用是最先进、最经济、最有效的防治水体富营养化的积极措施。

1) 工程性措施

包括挖掘底泥沉积物、进行水体深层曝气、注水冲稀以及在底泥表面敷设塑料等。挖掘底泥，可减少以至消除潜在性内部污染源；深层曝气，可定期或不定期采取人为湖底深层曝气而补充氧，使水与底泥界面之间不出现厌氧层，经常保持有氧状态，有利于抑制底泥磷释放。此外，在有条件的地方，用含磷和氮浓度低的水注入湖泊，可起到稀释营养物质浓度的作用。

2）化学方法

这是一类包括凝聚沉降和用化学药剂杀藻的方法，例如有许多种阳离子可以使磷有效地从水溶液中沉淀出来，其中最有价值的是价格比较便宜的铁、铝和钙，它们都能与磷酸盐生成不溶性沉淀物而沉降下来。例如美国华盛顿州西部的长湖是一个富营养水体，1980年10月用向湖中投加铝盐的办法来沉淀湖中的磷酸盐。在投加铝盐后的第四年夏天，湖水中的磷浓度则由原来的65μg/L降到30μg/L，湖泊水质有较明显的改善。在化学法中，还有一种方法是用杀藻剂杀死藻类。这种方法适合于水华盈湖的水体。杀藻剂将藻杀死后，水藻腐烂分解仍旧会释放出磷，因此，应该将被杀死的藻类及时捞出，或者再投加适当的化学药品，将藻类腐烂分解释放出的磷酸盐沉降。

3）生物性措施

利用水生生物吸收利用氮、磷元素进行代谢活动以去除水体中氮、磷营养物质的方法。有些国家开始试验用大型水生植物污水处理系统净化富营养化的水体。大型水生植物包括凤眼莲、芦苇、狭叶香蒲、加拿大海罗地、多穗尾藻、丽藻、破铜钱等许多种类，可根据不同的气候条件和污染物的性质进行适宜的选栽。水生植物净化水体的特点是以大型水生植物为主体，植物和根区微生物共生，产生协同效应，净化污水。经过植物直接吸收、微生物转化、物理吸附和沉降作用除去氮、磷和悬浮颗粒，同时对重金属分子也有降解效果。水生植物一般生长快，收割后经处理可作为燃料、饲料，或经发酵产生沼气。这是国内外治理湖泊水体富营养化的重要措施。

近年来，有些国家采用生物措施控制水体富营养化，也收到了比较明显的效果，称之为生物操纵（biomanipulation）。例如德国近年来采用了生物控制，成功地改善了一个人工湖泊（平均水深7m）的水质。其办法是在湖中每年投放食肉类鱼种，如狗鱼、鲈鱼去吞食吃浮游动物的小鱼，几年之后这种小鱼显著减少，而浮游动物（如水蚤类）增加了，从而使作为其食料的浮游植物量减少，整个水体的透明度随之提高，细菌减少，氧气平衡的水深分布状况改善。但也发现，浮游植物种群有所改变，蓝绿藻生长量比例增高，因为它们不能被浮游动物捕食，为此可以放鲢鱼来控制这种藻类的生长。

对于河湖水体富营养化治理，各个国家和地区采用不同的物理、化学、生物方法对其进行预防、控制和修复，并且取得了一定的成效。主要的物理处理方法有底泥疏浚、引水冲洗、机械曝气等，一方面工程量巨大、运行成本高；另一方面对污染严重的河湖进行底泥疏浚，易导致底层的沉积物发生悬浮和扩散，促进了沉积物中的氮、磷营养盐及其所吸附的金属离子的释放，从而使水体环境面临受沉积物中释放的重金属离子及氮、磷营养盐二次污染的风险；化学方法有投加混凝剂和除藻剂等，虽然能在短期内取得一定效果，但也存在着治理不彻底、成本高的问题，特别是会产生二次污染，引发新的生态问题；现流行的生物和生态修复，通过微生物降解和水生植物的吸收、转移或生态浮床、滤床的过滤、吸附等措施来消减水体中的氨氮。此类方法虽然避免了二次污染问题，但受自然环境影响大，要求条件苛刻，同时相对于其他处理技术而言，更有周期长、见效慢的缺点。

10.1.2 城市污水的含氮量和传统处理方法的除氮效率

长期以来，城市污水处理均以去除有机物BOD和悬浮物SS为目的，没有考虑对氮、磷等无机营养物质的去除，所以在污水处理中仅有10%～20%的氮、磷被去除，而大部分氮、磷仍存在于处理水中，使大量的氮、磷排入水体造成污染。所以对城市污水不仅应该去除 BOD 和 SS，而且还应进行脱氮除磷处理。

1. 城市污水的含氮量

城市生活污水中含有丰富的氮、磷，其中粪便是生活污水中氮的主要来源，而含磷洗涤剂的大量使用则使生活污水中磷的含量显著增加，如美国生活污水中 50%～70%的磷来自洗涤剂。生活污水中氮、磷的含量与人们的生活习惯有关，且因地区和季节的不同而不同。美国的生活污水中平均含氮每人每年 3kg，含磷 0.9kg；日本的生活污水中平均含氮每人每年 4.5kg，含磷 0.5kg。表 10-7 所列举的是我国几个城市污水中氮、磷的含量，供参考。由于缺乏必要的监督和管理，一些工业废水直接排入水中，其中某些工业废水中含有大量的氮、磷等植物营养物质，如表 10-8 所示。

我国几个城市尾水中氮、磷含量　　表 10-7

城市	总氮(mg/L)	氨氮(mg/L)	磷(mg/L)	钾(mg/L)
北京市	26.7～55.4	22～48	11～39	5.2～11.7
上海市	78～93	18.9～79.7		10.1～19.5
天津市	50	3	3.2	10.0
南京市	33		11	15
武汉市	28.7～47.5	25.2～40.3	11.5～34.5	3.1
西安市	36	3.7～4.8	4～21	13.4
哈尔滨市	63～67	25～30		19.5

某些工业废水中氮、磷含量　　表 10-8

工业废水	总氮(mg/L)	氨氮(mg/L)	磷(mg/L)	钾(mg/L)
洗毛废水	584～997	120～640		
含酚废水	14.0～180	2～10	3～17	8～13
制革废水	30～37	16～20	6～8	70～75
化工废水	30～76	28～56	1～12	1～16
造纸废水	20～22	4～8	8～12	10～15

2. 传统处理方法的除氮效率

由于传统工艺运行的污水处理厂没有深度净化功能，常规的活性污泥法采用的污泥负荷为 0.2～0.3kgBOD_5/(kgMLSS・d)，曝气池活性污泥浓度控制在 2～3g/L 之间，泥龄维持在 4～5d 以内。由于泥龄短，活性污泥中硝化菌的增殖速率小于其随剩余污泥排出的速率，因而常规活性污泥法在满负荷的条件下，氨氮去除率低，一般仅为 20%～30%。

10.2　废水生物脱氮原理与技术

生活废水和工业废水中经常含有含氮类物质，其中以氨氮最为常见，水中的含氮类化合物如不经过妥善处理排入水体，会使水体发生富营养化的危险，因此需对排入水体的废水进行脱氮处理。污水含氮物质包括无机氮和有机氮两部分，无机氮包括氨氮、亚硝酸盐、硝酸盐。在城市生活污水中亚硝酸盐和硝酸盐氮含量很低、不超过含氮总量的 1%。所以有机氮和氨氮是城市污水中氮存在的主要形态。新鲜的生活污水中氮的含量中有

60%是有机氮、40%的无机氮（氨氮）、污水中有机氮和氨氮的总量称为总凯氏氮(TKN)。废水处理工艺种类繁多，其中以生物脱氮工艺最为常见，生物脱氮工艺主要分为传统生物脱氮工艺和生物脱氮新工艺。

10.2.1 生物脱氮原理

1. 除氮菌

(1) 氨化菌

环境中绝大多数异养型微生物都具有分解蛋白质，释放出氨的能力。其中细菌中的芽孢杆菌、假单胞菌、梭状芽孢杆菌、分枝杆菌，真菌中的曲霉、木霉、毛霉、青霉以及镰刀霉的一些种具有较强的氧化能力。碱性土壤中的节细菌（*Arthrobacter*）是氨化作用的主要菌群，酸性条件下真菌中的一些种有很强的氨化能力。

(2) 硝化细菌

生物硝化是由两组化能自养菌一亚硝酸盐细菌（*Nitrosomonas*）和硝酸盐细菌（*Nitrobacter*）将氨氮转化为硝态氮的生化反应过程。硝化细菌几乎存在于所有污水处理的过程中，它们是革兰氏阴性菌，专性好氧、不生芽孢的短杆菌和球菌。硝化菌有强烈的好氧性，不能在酸性条件下生长，其生理活动不需要有机性营养物，以二氧化碳为唯一碳源，而且是通过氧化无机氮化物得到生长所需的能量。硝化菌和亚硝化菌的特征见表10-9。

硝化菌和亚硝化菌的特征　　表10-9

	硝化菌	亚硝化菌
细胞形状	椭球或棒状	椭球或棒状
细胞大小(μm)	1.0×1.5	0.5×1.0
革兰氏染色	阴性	阴性
世代周期(h)	8～36	12～59
自养性	专性	专性
需氧性	严格好氧	严格好氧
最大比生长率(μm/h)	0.04～0.08	0.02～0.06
产率系数 Y(mg细胞/mg基质)	0.01～0.13	0.02～0.07
半饱和常数 K_s(mg/L)	0.6～3.6	0.3～1.7

(3) 反硝化细菌

进行生物反硝化的微生物是反硝化细菌，反硝化细菌包括大量存在于污水处理系统的兼性异养菌，如变形补菌（*Proteus*）、假单胞菌（*Pseudomonas*）、小球菌（*Micrococcus*）、芽孢杆菌（*Bacillus*）、无色杆菌属（*Achromobacter*）、嗜气杆菌属（*Aerobaccter*）和产碱杆菌属（*Alcaligenes*）等，土壤微生物中约有50%是这一类具有还原硝酸能力的细菌。

生物脱氮是指污水中的含氮有机物（如蛋白质、氨基酸、尿素、脂类等），在生物处理过程中被异养型微生物氧化分解，转化为氨氮，然后由自养型硝化细菌将其转化为NO_3^-，最后再由反硝化细菌将其还原转化为N_2，从而达到脱氮的目的。

以活性污泥法和生物膜法为代表的废水生物处理技术，其传统功能只是去除废水中呈溶解状态的有机污染物。至于氮、磷等植物性营养物质，只能去除由于细菌细胞的生理需要而摄取的数量，氮的去除率为 20%～40%，而磷的去除率仅达 5%～20%。

在废水生物处理系统中，可以利用自然界存在氮循环的自然现象，采用适当的运行方式，达到废水脱氮的效果。生物脱氮过程如图 10-1 所示。

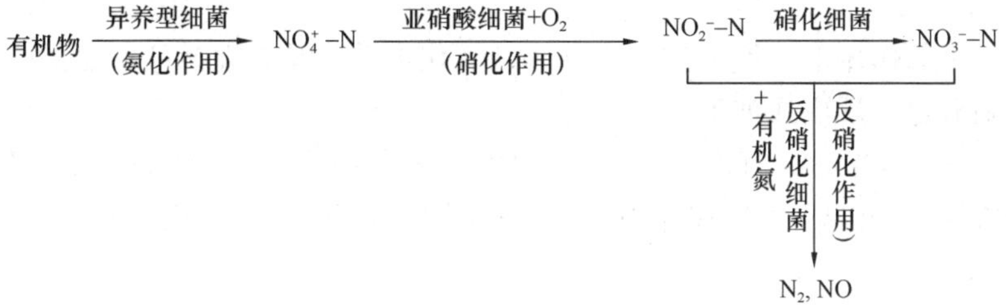

有机物 —异养型细菌（氨化作用）→ NO_4^+-N —亚硝酸细菌+O_2（硝化作用）→ NO_2^--N —硝化细菌→ NO_3^--N

+有机氮 反硝化细菌（反硝化作用）→ N_2, NO

图 10-1　生物脱氮过程

(4) 氨化作用

氨化作用是指含氮有机物经微生物降解释放的过程。这里的含氮有机物一般指动植物和微生物残体以及它们的排泄物、代谢物中所含的有机氮化合物。

1) 蛋白质的分解

蛋白质的氨化过程是指在微生物产生的蛋白酶作用下进行水解，生成多肽与二肽，然后由肽酶进一步水解生成氨基酸：

$$\text{蛋白质} \xrightarrow{\text{蛋白酶}} \text{多肽(二肽)} \xrightarrow{\text{肽酶}} \text{氨基酸}$$

氨基酸在氨化菌的作用下，使有机氮化合物分解，转化为氨态氮，其反应式为：

$$RCHNH_2COOH + O_2 \longrightarrow RCOOH + CO_2 + NH_3 \tag{10-2}$$

2) 核酸的分解

核酸的生物降解在自然界中相当普遍。据研究，从某些土壤中分离的微生物中，有 76%的菌株能产生核糖核酸酶，有 86%能产生脱氧核糖核酸酶。各种生物细胞中均含有大量核酸。微生物降解核酸的步骤如图 10-2 所示。

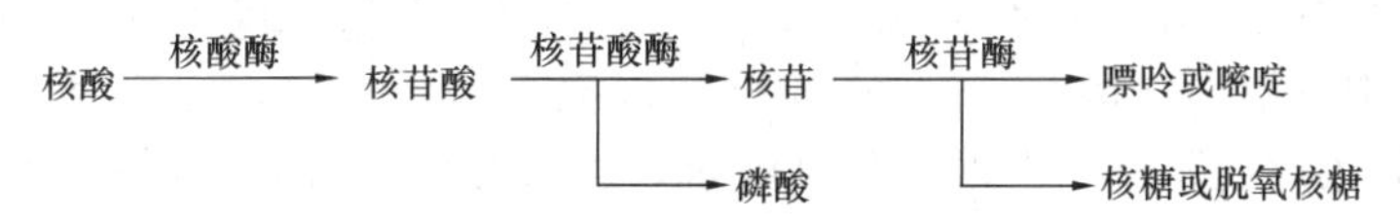

图 10-2　微生物降解核酸的步骤

3) 其他含氮有机物的分解

除了蛋白质、核酸外，还有尿素、尿酸、几丁质、卵磷脂等含氮有机物，它们都能被相应的微生物分解释放出氨。氨化反应速度很快，在一般的生物处理设备中均能完成，一般不作特殊考虑。

总之，氨化作用无论在好氧条件还是厌氧条件，酸性、中性还是碱性环境中都能进行，只是作用的微生物种类不同，作用的强弱不一。但当环境中存在一定浓度的酚或木质素—蛋白质复合物（类似腐殖的物质）时，会阻滞氨化作用的进行。

2. 硝化作用

(1) 生物硝化过程

生物硝化应用于污水生物处理中只需要脱氨，而不需要去除全部的氮（即允许氮以硝态氮、亚硝态氮形式存在）的情况。此外，生物硝化还用作为生物硝化—反硝化脱氮系统的第一步，或生物反硝化-硝化脱氮系统的第二步。因此，硝化作用的好坏将直接影响脱氮效率。

在硝化细菌的作用下，氨氮进一步分解、氧化。首先是在亚硝酸细菌的作用下，将氨氮转化为亚硝酸氮，反应式如下：

$$55NH_4^+ + 76O_2 + 109HCO_3^- \longrightarrow C_5H_7O_2N + 54NO_2^- + 57H_2O + 104H_2CO_3 \quad (10\text{-}3)$$

随后，亚硝酸氮（NO_2-N）在硝酸细菌的作用下，进一步转化为硝酸氮，其反应式如下：

$$400NO_2^- + NH_4^+ + 4H_2CO_3 + 195O_2 + HCO_3^- \longrightarrow C_5H_7O_2N + 400NO_3^- + 3H_2O \quad (10\text{-}4)$$

将以上两式合并，得到硝化的总反应式如下：

$$NH_4^+ + 1.86O_2 + 1.98HCO_3^- \longrightarrow 0.0206C_5H_7O_2N + 0.98NO_3^- + 1.04H_2O + 1.88H_2CO_3 \quad (10\text{-}5)$$

式中，$C_5H_7O_2N$ 为亚硝酸细菌和硝酸细菌的细胞。

（2）硝化反应的影响因素

硝化菌对环境的变化很敏感，影响硝化反应的因素有：

1）好氧条件与碱度

氧是硝化反应的电子受体，反应器内溶解氧含量的高低，必将影响硝化反应的进程。实验结果证实，在硝化反应的曝气池内，溶解氧含量不得低于 1mg/L。

在硝化反应过程中要消耗碱，会使 pH 值下降。硝化菌对 pH 值的变化十分敏感，为了保持适宜的 pH 值，应当在废水中保持足够的碱度。亚硝酸细菌和硝酸细菌的适宜 pH 值分别为 7.0～7.8 和 7.7～8.1。生物脱氮过程中的硝化段，通常把运行的 pH 值控制在 7.2～8.0。

2）硝化反应受温度影响较大，其原因在于温度对硝化细菌的增殖速度和活性影响都很大。硝化反应的适宜温度是 30℃ 左右。15℃以下硝化反应速度下降，5℃ 时完全停止。

3）混合液中有机物含量不应过高，BOD_5 值应在 15～20mg/L 以下。硝化菌是自养型菌，有机基质浓度并不是它的增殖限制因素，若 BOD 值过高，将使增殖速度较高的异养型细菌迅速增殖，从而使硝化菌不能成为优势种属。

4）硝化菌在反应器内的生物固体平均停留时间（SRT），即污泥龄必须大于其最小的世代时间，否则将使硝化菌从系统中流失殆尽。SRT 与温度密切相关，温度低，其值应相应提高。

一般 SRT 应为硝化菌最小世代时间的 2 倍以上，即安全系数应大于 2。硝化菌的最小世代时间在适宜温度条件下为 3d，因此 SRT 值为 6d 。

5）某些重金属、络合阴离子和有毒有机物对硝化细菌有毒害作用。此外，能产生抑制作用的物质还有高浓度的 NH_4^+-N、高浓度的 NO_x^--N、高浓度的有机基质及络合阳离子等。

3. 生物反硝化

（1）生物反硝化过程

生物反硝化是指在厌氧条件下，污水中的硝态氮 NO_3^--N 和亚硝态氮 NO_2^--N，被微

生物还原为 N_2 的过程。生物反硝化应用于需要从污水中去除硝态氮和亚硝态氮的场合。此外，还可用于污水中含有机氮和氨氮时，需要用生物硝化—反硝化脱氮工艺的第二步，或用于生物反硝化—硝化脱氮工艺的第一步。

在有氧存在的条件下，反硝化细菌利用氧进行呼吸，氧化分解有机物。在无分子氧的条件下，同时存在硝酸和亚硝酸离子时，它们能利用这些离子中的氧进行呼吸。反硝化反应又叫作脱氮反应或硝酸呼吸。这个过程可以用式（10-6）和式（10-7）表示：

$$NO_2^- + 3H(\text{电子供给体}-\text{有机物}) \longrightarrow \frac{1}{2}N_2 + H_2O + OH^- \tag{10-6}$$

$$NO_3^- + 5H(\text{电子供给体}-\text{有机物}) \longrightarrow \frac{1}{2}N_2 + 2H_2O + OH^- \tag{10-7}$$

反硝化过程中 NO_2^- 和 NO_3^- 的转化，是通过反硝化细菌的同化作用（合成代谢）和异化作用（分解代谢）来完成。同化作用是 NO_2^--N 被还原转化为 NO_3^--N，用以微生物细胞合成，氮成为细菌细胞的组成部分。异化作用是 NO_3^--N 和 NO_2^--N 被还原转化为 N_2，这是反硝化反应的主要过程，异化作用是以 NO_3^- 在能量代谢中提供氮，作为电子接受体，以有机物作为电子供给体，使 NO_2^-－N 和 NO_3^--N 转化为 N_2，见式（10-6）和式（10-7）。异化作用去除的氮一般占总去除量的 70%～75%。

电子供给体有机物（TOD 或 COD_{cr}，O）与 H 的比（质量比）为 16∶2，故由式（10-6）和式（10-7）可以算出，转化 1mg 的 NO_2^--N 或 NO_3^--N 为 N_2，分别需要有机物（TOD 或 COD_{cr}）1.71mg 和 2.86mg，与此同时还产生 3.57 的碱（以 $CaCO_3$ 计）。

如果污水中含有溶解氧，为使反硝化进行完全，还需加入一些有机物。此时，反硝化反应需要的有机物总量可以按式（10-8）计算：

$$\rho_m = 2.86[NO_3^- \text{-N}] + 1.71[NO_2^- \text{-N}] + DO \tag{10-8}$$

式中　ρ_m——需要的有机物量（mg/L）；

$[NO_3^-\text{-N}]$——污水中硝态氮的浓度（mg/L）；

$[NO_2^-\text{-N}]$——污水中亚硝态氮的浓度（mg/L）；

DO——污水中溶解氧浓度（mg/L）。

如果污水中的有机物可以用于反硝化反应，则不需另加有机物。如果不具备这种条件，需要另外投加有机物，一般投加甲醇。此时反硝化反应可写为：

$$NO_3^- + \frac{5}{6}CH_3OH \longrightarrow \frac{1}{2}N_2 + \frac{5}{6}CO_2 + \frac{7}{6}H_2O + OH^- \tag{10-9}$$

$$NO_2^- + \frac{1}{2}CH_3OH \longrightarrow \frac{1}{2}N_2 + \frac{1}{2}CO_2 + \frac{1}{2}H_2O + OH^- \tag{10-10}$$

$$O_2 + \frac{2}{3}CH_3OH \longrightarrow \frac{2}{3}CO_2 + \frac{4}{3}H_2O \tag{10-11}$$

此时有机物的需要量为：

$$\rho_m = 2.47[NO_3^-\text{-N}] + 1.53[NO_2^-\text{-N}] + 0.87DO \tag{10-12}$$

按式（10-12）计算得到的有机物量，比理论需要量大 30%。

（2）反硝化的影响因素

1）pH 值

反硝化反应的最适 pH 值是 6.5～8.0。pH 值高于 8 或低于 6，反硝化速率将大大下降。此外，pH 值还影响反硝化反应的最终产物，pH 值超过 7.3 时终产物为氮气，低于 7.3 时终产物为 N_2O。

2）碳源

能被反硝化菌利用的碳源较多，从废水生物脱氮考虑，有下列两类：一是原废水中所含碳源，当原废水 $BOD_5/TN>3\sim5$ 时即可认为碳源充足；二是外加碳源，多采用甲醇（CH_3OH），因为甲醇被分解后的产物为 CO_2、H_2O，不留任何难降解的中间产物。

3）温度

温度对反硝化作用的影响要比对普通废水生物处理的影响更大。反硝化反应的最适宜温度是 20～40℃，低于 15℃时反硝化反应速率降低。温度对反硝化速度的影响是因为低温使反硝化细菌的繁殖速度降低，因此反硝化系统在冬季运行时应相应延长污泥龄。为了保证在低温下有良好的反硝化效果，可提高生物固体平均停留时间，降低负荷率，提高废水的 HRT。

4）溶解氧（DO）

反硝化菌属异养兼性厌氧菌，在无分子氧并同时存在硝酸和亚硝酸离子的条件下，它们能够利用这些离子中的氧进行呼吸，使硝酸盐还原。此外，反硝化菌体内的某些酶系统组分，只有在有氧条件下，才能够合成。这样，反硝化反应宜于在厌氧、好氧条件交替的条件下进行，溶解氧应控制在 0.5mg/L 以下。

5）毒物

镍浓度大于 0.5mg/L，NO_2^--N 浓度超过 30mg/L，盐浓度高于 0.63%时均会抑制反硝化作用。硫酸盐浓度过高也可影响反硝化作用的进行，因为在缺氧条件下硫酸盐同硝酸盐一样，可进行硫酸盐呼吸即反硫化作用。钙和氨的浓度过高也会抑制反硝化作用。

生物硝化和反硝化反应过程特征 **表 10-10**

生化反应类型	去除有机物（好氧分解）	硝化		反硝化
		亚硝化	硝化	
微生物	好氧和兼性菌（异养型细菌）	自养型细菌	自养型细菌	兼性菌 异养型细菌
能源	有机物	化学能	化学能	有机物
氧源（H 受体）	O_2	O_2	O_2	NO_3^-，NO_2^-
溶解氧（mg/L）	＞1～2	＞2	＞2	0～0.5
碱度	没有变化	氧化 1mgNH_4^+-N 需要 7.14mg 的碱	没有变化	还原 1mgNO_3^--N NO_2^--N 生成 3.57g 的碱度
氧的消耗	分解 1mg 有机物（BOD_5）需氧 2mg	氧化 1mgNH_4^+-N 需氧 3.43mg	氧化 1mgNO_2^--N 需氧 3.43mg	分解 1mg 有机物（BOD_5）需要 NO_2^--N0.58mg，NO_3^--N0.35mg，以提供化合态氧
最适 pH 值	6～8	7～8.5	6～7.5	6～8
最适水温（℃）	15～25	30	30	34～37
增殖速度（d）	1.2～3.5	0.21～1.08	0.28～1.44	好氧分解的 1/2～1/2.5

4. 生物硝化和反硝化反应过程特征

脱氮中各生化反应特征见表 10-10。

10.2.2 活性污泥法脱氮传统工艺

传统生物脱氮技术遵循已发现的自然界氮循环机理，废水中的有机氮依次在氨化菌、亚硝化菌、硝化菌和反硝化菌的作用下进行氨化反应、亚硝化反应、硝化反应和反硝化反应后最终转变为氮气而溢出水体，达到了脱氮目的。

传统生物脱氮技术是目前应用最广的废水脱氮技术。硝化工艺虽然能把氨氮转化为硝酸盐，消除氨氮的污染，但不能彻底消除氮污染。而反硝化工艺虽然能根除氮素的污染，但不能直接去除氨氮。因此，传统生物脱氮工艺通常由硝化工艺和反硝化工艺组成。由于参与的菌群不同和工艺运行参数不同，硝化和反硝化两个过程需要在两个隔离的反应器中进行，或者在时间或空间上造成交替缺氧和好氧环境的同一个反应器中进行传统生物脱氮途径就是人为创造出硝化菌、反硝化菌的生长环境，使硝化菌和反硝化菌成为反应池中的优势菌种。由于对环境条件的要求不同，硝化反硝化这两个过程不能同时发生，而只能序列式进行，即硝化反应发生在好氧条件下，反硝化反应发生在缺氧或厌氧条件下。常见的工艺有三级生物脱氮工艺、二级生物脱氮工艺和合建式缺氧一好氧活性污泥法脱氮系统等。

1. 单级硝化流程

单级硝化流程是指去除有机污染物与硝化在同一构筑物内完成（图 10-3）。这种硝化法由于入流污水的 BOD_5/TKN 较高，因此污泥中的硝化菌数量少（硝化菌需要在 BOD_5/TKN 较低的条件下才能很好繁殖），硝化速度慢，水力停留时间较长。

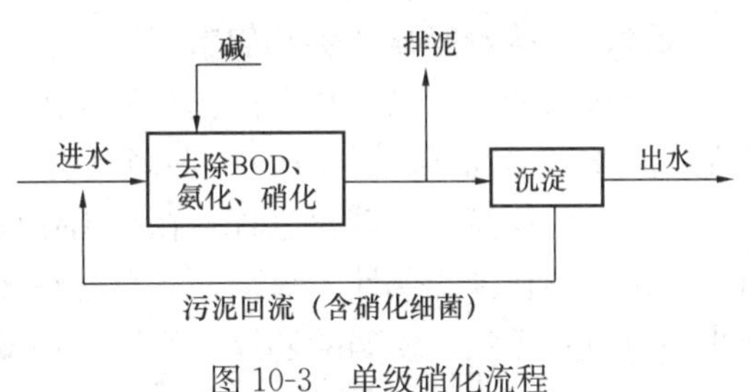

图 10-3 单级硝化流程

2. 二级硝化流程

二级硝化流程是指去除有机污染物与硝化分别在两个构筑物内完成（图 10-4）。在这个流程中，有机污染物大部分在第一级生物处理构筑物内被去除，第二级的入流 BOD_5/TKN 较低，故硝化菌浓度较高。异养型好氧菌与自养型好氧菌均在各自适宜的环境条件下生长，因此硝化速度较快。

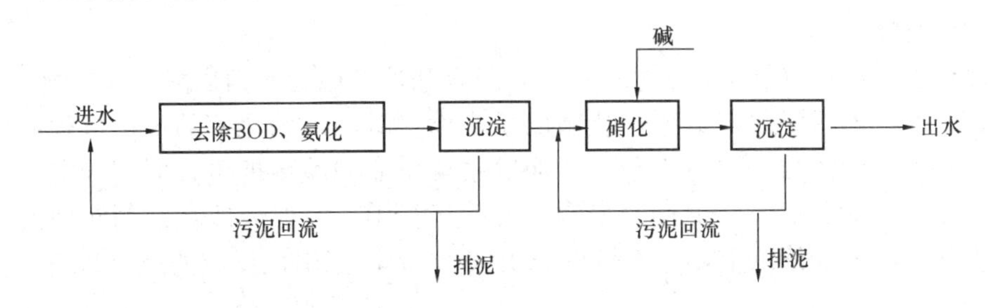

图 10-4 二级硝化流程

3. 传统生物脱氮工艺

传统的氨氮生物脱除氮途径一般包括硝化和反硝化两个阶段。由于硝化菌和反硝化菌对环境条件的要求不同，硝化和反硝化反应不能同时在同样条件下发生，因而发展起来的生物脱氮工艺式多将缺氧区与好氧区分开，形成分级硝化、反硝化工艺以便使硝化与反硝化反应能够独立地进行。

传统的生物脱氮工艺有三级生物脱氮工艺。内碳源生物脱氮工艺、后曝气生物脱氮工艺采用构造不同的反应器，分别进行硝化和反硝化作用，实现氨向硝态氮的转变和硝态氮向氮气的转变，如图 10-5 所示。

在活性污泥脱氮法传统工艺的基础上开创了多种脱氮工艺，如 A/O(厌氧—好氧)脱氮法，A^2/O(A/A/O)工艺，氧化沟硝化脱氮工艺，同步、间歇和交替式反硝化工艺，生物膜脱氮工艺等。

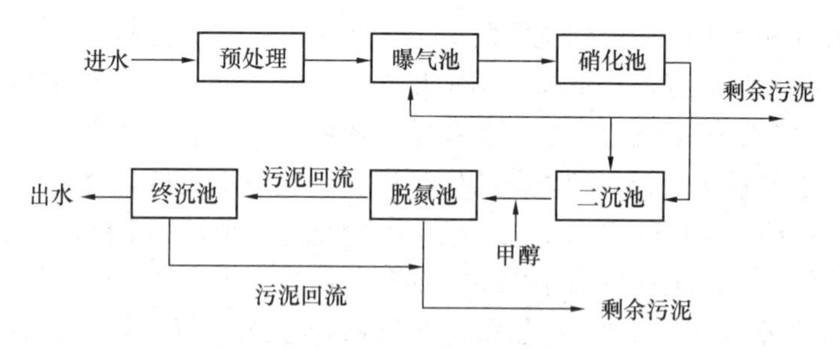

图 10-5 传统的三级生物脱氮工艺

10.2.3 生物脱氮的影响因素

生物脱氮的硝化过程是在硝化菌的作用下，将氨态氮转化为硝酸氮。硝化菌是化能自养菌，其生理活动不需要有机性营养物质，它从 CO_2 获取碳源，从无机物的氧化中获取能量。而生物脱氮的反硝化过程是在反硝化菌的作用下，将硝酸氮和亚硝酸氮还原为气态氮。反硝化菌是异养兼性厌氧菌，它只能在无分子态氧的情况下，利用硝酸和亚硝酸盐离子中的氧进行呼吸，使硝酸还原，所以，环境因素对硝化和反硝化的影响并不相同。

1. 硝化反应的影响因素

(1) 有机碳源

硝化菌是自养型细菌，有机物浓度不是它的生长限制因素，故在混合液中的有机碳浓度不应过高，一般 BOD 值应在 20mg/L 以下。如果 BOD 浓度过高，就会使增殖速度较高的异养型细菌迅速繁殖，从而使自养型的硝化菌得不到优势而不能成为优占种属，严重影响硝化反应的进行。

(2) 污泥龄

为保证连续流反应器中存活并维持一定数量和性能稳定的硝化菌，微生物在反应器中的停留时间。即污泥龄应大于硝化菌的最小世代时间，硝化菌的最小世代时间是其最大比增长速率的倒数。脱氮工艺的污泥龄主要由亚硝酸菌的世代时间控制，因此污泥龄应根据亚硝酸菌的世代时间来确定。实际运行中，一般应取系统的污泥龄为硝化菌最小世代时间的 3 倍以上，并不得小于 3～5d，为保证硝化反应的充分进行，污泥龄应大于 10d。

(3) 溶解氧

氧是硝化反应过程中的电子受体，所以，反应器内溶解氧的高低必将影响硝化的进程，一般应维持混合液的溶解氧浓度为 2～3mg/L，溶解氧浓度为 0.5～0.7mg/L 是硝化菌可以承受的极限。有关研究表明，当 DO＜2mg/L 时，氨氮有可能完全硝化，但需要过长的污泥龄，因此，硝化反应设计的溶解氧浓度是 2mg/L。

对于同时去除有机物和进行硝化反硝化的工艺，硝化菌约占活性污泥的 5%，大部分硝化菌将处于生物絮体的内部。在这种情况下，溶解氧浓度的增加将会提高溶解氧对生物絮体的穿透力，从而提高硝化反应速率。因此，在污泥龄短时，由于含碳有机物氧化速率的增加，致使耗氧速率增加，减少了溶解氧对生物絮体的穿透力，进而降低了硝化反应速率；相反，在污泥龄长的情况下，耗氧速率较低，即使溶解氧浓度不高，也可以保证溶解氧对生物絮体的穿透作用，从而维持较高的硝化反应速率。所以，当污泥龄降低时，为维持较高的硝化速率，则相应地提高溶解氧的浓度。

（4）温度

温度不但影响硝化菌的比增长速率，而且影响硝化菌的活性。硝化反应的适宜温度范围是 20～30℃，表 10-11 列出了不同温度下亚硝酸菌的最大比增大速率，从表中可以看出，μ_N值与温度的关系服从 Arrhenius 方程，即温度每升高 10%，μ_N值增加 1 倍。在 5～35℃的范围内，硝化的反应速率随温度的升高而加快，但达到 30℃时增加幅度减少，因为当温度超过 30℃时，蛋白质的变性降低了硝化菌的活性。当温度低于 5℃时，硝化细菌的生命活动几乎停止。

不同温度下亚硝酸菌的最大比增长速率　　表 10-11

温度（℃）	μ_N（d^{-1}）
10	0.3
20	0.65
30	1.2

（5）pH 值

硝化菌对 pH 值的变化非常敏感，最佳 pH 值的范围为 7.5～8.5，当 pH 值低于 7 时，硝化速率明显降低，当 pH 值低于 6 或高于 9.6 时，硝化反应将停止进行。由于硝化反应中每消耗 1g 氨氮要消耗碱度 7.14g，如果污水氨氮浓度为 20mg/L，则需消耗碱度 143mg/L。一般地，污水对于硝化反应来说，碱度往往是不够的，因此，应投加必要的碱量，以维持适宜的 pH 值，保证硝化反应的正常进行。

（6）C/N

在活性污泥系统中，硝化菌只占活性污泥微生物总量的 5%左右，这是因为与异养型细菌相比，硝化菌的产率低，比增长速率小。而 BOD_5/TKN 值的不同，将会影响到活性污泥系统中异养菌与硝化菌对底物和溶解氧的竞争，从而影响脱氮效果。一般认为处理系统的 BOD 负荷低于 0.15gBOD_5/(gMISS · d)，处理系统的硝化反应才能正常进行。

（7）有害物质

对硝化反应产生抑制作用的有害物质主要有重金属，高浓度的 NH_4^+-N、NO_x^--N 络合阳离子和某些有机物。有害物质对硝化反应的抑制作用主要有两个方面：一是干扰细胞的新陈代谢，这种影响需长时间才能显示出来；二是破坏细菌最初的氧化能力，这种影响在短时间里即会显示出来。一般来说，同样的毒物对亚硝酸菌的影响比对硝酸菌的影响强烈。对硝化菌有抑制作用的重金属有 Ag、Hg、Ni、Cr、Zn 等，毒性作用由强到弱，当 pH 值由较高低时，毒性由弱到强。而一些含氮、硫元素的物质也具有毒性，如硫脲、氧化物、苯胺等，其他物质如酚、氟化物、ClO_4、K_2CrO_4、三价砷等也具有毒性，一般情况下，有毒物质主要抑制亚硝酸菌的生长，个别物质主要抑制硝酸菌的生长。

2. 反硝化反应的影响因素

（1）有机碳源

反硝化菌为异养型兼性厌氧菌，所以反硝化过程需要提供充足的有机碳源，通常以污水中的有机物或者外加碳源（如甲醇）作为反硝化菌的有机碳源。碳源物质不同，反硝化速率也将不同。表 10-12 列出了一些碳源物质的反硝化速率。

不同碳源的反硝化速率 **表 10-12**

碳源	反硝化速率[gNO_3^--N/(gVSS·d)]	温度(℃)
啤酒废水	0.2～0.22	20
甲醇	0.12～0.90	20
挥发废酸	0.36	20
生活污水	0.03～0.11	15～27
内源代谢产物	0.017～0.048	12～20

目前，通常是利用污水中有机碳源，因为它具有经济、方便的优点。一般认为，当污水中的 BOD_5/TN 值大于 3～5 时，即可认为碳源是充足的，不需外加碳源，否则应投加甲醇(CH_3OH)作为有机碳源，它的反硝化速率高，被分解后的产物为 CO_2 和 O_2，不留任何难以降解的中间产物，其缺点是处理费用高。

（2）pH 值

pH 值是反硝化反应的重要影响因素，反硝化过程最适宜的 pH 值范围为 6.5～7.5，不适宜的 pH 值会影响反硝化菌的生长速率和反硝化酶的活性。当 pH 值低于 6.0 或高于 8.0 时，反硝化反应将受到强烈抑制。由于反硝化反应会产生碱度，这有助于将 pH 值保持在所需范围内，并可补充在硝化过程中消耗的一部分碱度。

（3）温度

反硝化反应的适宜温度为 20～40℃。低于 15℃时，反硝化菌的增殖速率降低，代谢速率也降低，从而降低了反硝化速率。研究结果表明：温度对反硝化反应的影响与反硝化设备的类型有关，表 10-13 中列出了不同温度对几种反硝化构筑物反硝化速率的影响。由表 10-13看出，温度对生物流化床反硝化的影响比生物转盘和悬浮活性污泥要小得多。当温度从 20℃降到 5℃时，为达到相同的反硝化效果，生物流化床的水力停留时间提高到了原来的 2.1 倍，而采用生物转盘和活性污泥法，水力停留时间则分别为原来的 4.6 倍和 4.3 倍。

温度对不同构筑物反硝化速率的影响 **表 10-13**

温度(℃)	C_0(mg/L)	C_e(mg/L)	水力停留时间(min)		
			生物流化床	生物转盘	悬浮活性污泥法
20.0	20.0	1.0	7	46	59
5.0	20.0	1.0	15	213	256

注：C_0 和 C_e 表示进出水的 NO_3^--N 浓度；SRT=9d，MLVSS=2500mg/L。

研究结果还表明：硝酸盐负荷率高，温度的影响也高；反之，则温度影响也低。

（4）溶解氧

反硝化菌是兼性菌，既能进行有氧呼吸，也能进行无氧呼吸。含碳有机物好氧生物氧化时所产生的能量高于厌氧反硝化时所产生的能量，这表明，当同时存在分子态氧和硝酸盐时，优先进行有氧呼吸，反硝化菌降解含碳有机物而抑制了硝酸盐的还原。所以，为了保证反硝化过程的顺利进行，必须保持严格的缺氧状态。微生物从有氧呼吸转变为无氧呼吸的关键是合成无氧呼吸的酶，而分子态氧的存在会抑制这类酶的合成及其活性。由于这两方面的原因，溶解氧对反硝化过程有很大的抑制作用。一般认为，系统中溶解氧保持在0.5mg/L以下时，反硝化反应才能正常进行。但在附着生长系统中，由于生物膜对氧传递的阻力较大，可以容许较高的溶解氧浓度。

10.2.4 新型生物脱氮工艺

传统生物脱氮工艺存在不少问题：（1）工艺流程较长，占地面积大，基建投资高。（2）由于硝化菌群增殖速度慢且难以维持较高的生物浓度，特别是在低温冬季，造成系统的HRT较长，需要较大的曝气池，增加了投资和运行费用。（3）系统为维持较高的生物浓度及获得良好的脱氮效果，必须同时进行污泥和硝化液回流，增加了动力消耗和运行费用。（4）系统抗冲击能力较弱，高浓度 NH_3^- 和 NO_2^- 废水会抑制硝化菌生长。（5）硝化过程中产生的酸度需要投加碱中和，不仅增加了处理费用，而且还有可能造成二次污染。因此，人们积极探讨开发高效低耗的新型生物脱氮新工艺。

随着科学的发展，近年来发现了好氧反硝化菌和异养硝化菌，硝化反应不仅由自养菌完成，某些异养菌也可以进行硝化作用，反硝化不只在厌氧条件下进行，某些细菌也可在好氧条件下进行反硝化；许多好氧反硝化菌同时也是异养硝化菌，并能把 NH_3^- 氧化成 NO_2^- 后直接进行反硝化反应；氨的氧化不仅可以在好氧条件下进行，也可以在厌氧条件下进行。这些新发现突破了传统生物脱氮理论的认识，为研发生物脱氮新工艺奠定了基础。

1. 短程硝化反硝化技术

(1) 短程硝化反硝化原理

传统生物脱氮理论认为，氨氮是借助两类不同的细菌（硝化菌和反硝化菌）将水中的氨转化为氮气而去除，即 NH_4^+ 需要经历典型的硝化和反硝化过程。硝化反应中，首先亚硝酸细菌将氨氮转化为亚硝酸盐（NO_2^-），之后硝酸细菌将亚硝酸盐转化为硝酸盐（NO_3^-）。硝化反应过程需在好氧条件下进行，并以氧作为电子受体。反硝化过程为将硝酸盐或亚硝酸盐转化为 N_2 的过程。反硝化细菌利用各种有机基质作为电子供体，以硝酸盐或亚硝酸盐作为电子受体，进行缺氧呼吸。

短程硝化一反硝化生物脱氨氮需经过硝化和反硝化两个过程。当反硝化反应以 NO_3^- 为电子受体时，生物脱氮过程经过 NO_3^- 途径；当反硝化反应以 NO_2^- 为电子受体时，生物脱氮过程则经过 NO_2^- 途径。前者可称为全程硝化反硝化，后者可称为短程硝化反硝化，见图10-6、图10-7。

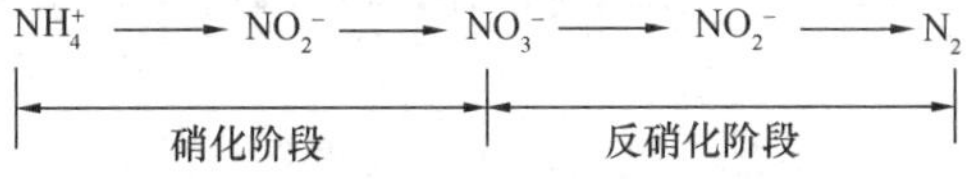

$NH_4^+ \longrightarrow NO_2^- \longrightarrow NO_3^- \longrightarrow NO_2^- \longrightarrow N_2$

硝化阶段 | 反硝化阶段

图10-6　传统生物脱氮途径

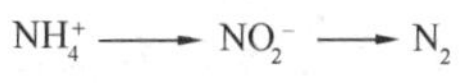

$NH_4^+ \longrightarrow NO_2^- \longrightarrow N_2$

图10-7　短程硝化反硝化生物脱氮途径

短程硝化反硝化就是将硝化过程控制在 NO_2^- 阶段，阻止 NO_2^- 进一步氧化为 NO_3^-，直接以 NO_2^- 作为电子最终受氢体进行反硝化，氮的变化过程为：$NH_4^+ \longrightarrow HNO_2 \longrightarrow N_2$。

由图 10-6、图 10-7 可知，短程硝化反硝化生物脱氮的基本原理就是将硝化过程控制在亚硝酸盐阶段，阻止 NO_2^- 的进一步硝化，然后直接进行反硝化。目前比较有代表性的工艺为 SHARON 工艺。SHARON 工艺（Single reactor for High activity Ammonia Removal Over Nitrite）是由荷兰 Delft 技术大学于 1997 年开发的。该工艺采用的是 CSTR 反应器（Complete Stirred Tank Reactor），适合于处理高浓度含氮废水（>0.5gN/L），其成功之处在于巧妙地利用了硝酸菌和亚硝酸菌的不同生长速率，即在较高温度下（30～40℃），硝化菌的生长速率明显低于亚硝酸菌的生长速率。因此通过控制温度和 HRT 可以自然淘汰掉硝酸菌，使反应器中的亚硝酸菌占绝对优势，使氨氧化控制在亚硝酸盐阶段。

与全程硝化反硝化相比，短程硝化反硝化具有如下的优点：①硝化阶段可减少 25%左右的需氧量，降低了能耗；②反硝化阶段可减少 40%左右的有机碳源，降低了运行费用；③反应时间缩短，反应器容积可减小 30%～40%；④具有较高的反硝化速率（NO_2^- 的反硝化速率通常比 NO_3^- 的高 63%左右）；⑤污泥产量降低（硝化过程可少产污泥 33%～35%），反硝化过程中可少产污泥 55%左右；⑥减少了投碱量等。对许多低 COD/NH_4^+ 比废水（如焦化和石化废水及垃圾填埋渗滤水等）的生物脱氮处理，短程硝化反硝化显然具有重要的现实意义。

（2）短程硝化反硝化的影响因素

如何控制硝化反应停止在 NO_2^- 阶段是实现短程硝化的关键。控制那些能对硝酸菌和亚硝酸菌产生不同作用的影响因素，可以影响硝化形式，从而实现亚硝酸盐积累。影响短程硝化的因素主要有温度、DO 浓度、pH 值、游离氨浓度（FA）、泥龄及有毒物质。

1）温度

生物硝化反应在 4～45℃内均可进行：在 12～14℃下，活性污泥中硝酸菌活性受到严重抑制，出现 HNO_2 积累；15～30℃下，硝化过程形成的 NO_2^- 可完全被氧化成 NO_3^-；温度超过 30℃后又出现 NO_2^- 的积累。

2）DO 浓度

亚硝酸菌氧饱和常数一般为 0.2～0.4mg/L，硝酸菌为 1.2～1.5mg/L，低 DO 下亚硝酸菌大量积累。

3）pH 值

亚硝酸菌的适宜 pH 值在 7.0～8.5，而硝酸菌的适宜 pH 值在 6.0～7.5。反应器中 pH 值低于 7，则整个硝化反应受抑制，pH 值升高到 8 以上，则出水 HNO_2 浓度升高。

4）游离氨

游离氨对硝酸菌和亚硝酸菌的抑制浓度分别为 0.1～1.0mg/L 和 10～150mg/L。当游离氨的浓度介于两者之间时，亚硝酸菌能够正常增殖和氧化，硝酸菌被抑制，发生亚硝酸的积累。

5）泥龄

亚硝酸菌的世代周期比硝酸菌的世代周期短，因此可以通过缩短水力停留时间，使泥龄介于亚硝酸菌和硝酸菌的最小停留时间之间，系统中硝酸菌就会逐渐被冲洗掉，亚硝酸菌成为系统优势菌，从而形成亚硝酸型硝化。

6）有毒物质

硝化菌对环境比较敏感，相对于亚硝酸菌，硝酸菌对环境适应性慢，因而在接触有害物质的初期会受抑制，出现亚硝酸积累。

（3）短程硝化反硝化脱氮新工艺

1）SHARON 工艺

SHARON(Single Reactor for High Activity Ammonia Removal Over Nitrite)工艺是荷兰 Delft 技术大学根据短程硝化原理开发的脱氮新工艺，其采用单个好氧反应器进行，无需污泥停留，温度和 pH 值分别控制在 35℃和 7 以上。氨氧化菌和亚硝酸盐硝化菌具有不同的活化能(分别为 68 kJ/mol 和 44kJ/mo1)。在控制温度为 35℃，亚硝酸盐硝化菌的最大生长速率仅为氨氧化菌最大生长速率的一半左右(分别为 0.5d 和 1d)。而 SHARON 工艺就是利用了氨氧化菌和亚硝酸盐硝化菌在较高温度(>26℃)下不同的生长速率这一特点实现的。工艺的水力停留时间高于亚硝酸盐硝化菌的生长速率但低于氨氧化菌的生长速率(大约为 1d)，因无污泥停留，亚硝酸盐硝化菌无法在反应器中维持而逐渐被淘洗出系统。

高温反应条件使得 SHARON 工艺并不是适合所有的污水处理（但有许多污水氨氮浓度和温度都很高，比如污泥消化液）。该工艺由荷兰 Delft 工业大学提出，并已经在荷兰鹿特丹污水处理厂成功投产用于处理污泥消化液。

在各种处理高浓度氨氮废水的工艺中，HARON 工艺是最为实用的，只需提高反应温度和 pH 值即可实现，脱氮率达 90%。该工艺对反应器的要求比较简单，尺寸合适，搅拌良好，无需污泥停留，而且污泥产量少，因此初期投资低。

2）OLAND 工艺

W. Verstraete 等人利用自养硝化菌作为生物触媒处理高氨氮废水。实验严格控制溶解氧使氨氧化仅进行到亚硝酸盐阶段，因缺乏电子受体，该硝化菌利用亚硝酸盐进一步氧化等摩尔的氨氮成为氮气。这种利用自养氨氧化菌作为生物触媒进行脱氮的新工艺被命名为 OLAND 工艺。

OLAND 反应过程如下：

$$0.5\,NH_4^+ + 0.75O_2 \longrightarrow 0.5NO_2^- + 0.5H_2O + H^+ \tag{10-13}$$

$$0.5NH_4^+ + 0.5NO_2^- \longrightarrow 0.5N_2 + H_2O \tag{10-14}$$

总公式：

$$NH_4^+ + 0.75O_2 \longrightarrow 0.5NH_4^+ + 1.5H_2O + H^+ \tag{10-15}$$

该工艺关键的控制参数是溶解氧，和传统脱氮工艺相比节约 62.5%的耗氧量，另外不需外投碳源。到目前为止，在连续流完全混合式反应器中很难实现溶解氧的准确控制。W. Verstraete 等人采用 pH 值控制曝气，通过严格控制供氧量，使得氨氧化菌只能利用自身产生的亚硝酸盐进一步氧化氨氮成为氮气脱出。该工艺能达到 50mg TN/L·d 的总氮去除率。

2. 厌氧氨氧化（Anammox）

（1）Anammox 现象

一直以来，人们认为氨氮氧化是在好氧曝气或限制溶解氧的条件下由氨氧化菌完成的。Schmidt 和 Bock 等报道了在缺氧环境中存在气态 NO_2 时，氨氧化菌也能进行硝化反应。缺氧反硝化一般以氢或者有机物为电子供体，但氨氧化菌却能在限制溶解氧的条件下以氨氮作为电子供体进行反硝化。Mulder 等在实验室中利用厌氧流化床处理甲烷废水时发现了厌氧氨氧化现象。通过批次试验、数学模型和微生物分析得出：表层生物膜所产生的亚硝酸盐扩散到生物膜内部的缺氧层中与其余氨氮反应产生氮气，造成了脱氮过程中氮的损失。这种在无氧环境中，同时存在氨和 NO_2^- 或 NO_3^- 时，NH_4^+ 作为反硝化的无机电子供体，NO_2^- 或 NO_3^- 作为电子受体，生成氮气，这一过程称为 Anammox（Anaerobic Ammonium Oxidation）。

（2）Anammox 反应机理

Van de Graaf 于 1995 年得出了研究结论，证明了 Anammox 过程是一个生物过程，是由微生物作用的。进一步发现亚硝酸盐是厌氧氨氧化过程中首选电子受体。

$$5NH_4^+ + 3NO_3^- \longrightarrow 4N_2 + 9H_2O + 2H^+ \tag{10-16}$$

$$NH_4^+ + NO_2^- \longrightarrow N_2 + 2H_2O \tag{10-17}$$

厌氧氨氧化的主反应产物为氮气，但进水中仍有 10%的氮在反应中转化为硝酸盐。所以反应总氮平衡式为：

$$NH_4^+ + 1.31NO_2^- + 0.0425CO_2 \longrightarrow 1.045N_2 + 0.22NO_3^- + 1.87H_2O + 0.09OH^- + 0.0425CH_2O \tag{10-18}$$

Strous 等通过物料平衡估算了 ANAMMOX 工艺的反应平衡式：

$$NH_4^+ + 1.31NO_2^- + 0.066HCO_3^- + 0.13H^+ \longrightarrow 1.02N_2 + 0.26NO_3^- + 2.03H_2O + 0.066CH_2O_{0.5}N_{0.15} \tag{10-19}$$

联氨和羟胺是 Anammox 工艺反应过程的中间产物，CO_2 则是厌氧氨氧化菌生长的主要碳源。Anammox 工艺过程不需要投加外碳源，如果预先设置好氧硝化段，将部分进水氨氮氧化成亚硝酸盐，该部分亚硝酸盐和剩余氨氮会进行反硝化生成氮气，从而减少了硝化反应器内的曝气能耗。该工艺污泥产量少，这也是 Anammox 工艺与传统反硝化工艺相比大大降低运行费用的原因之一。然而，低生物产量需要系统能够有效地控制污泥停留时间，因此系统要求很长的启动期才能获得足够的生物浓度。

（3）Anammox 细菌及其特性

1977 年 Broda 以“自然界中遗失的两种无机营养微生物”为名发表的文章中指出，化能自养细菌能以 NO_3^-、CO_2 和 NO_2^- 作为氧化剂把氨氧化为 N_2。目前有研究发现氨氧化菌 *Nitrosomonas europaea* 和 *Nitrosomonas eutropha* 能同时硝化与反硝化，利用 NH_2OH 还原 NO_2^- 或 NO_2，或者在缺氧条件下利用氨作为电子供体，把 NH_4^+ 转化为 N_2。这些细菌存于超负荷的处理系统中，在利用 NO_2^- 为电子受体时，其厌氧氨氧化的最大速率(以单位蛋白质计)约为 2nmol/(min · mg)。在反硝化的小试实验反应器中发现了一种高度富集的特殊自养菌的优势微生物群体，它以 NO_2^- 作电子受体，最大比氨氧化速率(以单位蛋白质计)为 55nmol/(min · mg)。虽然此反应比 *Nitrosomonas* 快 25 倍，但它允许的增长率仅为 $0.003h^{-1}$(倍增时间为 11d)。研究者把这种细菌称为 Anammox 细菌。Van de Graaf 用 CO_2 和有机电子供体做实验，发现 Anammox 细菌是自养型细菌，在有有机底物时会受到抑制。

Anammox的优势菌种是革兰氏阴性光损性球状菌，是专性厌氧的细菌，在与pH值为7.4的20mmol/L的K_2HPO_4/KH_2PO_4缓冲剂和2.5 %的戊二醛混合时，在电子显微镜下表现出不规则微生物的特性。

这些细菌与浮霉状菌(*Planctomycetals*)序列的成员有3处相似的特性：内部细胞的区域化；细胞壁上存在漏斗状结构；膜上有不同寻常的脂质。醚样脂质说明这些细菌属于最古老的古生物菌(*Archaea*)或分支很深的细菌栖热孢菌属(*Thermotoga*)和产液菌属(*Aquifex*)。16S rRNA的分析说明*Brocadia Anammoxidan*最有可能是Anammox工艺的代表微生物，确认了厌氧氨氧化菌是*Planctomycetales*序列中自养菌的一个新成员。

(4) Anammox细菌的生理特性

1) 可用底物

含有氨(5～30mmol/L)、NO_2^-(5～35mmol/L)、CO_2(10mmol/L)、金属及微量元素的母液可以培养Anammox细菌。介质中的PO_4^{3-}的浓度低于0.5mmol/L，氧气浓度低于检测值(<1 μmol/L)可以避免可能产生的抑制。在Jetten等的实验中，有一部分NO_2^-转化为NO_3^-，且1mol CO_2转化为生物团时，就有24mol的氨被转化。可以假设从NO_2^-转化NO_3^-的这个功能是CO_2减少的必要还原等价过程。根据实验化学计量，得出化学反应计量式为：

$$\begin{aligned}&1NH_4^+ + 1.32NO_2^- + 0.066HCO_3^- + 0.13H^+ \longrightarrow \\ &1.02N_2 + 0.26NO_3^- + 0.066CH_2O_{0.05}N_{0.15} + 2.03H_2O\end{aligned} \tag{10-20}$$

厌氧氨氧化菌和甲烷氧化菌能以不同的速率催化氨与甲烷的氧化。加入甲烷不会抑制氨与NO_2^-的转化，表明负责厌氧氨转化的酶与好氧氨氧化酶或甲烷单氧化酶是不同的，但甲烷本身不为Anammox生物团所转化。

H_2加入Anammox反应器后，在短时期内表现出了明显的类似Anammox的现象。但这些实验中的H_2不能代替氨作为电子供体。短期实验中投加的不同有机底物（丙酮酸盐、甲醇、乙醇、丙氨酸、葡萄糖、钙氨酸）会严重抑制Anammox的活性。这样底物的范围可严格地定为N_2H_4和NH_2OH。可是供给1mmol/L的N_2H_4时不能使Anammox活性保持更长的时间。

2) 抑制物

高浓度的氨和亚硝酸盐会对Anammox细菌产生抑制。氨的抑制常数为38.0～98.5mmol/L，亚硝酸根的抑制常数为5.4～12.0mmol/L。Jetten等认为NO_2^-大于20mmol/L时，Anammox会受到抑制，超过12 h时，Anammox活性完全消失。

氨厌氧氧化过程中存在O_2时，Anammox活性完全受抑，O_2的浓度必须小于2μmol/L。O_2对Anammox的抑制是可逆的。

γ射线照射或121℃下消毒污泥，或在繁殖期内排泥会抑制Anammox；在繁殖期投加不同的抑制剂（2，4-双硝基酚，HgCl等）时，完全抑制Anammox过程。

3) Anammox生物团的生理参数

Strous等用SBR反应器准确地确定了Anammox细菌的几个重要生理参数，生物团细胞产率为(0.066±0.001)mol/mol(以单位氨计)，最大比氨消耗速率(以单位蛋白质计)

为(45±2)nmol/(min·mg)，最大比增长率为0.0027h^{-1}，即倍增时间11d。

Jetten提出Anammox工艺的温度范围是20～43℃，最佳温度为40℃，pH值在6.7～8.3(最佳pH值为8)时运行的最好。最佳条件下的最大比氨氧化速率(以单位蛋白质计)大约是55 nmol/(min·mg)。有研究者认为最佳温度为34℃，最佳pH值为7.5。

Anammox过程已经在废水生物脱氮领域得到广泛研究。目前，主要有荷兰Delft工业大学和生物技术实验室提出的SHARON/Anammox工艺和比利时Gent微生物生态实验室提出的OLAND（有限氧条件下，自养硝化与反硝化）工艺等。这些工艺在工程应用中还很少见，目前主要处于探索阶段。

3. 同时硝化反硝化

传统的氨氮废水处理由于硝化与反硝化对环境的要求不同，两个过程不能在同一反应器内同时发生，只能序列进行。而同时硝化反硝化（Simultaneous Nitrification Denitrification-SND）处理工艺利用了硝化过程和反硝化过程之间在以下两个方面所存在的互补性，使生物脱氮工艺在同一反应器内同时实现：(1) 硝化过程的产物是反硝化的反应物；(2) 硝化使系统的pH值下降，而反硝化使系统pH值上升，产生硝化所需的碱。与传统的硝化—反硝化脱氮技术相比，SND具有不可比拟的优越性，如减少反应设备的数量和尺寸，降低氧气的供给，减少甚至不需要碳源投加等。

目前对SND现象的机理还没有一致的解释，一般认为3个主要机理是：(1) 混合形态。由于充氧装置的充氧不均和反应器的构造原因，造成生物反应器形态不均，在反应器内形成缺氧/厌氧段。此种情况称为生物反应的大环境，即宏观环境。(2) 菌胶团或生物膜。缺氧/厌氧段可在活性污泥菌胶团或生物膜内部形成，即微观环境。(3) 生物化学作用。在过去几年中，许多新的氮生物化学菌族被鉴定出来，其中包括部分菌种以组团形式对SND起作用，包括起反硝化作用的自养硝化菌及起硝化作用的异养菌。在生产规模的生物反应器中，完全均匀的混合状态并不存在。菌胶团内部的溶解氧梯度目前也已被广泛认同，使实现SND的缺氧/厌氧环境可在菌胶团内部形成。由于生物化学作用而产生的SND更具实质意义，它能使异养硝化和好氧反硝化同时进行，从而实现低碳源条件下的高效脱氮。

同步硝化反硝化技术的产生为今后污水处理降低投资并简化生物脱氮过程提供了可能性，在荷兰、德国已有利用同步硝化反硝化脱氮工艺的污水处理工厂在运行。目前国内同步硝化反硝化的研究主要是在其形成机理上。

10.3 废水的生物除磷原理与技术

水体富营养化是世界性难题，其中磷是主要限制因子。截至目前，国内外普遍应用的有生物除磷法、化学除磷法以及生化除磷法。生物除磷法可避免产生大量化学污泥，减少活性污泥膨胀现象，具节约能源、结构简单、污泥产量少、运行费用较低、便于操作和磷的回收等优点。

10.3.1 参与生物除磷的微生物

除磷菌。

将所有既能积累聚磷酸盐，又能积累聚β—羟基丁酸（PHB）的细菌统称为除磷菌(也称聚磷菌)。除磷菌是一类生长较为缓慢的细菌，它之所以能在厌氧的好氧系统中占优势，与其能够进行聚磷和储存分解 PHB 有关。

(1) 不动杆菌属

对除磷污水处理厂的污泥做异粒染色试验，发现在一类细胞大小和形状很易识别的细菌中富含异染粒（聚磷颗粒）。这些细菌经鉴定为不动杆菌，它们在污泥内可形成微菌落，通过某些荚膜类物质粘结在一起。

用扫描电镜也能观察到污泥中成丛存在不动杆菌。在不动杆菌生长的早期阶段，能过量摄取水体的磷酸于细胞内形成聚磷酸盐，其含量可达细菌干重的 10%～20%；在代谢旺盛期，该菌在厌氧条件能降解细胞内的聚磷酸盐释放出磷酸。但是，处于稳定生长期的"老龄"菌没有这一特性，同时，该菌还具有积累脂肪酸和聚 β－羟基丁酸盐的能力。因此，不动杆菌属是一类除磷菌。

在生物除磷的实验装置中对活性污泥微生物进行了分离和鉴定，发现了莫拉氏菌的存在，并证明它具有吸收磷和过量积累聚磷的能力。莫拉氏菌属是一类与不动杆菌属非常相似的细菌，在常规的测试条件下，这两种菌株间仅有的差别就是氧化酶反应结果不同，莫拉氏菌氧化酶反应为阳性，不动杆菌是阴性。有人将这两类菌统称为不动杆菌莫拉氏菌群。

总之，不动杆菌是最早被分离到的聚磷菌，莫拉氏菌也是一类聚磷菌。对于这两种菌体内聚磷积累部位的研究发现，不动杆菌在细胞内作为原生质内含物形式贮存聚磷；莫拉氏菌在细胞原生质内部积累磷的同时，还在原生质周围积磷。

(2) 气单胞菌属

气单胞菌属在污水生物除磷过程中也起了一定的作用。在活性污泥混合液的整个细菌组成中，气单胞菌占 12%～36%，且在厌氧区内所占的比例有时比好氧区的高。在废水生物除磷过程中气单胞菌属也能过量摄取废水中的磷形成聚磷酸盐内含物，但其主要作用是降解有机物。

有人报道去磷污泥中确实含有大量的假单胞菌和气单胞菌属。他们在用乙酸盐为主要组分的培养基中分离到了聚磷细菌，其中不动杆菌－莫拉氏菌群磷的含量最高，占干重的 5%～13%；另外还有假单胞菌，磷含量占干重的 3.3%；不过量积磷的菌，磷含量仅占干重的 1.5%～1.7%。

气单胞菌的生理学特征为：

1) 能够进行反硝化，其中嗜水汽单胞菌（*Aeromonas hydrophila*）可以使硝酸盐还原成亚硝酸盐，而其他的一些中则可以使硝酸盐直接还原成氮气；

2) 厌氧条件下，可以利用某些糖和醇为基质，代谢生成短链挥发性脂肪酸。

综上可知，气单胞菌也是废水生物除磷活性污泥混合液的主要细菌之一。

(3) 假单胞菌属

某些假单胞菌也能够贮藏聚磷，如泡囊假单胞菌、微丝菌和诺卡氏菌。

在除磷微生物组成中，假单胞菌属占 50%、气单胞菌属占 28%，假单胞菌属为优势菌属。在生物除磷系统活性污泥中也能分离到假单胞菌，并证实其具有吸收磷和过量积累聚磷的能力。

为了考察假单胞菌对磷的代谢特性，对厌氧/好氧（A/O）废水生物除磷系统曝气池内活性污泥中的假单胞菌属进行了纯种培养试验，结果发现：

1）这种菌也能够积累聚磷酸盐，其含量高达细胞干重的 31%。

2）在好氧的条件下，这种菌从对数生长期到稳定期后期，其中的聚磷酸盐含量也随着培养时间的延长而增加。

3）在好氧条件下，这种菌在稳定生长前期的聚磷酸盐激酶的增加速率是对数生长期的 10 倍；然而，当该菌生长到稳定期的中后期，聚磷酸盐激酶的增加速率降低为对数生长期的 3 倍，这与胞内的聚磷酸盐含量变化趋势恰恰相反。可见，聚磷酸盐对聚磷酸盐激酶有抑制作用。

4）在整个处理系统的除磷过程中，这种细菌起着重要的作用。

由以上的研究结果可以看出，假单胞菌属也是污水生物除磷处理活性污泥混合液中的主要细菌之一。

（4）其他菌属

除了以上几种主要的除磷菌外，还有一些既能进行反硝化，又能积累磷酸盐的细菌，如肠杆菌属（*Enterobacter*）、放射土壤杆菌（*Agrpbacterium radiobacter*）、枯草芽孢杆菌（*Bacillut subtilis*）、节杆菌属（*Arthrobacter*）、着色菌属（*Chromatium*）、棒杆菌属（*Corynebacteriu*）、脱氮微球菌（*Micrococous denitrificans*）、粘球菌属（*Myxococcus*）、链球菌属（*Streptococcus*）、遇回螺菌（*Spirillum volutans*）和氧化硫硫杆菌（*Thiobacillus thiooxidans*）等。

10.3.2 生物除磷原理与工艺

1. 生物除磷工艺

磷常以磷酸盐（$H_2PO_4^-$，HPO_4^{2-} 和 PO_4^{3-}）、聚磷酸盐和有机磷的形式存在于废水中。污水生物除磷的本质是通过聚磷菌过量地、超出其生理需要地摄取废水中的磷，以聚磷酸盐的形式积累于胞内，形成高磷污泥，作为剩余污泥排出，从而达到从废水中除磷的效果。

事实上，许多细菌都存在于传统的活性污泥处理系统中，而传统的污水生物处理工艺之所以不能有效地除磷，是由于环境条件不能诱导这些细菌产生过量摄磷作用。

污泥中非除磷菌的好氧型异养菌虽也能利用废水中残存的有机物进行氧化分解，释放出能量可供其生长、繁殖，但由于废水中大部分有机物已被聚磷菌吸收、贮藏和利用，所以在竞争上得不到优势。可见厌氧、好氧交替的系统如同是除磷菌的“选择器”，使它能够成为优势菌属。

（1）PAO 原理

20 世纪 70 年代中期，在传统活性污泥工艺的运行管理中，发现了一类特殊的兼性细菌，如棒杆菌属、不动细菌属、假单胞菌属等不动杆菌属，其能在体内贮存聚磷酸，在厌氧状态下可水解聚磷酸产生能量，并限制硝化菌的产生。在好氧条件下，这类菌属可超量地吸收污水中的磷，使其体内含磷量超过 10%，有时甚至高达 30%。如假单胞菌能够累积达细菌干重 1/3 左右的聚磷酸盐，而一般细菌体内的含磷量只有 2%左右。这类细菌被称为聚磷菌，广泛应用于生物除磷系统中。在厌氧条件下，聚磷菌吸收有机物（如脂肪酸），利用某些糖和醇为基质，代谢生成短链挥发性脂肪酸，同时释放细胞质聚合磷酸盐颗粒的磷，提供必需的能量。在随后的好氧条件下，吸收的有机物将被氧化并提供能量，同时从废水中吸收超过其生长所需的磷，并以聚磷酸盐的形式贮存起来。溶解氧在好氧阶段控制在2～4mg/L，可恰好满足聚磷菌在过量摄取磷的生理活动中的需氧量。在厌氧好氧交替环境下，聚合磷酸盐累积微生物（PAO）释磷、摄磷原理：在厌氧条件下，兼性细菌通过发酵作用将溶解性BOD转化为低分子有机物，聚磷菌分解细胞的聚磷酸盐同时产生ATP，并利用ATP将废水中的低分子有机物[如挥发性脂肪酸（VFA）]摄入细胞内，以PHB及糖原等有机颗粒的形式存在于细胞中，同时将聚磷酸盐分解所产生的磷酸排出细胞外，即：

1）聚磷菌的磷过量摄取

在好氧条件下聚磷菌为有氧呼吸，它能不断地从外部摄取有机物，加以氧化分解，并产生能量，能量为ADP所获得，并结合 H_3PO_4 合成ATP（三磷酸腺苷），即

$$ADP + H_3PO_4 + 能 \longrightarrow ATP + H_2O \tag{10-21}$$

H_3PO_4 的大部分是通过主动输送的方式从外部环境摄入的，一部分用于合成ATP，另一部分则用于合成磷酸盐。这一现象就是“磷的过量摄取”。

2）聚磷菌的放磷

在厌氧条件下，聚磷菌体内的ATP进行水解，放出 H_3PO_4 和能量，形成ADP，即

$$ATP + H_2O \longrightarrow ADP + H_3PO_4 + 能 \tag{10-22}$$

这样，在好氧条件下，聚磷菌过量地摄取磷；在厌氧条件下，又释放磷。生物除磷技术就是利用聚磷菌的这一功能而开创的。

好氧状态下磷的积累按如下方式：

$$\begin{aligned} &C_2H_4O_2 + 0.16NH_4^+ + 1.2O_2 + 0.2PO_4^{3-} \longrightarrow \\ &0.16C_5H_7NO_2 + 1.2CO_2 + 0.2(聚磷) + 1.4OH^- + 1.44H_2O \end{aligned} \tag{10-23}$$

聚磷菌以 O_2 作为电子受体，利用PHB代谢释放的能量，从污水中吸收超过其生长所需要的磷并以聚磷酸盐的形式贮存起来，并产生新的细胞物质，系统通过排泥的方式，将被细菌过量摄取的磷随剩余污泥排出系统，从而达到高效除磷效果。

根据聚磷菌的特性，在厌氧好氧环境交替的过程中可发挥其嗜磷的最好效果。在相同的厌氧时间下，系统地好氧时间越长，摄磷越充分，除磷效果也越好；在相同的好氧时间下，系统地厌氧时间越长，释磷越彻底，除磷效果越好。

（2）DPB原理

DPB即兼性厌氧反硝化除磷细菌，其利用 O_2 或 NO_3^- 作为电子受体，基于体内的聚β羟基丁酸盐（PHB）和糖原等的生物代谢原理与传统A/O法中PAO（聚合磷酸盐累积微生物）极为相似。在厌氧阶段，可溶解性BOD被降解为低分子有机物，被DPB迅速吸收之后大量繁殖，同时水解细胞内的聚合磷酸盐将产生的无机磷酸盐排出细胞外，利用此过程产生的ATP（三磷酸腺苷）、DPB合成大量的PHB贮存于体内；而在缺氧阶段，DPB以 NO_3^- 作为氧化PHB的电子受体，利用降解PHB产生的ATP，大部分供给DPB细菌合成（包括糖原的合成）和维持生命活动，一部分则用于过量摄取水中无机磷酸盐并以聚合磷酸盐的形式储存于细胞体内，同时 NO_3^- 被还原为 N_2。在厌氧、缺氧环境交替运行的条件下，即可实现DPB反硝化效果。研究表明，依次经过厌氧、缺氧和好氧3个阶段后，约50％的聚磷菌既能利用 O_2 又能利用 NO_3^- 作为电子受体来吸收磷，而剩余的微生物仅能利用 O_2 作为电子受体，即DPB的除磷效果相当于总聚磷菌的50％左右。这一结果表明，除了 O_2 可作为电子受体外，NO_3^- 也可以作为氧化DPB的电子受体；污水生

物除磷系统中的确存在DPB微生物，并且通过驯化可得到富集DPB的活性污泥。

相较传统除磷工艺，DPB反硝化除磷技术优势如下：1）缩小了反应器体积；2）节省电能，DPB吸磷中用硝酸盐代替氧作为电子受体，曝气量大大减少；3）减少了除磷脱氮运行过程中污泥产生量，使污泥处理费用降低；4）节省了BOD消耗量，避免反硝化菌和聚磷菌之间对有机物的竞争。

2. 污水生物除磷工艺

按运行方式，现有工艺可以分为连续式和间歇式（序批式）生物处理两类，所采用的方法大多为活性污泥法。

根据生物除磷原理，在生物除磷工艺中，可使污泥处于厌氧的压抑条件下，使聚磷细菌体内积累的磷充分排出；再进入好氧条件下，使之把过多的磷积累于菌体内，然后使含有这种聚磷菌菌体的活性污泥立即在二沉内沉降。上清液已取得良好的除磷效果可以排出，留下的污泥中磷含量约占干重的6%，其中一部分以剩余污泥形式排放后可作为肥料，另一部分回流至曝气池前端。

（1）传统PAO除磷工艺

传统的除磷工艺环境是厌氧、好氧条件交替运行。释磷需要短泥龄的聚磷菌和厌氧条件，而吸磷则需要好氧条件。如前置的厌氧环境中存有NO_3^-，将直接影响聚磷菌的释磷速度；当挥发性有机物较少时，反硝化菌竞争有机物，在反硝化结束后，聚磷菌系统才进入完全厌氧状态进行释磷。

为了提高除磷效率，在A/O法的基础上，出现了许多改进的除磷工艺，如氧化沟工艺、UCT工艺、改良的UCT工艺、A^2/O工艺、Bardenpho工艺、Phoredox工艺、VIP工艺、SBR工艺、Phostrip工艺MSBR工艺、EADC工艺、ISAH工艺、改良的Phostrip工艺、CPSC工艺、JHB工艺等。

1）A/O工艺

20世纪70年代中期，美国Spector在研究活性污泥膨胀问题时研究开发了A/O工艺，是目前最为简单的生物除磷方法。该工艺与Bardenpho脱氮工艺类似，在厌氧池中原污水或经过预处理的污水与回流污泥混合，此工艺无需控制NO_3^-浓度。增加池深可防止O_2进入水底，从而保持良好的厌氧条件。一般厌氧区和好氧区的水力停留时间分别为0.5～1.0h、1.0～3.0h时，磷和有机物的去除效果较高。脱磷效果决定于剩余污泥排放量，在二沉池中还难免有磷的释放。因此，城市除磷率约为60%，进一步提高处理效率的空间不大。A/O工艺的释磷效果在进水水质波动较大时会受到影响，一般在设计采用A/O工艺时，要求进水中有较高易降解有机基质的含量。

2）A^2/O工艺

即在A/O工艺的基础上增设一个缺氧区，并使好氧区中混合液回流至缺氧区使之反硝化脱氮。该工有抗冲击负荷能力强，水力停留时间长，运行稳定。在厌氧、缺氧、好氧3个不同的环境条件下，不同功能的微生物菌群有机配合协作点，同时达到去除有机物、脱氮、除磷的目的。但该方法也具有一定的劣势，污泥龄和回流污泥中挟带的溶解氧和硝酸盐会影响除磷效果。当进水总磷约为10mg/L时，除磷率一般为85%～90%。

3）SBR工艺

20世纪70年代，美国Irvine开发了一个间歇式活性污泥系统，在同一个处理池中完成活性污泥的曝气、沉淀、出水、排放和污泥回流过程。SBR 法除磷脱氮效果好、占地少、造价低、耐冲击负荷、运行管理简单、可抑制丝状菌膨胀。该工艺对自动化要求高，因近年来自控技术和计算机技术发展迅速，使依赖于自控系统的 SBR 工艺得到发展。

近年来，SBR 工艺得到重视，在其基础上又开发出了新工艺。如 MSBR 工艺，即改良型的 SBR 工艺，是在序批式反应器的启发下，由我国同济大学和美国 Aqua 公司联合开发的新型工艺。它是介于连续流和序批流之间的工艺模式，既保留了连续流工艺进出水连续的特点，又增强了系统的调节功能，是一种高效、经济、灵活、易于实现自动控制的新型污水处理技术。由于该工艺中反应池和沉淀池交替工作，并从下部进水，使得沉淀后的下层污泥对进水发生过滤和絮凝的作用，提高了除磷效果。我国深圳地区盐田最早建成了采用 MSBR 工艺的 12 万 t 污水处理厂，目前松江、无锡和太原等地也都建成了运用改良工艺的污水处理厂，运行情况良好。

为提高 SBR 工艺的脱氮除磷效果，人们又开发出了 CAST 工艺。该工艺最大的改进是在反应池前端增设一个选择段，污水首先进入选择段与来自主反应区的混合液混合，在厌氧条件下聚磷菌充分释磷，为高效除磷创造了条件。在主反应区，混合液 DO 大部分时间内控制在低于 0.5mg/L，污泥絮体的表面和体内将分别形成好氧、厌氧的微环境，可同时硝化和反硝化。由于此环境的延续时间长，同时硝化、反硝化进行充分，脱氮效果良好。另外，通过向 SBR 反应器内投加复合微生物制剂 EM 进行试验，发现该法可高效地提高 SBR 工艺对氮磷的去除效果，且经济可行。

4）Bardenpho 工艺

Barnard 研究生物脱氮时发现反硝化过程进行彻底时会有很好的除磷效果，在以生活污水为进水的试验中，脱氮率为 90%～95%。这种工艺广泛应用于加拿大、南非、美国。该工艺在除磷的同时，其脱氮效果也比较好，由原水中的小分子有机物提供反硝化所需的碳源，并为后续的硝化反应提供碱度，无需外加碳源和碱。Bardenpho 工艺流程中（图 10-8），厌氧池Ⅰ由于混合液回流 R_1 中含有少量 NO_3^- 会消耗部分 VFA，可能会抑制磷的释放；而好氧池Ⅰ的 BOD 浓度较高，使硝化不够彻底；在厌氧池Ⅱ中发生反硝化和进一步释磷，好氧池Ⅱ彻底硝化和摄磷。

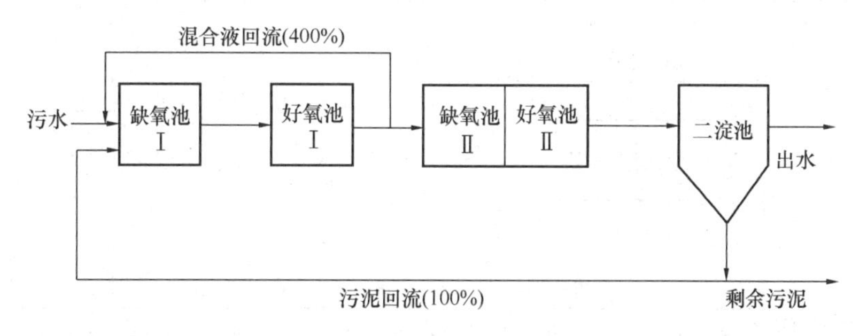

图 10-8　Bardenpho 工艺流程图

5）Phoredox 工艺

即在 Bardenpho 工艺的基础上增设一个厌氧发酵区，将回流污泥与原污水或经预处理的废水在厌氧池内完全混合，接下来是 2 组硝化和反硝化池。此工艺（图 10-9）特别适应于低负荷污水处理厂的生物除磷脱氮。在厌氧池内聚磷菌利用原水中的低分子有机物释放体内的磷，在缺氧池Ⅰ内利用原水中的碳源和回流液中的 NO_3^- 进行反硝化，使硝态氮还原为氮气，去除 BOD；氨氮氧化和磷的吸收都是在好氧池Ⅰ中完成。氧池Ⅱ则提供了足够的停留时间，通过混合液的内源呼吸进一步去除残余的硝态氮。好氧池Ⅱ则是提供短暂的混合液曝气，防止二沉池出现厌氧状态。

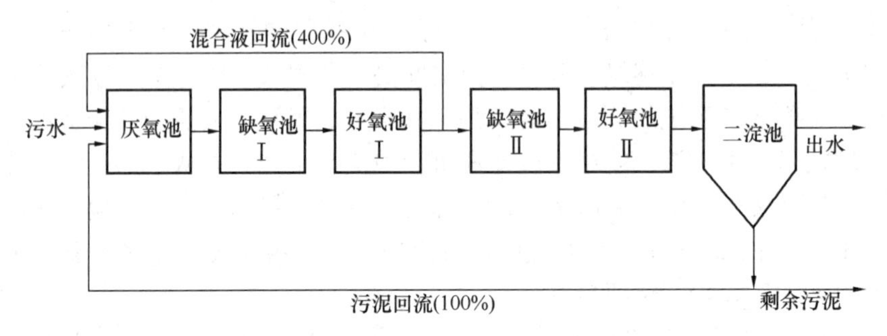

图 10-9　Phoredox 工艺流程图

前面设置厌氧池进行释磷，可以避免回流液中含有的 NO_3^- 对聚磷菌释磷的影响，能保证较好的除磷效果。在 2 组池内完成了彻底的反硝化作用后，回流污泥中已无硝酸盐和亚硝酸盐。但运行中发现 5 段工艺并不能将硝酸盐含量降低为零，缺氧池Ⅱ的单位容积反硝化速率低于缺氧池Ⅰ，对回流污泥挟带的硝酸盐除磷效果有明显的不利影响。因此，去除第二级缺氧和曝气，并加大缺氧池Ⅰ容积，可以得到最大的脱氮效果，从而产生了改进的 Phoredox 流程。

6）Phostrip 工艺

即把生物除磷和化学除磷法相结合的一种除磷工艺（图 10-10），主流部分为常规的活性污泥曝气池，回流污泥的一部分（进水流量的 10%～20%）被分流到专门的厌氧池，污泥在厌氧池中通常停留 8～12 h，聚磷菌则在厌氧池中释磷。脱磷后的污泥回流到曝气池中继续吸磷。含磷上清液进入化学沉淀池，然后用石灰进行处理，石灰剂量取决于废水的碱度，在污泥回流路径上完成沉淀除磷。Phostrip 工艺，出水总磷浓度低于 1mg/L，大大减少了药剂的投加量和化学污泥量，而且受进水 BOD 浓度影响较小。

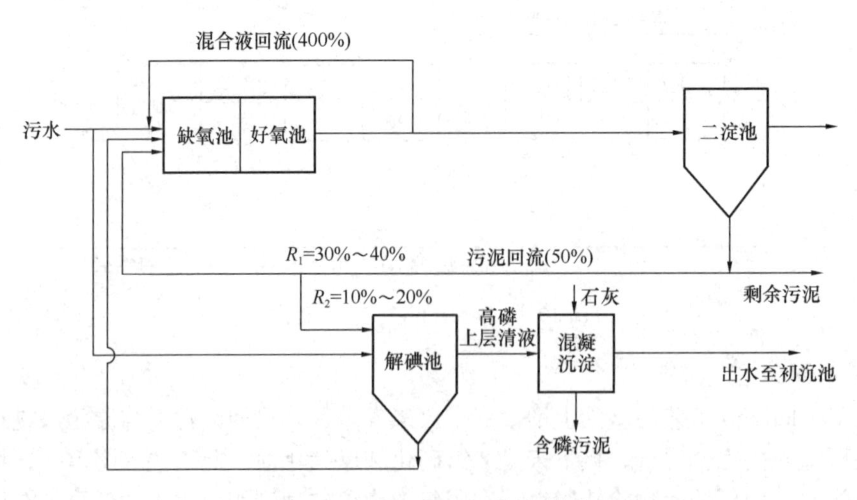

图 10-10　Phostrip 工艺流程图

7）UCT 工艺

20 世纪 70 年代，南非 Care Town 大学研究生物除磷时发现，Phoredox 流程中污泥直接回流到厌氧区，不可避免地带有 NO_3^-，不利于厌氧区的反应进程。为保证厌氧区真正厌氧，改污泥回流到缺氧区，然后再由缺氧区将混合液回流到厌氧区（图 10-11）。该工艺缺氧段发生反硝化，硝酸盐大部分还原为 N_2，出水回流液的 NO_3^- 浓度非常低，可促进溶解性 BOD 转化为发酵产物，提升厌氧区的厌氧条件，有利于释磷，从而提高除磷效果。

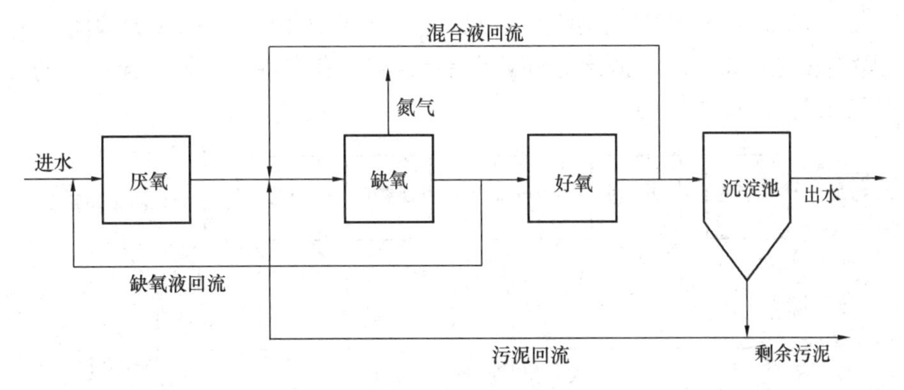

图 10-11　UCT 工艺流程图

研究发现，除磷效果受水质、水量的影响很大，且 UCT 工艺可承受的进水 TNK/COD 大于 0.08。当进水 TNK/COD 超过 0.12～0.14 时，为了防止 NO_3^- 进入厌氧区，必须减小混合液回流比，即必须延长反硝化时间，但为保证活性污泥在二沉池中具有良好的沉降性能，此回流比不能太小。为解决此矛盾，产生了改进的 UCT 工艺。此流程将缺氧区一分为二，二沉池污泥回流到第 1 个缺氧池，消除了 NO_3^- 对厌氧池的干扰；然后由该反应池将含有较多溶解性 VFA（小分子简单有机物）的混合液回流到厌氧池，保证了厌氧池中厌氧释磷的条件；第 1 个缺氧池从曝气池得到回流混合液，目的是满足这个反应器内的反硝化条件。一方面，该流程无须严格控制从曝气池到缺氧池的回流比，运行简单；另一方面，基本解决 UCT 工艺存在的问题。UCT 工艺和改进的 UCT 工艺是目前各国应用最广泛的流程。

（2）DPB 除磷工艺

在单污泥系统中，同一悬浮污泥箱中同时存在非聚磷菌、异氧菌、DPB 及硝化菌，共同经历厌氧、缺氧和好氧环境。在传统的污泥低温条件下，达到完全硝化的时间很长（SRT＞15d），大量的有机物被消耗，同时因反硝化菌和聚磷菌互相争夺有机物而出现污泥膨胀。为避免产生该类问题，提出了把硝化菌独立于 DPB 固定在膜生物反应器或好氧硝化 SBR 反应器中的工艺。较典型的双泥系统有 A^2N-SBR 工艺和 Dephanox 工艺等，单泥系统有 BCFS 工艺。

1）A^2N-SBR 工艺

由 A^2/O-SBR 反应器和 N-SBR 反应器组成，是一种新型的双泥反硝化除磷工艺。2 个反应器的活性污泥完全分开，只将各自沉淀后的上清液相互交换。N-SBR 反应器主要起硝化作用，A^2/O-SBR 反应器主要去除 COD 和进行反硝化除磷脱氮。

在 A^2N-SBR 工艺中，硝化菌与 DPB 完全分离，在缺氧条件下实现反硝化除磷。其构造模式避免了传统脱氮除磷工艺中反硝化菌和 DPB 两种细菌泥龄的差异，也避免了竞争有机物。硝化反应为硝化菌和 DPB 创造了各自最佳的生长环境，SRT 可根据实际要求而改变，所需的最小 SRT 不再是反硝化除磷过程的控制因素，因而可以实现完全的硝化和反硝化除磷。双级工艺采用后置反硝化，与单级工艺相比，可以避免从好氧池向缺氧池大量回流污泥，理论上的除磷效率可达 100%。

2）Dephanox 工艺

1992 年，Wanner 率先开发出第 1 个以厌氧污泥中 PHB 为反硝化碳源的工艺，取得了良好的除磷脱氮效果。之后据此提出了具有硝化和反硝化除磷双泥回流系统的 Dephanox 除磷脱氮工艺（图 10-12）。

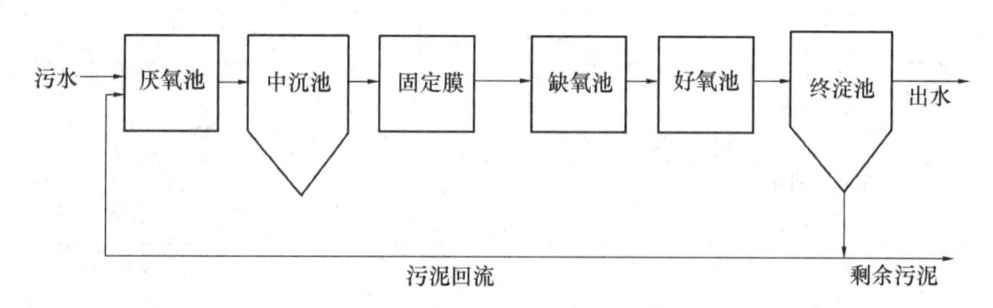

图 10-12　Dephanox 工艺流程图

进水和回流污泥完全混合后进入厌氧池，DPB 吸收易于降解的有机底物进行 PHA 储备，同时大量释磷；混合液随后进入中间沉淀池进行泥水分离。富集氨氮的上清液直接进入侧流好氧固定生物膜反应池中进行硝化反应；而含有大量有机物的 DPB 沉淀污泥，横跨同定膜反应池与从好氧同定生物膜反应池流出的硝化液一起进入缺氧悬浮生长反应池内，通过利用氧化 DPB 在厌氧池储备的 PHA 放出的能量，以 NO_3^- 作为电子受体反硝化除磷，然后混合液进入曝气池利用 O_2 作为电子受体继续除磷，同时氧化 DPB 细胞内残余的 PHA，使其在下一循环中发挥最大的放磷和 PHA 储备能力。混合液最后进入二沉池中完成泥水分离，将上清液排放，部分含有大量 DPB 的污泥回流进入厌氧池，排出剩余污泥。该工艺能有效解决除磷系统反硝化碳源不足的问题，降低剩余污泥量和系统的能耗。

3）BCFS 工艺

荷兰的 Delft 工业大学研发了一种改进的 UCT-BCFS 工艺(图 10-13)。在 UCT 工艺基础上增设 2 个反应池，即接触池和混合池；增加 2 个混合液循环 Q_1 和 Q_3，接触池内是厌

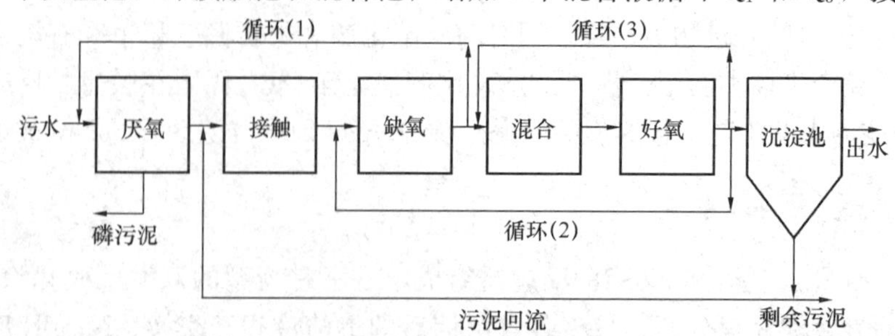

图 10-13　BCFS 工艺流程图

氧条件，一方面使回流污泥中的硝酸盐氮被迅速反硝化脱除，有效防止丝状菌引起的污泥膨胀；另一方面可使回流污泥和来自厌氧池的混合液在池内充分混合并吸附剩余的COD。混合池的低氧环境，可最大限度地保证污泥再生，而不影响反硝化或除磷，容易控制SVI值，最大限度地创造DPB的富集条件，利用DPB而获得最少的污泥产量。

为防止硝酸盐氮和氧的进入，UCT原有的内循环 Q_2 可分别维持一个较严格的厌氧区和缺氧区。新增的循环 Q_1 可增加硝化或同时反硝化的机会，从而获得良好的出水氮浓度。Q_3 具有补充硝酸盐氮的作用，可辅助回流污泥向缺氧池。该工艺的出水水质较好，能够保证TP≤0.2mg/L、TN≤5mg/L。

10.3.3 生物除磷的影响因素

1. 溶解氧

在聚磷菌放磷的厌氧反应器内，溶解氧的存在对污泥的放磷不利，且 NO_3^- 一类的化合态氧也不允许存在，因为微生物的好氧呼吸消耗了一部分可生物降解的有机基质，使产酸菌可利用的有机基质减少，结果聚磷菌所需的溶解性可快速生物降解的有机基质大大减少，但在聚磷菌摄磷的好氧反应器内却应保持充足的氧。

经试验，厌氧放磷池的溶解氧应小于0.2mg/L，好氧池中溶解氧就大于2mg/L，如果有可能的话，溶解氧应控制在3～4mg/L，以保证聚磷菌利用好氧代谢中释放出来的大量能量充分地吸收磷。

2. 碳源的浓度和种类

碳源的浓度是影响生物除磷效果的一个重要因素。有机物浓度越高，污泥放磷越早、越快。这是由于有机物浓度提高后诱发了反硝化作用，并迅速耗去了硝酸盐。其次，碳源可为发酵产酸菌提供足够的养料，从而为聚磷菌提供放磷所需的溶解性基质。有研究者发现，要使出水的磷浓度小于1mg/L，进水总BOD总磷之比必须在23～30。至少要高于15，才能使泥龄较短的除磷系统出水磷较低。

混合碳源或污水中的有机基质对厌氧放磷的影响情况较为复杂。如前所述，大分子有机物必须先在发酵产酸菌的作用下转化为小分子的发酵产物后，才能被聚磷菌吸收并诱导放磷。因此，大分子有机物基质和溶解性、可快速生物降解有机物中不能被聚磷菌直接吸收利用的基质，其诱导放磷的速率取决于非聚磷菌对它们的转化效率。

3. 污泥龄

生物除磷主要是通过排除剩余污泥而去除磷的，因此剩余污泥的多少将对脱磷效果产生影响。一般污泥龄短的系统产生的剩余污泥量较多，可以取得较高的除磷效果。据报道，当污泥龄为30d时，除磷率为40％；污泥龄为17d时，除磷率为50％；而当污泥龄降至5d时，除磷率高达87％。

4. 温度与pH值

在5～30℃的范围内，都可以取得较好的除磷效果，生物除磷系统最适宜的pH值范围与常规生物处理相同，为中性或弱碱性，大致为6～8，生活污水的pH值通常在此范围内。对pH值不适合的工业废水，处理前必须先行调节。

5. BOD5负荷

一般认为，较高的 BOD_5 负荷可取得较好的除磷效果，进行生物除磷的底限是BOD/TP＝20。有机基质不同对除磷也有影响，一般低分子易降解的有机物诱导磷释放的能力较强，高分子难降解的有机物诱导磷释放的能力较弱。磷的释放越充分，磷的摄取量也越大。

6. 硝酸氮和亚硝酸氮

硝酸氮和亚硝酸氮的存在会抑制细菌对磷的释放，从而影响在好氧条件下对磷的吸收。据报道，NO_3^--N 浓度应小于 2mg/L。但当 COD/TKN 大于 10 时，NO_3^--N 对生物除磷的影响就减弱了。

思考题

1. 氨化作用、硝化作用、反硝化作用的概念。
2. 分析生物脱氮的原理，及生物除磷的原理。
3. 什么是厌氧氨氧化?
4. 短程硝化反硝化脱氮工艺有什么优势?

第 11 章　水微生物生态及水体生态修复

11.1　水微生物生态系统

在自然界中，微生物有着重要的地位和作用。在一定环境条件下生存的微生物与环境条件（包括动植物）之间通过能量、物质、信息等联系而组成具有一定结构和功能的开放系统，称为微生物生态系统。自然界中任何环境条件下的微生物，都不是单一的种群，微生物与微生物之间、微生物与其环境之间有着特定的关系，它们彼此影响，相互依存呈现着系统关系。由于环境因子的多样性和复杂性，加上微生物本身的多样性，使不同的微生物系统表现出很大的差异，从而导致了微生物生态系统的多样性和复杂性。根据自然界中主要环境因子的差异和研究范围的不同，通常可以将微生物生态系统分为陆生微生物生态系统、水生微生物生态系统、大气微生物生态系统、根系微生物生态系统、肠道（消化道）微生物生态系统、极端环境微生物生态系统、活性污泥微生物生态系统、"生物膜"微生物生态系统等。微生物生态学是生态学的分支，它研究和揭示微生物系统与环境系统之间的相互作用及其功能表达规律，探索其控制和应用途径。微生物生态学主要研究微生物在自然界中的分布、种群组成、数量和生理生化特性；研究微生物之间及其与环境之间的关系和功能，包括微生物与动植物之间的关系和功能等。通过微生物生态学的研究，人们能在充分了解和掌握微生物生态系统的结构和功能的基础上，更好地使微生物发挥作用，更充分地利用微生物为人类服务，解决面临的各种问题，特别是为解决环境污染问题提供生态学理论基础和方法、技术手段等，为社会经济的可持续发展提供决策依据。

11.1.1　水体中的微生物

1. 水体中微生物的来源

江、河、湖泊、水库、池塘、下水道、各种污水处理系统等水体，是微生物生存的重要场所。无论是天然水体，还是人工水体，水中多溶解或悬浮着多种无机或有机物质，能供给微生物营养而使其生长繁殖。因此，水体中存在着多种多样的微生物。水体中的微生物来源有以下四个方面。

（1）水体中固有的微生物

这部分微生物是水体中原来就有的，包括有荧光杆菌、产红色和产紫色的灵杆菌、不产色的好氧芽孢杆菌、产色和不产色的球菌、丝状硫细菌、球衣菌及铁细菌等。

（2）来自土壤的微生物

通过雨水径流，可把土壤中的微生物带入水体中。这些微生物包括枯草芽孢杆菌、巨大芽孢杆菌、氨化细菌、硝化细菌、硫酸还原菌、蕈状芽孢杆菌、霉菌等。

（3）来自生产和生活的微生物

人类在生活和生产过程中所产生的各种废水、固体废物以及牲畜的排泄物会被有意或无意地排入水体中。在此过程中，各种微生物会被带入水体中，这包括大肠菌群、肠球菌、产气荚膜杆菌、各种腐生性细菌、厌氧梭状芽孢杆菌，致病的微生物如霍乱弧菌、伤寒杆菌、痢疾杆菌、立克次氏体、病毒、赤痢阿米巴等。

（4）来自空气的微生物

空气中的微生物会通过雨雪等降水过程被带入水体中。

2. 水体中微生物的群落

水体中的微生物种类很多，微生物在水体中的分布和数量受水体类型、有机物的含量、微生物的拮抗作用、雨水冲刷、河水泛滥、工业和生活废水的排放量等因素的影响。

（1）海水微生物群落

海洋或一些高盐度的湖泊，水中含有高浓度的盐分（海水中约为 32～40g/L）。水的含盐量越大，渗透压越大。在海洋表面阳光照射强烈，而深海处光线极暗，温度低，静水压力大。因此在海水中生存的微生物会受到影响。

海洋中的微生物有的是固有的栖息者，也有许多是随河水、雨水及污水等排入的。海洋微生物的数量和种类组成与海洋的位置、潮汐、深度等因素有关。在近海部位，由于受人类活动的影响比较大，水体中有着较多的有机物，故沿海海水中的微生物数量每毫升可达 1×10^5 个。而在远海，微生物数只有每毫升 10～250 个。由于潮汐的稀释，涨潮时含菌量明显减少。

在距海水表面 0～10m 深处，因为阳光的直接照射，水中的细菌较少，浮游藻类较多。在海水表面 5～10m 以下至 25～50m 处的微生物数量较多，而且随深度增加而增加。海水表面 50m 以下的微生物数量随海水深度增加而减少。在海底积聚着很丰富的有机物，但溶解氧缺乏，微生物数量多且多为兼性厌氧或厌氧菌。由于海水中特殊的生态环境，其中生存的微生物大多数为耐盐或嗜盐的，并能耐受高渗透压，如盐生盐杆菌（*Halobacterium halobium*）。另外，深海的微生物还能耐受低温和很高的静水压力，甚至有的微生物嗜高静压力，如有的细菌在 40℃时，要在 4.0×10^4～5.0×10^4 kPa 静水压力下才能生长繁殖。有的细菌要在 6.0×10^4 kPa 或更高的静水压力下才能生长，如水活微球菌（*Micrococous aquivivus*）和浮游植物弧菌（*Vibrio phytoplanktis*）。

（2）淡水微生物群落

淡水主要存在于陆地上的江河、湖泊、池塘、水库和小溪中，淡水中的微生物种类与土壤中的差不多，但种类和数量要少于土壤，分布规律与海洋微生物相似。湖泊和池塘水的流速慢，属于静水系统，河、溪为流水系统，两者的微生物群落分布不同。影响微生物群落的主要因素有水体类型、受污染程度、有机物含量、溶解氧含量、水温、pH 值及水深等。

与海洋一样，在近岸水域由于有机物较多，微生物种类和数量也较多。中温水体内的微生物比低温水体内多。深层水中的厌氧微生物较多，而表层水内好氧微生物较多。当水体处于贫营养状态时，有机物少，沉积物少，细菌数量少（10～10^3个/mL），并且主要为自养的种类，如硫细菌、铁细菌和球衣细菌等，以及含有光合色素的蓝细菌和光合细菌。随着水体中有机物质增加，水体逐渐富营养化，微生物的数量增加，可达 10^7～10^8 个/mL，且多为腐生型细菌和原生动物，其中数量较多的是无芽孢革兰氏阴性细菌，如变形杆菌属、大肠杆菌、产气肠杆菌和产碱杆菌属等，另外，还有芽孢杆菌属、弧菌属、螺菌属等的一些种。有时，水中还会含有致病微生物。

水的不同性质对水中的微生物影响很大，一般淡水中的微生物要求 pH 值在 6.5～7.5，属于中温性的种类。当水质发生变化时，其中的微生物也会相应地发生变化，如在温泉中就会有耐热和嗜热的微生物种类存在，含硫温泉水中有硫磺细菌存在。

11.1.2 水体自净和污染水体的微生物生态

天然淡水水体是人类生活用水和工业生产用水的水源，同时也是水生生物生长繁殖的场所。在正常情况下，水体中存在着正常的生物循环，不同生物种之间构成以食物关系为主的各种复杂的关系，生物与生物之间、生物与环境之间通过能量流动和物质循环保持着相互依存的稳定关系，即生态平衡。同时，水体往往又充当了污染物的接受者，人类生产或生活活动所产生的污染物质，特别是受污染的废水，进入水体，会造成一系列的后果。

1. 水体自净

(1) 水体自净的概念

作为一个稳定平衡的生态系统，水体同样能容纳一定量的外来物质（污染物质），并对其进行降解。河流（水体）接纳了一定量的有机污染物后，在物理的、化学的和水生物（微生物、动物和植物）等因素的综合作用下得到净化，水质恢复到污染前的水平和状态，这叫水体自净。任何水体都有其自净容量。自净容量是指在水体正常生物循环中能够净化有机污染物的最大数量。在水体的自净过程中，微生物起着主要的作用。

(2) 自净过程

水体自净是一个物理、化学和生物的复杂的综合过程。为叙述方便，一般可以把水体的自净过程分为如下几步（见图 11-1、图 11-2）。

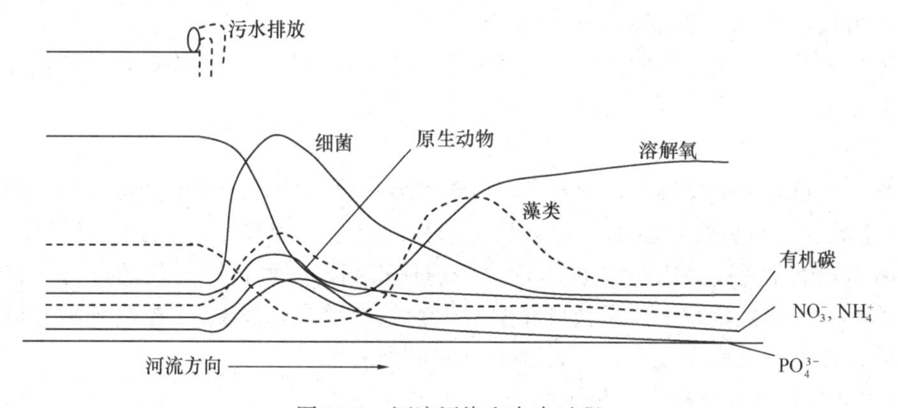

图 11-1　河流污染和自净过程

1) 污染物被稀释或沉淀

污染物排入水体后被水体稀释，有机和无机固体物沉降至河底。虽然单纯的稀释实际上并未减少污染物的总量，但它可以降低污染物浓度，有利于后面的生物降解。稀释作用与废水量（与河水量的比较）、水体的水文参数、两种水的混合程度（排放方式）等因素有关。

2) 微生物作用

水体中好氧细菌利用溶解氧把有机物分解为简单有机物和无机物，并

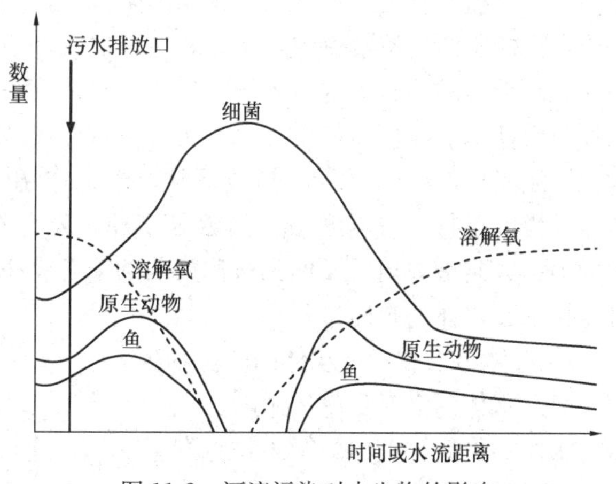

图 11-2　河流污染对水生物的影响

用以组成自身有机体，此时水中溶解氧急速下降，甚至到零，鱼类绝迹，原生动物、轮虫、浮游甲壳动物死亡，厌氧细菌大量繁殖，对有机物进行厌氧分解。有机物经细菌完全无机化后，产物为 CO_2、H_2O、PO_4^{3-}、NH_3 和 H_2S。NH_3 和 H_2S 继续在硝化细菌和硫化细菌作用下生成 NO_3^- 和 SO_4^{2-}。

3）溶解氧恢复

溶解氧是微生物好氧分解有机物必不可少的条件，水体中的溶解氧主要通过大气扩散和光合作用进行补充。当污染物浓度很高时，水体中溶解氧在异养菌分解有机物时被消耗，大气中的氧刚溶于水就迅速被消耗掉，尽管水中藻类在白天进行光合作用放出氧气，但复氧速度仍小于耗氧速度，氧垂曲线下降。在最缺氧点，有机物的耗氧速度等于河流的复氧速度。而后有机物渐少，复氧速度大于耗氧速度，氧垂曲线上升。如果河流不再被有机物污染，河水中溶解氧会恢复到原有浓度，甚至达到饱和。

4）水体自净的完成

随着水体的自净，有机物缺乏和其他原因（例如阳光照射、温度、pH 值变化、毒物及生物的拮抗作用等）使细菌死亡。一般情况下，4 天后，细菌数为最大菌数的 10%～20%以下。水体中水生植物、原生动物、微型后生动物，甚至鱼类等出现，表明水质已完全恢复。

（3）衡量水体自净的指标

水体自净是一个很复杂的过程，在实际工作中，可以用一些生物或相关的指标来衡量水体的自净速率或自净进行的程度，常用的有以下几种。

1）P/H 指数

这是一个很方便的指标，P 代表光合自养型微生物，H 代表异养型微生物，两者的比即 P/H 指数。P/H 指数反映水体污染和自净程度。水体刚被污染，水中有机物浓度高，异养型微生物大量繁殖，P/H 指数低，自净的速率高。随着自净过程的进行，有机物减少，异养型微生物数量减少，光合自养型微生物数量增多，故 P/H 指数升高，自净速率逐渐降低，在河流自净完成后，P/H 指数恢复到原有水平。

2）氧浓度昼夜变化幅度和氧垂曲线

水体中的溶解氧由空气中的氧溶于水而得到补充，同时也靠光合自养型微生物的光合作用放出氧得到补充。对于后一个氧的来源，阳光的照射是关键因素，夜晚由于光合作用停止，会使水中的溶解氧浓度下降，造成白天和夜晚水中溶解氧浓度的差异。在白天，有阳光和阴天时的溶解氧浓度差异也较大。氧浓度昼夜的差异取决于微生物的种群、数量或水体断面及水的深度。如果光合自养型微生物数量多，P/H 指数高，则溶解氧昼夜差异大。河流刚被污染时，P/H 指数下降，光合作用强度小，溶解氧浓度昼夜差异小。随着自净过程的进行，自养型微生物数量增加，光合作用强度增加，溶解氧浓度昼夜差异增大。当增大到最大值后又回到被污染前的原有状态，即完成自净过程。氧垂曲线同样被用来直接描述水体的自净过程。

2. 水体污染和污染水体的微生物生态

（1）水体污染对生物的影响

水体污染后，其中的微生物将发生变化，这与污染物的数量和种类有密切关系。

当耗氧有机污染物质进入水体后，水体中的微生物对其进行降解，在这一过程中，一方面消耗大量的溶解氧，造成水体缺氧的环境；另一方面分解产生大量的氮、磷等营养物质，从而引起水体生态系统一系列变化，导致水质恶化。此时，以藻类为主的水生植物大量繁殖，而水生动物因缺氧而死亡，有经济价值的渔产资源受到破坏，许多适应污水环境的生物却发展起来；在污染严重的水体，其生物群落单一，主要为异养细菌，个体数量大。污染环境中群落的多样性比正常环境下降。

对于重金属或者是难降解有机物，由于它们难以分解，往往会被水环境中的生物吸收、富集，并被放大，通过食物链，逐级向高层次生物转移，最终到达人类本身。有的物质在转化过程中毒性会降低，但也有的毒性反而增加。生物遭到污染物质后，会在各层次上出现变化，可能是在群落层次上，如生物种类、数量等方面的变化；也可能在个体层次上的变化，如微生物的生理特征发生变化；甚至有时可能微生物会在分子水平上受到影响，如在基因层次上发生的基因突变等。

(2) 污化系统

污染物排入水体后水质发生一系列变化，接近污染源往往污染较严重，因河水有自净能力，随距离增加河水逐渐净化。根据这个原理，可以将水体划分为一系列的带：多污带、a-中污带、β-中污带和寡污带。各污染带会存在相应的生物群落，耐污的种类及其数量按以上顺序逐渐减少，而不耐污的种类和数量逐渐增多。污化指示生物包括细菌、真菌、藻类、原生动物、轮虫、浮游甲壳动物、底栖动物如寡毛类的颤蚯蚓、软体动物和水生昆虫。

1) 多污带

多污带位于排污口之后的区段，水呈暗灰色，很浑浊，含大量有机物，BOD 高，溶解氧极低（或无），为厌氧状态。在此处，有机物厌氧分解，产生 H_2S、CO_2 和 CH_4 等气体。由于环境恶劣，水生生物的种类很少，以厌氧菌和兼性厌氧菌为主，种类多，数量大，每毫升水含有几亿个细菌。它们中间有分解复杂有机物的菌种，有硫酸还原菌、产甲烷菌等。这一区域的水底沉积许多由有机和无机物形成的淤泥，有大量寡毛类（颤蚯蚓）动物，水面上有气泡、异味，无显花植物，鱼类绝迹。

2) a-中污带

a-中污带在多污带的下游，水为灰色，溶解氧少，为半厌氧状态，有机物量减少，BOD 下降，水面上有泡沫和浮泥，有 NH_3、氨基酸及 H_2S，生物种类比多污带稍多。a-中污带处细菌数量较多，每毫升水约有几千万个，有蓝藻、裸藻、绿藻，原生动物有天蓝喇叭虫、美观独缩虫、椎尾水轮虫、臂尾水轮虫及节虾等。此处的底泥已部分无机化，滋生了很多颤蚯蚓。

3) β-中污带

β-中污带在 a-中污带之后，有机物较少，BOD 和悬浮物含量低，溶解氧浓度升高，由于 NH_3 和 H_2S 分别氧化为 NO_3^- 和 SO_4^{2-}，两者含量均减少。此处的细菌数量减少，每毫升水只有几万个，藻类大量繁殖，水生植物出现。β-中污带处，原生动物的固着型纤毛虫如独缩虫、聚缩虫等活跃，且有轮虫、浮游甲壳动物及昆虫出现。

4) 寡污带

寡污带在 β-中污带之后，它标志着河流自净过程已完成，有机物全部无机化，BOD 和悬浮物含量极低，H_2S 消失，细菌极少，水的浑浊度低，溶解氧恢复到正常含量。寡污带的指示生物有鱼腥藻、硅藻、黄藻、钟虫、变形虫、旋轮虫、浮游甲壳动物、水生植物及鱼。

应用污化系统，可以对水体污染及恢复过程有全面的认识。但需要指出的是，污化系统的划分主要是依据水体内生物（微生物）的种类、数量等指标，这些描述一般只能进行定性描述，四个带的划分也是连续性和过渡性的，而且只适用于有机污染物（无毒）的情况。

（3）水体有机污染指标

在实际工作中，可以通过测定水体内的生物情况考察水体的污染状况。将这些指标与其他物理、化学水质指标结合起来，可以更好地了解和掌握水体污染（有机污染）的情况。

1）BIP 指数

$$\mathrm{BIP}=\frac{B}{A+B}\times 100 \tag{11-1}$$

式中　A——有叶绿素的微生物数；

　　　B——无叶绿素的微生物数。

所以 BIP 的含义是无叶绿素的微生物数占总微生物数的百分比。无叶绿素的异养型微生物在水体中的比例越高，表明水体中有机物的含量越高。一般可以按照表 11-1 标准对水体进行评价。

水质评价标准　　**表 11-1**

BIP 值	水质评价
0～8	清洁水
8～20	轻度污染水
20～60	中度污染水
60～100	严重污染水

2）细菌菌落总数（CFU）

细菌菌落总数是指 1mL 水样在营养琼脂培养基中，于 37℃培养 24 h 后所生长出来的细菌菌落总数。它用于指示被检的水源水受有机物污染的程度。在饮用水中所测得的细菌菌落总数除说明水被生活废物污染程度外，还指示该饮用水能否饮用。但水源中的细菌菌落总数不能说明污染的来源。因此，结合大肠菌群数以判断水的污染源和安全程度更全面。

3）总大肠菌群（大肠菌群、大肠杆菌群）

粪便污染是水体中致病性微生物的主要来源，大肠菌群数量的表达有两种方法：一是“大肠菌群数”，亦称“大肠菌群指数”，即 1 L 水中所含大肠菌群数量；另一方法是“大肠菌群值”，为水样中可检出 1 个大肠菌群的最小水样体积（毫升数）。两者的关系为：

$$\text{大肠菌群值}=\frac{1000}{\text{大肠菌群指数}}$$

大肠菌群可用以间接指示水体被粪便污染，进而指示水体是否可能含有致病微生物。在我国规定 1 L 生活饮用水中的总大肠菌群数在 3 个以下，即大肠菌群值不得小于333mL。

4）微型生物监测

水体中的微型生物，包括原生动物、藻类及微型后生动物，与水体污染情况有着密切关系。人们多采用PFU的方法，对水体内的微型生物富集后进行测定。本方法采用人工基质以大小为5.0cm×6.5cm×7.5cm的聚氨酯泡沫塑料块（Polyurethane Foam Unit，简称PFU）群集水体中的微型生物群落，在水中暴露一定时间后，把PFU内的水（含微型生物群落）挤出来，置于烧杯中，测定微型生物群落中各种结构功能参数，根据参数的变化，评价水质。测定参数包括结构参数和功能参数等。

结构参数有种类组成和种类数、指示种类、多样性指数、异养性指数、叶绿素a等。功能参数有群集过程、功能类群（光合作用自养者P、食菌者B、食藻者A、食肉者R、腐生者S、杂食者K）、光合作用速度、呼吸作用速度等。

3. 水体富营养化

（1）水体富营养化的概念、发生及危害

水体从贫营养向富营养的发展，是一个自然、缓慢的发展过程。在天然情况下，一个湖泊从贫营养走向富营养化至最终消亡，需要千百万年的时间。而在水体污染的情况下，这一进程被大大加快。在水体中，一般氮和磷是藻类生长的限制因子，在贫营养的水体中，由于营养物质（主要是氮、磷）有限，水体内自养型的藻类生长受到限制，水质保持比较清洁的状态。但由于某些因素，特别是人类的活动，使营养物质随着排入的污染物质大量进入水体，结果造成水体中的藻类过量繁殖，水体出现富营养化。在淡水水体中被称为“水华”，也称“藻花”，在海洋中则称“赤潮”。近年来水体富营养化的问题有逐渐加重的趋势，成为人们关注的重点之一。

水质达到什么样的状态会出现富营养化？这是一个许多人一直在研究的问题。一般认为，水体中的总磷为20mg/m^3、无机氮为300mg/m^{3}以上就会出现富营养化。表11-2列出有关数据，在从贫营养化到中营养化的水域中，氮和磷是藻类生长的限制因子，当氮达到0.3mg/L以上和磷达到0.02mg/L以上时，水环境最适合藻类的生长。

湖泊的富营养化除了与水体内的营养盐浓度有关外，还与水温和营养盐负荷有关。

水域营养状态的分类 **表11-2**

营养状态	总磷（mg/L）	无机氮（mg/L）	营养状态	总磷（mg/L）	无机氮（mg/L）
极贫营养	＜0.005	＜0.2	中-富营养	0.03～0.1	0.5～1.5
贫-中营养	0.005～0.01	0.20～0.40	富营养	＞0.1	＞1.5
中营养	0.01～0.03	0.3～0.65			

当水体发生富营养化时，藻类大量繁殖，但是藻类的种类很少，往往以蓝藻（蓝细菌）占优势，主要是微囊藻属、腔球藻属和鱼腥藻属等。

湖泊、水库、内海、河口以及水网地区，水流缓慢，既适宜于营养物质的积聚，又适宜于水生植物的繁殖，因此比较容易发生水体富营养化。在富营养化的水体中，当阳光和水温处于适宜状态时，藻类的数量可达10^{6}个/L以上，水体表层藻类过量繁殖，溶解氧处于饱和状态；其下层由于处在贫光状态下，不仅没有光合作用以增加溶解氧，相反，藻类尸体及其他有机物的分解会耗尽氧气，出现厌氧状态，使浮游动物、鱼类无法生存，加上藻类分泌致臭、致毒物及其本身的死亡、腐败，严重影响水质。富营养化的水体底部沉积着很丰富的有机物，在水体缺氧的情况下，加剧了水体底泥的厌氧发酵，相应地引起微生物种群、群落的演替。

由于藻类处于自生自灭状态，大量藻类尸体沉积底部，年复一年，大大加速了湖泊、水库的衰亡过程。富营养水体中这种情况对鱼类和其他水生生物的生长十分不利，在藻类大量繁殖季节往往会出现大批死鱼的现象。水域一旦出现富营养化，即使外界营养物质来源切断，水生生态系统也难以恢复。

(2) 水体富营养化的评价

评价水体富营养化的方法有：观察蓝藻等指示生物；测定生物量；测定原初生产力；测定透明度；测定 N、P 等营养物质。一般将五方面的指标综合起来对水体的富营养化状态做出全面、充分的评价。

AGP（藻类潜在生产力）：是一种生物测试方法，它把特定藻类接种在所测的水样中，在一定光照和温度条件下培养，使藻类增长到稳定期，通过藻类细胞干重或细胞数来测定增长量。AGP 可以确定水体主要限制或刺激藻类增长的营养物质，通过 AGP 实验，可以了解水体中与藻类增长有关的营养物质，以便采取适当的措施来防止水体富营养化的发生和危害。

AGP 的实验方法如下。

1）实验藻种：羊角月芽藻、小毛枝藻、小球藻属、衣藻属、谷皮菱形藻、裸藻属、栅列藻属、纤维藻属、实球藻属、微囊藻属及鱼腥藻属等。

2）实验方法：将培养液用滤膜（孔径为 1.2μm）或高压蒸汽灭菌（121℃，15min）除去 SS 和杂菌。取 500mL 水样置于 L 型培养管（1000mL）中，接入测试藻种，将培养管放在往复式振荡器上（30～40r/min），在 20℃，光照度为 4000～6000lx 的条件下培养 7～20d（每天明培养 14h，暗培养 10h），然后取适量培养液用滤膜过滤，经 105℃烘干至恒重，称干重，计算 1L 藻类液中藻类的干重，即为 AGP。

(3) 水体富营养化的防治

由于水体富营养化会带来许多危害，应该积极采取措施，防止富营养化的发生。防止天然水体富营养化的根本措施是将各种污水和废水中的氮和磷的排放量控制在低水平。在我国，对生活污水处理厂的出水要求氨氮控制在 15mg/L 以下，总磷控制在 1mg/L 以下。

发生富营养化的过程和机理十分复杂，目前人们的认识还很少，需要加强对水体富营养化的研究，探索其发生的机理，及时预报，减少其对人类生活和生产造成的损失。

11.1.3 微生物之间的相互关系

微生物存在于生态系统中，除了与其环境中的理化因素发生相互作用外，还与系统中的其他生物（包括微生物）发生着极为复杂的相互作用，以此构成生态系统的完整结构并发挥生态系统的正常功能。对于一个（或一种）生物而言，其他生物个体（或种）也就是它的环境因素。

生物之间的相互关系可以归纳为三种情况：一种生物的生长和代谢，对另一种生物产生有利的影响，或相互有利；一种生物的对另一种生物产生不利的作用，或相互有害；两种生物生活在一起，无重要的或有意义的相互影响。微生物之间和微生物与其他生物间的相互关系也不例外可以归入上述三种情况。

生态系统中微生物之间的相互作用，不仅发生在不同种的微生物之间，也可以发生在同种微生物的不同个体之间，由此形成多种类型的相互关系。

(1) 中性关系

中性关系（或称一般关系）指两种微生物之间缺乏相互作用，或者说不表现出明显的有利或有害关系。例如，乳杆菌和链球菌在混合培养时的种群密度与它们各自培养时的种群密度几乎相同，这表明两者在混合培养时，是相互之间无影响地生活在一起的。

(2) 原始合作关系

原始合作关系（或称互生关系）指两种可以单独生活的微生物共存，一方有利或互为有利。这是微生物之间比较松散的联合，是一种可分可合、合比分好的相互关系。例如在土壤中，当分解纤维素的细菌与好氧的自生固氮菌生活在一起时，后者可将固定的有机氮化合物供给前者需要，而前者也可将产生的有机酸作为后者的碳源和能源物质，从而促进各自的增殖和扩展。氨化细菌、亚硝化细菌和硝化细菌之间也是互生关系，氨化细菌分解含氮有机物产生的氨是亚硝化细菌的营养，亚硝化细菌将氨转化成亚硝酸为硝化细菌提供营养，而硝酸细菌将亚硝酸转化成硝酸，即为其他生物解了毒，生成的硝酸盐能被其他微生物和植物利用。

在氧化塘中的藻类和细菌，也是表现为互生关系，细菌将有机物分解为藻类提供碳源、氮源等。藻类得到上述营养，进行光合作用，放出的氧气供细菌用于分解有机物。

(3) 共生关系

共生关系指两种微生物紧密结合在一起共同生活，一方或双方有利，但这种协作是专性的，两种微生物彼此分离就不能很好地生活。若两者都能得到利益称为互惠共生，一方得到利益称为偏利共生。

地衣就是微生物间共生的典型例子，它是真菌和蓝细菌（或藻类）的共生体。在地衣中，藻类利用光能进行光合作用合成有机物作为真菌生长繁殖所需的碳源，而真菌则起保护光合微生物的作用，在某些情况下，真菌还能向光合微生物提供生长因子和运输无机营养。这种共生关系使得地衣能够抵抗多种恶劣环境，成为群落演替中的先锋生物。

在厌氧生物处理（甲烷发酵）中，也有不同种的微生物共生。共生的S菌株将乙醇转化为乙酸和氢，布氏甲烷杆菌（*Methanobacterium bryantii*）利用氢和二氧化碳合成甲烷，而正是布氏甲烷杆菌将乙酸和氢转化为甲烷，乙醇才得以在种间转移。

(4) 竞争关系

竞争关系指两个生活在一起的微生物由于使用相同的资源（空间或有限营养）而使双方的存活和生长都受到不利的影响。竞争关系可以在限制任何一种生长资源的情况下发生，如碳源、氮源、磷源、氧气、水等。如在活性污泥中，菌胶团细菌和丝状菌会发生对溶解氧或营养的竞争。种内微生物与种间微生物都存在竞争关系。

(5) 偏害关系

偏害关系亦称拮抗关系，一种微生物在其生命活动中，产生某种代谢产物或改变环境条件，从而对其他微生物产生抑制或毒害作用。在这种关系中，甲方对乙方有害，而乙方对甲方无任何影响。能起拮抗作用的物质很多，如低相对分子质量的有机酸或无机酸、氧气、醇类、抗生素、细菌素等。

拮抗关系可分为特异性偏害和非特异性偏害。如在制造泡菜、青储饲料时，乳酸杆菌产生大量乳酸，导致环境变酸，即 pH 值下降，抑制了其他腐败微生物的生长，这属于非特异性的拮抗作用。而可产生抗生素的微生物，能够抑制甚至杀死其他微生物，例如青霉菌产生的青霉素能抑制革兰氏阳性细菌，链霉菌产生的制霉菌素能够抑制酵母菌和霉菌等，这些属于特异性的拮抗关系。抗生素产生菌是拮抗作用的典型代表。

（6）捕食关系

一种微生物吞食并消化另一种微生物，称为捕食关系。一般来说，捕食者大于被捕食者。如原生动物吞食细菌、藻类、真菌等，大原生动物捕食小原生动物，微型后生动物捕食原生动物等。

（7）寄生关系

寄生指的是小型生物生活在较大型的生物体内或体表，从后者获得营养以生长、繁殖，并使后者蒙受损害甚至死亡的现象。前者为寄生菌，后者为寄主或宿主。

微生物之间的相互作用，不仅可以在种群之间发生，而且也可在一个种群内部发生。种群内部的相互作用主要是两种：协作关系和竞争关系。特别的，病原性微生物种群都存在着一个“最低感染剂量”，只有这种微生物达到一定的数量，才能感染其他生物并使其致病，这说明了微生物种群内部协作关系的存在。在自然界中或纯培养条件下，种群生长到一定阶段后，由于营养资源的消耗等，在种群内部也发生竞争作用。

11.2 水体生态修复

11.2.1 大型水生植物的特点

1. 大型水生植物的界定及其主要类群

大型水生植物（macrophyte）是指植物体的一部分或者全部永久地或至少一年中数月沉没于水中或漂浮在水面上的高等植物类群。

这是一个生态学范畴上的类群，是不同类群植物通过长期适应水环境而形成的趋同性生态适应类型，因此包含了多个植物门类，如蕨类植物和种子植物。通常意义上的大型水生植物还包括一些大型的藻类植物。

大型水生植物可以分为四种生活型（life form）：挺水、漂浮、浮叶根生和沉水。

挺水植物（emergent macrophyte）是以根或地下茎生于水体底泥中，植物体上部挺出水面的类群。这类植物体的体形比较高大，为了支撑上部的植物体，往往具有庞大的根系，并能借助中空的茎或叶柄向根和根状茎输送氧气。常见的种类有芦苇、香蒲等。

漂浮植物（floating macrophyte）指植物体完全漂浮于水面上的植物类群，为了适应水上漂浮生活，它们的根系大多退化或悬垂状，叶或茎具有发达的通气组织，一些种类还发育出专门的贮气结构，这些为整个植株漂浮在水面上提供了保障。

浮叶根生植物（floating-leaved macrophyte）指根或茎扎于底泥中，叶漂浮于水面的类群。这类植物为了适应风浪，通常具有柔韧细长的叶柄或茎，常见的种类有菱、荇菜等。

沉水植物（submergent macrophyte）是指植物体完全沉于水汽界面以下，根扎于底泥中或漂浮在水中的类群，这类植物是严格意义上完全适应水生环境的高等植物类群。

2. 大型水生植物的繁殖与分布特点

大型水生植物具有很强的繁殖能力，不但能以种子进行有性繁殖，而且还能以它们的分支或地下茎进行营养繁殖，如浮萍类可以靠叶状体出芽产生新的叶状体，菹草、金鱼藻等则靠断裂的分支产生新植株，而芦苇等能借助泥中的根状茎分蘖产生新植株。随着水的流动，种子、果实或可繁殖的营养体也随着传播，这些繁殖体在不利的环境条件下，如：寒冷、干涸时可沉入水底泥中，待条件适宜时重新萌发生长。由于水环境相比陆地环境稳定得多，生长在其中的大型水生植物受气温、干湿条件变化的影响也比较小，再加上较强的繁殖能力，许多水生植物如芦苇、浮萍、睡莲、狐尾藻等可以在世界各地广泛分布。

大型水生植物主要生长在水流比较平缓的水体，如湖泊或水流平缓的河湾地带，也有个别种类可以适应瀑布、激流等湍急的水体，如飞瀑草。它们可生长的水深范围约在 10m 以内，在四种生活型中，挺水植物、浮叶根生植物和沉水植物在水中的分布主要是受水深的限制，从岸边向深水区分布的位置依次为：水一浮叶根生一沉水。而漂浮植物在水中分布主要是受风浪的影响通常生长在水面比较平静的湖湾，或由挺水植物、浮叶根生植物群落围成的稳定水面中。

挺水植物分布的水深一般在 1m 左右，可短期耐受 3m 以上的水深，但不能忍受长期的淹没。一些挺水植物能适应短期的干旱，如在干涸的河床中经常可以见到成片的芦苇生长。挺水植物借助地下根茎强大的营养繁殖能力，往往在岸边形成挺水植物群落带。挺水植物带的存在可有效地防治水体的面源污染，因为密集的根系可以拦截陆地冲刷下来的泥沙、有机质以及地表径流中携带的氮磷等营养物质。目前，在滇池和太湖等一些富营养化严重的湖泊，正在通过重建或恢复以挺水植物为主的湖滨带来防治面源污染。但是挺水植物的不断发育也有可能导致浅水湖泊的沼泽化，因为根系的拦截作用使泥沙等陆源固体物质不断积累，挺水植物富含纤维的植株死亡后不能很快分解，其残体也会不断积累，致使水底垫高，水域变浅，生长区域逐渐向远岸一侧扩展，原来生长的沿岸带逐渐变浅形成沼泽。在我国常见的挺水植物群落主要有芦苇群落、香蒲群落以及菰（茭白）群落。

浮叶根生植物一般分布在挺水植物远岸一侧，水深小于 5m 的亚沿岸带。它们对水位的波动有一定的适应能力，可耐受短期的淹没。一些种类兼具有挺水植物和沉水植物的某些性质，即水位较低时枝叶可挺出水面，水位较高时植株可完全淹没在水面以下生长。浮叶根生物通常以单种群落的形式在水体中形成连续的条带状。我国常见的浮叶植物群落主要有荇菜群落、菱群落和金银莲花群落等。

沉水植物全部茎叶沉没在水下，对水深的适应性最强，通常可在水深 6 m 以内的范围内生长，一些种类的生理下限可达到 10～12m。沉水植物在水下的生长分布与水下的光照条件密切相关，大部分沉水植物对水下光照条件的最低要求为水面光照强度的 5%。它们可在浮叶根生植物带深水一侧形成沉水植物群落，也可以伴生在挺水植物和浮叶植物群落之中。我国常见的沉水植物群落主要有狐尾藻群落、黑藻群落和金鱼藻群落等。

11.2.2 常见的大型水生植物

1. 挺水植物

芦苇、香蒲、菖蒲和菰是在我国南方和北方均常见的挺水植物，它们为多年生高大禾草，多以根状茎进行旺盛的营养繁殖，经常在岸边形成密集的单种群落，构成挺水植物带。

(1) 芦苇

芦苇(*Phragmites communis*),属于禾本科(Gramineae),芦苇属(*Phragmites*)植物,又称为芦或苇子。

芦苇地上茎秆直立,中空圆柱形,高1～3m,直径2～10mm,叶生于茎秆上,为带状披针形叶片,叶基部较宽,顶端逐渐变尖,长15～50cm,宽1～3cm,地下具有粗壮的匍匐根状茎,芦苇花序为圆锥形,生于直立茎顶端,长可达45cm,花为两性花,果实为颖果,长圆形,通常在7～11月开花结果。

芦苇生于湖泊、河岸旁、河溪边多水地区,在条件适宜的环境中常形成成片的芦苇塘、芦苇荡。水下土层深厚、土质较肥、含有机质较多的黏壤土或壤土最适宜芦苇的生长,这类土壤一般都分布在静水沼泽和浅水湖荡地区,如我国河北保定的白洋淀。芦苇生长旺盛阶段最大耐水深度达到1.3 m左右,但也能在湿润而无水层的土壤生长。

芦苇可起到保护圩堤、挡浪防洪的作用;芦苇茎秆可建茅屋,编织芦席、芦帘,也是造纸的原料;根茎可入药,有清火除烦热、止呕、利尿等功效。此外,芦苇荡还是鸟类的栖息场所,芦苇滩的浅水处也是一些水生动物的活动场所。

(2) 香蒲

香蒲为香蒲科(Typhaceae)香蒲属(*Typha*)种类的统称,也称为蒲草或蒲菜,因有着呈蜡烛状穗状花序,故又称水烛。广泛分布于全国各地。生于池塘、河滩、渠旁、潮湿多水处,常成丛、成片生长。对土壤要求不严,以含丰富有机质的塘泥最好,较耐寒。

香蒲地上茎秆为实心圆柱形,直立,高0.5～2m,叶片带状,长0.5～1m,宽2～3cm,叶生于直立茎上,基部呈长鞘状抱茎,香蒲地下具有白色横生的根状茎。香蒲花序为肉穗形,圆柱状似蜡烛生于茎秆顶端,花单性,雄花序生于上部,雌花序生于下部,雌雄花序是否相连以及雌花序是否有苞片是区分不同种类的主要特征。

香蒲植物约18种,我国常见的有东方香蒲(*T. orientalis*)、宽叶香蒲(*T. Latifolia*)、达香蒲(*T. davidiana*)、小香蒲(*T. minima*)、狭叶香蒲(*T. angustifolia*)、长苞香蒲(*T. angustata*)和普通香蒲(*T. przewalskii*)(表11-3)。

常见的香蒲属种类表 **表11-3**

<table>
<tr><th>种类</th><th colspan="3">主要特征</th><th>在我国的分布</th></tr>
<tr><td>东方香蒲(T. orientalis)</td><td rowspan="2">雌雄花序相连接</td><td colspan="2">花粉四粒聚合成四合体,植株高约1m,叶宽0.5～0.8cm</td><td>主要分布于我国的东北、华北及华东地区</td></tr>
<tr><td>宽叶香蒲(T. Latifolia)</td><td colspan="2">花粉粒单一不聚合,植株高约1m,叶宽1～2cm</td><td>主要分布于我国的东北、华北、西北及西南地区</td></tr>
<tr><td>小香蒲(T. minima)</td><td rowspan="5">雌雄花序不相连接</td><td rowspan="3">雌花有小苞片</td><td>植株高不超过1m,叶宽0.2～0.3cm</td><td>主要分布于我国的东北、华北地区</td></tr>
<tr><td>长苞香蒲(T. angustata)</td><td>植株高1～4m,叶宽0.8～1.3cm</td><td>主要分布于我国的东北、华北以及西北地区</td></tr>
<tr><td>狭叶香蒲(T. angustifolia)</td><td>植株高1～4m,叶宽0.4～0.8cm</td><td>主要分布于我国的东北地区</td></tr>
<tr><td>达香蒲(T. davidiana)</td><td rowspan="2">雌花无苞片</td><td>植株高0.6～0.8m,叶宽0.2～0.3cm</td><td>主要分布于我国的东北、华北、华中地区</td></tr>
<tr><td>普通香蒲(T. przewalskii)</td><td>植株高1～1.5m,叶宽0.6～1.0cm</td><td>主要分布于我国的东北、华北、西北地区</td></tr>
</table>

香蒲叶绿、穗奇，常用于点缀园林水池、湖畔，构筑水景；花序称为蒲棒，常用作切花材料；叶子称为蒲草，可用于编织；花粉称为蒲黄，可入药，有止血、消炎、利尿的作用；全株是造纸的好原料。

（3）菖蒲

菖蒲（*Acorus calamus*）属于天南星科（Araceae），菖蒲属（*Acorus*）植物，又名臭菖蒲、水臭蒲、泥菖蒲等。

菖蒲只有粗壮、横卧的地下根状茎，无直立茎，剑形叶自根状茎顶端直立，丛生，叶中肋明显地向两面突起，叶长可达 90～100cm 或更长，宽 1～3cm，菖蒲花序为肉穗形，花序柄生于根状茎顶端，直立或斜向上，花为两性花。菖蒲整个植株具有芳香气味。

菖蒲通常生于池塘浅水处、山谷湿地或河滩湿地，耐贫瘠，其根茎可入药，味辛性温，能辟秽开窍、宣气逐痰、解毒杀虫。

（4）菰

菰（*Zizania latifolia*），属于禾本科（Gramineae），菰属（*Zizania*）植物。又称茭白、茭笋。菰地上直立，茎秆高 1～2m，基部因真菌寄生而变得肥厚，叶生于直立茎上，扁平带状，长 0.3～1m，宽 2.5cm 左右。

菰多生于湖面、池沼边缘，适应水深 1～1.5m，底质为厚层泥沙或淤积的地域，常和芦苇、香蒲成带状混生。其茎秆基部被真菌黑粉菌寄生后变肥大而柔嫩，可供食用，即通常所称茭白、茭笋，是一种经济型水生作物，我国南方地区常有人工栽培。

除了上述 4 种外，在我国常见的挺水植物种类还有莲、水葱、千屈菜、慈姑、泽泻、荸荠、风车草、香根草等，但这些种类自然条件下往往零星生长，很少能形成挺水植物带中的单种群落。其中莲（*Nelumbo nucifera*）由于花具有很强的观赏性，同时果实莲子、根茎藕具有较高的食用价值，已经转变为经济作物，许多湖泊水塘中见到的大片莲群落往往是在精心管理下的人工种植。经过多年栽培，目前莲已经有花莲、籽莲和藕莲三个大类型 500 多个品系。

2. 浮叶根生植物

菱、荇菜、金银莲花是在我国常见的浮叶根生植物，它们多生长于淡水池塘或湖泊处，以种子繁殖，冬季来临之前将种子散落在底泥中，来年春天萌发，往往可在池塘、湖泊挺水植物带的远岸一侧形成成片的浮叶根生植物带。

（1）菱

菱是菱科（Trapaceae）菱属（*Trapa*）种类的统称，因叶片菱形而得名。

菱属植物均为一年生草本，根生于底泥中，茎细长抽出水面，植株具有两种叶，沉水叶和浮水叶，沉水叶对生于茎上，羽状分裂，裂片细丝状，外形像根；浮水叶三角状菱形或菱形；水面上茎的节间缩短，叶密聚于茎顶端，叶柄上具有气囊，上部叶的叶柄较短，下部的叶柄较长，使得各叶片镶嵌展开于水面上，成盘状，称为菱盘。花单生于叶腋处，两性花，花冠为白色。果实为坚果，有刺状角 2～4 枚，菱的果实富含淀粉可生食或熟食。

菱原产于欧洲，我国南方，尤其以长江下游太湖地区和珠江三角洲栽培最多。菱属在我国有 11 个种，不同种类之间以果实的形状不同而区分，最常见的为野菱（*T. incisa*）。一些果实较大、口感较好的种类已变为人工栽培的经济作物，如著名的太湖红菱。

（2）荇

荇菜（*Nymphoides peltata*），属于龙胆科（Gentianaceae），荇菜属（*Nymphoides*）植物。也写作杏菜，又称水荷叶、水镜草。

原产我国，南北各省均有分布，常生长在池塘边缘。属浅水性植物，根入土，冬季入土根在水下可越冬，盆栽要入室内越冬。

荇菜根生于底泥中，茎细长，飘荡于水下，叶互生于茎上，叶片心状椭圆形，类似革质，比较厚，长可达15cm，宽可达12cm，顶端圆形，基部深裂至叶柄着生处，边缘有小三角齿或成微波状，上面光滑，下面带紫色有腺点，叶柄较长，可达10cm。荇菜花序为伞形生于叶腋处，花冠为黄色，比较大，直径3～3.5cm。是庭院点缀水景的佳品。

（3）金银莲花

金银莲花（*Nymphoides indica*），属于龙胆科（Gentianaceae），荇菜属（*Nymphoides*）植物。金银莲花主要性状与荇菜相似，不同处在于叶较大，长可达22cm，宽可达20cm，而叶柄较短，仅几毫米，花为白色，比较小，直径不超过2cm。

除了上述三种植物外，在我国常见的浮叶根生植物种类还有睡莲、空心菜、莼菜、水皮莲等，但这些种类自然条件下往往零星生长，很少能够形成浮叶根生植物带。其中，睡莲由于花的观赏性，已经转变为以人工栽培为主的花卉，在许多景观水体有成片的栽培；而空心菜和莼菜由于其食用价值，也已经转变为广泛栽培的蔬菜。

3. 漂浮植物

凤眼莲、浮萍和满江红是在我国常见的三种漂浮植物，这些种类主要通过营养繁殖分生新的植株，在适宜的环境条件下，植株的生长代谢非常活跃，每个个体可在几天时间内就分生出一个新个体，只要条件合适，这种营养繁殖就会一直持续进行，直至空间资源被完全占用，生物量增长呈现密度制约特点的对数（logistic）增长模式。在春夏季，它们的快速生长往往可以完全覆盖一些静水水体的水面，在水面形成密集的“绿色垫层”。

（1）凤眼莲

凤眼莲（*Eichhormia crassipes*）属于雨久花科（Pontederiaceae），凤眼莲属（*Eichhormia Kumth*）植物，俗称水葫芦、水风信子、布袋莲、水荷花、假水仙、水风仙、水荷花、大水萍、水浮莲、洋雨久花等。

凤眼莲为多年生浮水草本，植株较高大，株高10～50cm，须根发达，悬垂水中，叶丛生在缩短茎的基部，叶片卵形，光滑，叶柄中下部有膨胀成葫芦状的气囊，因而得名“水葫芦”。花茎单生，穗状花序呈蓝紫色。

果实成熟后掉落水底，来年种子可萌发生长。其无性繁殖能力也非常强，生长季节可靠腋芽几天内发育出新植株来扩大种群，是公认的生长最快的植物之一。

凤眼莲喜欢生长于温暖向阳及富含养分的水域中，在25～35℃下生长最快，每年的九、十月份是生长旺季。旺盛生长的凤眼莲在1hm^{2}的水面能挤满200万株，重达300多吨，当其快速生长时很难被控制，非常容易在水体表面大规模爆发，阻塞河道，破坏水生生态系统，为水体带来生态灾难，因此也是臭名昭著的水生害草，故被称为“绿魔”。

（2）浮萍

浮萍为浮萍科（Lemnaceae）植物的简称，共有4个属约40个种。

浮萍是世界上最小、最简单的高等植物之一，它们的整个植株完全退化为一个圆形或圆形的叶状体，厚度仅几个毫米，面积约10～50mm^2，叶状体的背部着生有短小的根，长约 1～10cm，而有些种类的根则完全退化。

浮萍主要是通过类似于酵母出芽生殖的营养繁殖方式产生后代和扩大种群。

浮萍在我国分布主要有 3 属 4 个种类：浮萍属的小浮萍（*Lemnaminor*）和细脉浮萍（*Lemna aequinoctialis*），紫萍属的紫背浮萍（*Spirodela polyrrhiza*），无根萍属的无根萍（*Wolffia arrhiza*）。

由于浮萍个体较小，对水的波动非常敏感，水面的水平流速超过 0.1m/s 时，浮萍在水面上形成的垫层就能被搅动吹散，因此浮萍多生长在水流相对平缓的沟渠、湖湾处，表 11-4 为我国分布的浮萍科植物。

我国分布的浮萍科植物　　表 11-4

属	种	大小及形状特征	分布范围
紫萍属（*Spirodela*）	紫背浮萍（*S. polyrrhiza*）	倒卵或椭圆形，长 5～9mm，宽 4～7mm，两头圆钝，上部绿色下面紫红色，根丛生多条（5～21 条）	海拔 1～2900m 的范围内，广布我国南北各省
浮萍属（*Lemna*）	小浮萍（*L. minor*）	叶状体椭圆形，长 2～6 mm，宽 2～4 mm，叶片深绿，叶脉 5 条较明显，根 1 条较短	我国中温带地区
	细脉浮萍（*L. aequinoctialis*）	叶状体长椭圆形，长 2～7 mm，宽 2～3mm，叶片深绿，叶脉 3 条，不明显，根 1 条，较长	我国暖温带和亚热带地区
无根萍属（*Wolffia*）	无根萍（*W. arrhiza*）	叶状体椭圆或卵圆，直径仅 1 mm 左右，面积非常小，背部无根	多在长江以南地区

（3）满江红

满江红（*Azolla imbricate*），属于满江红科（Azollaceae），满江红属（*Azolla*）植物，又称为红萍、绿萍。

满江红通常横卧于水面上，茎比较短小并有数个分枝，叶极小，长 1mm，上面红紫色或蓝绿色，无叶柄，每个叶片分裂成上下重叠的两个裂片，裂隙中有固氮蓝藻共生其中，可将空气中氮气固定成可利用的氮肥，因此经常被有目的地栽培在水池或稻田中起固氮增肥作用。

除了以上几个种类外，在我国常见的漂浮植物还有槐叶萍、水鳖等，但通常零星生长，成片群落较少见。

4. 沉水植物

黑藻、金鱼藻、苦草和狐尾藻是在我国常见的沉水植物种类，它们茂盛生长时，密集的枝叶可在水下形成“水下森林”或“水底草坪”的景观。

（1）黑藻

黑藻（*Hydrila vericilata*），属于水鳖科（Hydrocharitaceae），黑藻属（*Hydrilla*）植物，又称水王荪。

黑藻为多年生沉水草本植物，根扎于底泥中，茎直立伸长，分枝比较少。叶 4～8 枚轮生于直立茎上，叶片带状披针形，长 1～2cm，宽约 1.5cm，叶边缘有小齿，花为绿色，生于叶腋，比较小，很难被发现。黑藻主要靠分枝进行营养繁殖扩大种群，常见于静水中，不耐水流冲击。

（2）金鱼藻

金鱼藻（*Ceratophyllum demersum*），属于金鱼藻科（Ceratophyllaceae），金鱼藻属（*Ceratophyllum*）植物。

金鱼藻为多年生沉水草本植物，根扎于底泥中，茎平滑细长，有疏生的短枝。叶轮生于茎上，每 5～10 或更多枚叶集成一轮，叶长 1.2～2cm，1～2 回叉状分枝，边缘散生刺状细锯齿，无叶柄。金鱼藻花比较小，单生于叶腋，不明显。与黑藻相似，金鱼藻主要靠分枝进行营养繁殖扩大种群，常见于静水中，茎叶易受到水流冲击而折断。

（3）苦草

苦草（*Vallisneria asiatica*）属于水鳖科（Hydrocharitaceae），苦草属（*Vallisneria*）植物，又称扁担草。

苦草为多年生沉水草本植物，具有纤细的地下根状匍匐茎，无直立茎。叶基生于匍匐茎上，长线形或细带形，直立于水中，可随水流飘动，长短因水的深浅而不同，长可达 2m，宽 3～8mm，顶端多为钝形。苦草花比较小，但具有较长花柄，可伸出水面。苦草具有一定的抗水流冲击能力，可在流水中生长。

（4）狐尾藻

狐尾藻（*Myriophyllum verticillatum*），属于小二仙草科（Haloragidaceae），狐尾藻属（*Myriophyllum*）植物，又称聚藻。

狐尾藻为多年生沉水草本植物，具有根状茎和直立茎。直立茎圆形，较粗壮，长 1 m 左右。叶 4 枚轮生于直立茎上，丝状全裂，裂片 10～15 对，长 1～1.5cm。狐尾藻花序为穗状，生于茎顶端并挺出水面，长 5cm，小花黄色不明显。狐尾藻多生于静水中。

11.2.3 水生植物的水质净化作用

水生植物作为水生生态系统的重要组成部分，具有重要的生态功能。对于水体，特别是浅型水体，大型水生植被的存在具有维持水生生态系统健康、控制水体富营养化、改善水环境质量的功能。

1. 大型水生植物的水质净化功能

（1）促进悬浮物质的沉降

大型水生植物主要是通过物理和生物化学作用促进水中悬浮物质的沉降。有水生植被存在的水体，水质都比较澄清。

物理作用主要是由于大型水生植物在水中形成的茂密植被具有抑制风浪和减缓水流的功能，由此可促进水中悬浮物的沉降，以及减少底泥中颗粒物的再悬浮。

生物化学作用则是指植物根部释放出氧气形成根际氧化区，使底泥由厌氧状态转变为好氧状态，避免因有机物厌氧分解导致的底泥上浮。

（2）吸收、分解污染物

水生植物直接吸收、降解的污染物包括两大类：氮磷等植物营养物质和对水生生物有毒害作用的某些重金属和有机物。第一类污染物被吸收后用于合成植物自身的结构组成物质。第二类污染物则是被脱毒后储存于体内或在植物体内被降解。

1）对氮磷的吸收

由于氮磷是植物体的主要结构组成物质，大型水生植物对水中氮磷的吸收能力取决于它们的生长速率和植物体的氮磷含量，而生长速率和氮磷含量又受到光照、温度、水中氮磷含量等因素的影响，因此大型水生植物对氮磷的吸收能力与环境营养条件密切相关。

许多大型水生植物种类具有强大的营养繁殖能力，在营养资源充分时生物量增长速度非常快，并且氮磷含量都比较高（表 11-5），因此环境条件适宜时，水中氮磷等营养物质能够大量地被其吸收，如果生物量能够被有效地收获利用，则水中氮磷等营养污染物就能够被带出。

一些大型水生植物的氮磷含量和生长率　　　　表 11-5

植物种类	生物量 (t/hm^2)	生长率 [$t/(hm^2 \cdot a)$]	氮的组织含量 (g/kg 干重)	磷的组织含量 (g/kg 干重)
凤眼莲	20.0～24.0	60～100	10～40	1.4～12.0
大漂	6.0～10.5	50～80	12～40	1.5～11.5
浮萍	1.3	6～26	25～50	4.0～15.0
槐叶萍	2.4～3.2	9～45	20～48	1.8～9.0
香蒲	4.3～22.5	8～61	5～24	0.5～4.0
灯芯草*	22	53	15	2.0
镳草	—	—	8～27	1.0～3.0
芦苇	6.0～35.0	10～60	18～21	2.0～3.0
沉水植物*	5	—	13	3

* 平均值。

2）对重金属的吸收

大型水生植物可以吸收一些生长非必需的重金属，如 Pb、Cd、Cr 等，而对于生长所需的金属如 Mo、Cu、Zn、Ni 等，水生植物则可以过量吸收。对长春南湖中重金属的研究表明，有水生植物生长的区域，水和底泥中的重金属含量明显低于无植物生长区域，并且水生植物体内重金属的类型、含量与水中形成污染的重金属类型、含量成正相关。

重金属在水生植物体内不同部位分布的特点一般是根>茎>叶。这主要由于根是水生植植物吸收重金属的主要部位，并且为了避免重金属对其生理活动的毒害作用，植物通过一定的解毒机制避免重金属向上部迁移。

不同水生植物种类能够吸收富集的重金属种类往往不同，表 11-6 是篦齿眼子菜等 9 种水生植物对长江水中重金属元素的富集情况，可以看出同一种类对不同金属元素或不同种类对同一种金属元素的富集系数有着较大的差别。

水生植物叶子对长江水中重金属的富集系数（单位：10^3）　　　　**表 11-6**

植物	重金属元素						
	Zn	Cr	Co	Pb	Cu	Ni	Cd
篦齿眼子菜	6.09	0.395	6.18	13.0	0.960	4.71	69.1
微齿眼子菜	6.52	0.920	3.62	6.21	3.42	4.75	95.3
竹叶眼子菜	21.0	8.32	21.9	12.5	6.59	12.6	129
苦草	9.43	5.68	8.33	14.1	9.25	9.34	187
金鱼藻	6.09	5.33	7.94	9.78	22.9	16.5	161
菱	3.53	57.5	5.00	3.99	3.69	3.61	66.2

续表

植物	重金属元素						
	Zn	Cr	Co	Pb	Cu	Ni	Cd
黑藻	7.09	7.66	7.21	9.50	12.6	10.2	182
菰	2.57	—	2.11	1.95	2.26	0.51	—
芦苇	3.32	0.430	0.310	6.02	0.700	0.52	1.53

3）对有机物的吸收与降解

大型水生植物也可以从水中吸收农药、工业化学物质等有机污染物，甚至持久性有机污染物。这些有机物进入植物体内后有着多种代谢机制，包括富集、转化和完全降解，如：狐尾藻可从水溶液中吸收2，4，6-三硝基甲苯（TNT），并在体内迅速代谢为高极性的2-氧基-4，6-二硝基甲苯及脱氨基化合物。凤眼莲可直接吸收降降解有机酚类。最近的研究发现，黑藻（*Hyril erticlla*）可以吸收富集阿特拉津、林丹和氯丹，其富集系数分别为10、38和1060；浮萍可迅速吸收水中的氯酚以及氟氯化合物，但是这些化合物在浮萍体内并不能被降解而是被贮存在细胞壁中。

水生植物除了直接吸收、分解有机物外，还可以通过根系分泌有机酸类等物质，刺激根际微生物群落的活性，促进微生物对有机污染物的降解。有研究表明，对有机酚降解，凤眼莲10h降解1.9%，假单胞菌10h降解37.9%，两者所组成的体系10h降解可达到97.5%。

（3）抑制藻类生长

当大量的氮磷等营养物质进入水体时，就可能引起水体富营养化，致使浮游藻类大量生长，形成“水华”，导致水质恶化。而大型水生植物和浮游藻类同为水体初级生产者，相互之间具有竞争抑制的特点，在大型水生植物占优势的情况下，藻类的生长可以被抑制。大型水生植物主要通过以下两种机制抑制藻类生长。

1）资源竞争抑制

光照和无机营养是大型水生植物和浮游藻类生长必需的资源，由于生长特点的不同，这两类植物往往会通过竞争这些资源而相互抑制。在与藻类的光能竞争方面，挺水植物、漂浮植物、浮叶植物占据绝对优势，而沉水植物则居于劣势。

在无机营养的竞争方面，大型水生植物完全占据优势，前面已经提到，当大型水生植物快速生长时，水中氮磷等营养物质能够大量地被其吸收，而大型水生植物往往具有较长的生长周期（几个月），通常是冬季植林死亡后营养才会被重新释放出来，这就意味着在整个生长季节（春夏季）氮磷等营养被固定在大型水生植物体内，藻类的生长由于得不到充足的营养就会被限制。

2）释放抑藻化感物质

植物向周围环境释放的能影响其他生物生长的次生代谢物质称为化感物质（allo-chemical）。研究发现许多大型水生植物种类可以向水中分泌针对特定浮游藻类的化感物质。研究人员已经从凤眼莲、香蒲、芦苇和狐尾藻等种类中分离鉴定出多种抑藻化感物质，这些物质可以通过破坏藻类细胞膜、抑制光合作用过程等机制来杀死藻类细胞或抑制其生长繁殖，该部分内容将在第12章中详述。

2. 浮游藻类的水质净化功能

(1) 对氮磷的吸收

氨磷是浮游藻类必需的营养物质，因此藻类大量生长时，可以吸收水中的氮磷转化为自身的结构组成物质。藻类对氮磷的吸收与环境营养条件密切相关，如藻类通常优先吸收水中的氨氮和其他还原态氮，对硝态氮的吸收仅仅发生在氮氧浓度极低或耗尽时。

藻类对磷的吸收受水中 N/P 比的影响，当水中氮浓度高而磷浓度相对较低时，藻类对磷的吸收增加，反之，藻类对磷的吸收下降，适宜比值在 N/P=(7～15)/1。藻类中，单细胞浮游藻类生长周期较短，往往只有几天，藻类生物量若不能被及时收获，其吸收的氮磷很快又会释放到水中。

(2) 对重金属的去除

浮游藻类也可以吸收富集水中的重金属，如空星藻可以吸收富集铅，绿藻能有效吸收镉等。研究人员发现，空星藻在温度为 23℃时，20 h 后从含铅 1 mg/L 溶液中吸收 100% 的铅。通常认为藻类去除重金属的过程分为吸附和转移两个阶段。吸附通常是重金属与藻细胞表面的负电荷反应点（一般为多糖类）的结合发生吸附，转移是一种主动运输的过程，需要代谢提供能量。

(3) 对有机物的去除

藻类对有机物的去除机理分为两种：转化降解与富集。一些单细胞浮游藻类与细菌相似，可以利用易降解的有机物作为碳源进行异养生长，在这个过程中将有机物转化或分解，其中有些种类可以降解某些难降解的有机物。研究人员发现，纤维藻能在 25μg/L 的三丁锡中生长，并能将三丁锡降解为二丁锡、单丁锡和无机锡。除此之外，一些难降解的有机物也可以被藻类吸收富集在体内，研究人员发现普通小球藻对丙体 2666 有机农药富集量为 33～35μg/mL。

11.2.4 水体的生态修复

随着水环境污染的加剧，为了寻找高效低耗的水污染控制技术，20 世纪 70 年代，大型水生植物开始受到人们的关注，随着研究的不断深入，逐渐发展出了多种以大型水生植物为主体的水处理和水体修复的生态工程技术。这些技术根据所利用的植物生活型不同，基本方式主要有以下三种。

1. 漂浮植物系统

漂浮植物系统是在氧化塘基础上发展而来的水质净化技术。氧化塘的出水经常由于藻类浓度过高而导致出水总悬浮固体物（TSS）和生物需氧量（BOD）不能达到要求。研究人员发现在其中引入漂浮植物不仅能够抑制藻类生长，还可促进有机污染物的降解，同时漂浮植物的快速生长也能大量吸收水中的氮磷等营养物质，植物体被打捞收获后还可作为生物资源加以利用，因此逐渐发展出以漂浮植物为主的塘系统，通常又被称为强化氧化塘或生态塘。

处理系统依靠植物和微生物的共同作用完成水质净化。漂浮植物在塘表面形成一个垫层，垫层的下面由于植物释放氧气在根系附近形成好氧层，向下随氧含量逐渐减少形成兼氧层和厌氧层。三个层中存在对应的好氧、兼氧、厌氧微生物群落。塘内有机物的降解主要通过微生物来完成。氮的去除主要是通过四个过程完成：(1) 植物的吸收；(2) 随固体颗粒物的沉降；(3) 硝化、反硝化；(4) 氨的挥发。磷的去除主要是通过植物的吸收和沉降作用。

在源浮植物中，凤眼莲是较早被使用的种类，因为它对污染物的耐受能力非常强，可以在备种富含营养的污水中生长，其快速生长能够大量地从水中吸收氮、磷，甚至重金属铅、铬等污染物，并且其庞大的根系为微生物提供了适宜的微环境。有助于其活性的发挥，能够有效地降低水体污染。

但是随着对凤眼莲生态入侵性的认识，它在水污染治理中的应用也越来越慎重，而另一种漂浮植物浮萍则正在被越来越多地选用。相比较而言，浮萍植物组织的氮磷含量明显较高（表 11-5），这使其在同样的生长速率下可以带走更多的氮磷。浮萍个体较小，植株粗纤维含量较低，也更易于管理和打捞加工，而且浮萍科植物世界各地均有适应当地环境条件的种类分布，不会导致生态入侵和种群爆发现象。此外，水生植物的生物量资源化利用是制约生态处理技术发展应用的关键因素之一、而浮萍生物量则有着多样化的资源化利用方式，包括做饲料和肥料，提取生物化工产品以及作为植物基因工程的载体生产转基因生化产品等。

2. 挺水植物系统

用于水处理的挺水植物系统一般称为人工湿地，因为它是根据自然的沼泽湿地对水质净化的原理，在人工筛选堆填的基质上有选择地栽种挺水植物而成，挺水植物密集的根系和基质可为微生物提供适宜生长的微环境，污水流过系统时依靠植物、微生物和基质三者的共同作用完成对污染物的去除。根据污水水流方式，人工湿地可分为表面流人工湿地和潜流式人工湿地（图 11-3 和图 11-4）。

图 11-3　表面流人工湿地示意图

表面流人工湿地（Surface Flow Wetland，SFW）：污水在填料表面漫流，与自然湿地最为接近。绝大部分有机物的降解是由附着在植物水下茎秆上的微生物来完成。

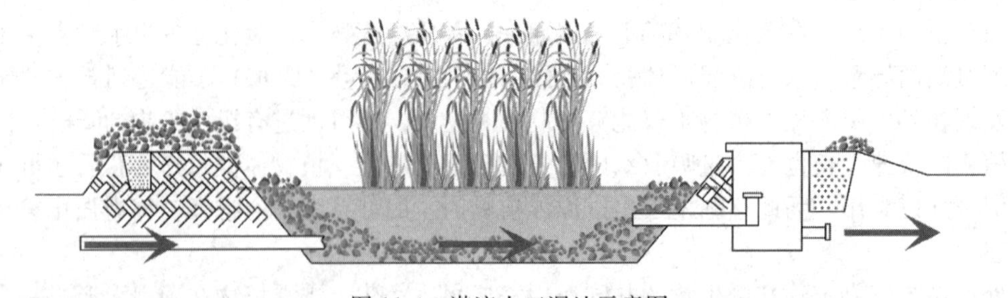

图 11-4　潜流人工湿地示意图

潜流式人工湿地（Subsurface Flow Wetland，SSFW）：水在填料内部渗流，可充分利用填料表面及植物根系上的微生物及其他各种作用来处理污水，因此污染物去除效率高，而且卫生条件较好。

水生植物是人工湿地的特点所在。一方面水生植物自身能吸收一部分营养物质，同时它的根区为微生物的生存和降解营养物质提供了必要的场所和好氧条件。人工湿地植物根系常形成一个网络样的结构，在这个网络中根系不仅能直接吸收和沉降污水中的氮磷等营养物质，而且还为微生物的吸附和代谢提供了良好的生化条件。

植物本身的吸收作用是湿地去除氮磷的重要机制之一。植物吸收营养维持生长和繁殖，所吸收的营养在其生长过程中基本上被保留在植株中，只有枯死才会被微生物分解，因此可以说水生植物是一个营养贮存库。收割植物可将这些营养物移出系统，各类植物的生产力取决于可利用的营养、环境和其对环境的适应性。挺水植物细长的叶片，既保证了很大的叶面积，又减少了叶片之间的自我荫蔽，形成了合适的微气候，从而促进了光合作用。

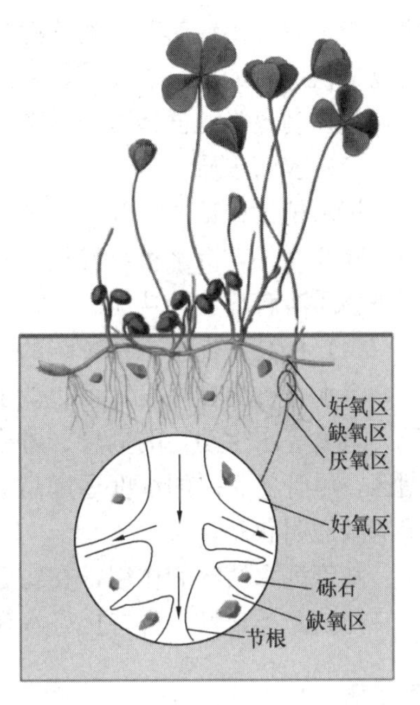

图 11-5　人工湿地中氧的分布和输氧过程

水生植物的重要功能之一是泌氧作用，即通过水面上叶子的光合作用释放的氧气经枝干输送至根部(图 11-5)。因此，与根或茎直接接触的土壤会与其他部位的土壤不同而呈好氧状态。这些氧气用以维持根区中心及周围的好氧微生物的活动。

此外水生植物的根茎和深入土层或填料的根须能够在潜流式湿地中形成更有效的水流，使之能与填料底更好地接触。在表面流湿地中，植物的水下部分和残枝败叶起着非常重要的作用，它们为水中微生物生长提供了寄栖场所；另外，水面上的水生植物枝干和叶片形成了阴影，限制了阳光的透射，从而可阻止藻类等生长。用于人工湿地的水生植物种类很多，常见的有芦苇、灯芯草、香蒲和蓑衣草，具有密集的根系和较强的泌氧能力是植物种类选择的关键。

漂浮植物系统和挺水植物系统两种形式可单独利用，也可组合利用，形成复合生态系统。与其他的水处理技术相比，以水生植物为主体的生态工程技术具有基建投资较小，运行管理简单，耗能少，运行费用低等优点，还具有一定的环境和社会效益，不足之处在于，占地面积大，受气候影响较大，因此比较适用于土地较富裕的小城镇或农村地区。

3. 沉水植物系统

由于在浊度较高的污水中不能生长，沉水植物通常不被用于污水处理，而是被用于受污染水体，特别是富营养化浅水湖泊的治理。

研究人员通过对浅水水体生态系统的深入研究后发现，水体中的沉水植被可以发挥重要的环境生态功能，主要包括以下几个方面：

(1) 吸收、固定水中的氮磷等营养物质

沉水植物既可以通过根吸收底质中的氮磷营养，也可通过茎叶利用水中的营养物质，并且它们生活史较长，多为一年或两年生，死亡后这些营养才会被逐渐释放出来，因此当水体中沉水植被发育良好时，就会有大量的营养物质被长时间地固定在其体内，这样就减缓了营养物质在水中的循环速度。

(2) 抑制菜类生长

作为水体的初级生产者，沉水植物和藻类之间在营养物质、光照等方面存在竞争排斥，因此若水体具有发育良好的沉水植被就可强烈地抑制藻类的生长。首先是沉水植物通过竞争生长资源，即大量固定水中的氮磷营养，使藻类生长受到抑制。其次，一些沉水植物种类可以分泌针对藻类的化感物质杀死藻类或抑制其生长。而且，沉水植被为大型浮游动物提供庞大的栖息表面积，从而抚育出高密度的浮游动物群落，大量捕食浮游藻类，也间接地控制藻类的群体数量。

(3) 澄清水质

沉水植被密集的枝叶与水有着庞大的接触面积，能够吸附、沉降水中的悬浮颗粒物质。除此之外，沉水植物好氧的根基环境也可以起到固持底泥，减少或抑制底泥中氮磷等污染物质溶解释放的功能。

(4) 提高水生生态系统统的生物多样性

沉水植被的良好发育可以为其他水生生物提供多样化的生境，如周丛生物的生活基质，鱼类等水生动物的栖息、避难和产卵场所等。在西湖和东太湖部分保留有沉水植被的湖区，尽管氮、磷的浓度远远高于富营养化的临界水平，但藻类浓度比较低，水体依然保持清澈透明状态。

基于沉水植物的作用，在富营养化水体中适当地恢复沉水植被正在成为控制富营养化、抑制藻类暴发，维持良好水环境质量的有效途径。

思考题

1. 什么是水生植物?
2. 水生植物包括哪几类? 举例说明。
3. 水生植物的水质净化功能有哪些?
4. 什么是人工湿地?
5. 试述你所了解的水体生态修复工程。

第 12 章　水的卫生细菌学及水中微生物的控制

水是国民经济发展和人类生存的基本条件，水资源短缺已成为全球性的问题。随着环境污染和生态破坏日趋严重，导致全球性水危机的出现，直接影响到社会和经济的可持续性发展。水中所含细菌来源于空气、土壤、污水、垃圾、死的动物和植物等，所以水中细菌的种类是多种多样的。这里说的水包括雨雪水、河流湖泊水、地下水和海水。目前，大多数城市集中供水水源为江河湖泊，难免受到各种污染包括病原污染。因此，病原菌的监测与控制责任重大。

12.1　水的卫生细菌学

中国是世界上水资源严重短缺的 13 个国家之一。加之水污染的加剧和水资源利用不合理，导致水资源短缺问题更加突出。据 2020 年中国环境公报统计，2019 年全国城市污水处理厂处理总量为 559.2 亿 m^3，污水处理率为 97.08%，工业废水处理能力为 17195 万 t/d。由于受纳水体被污染，不仅加剧了城市用水的供需矛盾，而且直接影响了城市供水水质，威胁城镇居民的健康。据世界卫生组织（WHO）统计，全世界每年至少有 1500 万人死于因水污染引起的疾病。我国 90%以上的城市水域受到不同程度的污染，约 50%的重点城镇的集中饮用水水源不符合标准。从目前国内外研究现状和发展动态来看，主要的趋势是强化现行的常规给水处理工艺及供水的安全输配和发展除污染的高新技术。

12.1.1　水中的细菌及其分布

自然水环境中的细菌虽然很多，但是只有很少的一部分是病原菌或者称为致病菌。自然水环境中的细菌大多数都是随人畜排泄物流入的外源微生物，只有少数是水体或土壤中的土著微生物。土著微生物在水中可以长期存活并繁殖，但很多都是条件致病菌，对普通人群的危害较小。随粪便、尿液进入水体的细菌往往具有很强的致病性。但它们只能在宿主体内生长繁殖。因此，尽管随粪便进入到水体中的病原微生物数量极多，但它们终究无法在外界水环境中增殖，其总数量会随时间延长而逐渐减少。由于不同细菌的生理特性差异很大，所处的水环境情况也会有差别，这些都影响到它们在水中存活的时间。

细菌在自然水环境中的分布极广，在沟渠、池塘、河、湖、海洋以及地下水中都可以发现它们的踪迹。病原微生物大多与人畜的排泄物相关，生活污水和畜牧养殖场废水是水中细菌的主要来源。污水中细菌的种类和数量并不是固定不变的，不同国家和地区的污水在这些方面的差异可能非常大，这主要是与社会发展水平、生活习惯、医疗卫生条件等因素有关。图 12-1 显示了未经处理的原污水中主要微生物的浓度范围。

由于自然水循环径流现象的存在，溪流、河湖等各种地表水与地下水之间有着千丝万缕的联系。微小的病原微生物不仅可以在水中对流、扩散，而且很容易随水流而迁移，导致更大范围的水体污染。

1. 污水中的病原微生物

粪便直接进入污水系统，造成原污水中的病原微生物含量相当高。沙门菌是污水中最常见的病原菌，美国的污水中的沙门菌浓度为 10^3～10^5 CFU/L（colony-forming unit，简称 CFU），而在某些发展中国家，污水中沙门菌的含量竟高达 10^{10} CFU/L。在传染病医

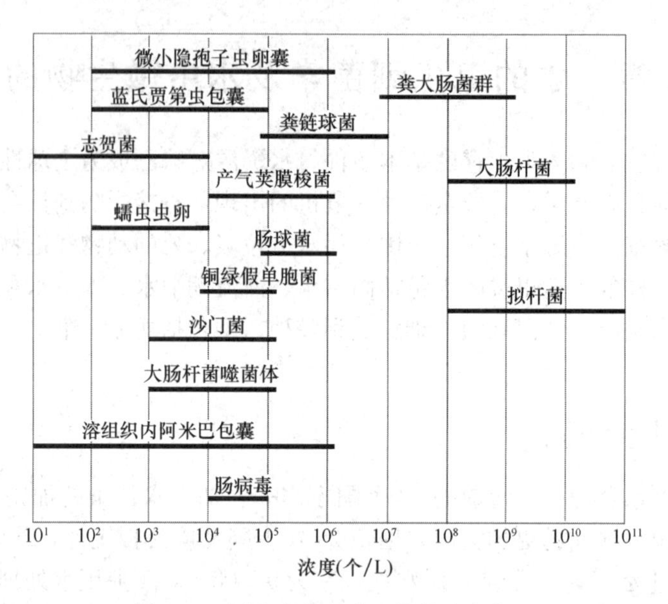

图 12-1 污水中主要微生物的浓度范围

院、综合性医院和专科医院的未处理污水中均可检出沙门菌和志贺菌。污水中病毒的种类和含量与当地社会经济水平、生活卫生条件、疾病流行情况和病例数、带毒者数量以及疫苗的使用等情况有关。

尽管目前很多城市都设置了污水处理厂，对污水进行二级处理之后再排放到邻近的水体中。但二级出水中的病原微生物的种类和数量都十分可观。有研究表明，城市污水处理厂的二级出水中肠道病毒、沙门菌、大肠埃希菌的浓度都服从对数正态分布规律。

2. 地表水中的病原微生物

各类地表水直接或间接的接纳大量的污水和废物，不可避免地受到病原微生物的污染。据资料表明：在取自美国菲尼克斯的地表水样品中，9.4%的样品贾第虫呈阳性。南非河流中总大肠菌、粪大肠菌、粪球菌等超标严重，在一些水体中还分离到了沙门菌、志贺菌以及霍乱弧菌等病原菌。病毒的分布更为广泛，在世界各地的河流和湖泊中几乎都检出了病毒，例如英国泰晤士河的病毒阳性率在46%～56%之间，病毒浓度为4～22 PFU/L（plaque-forming unit，简称 PFU），法国塞纳河的病毒阳性率为24%，浓度为0.3～173 PFU/L，德国鲁尔河、约旦河和美国伊利诺伊河的病毒阳性率分别为26%、9%和27%。我国长江武汉段水中的病毒浓度为 1.2×10^2～1.7×10^3 PFU/L，且夏秋季病毒量较多。

3. 饮用水中的病原微生物

许多研究表明，常用的水处理工艺并不能有效地去除水中的肠病毒和一些原生动物，这种状况在本来源水污染严重且饮用水处理技术相对落后的发展中国家则更为普遍和严重。随着检测技术的提高，在经过处理的饮用水中发现病毒的报道也不断出现。以色列、印度、墨西哥、美国、加拿大、韩国、芬兰等国家都从处理过的饮用水中分离到了肠病毒。

4. 海水和地下水中的病原体

由于受到陆源排放废水的污染，海水也受到一定程度的病原性污染，尤其在近海区域病毒的含量相对较高，这对于水产养殖以及海滨娱乐都会造成一定的影响。地下水的病原体污染主要来自人类的活动，虽然土壤中固有的病原菌会随着雨水渗透而进入地下水层造成污染，但这和由于化粪池沥出液、污水渗漏所造成的地下水病原体污染相比是微不足道的。病毒能够穿透土壤并通过蓄水层横向移动，因此在远离污染源的地方也可以检测出病毒。

12.1.2 水中的病原微生物

在供给人们生活饮用水时，必须保证水中没有病原微生物。为此，需要知道水中有哪些常见的病原微生物，并学习检验它们的方法。

水中所含微生物来源于空气、土壤、废水、垃圾、死的动植物等，所以，水中微生物种类是多种多样的。进入水体中的病原微生物大多来自人或动物的排泄物，或死于传染病的人或动物，如伤寒杆菌、霍乱弧菌、痢疾杆菌、钩端螺旋体、甲型肝炎病毒、脊髓灰质炎病毒等。病原微生物进入水环境的途径主要有医院废水、家庭废水及城市街道排水等。当它们进入水体后，则以水作为它们生存和传播的媒介。

水体中生存的细菌大多为腐生性细菌（包括大肠菌群），当水被废水、垃圾、粪便污染时，水中细菌的种类和数量将大大增加。一般来说，在远离工厂和居民区的清洁河、湖中，细菌的种类主要是通常生活在清洁水中和土壤中的细菌。在工业区或城市附近，河水受到污染，不但含有大量腐生细菌，还可能含有病原细菌。河水下游离城镇越远，受清洁支流冲淡和生化自净作用的影响越大，细菌数目也就逐渐下降。地下水经过土壤过滤，逐渐渗入地下。由于渗滤作用和缺少有机物质，地下水中所含细菌量远远少于地面水，深层的地下水甚至会没有细菌。

1. 水中的病原细菌

水中细菌虽然很多，但大部分都不是病原微生物。经水传播的疾病主要是肠道传染病，如伤寒、痢疾、霍乱、肠炎等。

（1）伤寒杆菌

伤寒杆菌属沙门氏菌属，革兰染色阴性，呈短粗杆状，体周满布鞭毛，运动活泼，在含有胆汁的培养基中生长较好，因胆汁中的类脂及色氨酸可作为伤寒杆菌的营养成分。伤寒杆菌的菌体（O）抗原、鞭毛（H）抗原和表面（Vi）抗原能使人体产生相应的抗体。伤寒杆菌主要有三种：伤寒沙门菌（*Salmonella typhi*）、甲型副伤寒沙门菌（*S. paratyphi A*）和乙型副伤寒沙门菌（*S. paratyphi B*）。它们的大小约（0.6～0.7）μm ×（2～4）μm，不生芽孢和荚膜，借周生鞭毛运动。伤寒杆菌在自然环境中抵抗力强，耐低温，水中可存活 2～3 周，在粪便中可维持 1～2 个月，冰冻环境可维持数月，但对热和干燥的抵抗力较弱，60 ℃ 15min 或煮沸后即可杀灭，对一般化学消毒剂敏感，消毒饮水余氯 0.2～0.4mg/L 时迅速死亡，在 5%的石炭酸中可存活 5min。

伤寒和副伤寒是一种急性传染病，特征是持续发烧，牵涉到淋巴样组织，脾脏肿大，躯干上出现红斑，使胃肠壁形成溃疡以及产生腹泻。感染来源为被感染者或带菌者的尿及粪便，一般是由于与病人直接接触或与病人排泄物所污染的物品、食物、水等接触而被传染。伤寒可因水源和食物污染发生暴发流行，本病分布我国各地，常年散发，以夏秋季最多，发病以儿童、青壮年较多。本病主要经过粪-口途径传播。暴发流行的主要原因是水源的污染。食物污染也可引起本病的流行。散发病例一般以日常生活接触传播为主。人对伤寒普遍易感，病后可获得持久免疫力，第二次发病者少见。世界各地均有本病发生，以热带、亚热带地区多见。

（2）痢疾杆菌

志贺氏菌属（Shigella）即痢疾杆菌，痢疾志贺氏菌群是导致典型细菌性痢疾的病原菌，在敏感人群中极少数的个体就可以发病，虽然这种病菌可以由食物传播，但它们并不像其他三种志贺氏菌一样被认为是导致食物中毒的病原菌。志贺氏菌在人体外生活力弱，在10～37℃水中可生存20d，牛乳、水果、蔬菜中可生存1～2周，便中（15～25 ℃）可生存10d，光照下30min可被杀死，58～60℃加热经10～30min即死亡。志贺氏菌耐寒，在冰块中能生存3个月。在志贺氏菌中宋内志贺氏菌和福氏志贺氏菌在体外的生存力相对较强，志贺氏菌食物中毒主要由这两种志贺氏菌引起。

1）痢疾志贺菌（*S. dysenteriae*）这种杆菌大小为（0.4～0.6）μm ×（1～3）μm。所引起的痢疾在夏季最为流行，特征是急性发作，伴以腹泻。有时在某些病例中有发烧，通常大便中有血及黏液。

2）副痢疾志贺菌（*S. paro dysenteriae*）这种杆菌的大小约为0.5μm ×（1～1.5）μm，所引起疾病的症状与痢疾杆菌引起的急性发作类似，但症状一般较轻。痢疾杆菌不生芽孢和荚膜，一般无鞭毛，革兰阴性反应。在1%的石炭酸中可存活0.5h。其传播方式主要通过污染的食物和水，以及蝇类传播。

3）霍乱弧菌（*Vibrio cholerae*）这种杆菌大小约（0.3～0.6）μm ×（1～5）μm。细胞可以变得细长而纤弱，或短而粗，具有一根较粗的鞭毛，能运动，革兰阴性反应，不生荚膜与芽孢。在60℃下能存活10min，在1%的石炭酸中能存活5min，能耐受较高的碱度。

在霍乱的轻型病例中，只出现腹泻。在较严重或较典型的病例中，除腹泻外，症状还包括呕吐、腹疼和昏迷等。此病病程短，重者常在症状出现12h内死亡。霍乱弧菌可借水及食物传播，与病人或带菌者接触也可能被传染，也可由蝇类传播。

以上三种肠道传染病菌对氯的抵抗力都不大，用一般的加氯消毒法都可除去。但有些病原菌，采用通常的消毒剂量难以杀死，如赤痢阿米巴对氯的抵抗力较强，需游离性余氯3～10mg/L左右，接触30min才能杀死。但赤痢阿米巴虫体较大，可在过滤时除去。杀死炭疽菌则需更多的氯量。目前，一般水厂的加氯量只能杀死肠道传染病菌。

除传染病菌外，还有一些借水传播的寄生虫病，如蛔虫、血吸虫等。防止寄生虫病传播的重要措施是改善粪便管理工作，在用人粪施肥前，应经过暴晒和堆肥。在用城市生活废水灌溉前，应经过沉淀等处理，将多数虫卵除去。在水厂中经过纱滤和消毒，可将水中的寄生虫卵完全消除。

2. 肠道病毒

肠道病毒（*enterovirus*）归属于小RNA病毒科（*Picornaviridae*），有67个血清型，分型的主要依据为交叉中和试验。与其在同一科和人类致病有关的病毒还有鼻病毒及甲型肝炎病毒。人类肠道病毒包括：脊髓灰质炎病毒（*poliovirus*）有1、2、3三型；柯萨奇病毒（*coxsackievirus*）分A、B两组，A组包括1～22，24型；B组包括1～6型；人肠道致细胞病变孤儿病毒（简称埃可病毒）（enteric cytopathogenic human orphan virus，ECHO）包括1～9，11～27，29～33型；新肠道病毒，为1969年后陆续分离到的，包括

68，69，70 和 71 型。

（1）脊髓灰质炎病毒

是脊髓灰质炎的病原体。病毒侵犯脊髓前角运动神经细胞，导致弛缓性肢体麻痹，多见于儿童，故亦称小儿麻痹症脊髓灰质炎病毒。

脊髓灰质炎病毒的生物学性状：球形，直径 27 nm，核衣壳呈二十面体立体对称，无包膜。基因组为单正链 RNA，长约 7.4kb，两端为保守的非编码区，在肠道病毒中同源性非常显著，中间为连续开放读码框架。此外，5′端共价结合一小分子蛋白质 Vpg，与病毒 RNA 合成和基因组装配有关；3′端带有 polyA 尾，加强了病毒的感染性。病毒 RNA 为感染性核酸，进入细胞后，可直接起 mRNA 作用，转译出一个约 2200 个氨基酸的大分子多聚蛋白（polyprotein），经酶切后形成病毒结构蛋白 VP1～VP4 和功能性蛋白。VP1、VP2 和 VP3 均暴露在病毒衣壳的表面，带有中和抗原位点，VP1 还与病毒吸附有关；VP4 位于衣壳内部，一旦病毒 VP1 与受体结合后，VP4 即被释出，衣壳松动，病毒基因组脱壳穿入。

病毒对理化因素的抵抗力较强，在污水和粪便中可存活数月；在胃肠道能耐受胃酸，蛋白酶和胆汁的作用；在 pH 值为 3～9 时稳定，对热、去污剂均有一定抗性，在室温下可存活数日，但 50℃可迅速破坏病毒，1mol/L $MgCl_2$或其他二价阳离子，能显著提高病毒对热的抵抗力。

（2）柯萨奇病毒、ECHO 病毒和新肠道病毒

这些病毒的形态结构、生物学性状及感染、免疫过程与脊髓灰质炎病毒相似。

柯萨奇病毒、ECHO 病毒识别的受体在组织和细胞中分布广泛，包括中枢神经系统、心、肺、胰、黏膜、皮肤和其他系统，因而引起的疾病谱复杂。致病特点是病毒在肠道中增殖，却很少引起肠道疾病；不同型别的病毒可引起相同的临床综合征，如散发性脊髓灰质炎样的麻痹症、爆发性的脑膜炎、脑炎、发热、皮疹和轻型上呼吸道感染。同一型病毒亦可引起几种不同的临床疾病。

（3）急性胃肠炎病毒属

胃肠炎是人类最常见的一种疾病，除细菌、寄生虫等病原体外，大多数胃肠炎由病毒引起。这些病毒分别属于四个不同的病毒科：呼肠病毒科的轮状病毒（*rotavirus*），杯状病毒科（*Caliciviridae*）的 SRSV 和“经典”人类杯状病毒；腺病毒科的肠道腺病毒 40、41、42 和星状病毒科（*Astroviridae*）的星状病毒（*astrovirus*）。它们所致的胃肠炎临床表现相似，主要为腹泻与呕吐。

轮状病毒是 1973 年澳大利亚学者 Bishop 等在急性非细菌性胃肠炎儿童十二指肠黏膜超薄切片中首次发现，是人类、哺乳动物和鸟类腹泻的重要病原体。

生物学性状：形态为大小不等的球形，直径 60～80nm，双层衣壳，无包膜，负染后在电镜下观察，病毒外形呈车轮状，故名基因组及其编码的蛋白质 为双链 RNA 病毒，约 18550 bp，由 11 个基因片段组成。每个片段含一个开放读码框架，分别编码 6 个结构蛋白（VP1、VP2、VP3、VP4、VP6、VP7）和 5 个非结构蛋白（NSP1～NSP5）。VP6 位于内衣壳，为组和亚组特异性抗原；VP4 和 VP7 位于外衣壳，VP7 为糖蛋白，是中和抗原，决定病毒血清型，VP4 为病毒的血凝素，亦为重要的中和抗原。VP1～VP3 位于核心。非结构蛋白为病毒酶或调节蛋白，在病毒复制中起主要作用。

轮状病毒在粪便中可存活数天到数周。耐乙醚、酸、碱和反复冻融，pH 值适应范围广（pH 值为 3.5～10）。在室温下相对稳定，在温度为 55℃时，30min 可被灭活。

（4）肝炎病毒

包括：甲型肝炎病毒、乙型肝炎病毒、丙型肝炎病毒、丁型肝炎病毒及戊型肝炎病毒、已型肝炎病毒（HFV）、庚型肝炎病毒（HGV）和 TT 型肝炎病毒（TTV）。

甲型肝炎病毒与戊型肝炎病毒由消化道传播，引起急性肝炎，不转为慢性肝炎或慢性携带者。乙型与丙型肝炎病毒均由输血、血制品或注射器污染而传播，除引起急性肝炎外，可致慢性肝炎，并与肝硬化及肝癌相关。丁型肝炎病毒为一种缺陷病毒，必须在乙型肝炎病毒等辅助下方能复制，故其传播途径与乙型肝炎病毒相同。

12.1.3　水质生物学指标

1. 大肠菌群

大肠菌群通常作为检验水的卫生指标。肠道正常细菌有三种：大肠菌群、肠球菌群和产气荚膜杆菌群。选作卫生指标的菌群必须符合的要求，一是该细菌的生理习性与肠道病原菌类似，而且它们在外界的生存时间基本一致；二是该种细菌在粪便中的数量较多；三是检验技术较简单。因为大肠菌群（如大肠杆菌，见表 12-1）的生理习性与伤寒杆菌、副伤寒杆菌和痢疾杆菌等病原菌的生理特性较为相似，在外界生存时间也与上述病原菌基本一致，故选定大肠菌群作为检验水的卫生指标。若由水中检出此菌群，则证明水最近曾受粪便污染，就有可能存在病原微生物。

大肠杆菌及某些病原菌在各种水体中生存时间（d）　　**表 12-1**

水体	大肠杆菌	伤寒杆菌	甲型副伤寒杆菌	乙型副伤寒杆菌	痢疾杆菌	霍乱弧菌
灭菌过的水	8～365	6～365	22～5	39～167	2～72	3～392
被污染的水		2～42		2～42	2～4	0.2～213
自来水	2～262	2～93		27～37	15～27	4～28
河水	21～183	4～183			12～92	0.5～92
井水		1.5～107				1～92

大肠菌群在人的粪便中数量很大，健康人的每克粪便中含 5000 万个以上；每毫升生活废水中含有大肠菌群 3 万个以上。检验大肠菌群的技术并不复杂。

目前认为，总大肠菌群和粪大肠菌群是较理想的水体受粪便污染的指示菌。总大肠菌群是对一群需氧及兼性厌氧在 37℃ 培养 24h，能分解乳糖产酸、产气的革兰阴性无芽孢杆菌的统称，它们大量存在于人及温血动物粪便中，可作为水体粪便污染指示菌。但总大肠菌群细菌除在人和温血动物肠道内生活外，在自然环境的水和土壤中亦常有分布，因此只检测总大肠菌群数，尚不能确切地证明污染来源及危害程度。在自然环境中生活的大肠菌群培养的适宜温度为 25℃，37℃ 培养时仍可生长，如将温度提高到 44.5℃，则不再生长。而直接来自粪便的大肠菌群细菌，习惯于 37℃ 左右生长，将培养温度提高到 44.5℃ 仍可继续生长。凡在 44.5℃ 仍可继续生长的大肠菌群细菌称为粪大肠菌群。如在饮用水中检出粪大肠菌群则表明此饮用水已被粪便污染，可能存在肠道致病微生物。因此可用提高培养温度的方法将自然环境中生长的大肠菌群与粪便中的大肠菌群区分开。

大肠菌群一般包括大肠埃希杆菌（*E. coli*）、产气杆菌（*Aerobacter aerogenes*）、枸橼酸盐杆菌（*Coli citrovorum*）和副大肠杆菌（*Paracoli bacillus*）。

大肠埃希杆菌也称为普通大肠杆菌或大肠杆菌，它是人和温血动物肠道中正常的寄生细菌。一般情况下大肠杆菌不会使人致病，在个别情况下，发现此菌能战胜人体的防卫机制而产生毒血症、腹膜炎、膀胱炎及其他感染。从土壤或冷血动物肠道中分离出来的大肠菌群大多是枸橼酸盐杆菌和产气杆菌，也往往发现副大肠杆菌。副大肠杆菌也常在痢疾或伤寒病人粪便中出现。因此，如水中含有副大肠杆菌，可认为受到病人粪便的污染。

大肠埃希杆菌是好氧及兼性的，革兰染色阴性，无芽孢，大小约为（2.0～3.0）μm×（0.5～0.8）μm，两端钝圆的杆菌；生长温度为10～46℃，适宜温度为37℃，生长pH值范围为4.5～9.0，适宜的pH值为中性；能分解葡萄糖、甘露醇、乳糖等多种碳水化合物，并产酸产气，所产生的CO_2/ H_2为2 。大肠菌群中各类细菌的生理习性较相似，只是副大肠杆菌分解乳糖缓慢，甚至不能分解乳糖，而且它们在品红亚硫酸钠固体培养基（远藤培养基）上所形成的菌落不同；大肠埃希杆菌菌落呈紫红色，带金属光泽，直径约为2～3mm；枸橼酸盐杆菌菌落呈紫红或深红色；产气杆菌菌落呈淡红色，中心较深，直径较大，一般约为4～6mm；副大肠杆菌的菌落则为无色透明。

目前，国际上检验水中大肠杆菌的方法不完全相同。有的国家用葡萄糖或甘露醇做发酵试验，在43～45℃的温度下培养。在此温度下，枸橼酸盐杆菌和产气杆菌大多不能生长，培养分离出来的是寄生在人和温血动物体内的大肠菌群。如果43～45℃下培养出副大肠杆菌，常可代表有肠道传染病菌的污染。还有的国家检验水中大肠菌群时，不考虑副大肠杆菌，因为，人类粪便中存在着大量大肠杆菌，在水中检验出大肠杆菌，就足以说明此水已受到粪便污染，因此，可采用乳糖作培养基。选择培养温度为37℃，这样可顺利地检验出寄生于人体内的大肠杆菌和产气杆菌。

2. 生活饮用水的细菌卫生标准

各种水质细菌卫生标准如表12-2。

各种水质细菌卫生标准 **表12-2**

水样	细菌菌落数（CFU/mL）	总大肠菌群数（MPN法）（个/ L）	标准来源
生活饮用水	≤100	≤3	GB 5749—2006
优质饮用水	≤20	≤3	GB 19298—2014
矿泉水	≤5	0/100mL	
游泳池水	≤1000	18	
地表水（Ⅲ类）	≤10000		GB 8978—1996
农田灌溉用水	≤10000		GB 5084—2021

中国于2006年颁布的《生活饮用水卫生规范》GB 5749—2006对生活饮用水的细菌学标准规定如下。

（1）细菌总数每毫升不超过100 CFU；

（2）总大肠菌群每100mL水样中不得检出；

（3）粪大肠菌群每100mL水样中不得检出；

（4）若只经过加氯消毒便供作生活饮用水的水源水，每100mL水样中总大肠菌群MPN（最可能数）值不应超过200；经过净化处理及加氯消毒后供作生活饮用的水源水，每 100mL 水样中总大肠菌群 MPN 不应超过 2000。

12.1.4 水的卫生细菌学检验方法

1. 细菌总数的检验

以无菌操作方法用灭菌吸管吸取 1mL 充分混合均匀的水样注入无菌平皿中，倒入融化的（45℃左右）的营养琼脂培养基约 15mL，并立即摇动平皿，使水样与培养基充分混匀，待冷却凝固后，翻转平皿，使底部朝上，在 37℃的温度下培养 24h 以后，数出生长的细菌菌落数，即为 1mL 水样中的细菌总数。

在 37℃营养琼脂培养基中能生长的细菌可以代表在人体温度下能繁殖的腐生细菌，细菌总数越大，说明水被污染得越严重。

2. 总大肠菌群的检验

常用的检验总大肠菌群的方法有两种：发酵法和滤膜法。

（1）发酵法

发酵法是测定总大肠菌群的基本方法，水中总大肠菌群数 100mL 水样中总大肠菌群最可能（MPN）表示。此法总体上分三个步骤进行。

1）初步发酵试验

本实验是将水样置于糖类液体培养基中，在一定温度下，经一定时间培养后，观察有无酸和气体产生，即有无发酵现象，以初步确定有无大肠菌群存在。如采用含有葡萄糖或甘露醇的培养基，则包括副大肠杆菌；如不考虑副大肠杆菌，则用乳糖培养基。由于水中除大肠菌群外，还可能存在其他发酵糖类物质的细菌，所以培养后如发现气体和酸的生成，并不一定能肯定水中有大肠菌群的存在，还需要根据这类细菌的其他特性进行更进一步的检验。水中能使糖类发酵的细菌除大肠菌群外，最常见的有各种厌氧和兼性的芽孢杆菌。在被粪便严重污染的水中，这类细菌的数量比大肠菌群的数量要少得多。在此情形下，本阶段的发酵一般即可被认为确有大肠菌群存在，在比较清洁的或加氯的水中，由于芽孢的抵抗力较大，其数量可能相对地比较多，所以本试验即使产酸产气，也不能肯定是由于大肠菌群引起的，必须继续进行试验。

2）平板分离

这一阶段的检验主要是根据大肠菌群在特殊固体培养基上形成典型菌落，革兰染色阴性和不生芽孢的特性来进行的。在此阶段，可先将上一试验产酸产气的菌种移植于品红亚硫酸钠培养基（远藤培养基）或伊红-美蓝培养基表面。这一步可以阻止厌氧芽孢杆菌的生长，培养基所含染料物质也有抑制许多其他细菌生长繁殖的作用。经过培养，如果出现典型的大肠菌群菌落，则可认为有此类细菌存在。为做进一步的肯定，应进行革兰染色检验，可将大肠菌群与呈革兰阳性的好氧芽孢杆菌区别开来，若革兰染色阴性，则说明无芽孢杆菌存在。为了更进一步验证，可作复发酵试验。

3）复发酵试验

本实验是将可疑的菌落再移置于糖类培养基中，观察它是否产酸产气，以便最后确认有无大肠菌群存在。

采用发酵法进行大肠菌群定量计数，常采取多管发酵法，如用 10 个小发酵管（10mL）和两个大发酵管（或发酵瓶，100mL）。根据肯定有大肠菌群存在的发酵试验中发酵管或发酵瓶数目及试验所用的水样量，即可利用数理统计原理，算出每升水样中大肠菌群的最可能数目（MPN 值），下面是计算的近似公式。

$$\text{MPN(个 /L)} = \frac{1000 \times \text{得阳性结果的发酵管(瓶) 的数目}}{\sqrt{\text{得阴性结果水样体积数} \times \text{全部水样体积数}}} \qquad (12\text{-}1)$$

【例】今用 300mL 水样进行初步发酵试验，100mL 的水样 2 份，10mL 的水样 10 份。试验结果得在这一阶段试验中，100mL 的 2 份水样中都没有大肠杆菌存在，在 10mL 的水样中有 3 份存在大肠杆菌。计算大肠杆菌的最可能数。

解：

$$\text{MPN（个/L）} = \frac{1000 \times 3}{\sqrt{270 \times 300}} = 10.5 \approx 11$$

计算结果一般情况下可利用专门图表查出。

（2）滤膜法

为了缩短检验时间，简化检验方法，可以采用滤膜法。用这种方法检验大肠菌群，有可能在 24h 左右完成。

滤膜法通常是用孔径为 0.45μm 的微孔滤膜水样，细菌被截留在滤膜上，将滤膜贴在悬着型培养基上培养，计数生长在滤膜上的典型大肠菌群落数。

滤膜法的主要步骤如下：

1）将滤膜装在滤器上，用抽滤法过滤定量水样，将细菌截流在滤膜表面。

2）将此滤膜没有细菌的一面贴在品红亚硫酸钠培养基或伊红美蓝固体培养基上，以培育和获得单个菌落。根据典型菌落特性及可测得大肠菌群数。

3）为进一步确证，可将滤膜上符合大肠菌群特征的菌落进行革兰染色，然后镜检。

4）将革兰染色阴性无芽孢杆菌的菌落接种到含糖培养基中，根据产气与否来最终确定有无大肠菌群存在。

滤膜上生长的总大肠菌群数的计算公式如下。

$$\text{总大肠菌群菌落数(CFU /100mL)} = \frac{\text{数出的总大肠菌群菌落数} \times 100}{\text{过滤的水样体积(mL)}} \qquad (12\text{-}2)$$

滤膜法比发酵法的检验时间短，但仍不能及时指导生产。当发现水质有问题时，这种不符合标准的水已进入管网。此外，当水样中悬浮物较多时，会影响细菌的发育，使测定结果不准确。

为了保证给水水质符合卫生标准，有必要研究快速而准确的检验大肠菌群的方法。国外曾研究用示踪原子法，如用同位素 C^{14} 的乳糖作培养基，可在 1h 内初步确定水中有无大肠杆菌。国外大型水厂还有使用电子显微镜直接观察大肠杆菌的。目前以大肠菌群作为检验指标，只间接反映出生活饮用水被肠道病原菌污染的情况，而不能反映出水中是否有传染性病毒以及除肠道原菌外的其他病原菌（如炭疽杆菌）。因此，为了保证人民的健康，必须加强检验水中病原微生物的研究工作。

3. 水中病毒的检验

使人致病的病毒都是动物性病毒，具有很强的专性寄生性。可采用组织培养法检验这类病毒，但是所选择的组织细胞必须适宜于这类病毒的分离、生长和检验。目前在水质检验中使用的方法是“蚀斑检验法”。

蚀斑法大致的步骤如下：将猴子肾脏表皮剁碎，用 pH 值为 7.4～8.0 的胰蛋白酶溶液处理。胰蛋白酶能使肾表皮组织的胞间质发生解聚作用，因而使细胞彼此分离。用营养培养基洗这些分散悬浮的细胞，将细胞沉积在 40mm×110mm 平边瓶（鲁氏瓶）的平面上，并形成一层连续的膜。将水样接种到这层膜上，再用营养琼脂覆盖。

水样中的病毒会破坏组织细胞，增殖的病毒紧接着破坏邻接的细胞。这种效果在 24～48h 内可以用肉眼看清。病毒群体增殖处形成的斑点称为蚀斑。实验表明，蚀斑数和水样中病毒浓度间具有线性关系。根据接种的水样数，可求出病毒的浓度。

每升水中病毒蚀斑形成单位 PFU 小于 1，饮用才安全。

12.2 水中微生物的控制

水中微生物的种类很多，其中有些对水的净化起积极作用，有些则影响水的物理，化学和生物学的性质。对人体健康来说，病原微生物是特别重要的，而影响天然水物理、化学性质的主要是藻类。下面将谈一谈病原微生物和藻类的去除。

12.2.1 病原微生物的去除

通常把水中病原微生物的去除称为水的消毒。饮用水的消毒方法很多。把水煮沸就是家庭中常用的消毒方法。集中供水不能使用这种方法。自来水厂常用的方法有：加氯消毒；臭氧消毒；紫外线消毒；超声波消毒。目前最常用的是加氯消毒。

1. 加氯消毒

氯消毒经济有效，使用方便，应用历史悠久且广泛。但自 20 世纪 70 年代发现受污染水源经氯消毒后往往会产生一些有害健康的副产物，例如三氯甲烷等后，人们便开始重视其他消毒剂或消毒方法的研究，例如，近年来人们对二氧化氯消毒日益重视。但不能就此认为氯消毒会被淘汰。一方面，对于不受有机物污染的水源或在消毒前通过前处理把形成氯消毒副产物的前期物（如腐殖酸和富里酸等）预先去除，氯消毒仍然是安全、经济、有效的消毒方法；另一方面，除氯以外其他各种消毒剂的副产物以及残留于水中的消毒剂本身对人体健康的影响，仍需进行全面、深入的研究。因此，就目前情况而言，氯消毒仍是应用最广泛的一种消毒方法。

（1）氯消毒的原理

氯对微生物的作用效能，在很大程度上与氯的初始剂量、氯在水中的持续时间及水的 pH 值有关。氯被消耗，用于氧化有机杂质和无机杂质。未澄清的水氯化时，可观察到氯的过量消耗。悬浮物把氯吸附在自己身上，而位于絮凝体中或悬浮物小块中的微生物不受氯的作用。在用氯消毒时，水中有机杂质被破坏，例如，腐殖质矿化、二价铁氧化为三价铁、二价锰被氧化为四价锰、稳定的悬浮物由于保护胶体的破坏而转化为不稳定的悬浮物等。有时氯化作用产生动植物有机体分解时所形成的强烈臭味的卤素衍生物。在氯化被含酚和其他芳香族化合物废水所污染的水时，产生的气味特别稳定和令人不愉快。在含有酚的水中经过 1∶10000000 的稀释，仍然有气味存在。在加热时，随着时间的延长气味增浓而不消失。有时为破坏芳香族化合物，需增加氯的投放量。

氯化作用在水净化去除细小悬浮物中也起着重大的作用，从而有助于降低水的色度并为澄清和过滤创造了有利的条件。

氯在水中溶解时产生两种酸：盐酸和次氯酸。

$$Cl_2 + H_2O \Leftrightarrow HCl + HClO$$

次氯酸是很弱的酸。它的离解作用与介质的活性反应有关。氯消毒作用的实质是氯和氯的化合物与微生物细胞有机物的相互作用所进行的氧化-还原过程。许多人认为，次氯酸和微生物酶发生反应，从而破坏微生物细胞中的物质交换。在所有的含氯化合物中较为有效的药剂是次氯酸。

水中的 HClO 在不同的 pH 值下的离解作用（在 20℃情况下）如表 12-3 所示。

pH 值对解离 HClO 的影响 **表 12-3**

pH 值	4	5	6	7	8	9	10	11
OCl^- 含量（%）	0.05	0.5	2.5	21.0	75.0	97.0	99.5	99.9
HClO 含量（%）	99.95	99.5	97.5	79.0	25.0	3.0	0.5	0.1

可见，物系中的 pH 值越低，在物系中次氯酸含量越高。所以，用氯和含氯物质消毒水时，应在加入碱性药剂之前进行。

在往水中加入含氯物质时，含氯物质水解并形成次氯酸，例如：

$$2CaCl_2 + 2H_2O \Leftrightarrow CaCl_2 + Ca(OH)_2 + 2HClO$$

$$NaOCl + H_2CO_3 \Leftrightarrow NaHCO_3 + HClO$$

或

$$NaOCl + H_2O \Leftrightarrow NaOH + HClO$$

$$Ca(OCl)_2 + 2H_2O \Leftrightarrow Ca(OH)_2 + 2HClO$$

的确，盐的水解比游离氯进行得慢些，所以形成 HClO 的过程进行的也比较慢。但是，次氯酸的进一步作用就与气态氯在水中的作用相同了。

（2）二氧化氯消毒

在水消毒的实践中，人们对二氧化氯有一定的兴趣。二氧化氯比氯具有优越性，如在用二氧化氯处理含酚的水时，不形成氯酚味，因为 ClO_2 可直接氧化酚至醌和顺丁烯二酸。

二氧化氯可以用不同的方法得到，例如，盐酸和亚氯酸按以下流程作用，即

$$5NaCl_2 + 4HCl = 5NaCl + 4ClO_2 + 2H_2O$$

（3）氯胺消毒

在氯化含酚杂质的河水时，为避免形成氯酚味和土腥味，采用氨化和氯化作用。往净化的水中加入氨或氨盐以实现氨化作用。投入水中的氯按以下方程式形成氯胺。

$$NH_3 + Cl_2 \Leftrightarrow NH_2Cl + HCl$$

氯胺在水中逐渐水解并按下式形成 $NH_3 \cdot H_2O$ 和 HClO。

$$NH_2Cl + 2H_2O \Leftrightarrow NH_3 \cdot H_2O + HClO$$

氯胺的慢性水解导致 HClO 逐渐进入水中，以保证比较有效的杀菌作用。

在带有氨化的氯化作用下，先加入氨然后加入氯。氯的剂量按 30min 后在水中的剩余氯不低于 0.3mg/L 和不高于 0.5mg/L 计算。它由氯化作用的试验决定。

理论上为了得到单氯胺，lmg 的氨氮需要 5.07mg 的氯。实际上采用 5～6mg 氯。

氯胺消毒过程的速度比游离氯低，所以水和氯胺接触的持续时间不应该小于 2h。在具有氨化氯化作用下，氯的耗量与单一的氯化作用一样。但是，在消毒含有大量有机物的水时用氯胺是合适的，因为在这种条件下氯耗量大大地降低。

在水的氯化作用时，不发生完全的杀菌作用，在水中还剩有个别保持生命力的菌体，

为了消灭孢子形成菌和病毒，要求加大氯的投放量和延长接触时间。

在选择消毒物质时须考虑其中“活性”氯的含量。在酸的性质中，符合该种化合物相对碘化钾的氧化能力的分子氯数量，称为活性氯量。“活性”氯的概念所确定的不是化合物中氯的含量，而是在酸性介质中按碘化钾计的氧化能力，例如，1mol NaCl 中含氯 35.5g，但“活性”氯含量为 0，1mol NaClO 中含有 35.5g 的氯，而“活性”氯含量则为 71g。

在含氯物质中活性氯的含量可用下式计算，用百分数表示为式（12-3）

$$\frac{nM}{M_0}\times 100\% \tag{12-3}$$

式中 n——含氯物质的分子中次氯酸离子数；

M_0——含氯物质的相对分子质量；

M——氯相对分子质量。

在 $3Ca(ClO)_2 \cdot Ca(OH)_2 \cdot 5H_2O$ 的漂白粉的组成中，活性氯含量为

$$\frac{3\times 71}{545}\times 100\% = 39.08\%$$

在决定氯剂量时，必须考虑水对氯吸收容量和余氯的杀菌效率。

2. 臭氧氧化消毒

臭氧是氧的同素异形变体，在通常条件下是浅蓝色气态物质，在液态下是暗蓝色，在固态下几乎是黑色。在臭氧的所有集聚状态下，在受冲击时能够发生爆炸。臭氧在水中的溶解度比氧高。

在空气中低浓度的臭氧有利于人的器官，特别是有利于呼吸道疾病患者。相对的高浓度臭氧对人的机体是有害的。人在含臭氧 1∶1000000 级的大气中长期停留时，易怒，感觉疲劳和头痛。在较高浓度下，往往还恶心和鼻子出血。经常受臭氧的毒害会导致严重的疾病。生产厂房工作区空气中臭氧的极限允许浓度为 $0.1mg/m^3$。

利用臭氧对水进行消毒起于 20 世纪初期，当时在世界上最大的臭氧处理装置是 1911 年俄国圣彼得堡臭氧过滤站的投产，该装置每天可处理 $50000m^3$ 的饮用水。目前在法国、美国、瑞士、意大利、加拿大以及其他许多国家，为了净化饮用水而建立了多处臭氧处理装置。臭氧氧化过程的高工艺指标，使臭氧用于给水厂具有广泛的前景。

（1）臭氧的消毒机理

臭氧的杀菌作用与它的高氧化电位极容易通过微生物细胞膜扩散有关。臭氧氧化微生物细胞的有机物而使细胞致死。

由于高的氧化电位（2.067V），臭氧比氯（1.3V）具有更强的杀菌作用。臭氧对细胞的作用比氯快，它的消耗量也明显少。例如，在 0.45mg/L 臭氧作用下经过 2min 脊髓灰质炎病毒即死亡，如用氯剂量为 2mg/L 时，需要经过 3h 才死亡。

经研究确定，在 lmL 原水中含 274～325 个大肠杆菌，臭氧剂量为 lmg/L 时则可使大肠菌数减少 86%，而剂量为 2mg/L 时则可完全消灭大肠杆菌。孢子形成菌比不形成孢子的细菌对臭氧更为稳定。但是这些微生物用样对氯也是很稳定的。臭氧对于水生生物活动有致死作用。对于水藻 0.5～1.0mg/L 是足够的致死臭氧剂量。在剂量 0.9～1.0mg/L 时软体动物门饰贝科幼虫死亡 90%，在 3.0mg/L 时完全消灭。水蛭对臭氧是很敏感的，约

1mg/L 剂量死亡。为了完全杀死见水蚤、寡毛虫、水蚤、轮虫需要约 2mg/L 剂量的臭氧。对臭氧作用特别稳定的是摇蚊虫、水虱，它们在 4mg/L 的臭氧剂量下还不死，但这些有机体同样对氯也是稳定的。

对水的消毒，臭氧的剂量与水的污染程度有关，通常处于 0.5～4.0mg/L 之间。水的浊度越大，水的去色和消毒效果越差，臭氧的消耗量越高。由于污染质的氧化和矿化，用臭氧消毒的同时使水的气味消失、色度降低和味道改善，例如，臭氧破坏腐殖质，变为二氧化碳和水。

用臭氧消毒效率与季节温度波动关系甚小。

水的臭氧氧化与氯化相比有一系列优点：臭氧改善水的感官性能，不使水受附加的化学物的污染；臭氧氧化不需要从已净化的水中去除过剩杀菌剂的附加工序，如在用氯时的脱氯作用，这就允许采用偏大剂量的臭氧；臭氧可就地制造，为了获得它仅需要电能，且仅采用硅胶作为吸潮剂（为了干燥空气）。

（2）臭氧的获取与特点

臭氧是由氧按以下方程式形成。

$$3O_2 \Leftrightarrow 2O_3 - 69\text{kcal}\ (288\text{kJ})$$

由热化学方程式可见臭氧的形成是吸热过程。因此，臭氧分子是不稳定的，可自发地分解。这些恰恰说明臭氧比分子氧具有较高的活性。

在自然界中打雷放电和氧化某些有机物时生成臭氧。在针叶树林中木焦油的氧化，在海边被击岸的浪所抛弃水藻的氧化，都可使空气中含有可以感觉到的臭氧含量。

工业上，可在臭氧发生器中获得臭氧。空气经过净化和干燥，并通入到臭氧发生器中，在稳定压力下，受静放电作用（无火花放电），形成的臭氧-空气混合物与水在专门的混合器中混合。在现代的装置中采用鼓泡或在喷射泵中混合。

但是，与大量消耗高频和高压电能相联系的制取臭氧的复杂性，妨碍了臭氧氧化法的广泛使用，而且，由于臭氧的高锈蚀活性也产生了许多问题。臭氧和其水溶液会破坏钢、铁、铜、橡胶和硬质橡胶。所以臭氧装置的所有零件和输送臭氧水溶液的水管，应由不锈钢和铝制造。在这些条件下，装置和输水管的服务年限，由钢制的 15～20 年，变成铝制的 5～7 年。

含有高于 10％臭氧的臭氧-空气混合物或臭氧-氧混合物有爆炸的危险。但是低浓度臭氧同样混合物在几个大气压下，在加热时，在冲击下和在与微量有机污染物的反应中是稳定的。纯臭氧稳定性较差，即使受到很小的冲击，也会产生很大的爆炸力。随着温度的升高，臭氧分解加速。在干燥的空气中臭氧分解较慢，但在水中较快，在强碱液中最快，而在酸性介质中它是足够稳定的。试验研究表明，在 1L 蒸馏水中溶解 2.5mg 臭氧，经过 45min 能分解掉 1.5mg。

臭氧在水中的溶解度，与所有气体一样与其在水面上的分压、水的温度有关。在实践中，在给定温度下，为了测定臭氧的溶解度常常采用在同一温度下臭氧在空气相和液相间的分配系数（R_t）来计算，计算如式（12-4）所示。

$$R_t = \frac{\text{在 } t(℃) \text{ 时溶解在 1L 水中的 } O_3 \text{ 量}}{\text{在 } t(℃) \text{ 时在 1L 空气相中所含的 } O_3 \text{ 量}} \tag{12-4}$$

知道分配系数值，在平衡开始时，根据上述公式可以计算在水中臭氧可能的浓度。分配系数值随温度的变化而变化，如果在0℃分配系数等于5，则在25℃时其值等于2.4。

在天然水中臭氧的溶解度和介质的反应速率与溶解水中物质的数量有关。例如，在水中存在硫酸钙或少量的酸，会增加臭氧的溶解度，而水中含碱时，会大大降低臭氧的溶解度。因此，在臭氧氧化水时，应该考虑介质的酸性，反应应该接近中性条件下进行。

臭氧的定性观察可以借助于红色石蕊试纸或KI溶液浸泡过的淀粉试纸。臭氧对试纸作用进行以下反应。

$$2KI+O_3+H_2O=2KOH+I_2+O_2$$

在臭氧存在时，两种纸发蓝，即石蕊试纸由于存在KOH而发蓝，淀粉试纸由于存在碘分子而发蓝。

臭氧的定量测定是经过含硼砂（为了造就弱碱性反应）的KI溶液通入一定容量的气体。在这些条件下臭氧按反应式$KI+O_3=KIO_3$完全结合。按形成的碘酸钾的数量测定在气体中臭氧的含量。

3. 紫外线消毒

紫外线对细菌的繁殖体、孢子、原生动物以及病毒具有致死作用。波长从200～295nm的射线（紫外线的这个区域称为杀菌区），对细菌具有最强的杀灭作用。紫外线的杀菌作用被解释为紫外线对微生物细胞酶和原生质的影响，导致细胞的死亡。

（1）细菌对紫外线作用的抗性

采用紫外线消毒时，细菌对紫外线作用的抗性具有重要意义，不同种类的细菌对紫外线的抗性是不一样的。为了终止细菌的生命活动，达到指定的消毒程度所必需的杀菌能量，是抗性的准数。杀菌程度是以单位体积中最终的细菌数P与初始的细菌数P_0比值P/P_0计算。

在所有被照射的热-伤寒类的细菌中，大肠杆菌具有最大的抗性。因此，大肠杆菌可作为被不形成孢子病菌污染水的处理效果指标。当对含有稳定的孢子形成菌（例如炭疽杆菌）的水进行消毒时，对紫外线照射最不敏感的孢子形成菌的抗性应该是确定照射剂量的标准。照射后残存的细菌数量（个/mL），可按下式计算（12-5）。

$$P = P_0 e^{-\beta t} \quad (12\text{-}5)$$

式中　P_0——细菌的初始数（个/mL）；

β——试验方法求得的死亡过程常数；

e——自然对数底数；

t——照射时间（s）。

（2）紫外线的杀菌剂量

从生理学的观点看，紫外线区分为三种剂量：

1）不导致细菌死亡的剂量；

2）导致该种类细菌大部分致死的最小杀菌剂量；

3）导致该种类型细菌全部致死的全剂量。

紫外线的最小杀菌剂量，刺激一些在无类似照射下处于静止状态的细菌个体的生长和繁殖，更长时间的照射使细菌死亡。例如，在研究热-伤寒类的菌种中发现，紫外线照射0.017～0.17s，可引起菌落数的增加（$P/P_0>1$），在个别情况下达到1.6倍。当照射持续0.25～0.83s时，相对的菌落数减少（$P/P_0<1$），在某些情况下减少至原有的20%～

30%。对消毒对象进行5s照射，某些种类的细菌完全死亡。

由石英和透紫外线玻璃制成的水银灯作为紫外线的照射源。电流作用下，水银发出含紫外线丰富的明亮的淡绿-白光。同样，也可采用高压（532～1064kPa）水银石英灯和低压氩-水银灯（4～5.3kPa）。高压灯可得到相对来说不大的杀菌效果，这个不足被它的功率大（1000W）所补偿。低压灯具有较大的杀菌效果，比高压灯约大1倍，但其功率不超过30W，只能用于较小的装置。

地表水源水采用紫外线消毒时，既不会改变水的物理性质，也不会改变化学性质，水的气味和质量仍然不变。这个方法的不足之处是价格高，并因为无持续杀菌作用可能会在随后又受到污染。

4. 超声波消毒

不能被人们的听觉器官所感受的、频率超过20000Hz的弹性振动称为超声。

（1）超声波的获得

超声波的获得有两种方法，第一种方法是基于压电效应。压电效应是将某些物质的晶体放进电场中时，产生机械变形，成为超声源。为了获得超声振动，采用结晶石英（压电石英）。由结晶体按一定的方式切割成同样厚度的石英片，在镶嵌的形式中互相研磨，并在两块钢片之间私合，往两块厚钢板通入电流。这种系统作为强大的超声源。第二种方法是基于磁致伸缩现象。这是利用磁铁体的磁化作用，并且伴随着改变磁铁体线性尺寸和体积的一种过程。效应的值和符号取决于磁场强度和由磁场方向与结晶轴形成的角度（在单晶体情况下）。实践表明，第一种方法比第二种方法更有效。

（2）超声波的消毒原理

超声杀菌作用下与超声产生穴蚀作用的能力有关。这种作用是由于超声波在水中的处理对象周围形成由极小的气泡组成的空穴，这种空穴使处理对象与周围介质隔离，并产生相当于几千个大气压的压力，液体的物理状态和超声波频率一起发生激烈变化，从而对超声场内的物质起破坏作用。在超声波作用下，能够引起原生动物和微生物死亡。破坏的效果取决于超声波强度和处理对象的生理特性。

人们推测，细菌的死亡是在超声造成环境改变后，细胞在机械破坏下死亡的，主要是由于引起原生质蛋白物质的分解而使细胞生命功能的破坏。水蛭、纤毛虫、剑水蚤、吸虫和其他有机体对超声波特别敏感。事实证明，超声波很容易杀死那些能够给饮用水和工业用水带来极大危害的大型有机体，如用肉眼可见到的昆虫（毛翅类、摇蚊）的幼虫、寡毛虫、某些线虫、海绵、软体动物的饰贝、水蛭等。这些有机体中的许多种类栖息在给水站的净化构筑物中，在有利条件下繁殖和占据很大的空间。同时，在超声波作用下，也能使海洋水生物区系的动、植物死亡。

试验结果表明，在薄水层中用超声波灭菌，1～2min内就可使95%的大肠杆菌死亡。同时，超声波对痢疾杆菌、斑疹伤寒菌、病毒及其他微生物也有良好作用，并且，已应用至牛奶灭菌中。

（3）饮用水的加热消毒

把水煮开是最古老的消毒法。这种方法仅限于净化小量的水，如用于食堂、医疗、行政机关等饮用水的消毒。加热法通过一次煮沸消毒，并不能从水中去除微生物的孢子，因此，从可疑水源来的水一般不能用煮沸的方法进行消毒。

12.2.2 藻类的去除

除病原微生物之外，其他微生物对于水质的影响主要表现在物理性质方面。当它们大量繁殖时会使水发生浑浊、呈现颜色或发出不良气味，因而影响工业和生活上的应用。这类微生物包括藻类、原生动物等，其中以藻类更为重要，这是因为一般天然水所含有机物较少，往往不适于异养微生物的繁殖，但却含有足量的无机养料，可供自养型的藻类很好地利用。一般说，当藻类或较高等的植物生长较好，能提供足够的有机养料时，异养型的生物才能比较旺盛地繁殖起来。因此，对于天然水来说，病原微生物以外的各种微生物的控制主要是消除藻类。

藻类问题主要发生于水库、湖泊中，因为在这些水体中的水速小，有利于藻类的繁殖。

杀藻常用的药剂有硫酸铜和漂白粉（氯）。对水库、湖泊投加时，可把药剂放在布袋中，系在船尾上，浸泡在水里，然后在水中按一定路线航行。投药量随藻的种类和数量以及其他有关条件而定，表12-4所列数据可作为参考。

几种致臭微生物和杀藻（虫）剂用量 **表12-4**

微生物	臭味	杀藻（虫）剂用量（mg/L）	
		硫酸铜	氯
一、蓝藻			
鱼腥草（Anabaena）	鱼腥、霉、草、猪圈	0.12～0.5	0.5～1.0
颤藻（Aphanizomenon）	草、猪圈	0.12～0.5	0.5～1.0
腔球藻（Coeeosphaerium）	甜草香	0.2～0.33	0.5～1.0
囊胞藻（Clathrocystis）	草、猪圈	0.12～0.25	0.5～1.0
二、绿藻			
空球藻（Eudorina）	鱼腥	2.0～10.0	
实球藻（Pandorina）	鱼腥	2.0～10.0	
团藻（Volox）	鱼腥	0.25	0.3～1.0
网球藻（Dictysphaerium）	草、鱼腥		0.5～1.0
三、硅藻			
旋星硅藻（Asterinonela）	芳香、天竺葵、鱼腥	0.12～0.2	0.5～1.0
隔板硅藻（Tabellaria）	芳香、天竺葵、鱼腥	0.12～0.5	0.5～1.0
扇形硅藻（Meridion）	芳香		
斜杆硅藻（Synedra）	土臭	0.36～0.5	1.0
小环硅藻（Cyclotella）	微香		1.0
四、金藻			
黄群藻（Synura）	南瓜、甜瓜、鱼腥味	0.12～0.25	0.3～1.0
辐尾藻（Uroglena）	鱼腥（有鱼肝油味）	0.05～0.20	0.3～1.0
五、原生动物			
隐滴虫（Cryptomonas）	紫罗兰	0.5	
刺滴虫（Mallomanas）	芳香、紫罗兰、鱼腥	0.5	
袋形虫（Bursaria）	沼泽、鱼腥		
六、其他			
铁细菌	药腥（加氯后）		0.5
球衣细菌		0.33～0.5	0.5

一般说，硫酸铜效果好，药效长，每升水投加0.3～0.5mg，在几天之内就能杀死大多数产生气味的藻类植物，但往往不能破坏死藻放出的致臭物质。漂白粉或氯能去除这种放出的致臭物质，但投量要多些，如0.5～1mg。应当注意，加氯不应过多，否则反而又会增加水的气味。药剂的正确用量可借试验确定。硫酸铜和氯也被用来防止水管和取水构筑物内某些较大生物如饰贝等软体动物的孳生，这时，硫酸铜用量往往要几个毫克每升。

如水源水中存在着由于死藻而产生的致臭物质，则可在水厂的一级泵房投加一定量（如1～2mg/L）的氯，以消除臭味。硫酸铜对于鱼类也有毒性，其致命剂量随鱼的种类而异，约自0.15～2.0mg/L。这个数字在灭藻所需剂量范围的附近，但由于计算加药量时一般是根据水库、湖泊上层水（距水面1.5～3m的深度范围）容积计算的，而非总容积，因此，鱼类可以在施加药剂时躲藏到药量不太多的水体部分。有时在灭藻以后，也会发现水中鱼类大量死亡，这往往是由于死藻的分解，耗尽了水中的溶解氧所致。对于用水者来说，水中硫酸铜量高达12mg/L时，尚不致发生铜中毒。

12.2.3 饮用水的生物稳定性

随着社会经济的高速发展与城市化进程的加速，水资源危机已经成为继石油危机之后人类所面临的第二大危机。目前在我国，随着工业，特别是有机化工、石油化工、医药、农药、杀虫剂及除草剂等生产工业的迅速发展，有机化合物的产量和种类不断增加，各种生产废水和生活污水未达到排放标准就直接进入水体，水源水质污染问题日趋严重。然而，现有条件下的水厂广泛使用的传统制水工艺已很难达到日益提高的水质标准的要求，饮用水的安全性因而引起人们的普遍关注。

1. 有机物的来源、危害与生物稳定性的提出

从来源来看，水源水中的有机物的来源可分为两大类。一类为天然有机物，是自然环境的代谢产物，包括腐殖质、微生物分泌物、溶解的植物组织及动物的废弃物等。另一类是人工合成有机物，包括农药、工业废弃物等。

研究结果显示，饮用水中有机物具有众多的危害作用：(1) 部分有机物为高毒性的持久性有机污染物或内分泌干扰物质，具有致癌性、生殖毒性、性等危害，对人体健康有直接的威胁；(2) 部分有机物为消毒副产物的前体物质，在加氯消毒过程中可形成具有毒性的卤代有机化合物，进而危害人体健康；(3) 饮用水中的可生物降解有机物将对给水管网和管网水质产生危害。其中的第三类危害已成为近年来的关注热点。

世界卫生组织在1996年对欧洲的277起水生疾病的调查表明，由于管网系统微生物再生长而导致的水生疾病占43%，我国对供水量占全国42.44%的36个城市调查结果表明：出厂水中细菌总数仅为6.6个/L，而在管网水中已上升到29.2个/L。

当出厂水中含有了一定量的有机物，随机附着于管壁的细菌将会利用水中营养基质生长而形成生物膜，并诱发管壁腐蚀与结垢；管壁结垢与腐蚀会降低管网的输水能力，使二级泵站动力消耗增加，甚至引起爆管；生物膜的老化脱落会引起用户水质恶化，色度和浊度上升，造成二次污染；而病原微生物也易在生物膜中滋生，其随管网水传播更会对饮用者的健康构成直接的威胁。常规净水工艺中，一般采用加氯消毒并保持管网内一定的余氯含量来控制细菌生长，但现有研究表明部分细菌或大肠杆菌在经过氯消毒过程后，能在管网中修复、重新生长；并且当出厂水中营养物质浓度足够高时，即使加大投氯量，也很难抑制细菌的生长。此外，加氯量过高还会引起大量氯化消毒副产物的生成，使饮用水中

“三致”物质增加，安全性大大降低，对人体健康造成威胁，因此靠增加余氯来控制管网细菌生长是不可取的。大量针对给水管网内生物膜的生长、管网水细菌再生长和大肠杆菌爆发的研究表明：出厂水中存在可生物降解有机物（BOM）是管网中异养细菌重新生长的主要原因，并为此提出了饮用水生物稳定性的概念。

2. 生物稳定性的概念

饮用水生物稳定性是指饮用水中可生物降解有机物支持异养细菌生长的潜力，即当有机物成为异养细菌生长的限制因素时，水中有机营养基质支持细菌生长的最大可能性。饮用水生物稳定性高，则表明水中细菌生长所需的有机营养物含量低，细菌不易在其中生长；反之，饮用水生物稳定性低，则表明水中细菌生长所需的有机营养物含量高，细菌容易在其中生长。自来水中细菌的生长（再生长）可分为：(1) 出厂水中含有较多的细菌进入管网而引起自来水中细菌的增加；(2) 管网中细菌的生长繁殖引起的自来水中细菌的增加。而在出厂水正常消毒的情况下，后者是引起自来水中细菌生长的主要途径。

3. 给水管网中细菌生长机制及其影响因素

细菌在管网中生长包括在水中的悬浮生长和在管壁的附着生长。多数细菌因其分泌的胞外多糖在水中水解，而使其相对亲水，故给水管道内的湍流效应对细菌悬浮生长不利；而在管壁的黏滞层中水流速度很小，营养物质浓度梯度以及布朗运动都可使细菌与营养基质从水中迁移到管壁表面。细菌通过以聚合物架桥为主要机制的可逆黏附过程而牢固黏附于管壁表面。此过程中，如细菌分泌的黏附管壁的有机物质与管壁表面作用性质发生变化，则发生不可逆黏附，细菌在管壁定居成功。包括细菌在内的各种微生物、微生物分泌物和微生物碎屑在生存环境相对较好的管壁表面附着、生长和沉积，使管网内形成生物膜。

给水管网中出厂水为贫营养环境，其中生长的细菌大多数是以有机物为营养基质的异养菌。异养细菌所具有的独特的饥饿生存适应方式，以及几种异养菌可共同利用大多数基质的特性，使得细菌在含有微量有机物的管网中生存成为可能。此外，与高营养基质相比，贫营养基质下生长的细菌对消毒剂具有更高的抗性；生物膜、颗粒物质、管壁表面的保护作用也为细菌生长提供了适应的微环境，这些都成为细菌能在管网中生长的重要原因。

影响细菌在给水管网中生长的因素很多，其中主要有以下几点：

(1) 余氯　氯和氯胺可利用其氧化作用破坏细菌的酶系统而使细菌死亡，出厂水通过加氯（或氯胺）消毒并保持管网内一定的余氯含量以控制细菌生长是目前世界范围内普遍采用的消毒方法。但已有研究表明部分细菌或大肠杆菌在通过氯消毒过程后能在管网中修复，重新生长。美国水厂协会（AWWA）推荐维持管网中自由性余氯 0.5mg/L 或化合性余氯 1mg/L 以上，但保持管网中足够的余氯并不能保证是大肠杆菌在管网中消失。

此外，由于水源水质的恶化，加氯量过高将会引起大量氯化消毒副产物的生成，使饮用水中“三致”物质增加，安全性大大降低，对人体健康造成严重威胁，这已引起人们的高度重视。目前美国、法国、德国、荷兰、加拿大等西方主要国家和世界卫生组织（WTO）均对饮用水中氯化消毒副产物含量作了严格的限制，其中德国对饮用水中三卤甲烷含量的限值最为严格，为小于 10Ng/L。因此靠增加加氯量、提高余氯水平来控制管网细菌生长显然是不可取的。

（2）营养　管网饮用水中存在的细菌大多数是以有机物为营养基质的异养菌，其生命活动必须依靠分解和利用包括可生物降解有机物质在内的各种营养基质而得以维系。在管网水贫营养环境下，研究界一般认为有机物质的含量是影响细菌生长的主要因素，因此减少水中可生物降解有机物的含量将对控制异养细菌地生长起到决定性的作用。但也有研究表明，在一部分水厂出厂水中磷含量极低的情况下，磷将取代有机物成为引起管网细菌在生长的主要的限制因子。此外，氨氮、硫酸盐和碳酸氢盐对管网水中自养细菌的生长有着明显的促进作用，也应引起关注。

（3）水力因素　管网中水流速度也会影响到细菌生长，流速增大可以将更多的营养物质带到管壁生物膜处，为细菌生长提供了更丰富的营养；但同时也增加了管壁处的消毒剂含量和对管壁生物膜的冲刷作用，对生物膜内细菌生长造成不利影响；此外管网水流静止和骤开骤停等极端情况，可能导致微生物生长或管壁生物膜脱落，使水中细菌总数急剧上升，水质恶化。可见，水力因素对管网细菌生长的影响作用是多方面和相互影响的，应根据具体情况具体分析。

（4）颗粒物　水中颗粒物易成为细菌生长的载体，并降低氯对细菌的杀灭作用。出厂水中剩余的铁盐或铝盐能在管网中形成絮体沉积在管壁上，增加有机物浓度，保护细菌免受氯的伤害。因此应严格控制出厂水中颗粒物的数量。

4. 饮用水生物稳定性的主要指标与特性

（1）可同化有机碳（AOC）与生物可降解溶解性有机碳（BDOC）

目前，国际上普遍以可同化有机碳（AOC）和生物可降解溶解性有机碳（BDOC）作为饮用水生物稳定性的评价指标。它们是衡量水质生物稳定性既有联系又有区别的两个指标：AOC 是可生物降解有机物中可被细菌转化成细胞体的部分；BDOC 是水中有机物中能被异养菌利用（无机化和合成细胞体）的部分。由此可以看出：AOC 是有机物中最易被细菌吸收，直接同化成细菌体的部分，是 BDOC 的一部分；BDOC 是水中细菌和其他微生物新陈代谢的物

质和能量的来源，包括其同化作用和异化作用的消耗。它们的含量越低，细菌越不易生长繁殖。又因为 AOC 与异养菌生长潜力有较好的相关性，目前大部分研究者将其作为评价管网水中细菌生长潜力的首要指标；BDOC 一般用以预测和衡量水处理单元（特别是生物处理单元）对有机物的去除效率，预测需氯量和消毒副产物产生量。

（2）AOC 与 BDOC 所表征有机物的特性

有研究者试图建立 AOC、BDOC 和 DOC 之间的定量关系，结果发现随原水水质或季节的不同，AOC/BDOC、AOC/DOC 和 BDOC/DOC 值均变化较大，没有规律。目前针对 AOC 与 BDOC 所对应分子量分布区间的专门研究相对较少，但可以肯定 AOC 主要由小分子量物质引起。研究发现，膜滤对 AOC 处理效果不好，而 BDOC 在水厂各处理环节（包括膜滤）均被有效地去除，表明它们代表着生物可降解物质中的不同部分，BDOC 与 AOC 相比为典型的高分子量物质。此外，对制水工艺的研究也表明，AOC 在对小分子量有机物有较好去除效果的生物处理和活性炭吸附工艺中有较好的祛除效果，而在常规工艺中效果较差。AOC、BDOC 对应有机物质分子量区间分布特性的研究有助于饮用水制水工艺的选择，是今后研究的重要方向。

（3）AOC 和 BDOC 与饮用水生物稳定性的关系

许多研究发现管网中AOC与细菌生长（一般以异养菌平板计数为测定指标）有着较好的相关性，建立AOC与细菌生长即生物稳定性之间的关系因而成为研究者们的研究重点。有调查认为，当AOC小于10μg乙酸碳/L时，异养菌几乎不能生长，饮用水生物稳定性很好。也有人提出AOC浓度应限制在50μg乙酸碳/L以保证水质生物稳定；当AOC浓度低于100μg乙酸碳/L时，给水管网中大肠杆菌数大为减少。

因此目前国际上一般认为：在不加氯时，AOC小于10μg乙酸碳/L的饮用水为生物稳定水；在加氯时，AOC在50～100μg乙酸碳/L的饮用水为生物稳定的饮用水。

BDOC作为评价水质生物稳定性的指标也受到了研究者的关注。一些研究者认为BDOC小于0.10mg/L时，大肠杆菌不能在水中生长。但也有人发现当饮用水中BDOC值在20℃为0.15mg/L，15℃为0.20mg/L时具有生物稳定性。

多数研究发现BDOC并不像AOC与管网中的异养菌数有着明显的相关性，这不仅是因为BDOC中包含了同化与异化作用消耗的有机碳，还由于BDOC的检出限为0.1～0.2mg/L，大大地低于AOC的检测精度，当AOC变化在100μg/L时，BDOC却几乎不能检出，使其与异养菌生长相关性较差。因而有研究者认为只以AOC作为研究生物稳定性的指标已经足够。事实上，AOC和BDOC包含着饮用水生物稳定性以及水中可降解有机物不同方面的特性，AOC并不能反映：1）处理过程中可生物降解有机物的去除量以及它们对应的需氯量和消毒副产物生成潜力；2）在管网内可被水解转化成AOC的BDOC的量，因此单一地测定AOC或BDOC将会过高和过低地反映饮用水生物稳定性，它们应该作为互为补充的指标应用于饮用水生物稳定性的研究中。

5. 制水工艺与给水管网中生物稳定性的变化

（1）可生物降解有机物在制水工艺中的去除

现有水厂常规工艺一般由混凝、沉淀（澄清）、过滤三部分组成，其主要去除对象为大分子量的有机物；对AOC去除十分有限且波动较大，并受源水水质、水温以及采用的单元构筑物影响较大。

从AOC和BDOC的定义和测定方法来看，它们代表的是细菌易利用分解的有机物，无疑生物处理技术是有效的单元处理工艺。生物处理能直接降解小分子量亲水性的有机物，利用胞外酶分解大分子量有机物，并能降低胶粒的Zeta电位，使胶粒更容易脱稳。

臭氧等氧化剂将引起水中AOC和BDOC的增加，这是因为臭氧氧化水中的大分子有机物会生成分子量变小的中间产物，这些产物成为异养菌的营养物，造成AOC和BDOC值的升高。臭氧工艺虽然使水中可生物降解有机物的浓度增加，降低了水质的生物稳定性，但是臭氧对有机物的氧化强化了后续工艺，特别是生物处理工艺的处理能力。

活性炭工艺也是去除水中可降解有机物的有效单元工艺。活性炭对中小分子量有机物的强吸附能力，使其对AOC和BDOC有着良好去除作用；如形成生物碳，生物降解作用将会使去除效果有进一步的提高。

当前水源普遍受到污染、源水水质较差，单靠某一种工艺并不具有制备生物稳定水的能力，采用预处理、常规处理、深度处理相结合的组合工艺将是获得生物稳定性出水的有效途径。组合工艺有以下优点：1）有机物分子量分布区间的研究已经证实，各种工艺对不同分子量范围的有机物去除有着不同的效果，且具有互补关系，合理组合各工艺可全面削减有机物含量，是获取生物稳定水的根本途径；2）各工艺在去除污染物的同时，也使得污染物质（包括有机物）的性状发生改变，更有利于后续工艺的进行，各工艺间具有的相互促进的作用，使得单元处理工艺的处理效率大大提高。

（2）给水管网中生物稳定性的变化规律

饮用水生物稳定性在管网中呈现出规律性变化。AOC 含量一般随管网延伸逐渐下降，或先增加后减少，主要受余氯和微生物活动的影响，水源水质好的水厂出厂水和管网水中 AOC 含量相对较低，反之则高；此外，AOC 浓度也会受到季节和温度的影响而变化。研究发现几乎所有的出厂水经加氯消毒后，都会引起 AOC 一定程度增加，生物稳定性下降。常用消毒剂中，氯胺在控制生物膜生长方面比自由氯更为有效，这是因为自由氯反应速度快，尚未进入生物膜内部已反应消耗殆尽；而氯胺性质缓和并呈电中性，对生物膜具有更强的附着和穿透能力，可有效使微生物失活。已有工程实践表明采用氯胺消毒取代液氯消毒后，并没有因为氯胺较弱的消毒能力而使消毒剂用量增加。此外，采用氯胺后还可使消毒副产物的产生量大为减少。但氯胺消毒会使臭味变坏，大大影响了饮用水水质和口感，对有机物含量已极少的生物稳定（优质）饮用水采用氯胺消毒，显然是不适宜和不需要的。

饮用水生物稳定性作为一个新兴研究课题尚处于探索阶段，对管网内复杂的物理和生物化学反应、AOC 和 BDOC 的特性及与生物稳定性的关系都需要进行更为深入的研究，以期为生物稳定性饮用水的制备提供更为充分的理论依据和指导。

思考题

1. 水中常见的病原微生物有哪些？

2. 大肠菌群包括哪些种类的细菌？它们的习性如何？

3. 为什么大肠菌群可作为水受粪便污染的指标？用大肠菌群作为肠道病菌的指示生物，有什么缺点？

4. 我国饮用水水质标准所规定的大肠菌群限值是多少？

5. 大肠菌群的发酵检验法是根据怎样的原理来进行的？这种检验法有什么缺点？滤膜检验法有什么优点？有什么缺点？

6. 测定水中细菌总数的意义如何？营养琼脂固体培养基上的菌落数目是否能代表水样中实际存在的细菌数目？

7. 讨论不同消毒方法的优缺点。

8. 什么是饮用水的生物稳定性？有哪些评价指标？

第三篇

水处理微生物学实验与检测技术

第 13 章　微生物的观察与分析

13.1　光学显微镜的使用及微生物形态观察

13.1.1　实验目的

（1）熟悉普通光学显微镜的构造和工作原理。

（2）准确掌握显微镜的使用方法，重点掌握油镜的使用方法和维护技术。

（3）观察和识别几种原核微生物的个体形态。

13.1.2　实验材料

（1）菌体材料

金黄色葡萄球菌（*Staphylococcus aureus*）染色玻片标本、枯草芽孢杆菌（*Bacillus subtilis*）染色玻片标本。

（2）仪器、器皿和试剂

普通光学显微镜、香柏油、二甲苯、镜头纸等。

13.1.3　显微镜的基本构造与成像原理

显微镜由机械装置和光学系统两部分组成（图 13-1）。

（1）机械装置

1）镜座：显微镜的基座，起稳定和支持整个镜身的作用。

2）镜臂：镜臂支撑镜筒和载物台，直筒显微镜的镜臂与镜座之间有一倾斜关节，可使显微镜倾斜一定角度，便于观察。

3）镜筒：位于镜臂前方的金属圆筒，上端安装目镜，下端装有转换器，镜筒的长度是固定的，国标上将显微镜的筒长定为 160mm，该数字标于物镜外壳上。目前常见的是倾斜式双筒，双筒中的一个目镜有屈光度调节装置，在双眼视力不同时可调节使用。

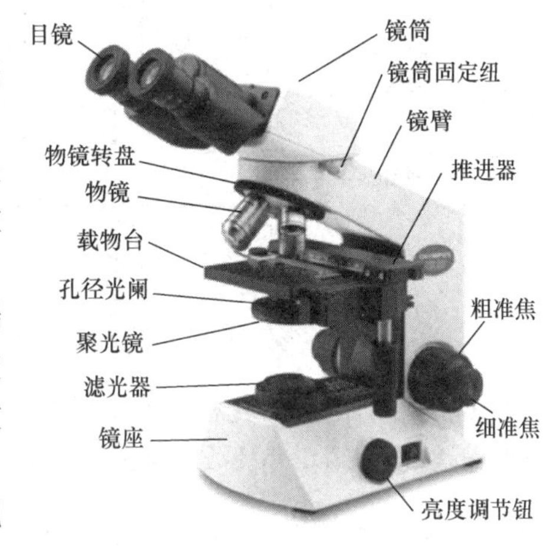

图 13-1　普通光学显微镜的结构

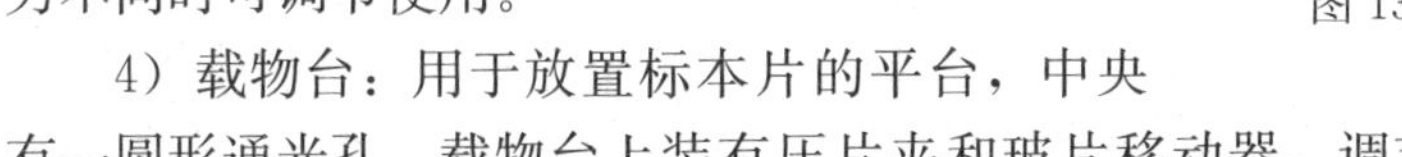

4）载物台：用于放置标本片的平台，中央有一圆形通光孔。载物台上装有压片夹和玻片移动器，调节移动器可前后、左右移动玻片。有些移动器上还装有标尺，可标定标本位置，便于重复观察。

5）物镜转换器：在镜筒下方用于安装物镜的圆盘，一般装有 3～5 个物镜。物镜镜头一般按照从低倍到高倍的顺序安装。转换物镜时，用手旋转物镜转换器，勿用手直接拨动物镜，以免物镜与转换器连接松脱而损坏镜头。

6）调焦装置：调焦装置由粗调螺旋和细调螺旋组成，用于调节物镜和标本间精确的工作距离，使物像更清晰。

（2）光学系统

1）目镜：装于镜筒上端，由两块透镜组成，上面一块称为接目透镜，下面一块称为聚透镜，两片透镜之间有一光阑。光阑的大小决定了视野的大小，光阑的边缘就是视野的边缘，故又称视野光阑。由于标本正好在光阑上成像，因此在光阑上粘一小段黑丝作为指针，可指示标本的具体部位。光阑上还可放置测量微生物大小的目镜测微尺。目镜的作用是把物镜放大了的像进行第二次放大，不增加分辨力，上面一般标有 5×，10×，16×等放大倍数，可根据需要选用。显微镜的总放大率是指物镜放大倍数和目镜放大倍数的乘积。假如采用放大率为 40 倍的物镜和 16 倍的目镜，则显微镜的总放大率为 640 倍。

2）物镜：装在物镜转换器上的一组镜头，因接近被观察的物体，故又称物镜。其作用是将物体第一次放大，是决定成像质量和分辨能力的重要部件。物镜有低倍镜（4×或 10×）、高倍镜（40×）和油镜（100×）等不同放大倍数。每个物镜上都刻有相应的标记，包括放大倍数、数值孔径（Numerical Aperture，简写为 NA）、工作距离（物镜下端至盖玻片之间的距离，mm）及要求盖玻片的厚度等主要参数，如图 13-2 所示。

油镜上刻有“OI”（Oil Immersion）或“HI”（Homogeneous Immersion）字样，也有刻一圈红线或黑线为标记，用于区别其他物镜。

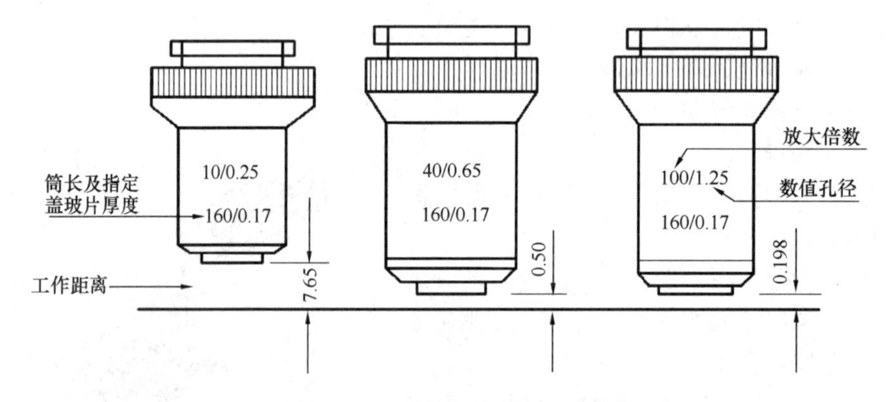

图 13-2　显微镜物镜的主要参数

物镜的性能由数值孔径（NA）决定，它决定着显微镜的物镜分辨率，数值孔径是指介质的折射率与镜口角 1/2 正弦的乘积，可用下式表示：

$$NA = n \cdot \sin\frac{\alpha}{2}$$

式中　NA——数值孔径；

n——物镜与标本间介质的折射率；

α——物镜的镜口角。

因此，影响 NA 的第一个因素是折射率。不同介质的折射率不同，光线通过几种介质的折射率（n）$n_{空气}=1.0$，$n_{水}=1.33$，$n_{香柏油}=1.52$。

影响 NA 的第二个因素是镜口角 α（图 13-3），α 的理论限度是 180°，$\sin\frac{\alpha}{2}=1$，故以空气为介质时（$n=1$），NA 数值孔径最大值不能超过 1。此时为增大数值孔径，常常是在载玻片与物镜之间采用油质介质（这种结构称为油浸系，如果玻片与物镜之间的介质为空气，则称为干燥系）。如以香柏油为介质时，香柏油的折射率 $n=1.52$，与玻璃折射率相同，当光线通过载玻片后，可直接通过香柏油进入物镜而不发生折射（图 13-4），镜口角 α 最大为 120°左右，$\sin\frac{\alpha}{2}=0.87$，则数值孔径 NA=1.52×0.87=1.32。

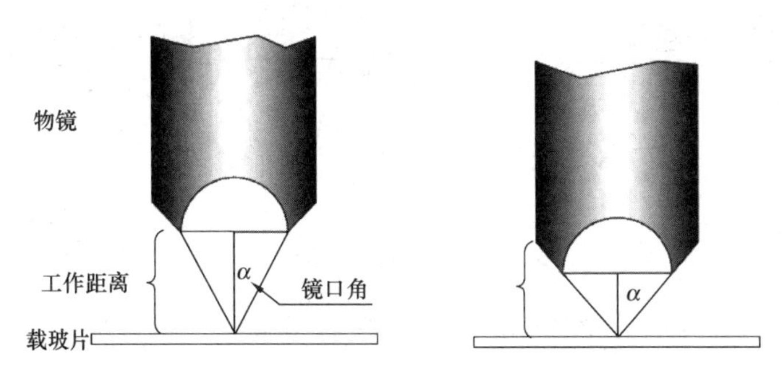

图 13-3　物镜的镜口角

显微镜的分辨力是指显微镜能够分辨两点之间最小距离（D）的能力。它与物镜的数值孔径（NA）成正比，与光波长度（λ）成反比，可用下式表示：

$$D=\frac{\lambda}{2\mathrm{NA}}$$

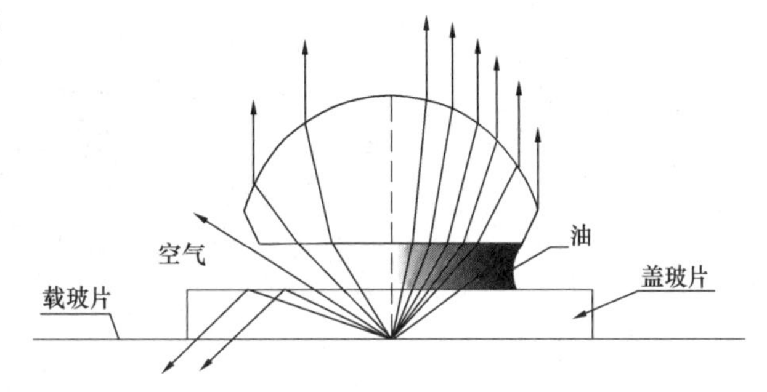

图 13-4　一般物镜与油镜的光线通路

因此，物镜的数字孔径越大，光波波长越短，则显微镜的分辨力越大，被检物体的细微结构也越能明晰的区别开来。我们肉眼所能感受的光波平均长度为 0.55μm，假如数值孔径为 0.65 的高倍物镜，它能辨别两点之间的最小距离 D=0.55/(2×0.65)=0.42μm。而在 0.42μm 以下的两点之间的距离就分辨不出，即使使用倍数更大的目镜，使显微镜的总放大率增加，也仍然分辨不出。只有改用数值孔径更大的物镜，增加其分辨力才行。例如用孔径为 1.25 的油镜时，能辨别两点之间的最小距离 D=0.55/(2×1.25)=0.22μm。

3）聚光器：聚光器在载物台下方，起汇聚光线的作用。聚光器由聚光镜和虹彩光圈组成，聚光镜由透镜组成。虹彩光圈由薄金属片组成，中心形成圆孔，推动把手可随意调整透进光的强弱。调节聚光镜的高度和虹彩光圈的大小，可得到适当的光照和清晰的图像。物镜焦距、工作距离与光圈孔径之间的关系如图 13-5 所示。

当用低倍物镜时聚光器应下降，用油镜时则聚光器应升到最高位置。在观察较透明的标本时，光圈宜缩小一些，这时分辨力虽下降，但反差增强，使透明的标本看得更清楚。但不宜将光圈关的太小，以免由于光干涉现象而导致成像模糊。

4）光源：较新式的显微镜光源通常安装在显微镜的镜座内，通过电源开关来控制光源强弱。老式的显微镜大多是采用附着在镜壁上的反光镜，反光镜是一个两面镜子，一面是平面，另一面是凹面。在使用低倍和高倍镜观察时，用平面反光镜，使用油镜或光线弱时可用凹面反光镜。

5）滤光片：滤光片有红、橙、黄、绿、青、蓝、紫等各种颜色，分别透过不同波长

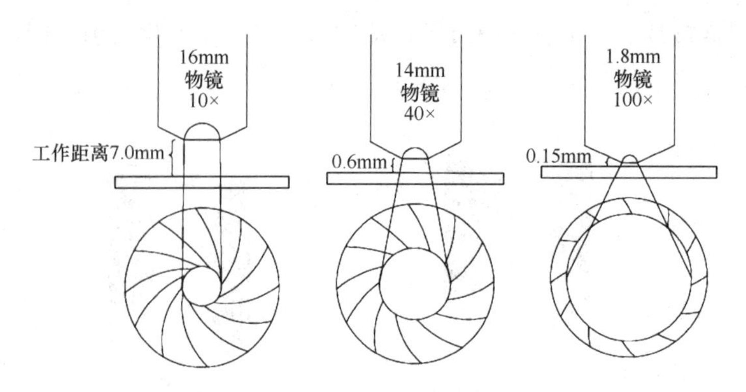

图 13-5　物镜焦距、工作距离与光圈孔径之间的关系

的可见光。只需要某一波长的光线时，根据被检物的颜色，选用适当的滤光片，可以提高分辨力，增加影像的反差和清晰度。

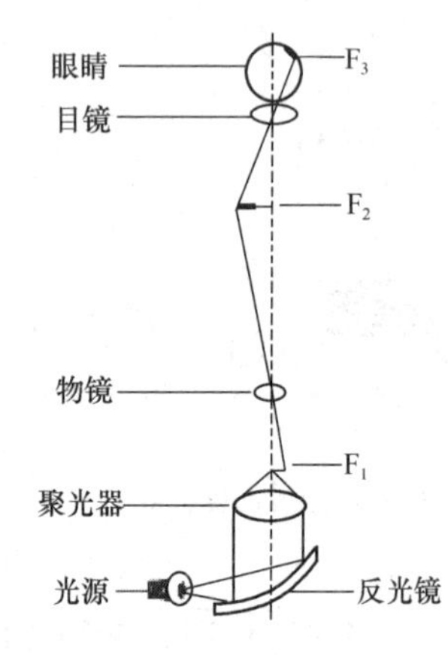

图 13-6　显微镜的成像原理

（3）成像原理

显微镜的成像原理如图 13-6 所示，标本（F_1）置于聚光器与物镜之间，目镜、物镜、聚光器各自相当于一个凸透镜。平行的光线自反光镜折射入聚光器，光线经聚光器集聚增强，照射在标本上。标本的像经物镜放大成像于 F_2 处，但像是倒像，目镜将此倒像进一步放大成像于人眼的视网膜上（F_3）即正像。

13.1.4　操作步骤

（1）低倍镜的使用

1）调节光源，将低倍镜转到工作位置。

2）放置标本片，使观察的目的物位于圆孔的正中央。

3）双眼向目镜内观察，并通过聚光器和光圈调节光线至合适的强度。

4）调节焦距，旋转粗调节钮，同时从显微镜侧面注视物镜镜头，使镜筒缓慢下降（或载物台上升），当镜头距玻片约 5mm 时，再用双眼（单筒习惯用左眼，以便于绘图）从目镜中观察视野，并继续转动粗调节钮，直至视野中出现目的物为止。此时也可转动细调节钮，使物像更清晰。在此过程中，必须同时利用载物台上的移片器，这样可使观察范围更广。

（2）高倍镜的使用

1）先用低倍镜找到目的物并移至中央。

2）旋动转换器换高倍镜。

3）观察目的物，同时微微上下转动细调节钮，直至视野内见到清晰的目的物为止。

（3）油镜的使用

1）先按低倍镜到高倍镜的操作步骤找到目的物，并将目的物移至视野正中。

2）将高倍镜移开，在标本上滴一滴香柏油，转换油镜镜头至正中，使镜面浸在油滴中。在一般情况下，转过油镜即可看到目的物，如不够清晰，可来回调节细调节钮，就可看清目的物。

3）油镜观察完毕，先用镜头纸将镜头揩净，再用镜头纸蘸少许二甲苯轻揩，然后用镜头纸揩干。

13.1.5 实验报告

（1）实验结果

用显微摄像系统拍摄观察到的微生物照片，绘出你观察到的几种微生物形态图。

（2）思考题

1）油镜观察时应注意哪些问题？在载玻片和镜头之间滴加的是什么油？起什么作用？

2）为什么在使用高倍镜和油镜时应特别注意避免粗调节器的误操作？

13.2 活性污泥生物相的观察

13.2.1 实验目的

（1）掌握压滴法制作玻片。

（2）通过对活性污泥生物相观察、污泥沉降性能的简单测定，了解污泥生物相与污泥性能之间的关系。

（3）能够熟练使用显微镜，掌握污泥中常见的微生物的种类和辨别方法、微生物数量的测算和污泥性能的测定方法。

13.2.2 实验原理

活性污泥是由多种好氧和兼性厌氧微生物与污水中的颗粒物交织凝聚在一起形成的絮状绒粒，是由细菌为主体包含多种微生物构成的生态系统。对活性污泥生物性能的了解，可以迅速对污泥的活性及其沉淀性能做出判断。活性污泥生物相包括微生物的种类、菌胶团形态与质地、微生物的活动情况，是反映污泥生物性能的重要特征。

活性污泥和生物膜是生物法处理废水的主体，污泥中微生物的生长、繁殖、代谢活动以及微生物之间的演替情况往往直接反映了处理状况。原生动物是一类不进行光合作用的、单细胞的真核微生物。原生动物的形态多种多样，有游泳型的和固着型的两种。游泳型如漫游虫、盾纤虫等；固着型如小口钟虫、大口钟虫和等枝虫等；微型后生动物是多细胞的微型动物，常见的有轮虫、线虫等。

在操作管理中除了利用物理、化学的手段来测定活性污泥的性质，还可借助于显微镜观察微生物的状况来判断废水处理的运行状况，以便及早发现异常状况，及时采取适当的对策，保证稳定运行，提高处理效果。为了监测微型动物演替变化状况还需要定时进行计数。

13.2.3 实验器材

（1）实验材料　污水处理厂活性污泥、MBR 活性污泥、SBR 活性污泥、A^2/O 处理工艺 O 段活性污泥。

（2）实验器材　显微镜、血球计数板、载玻片、盖玻片、滴管、滤纸、100mL 量筒。

13.2.4 操作步骤

（1）活性污泥生物相观察

1）压片标本的制备

用滴管将污泥混合液从血球计数板的盖玻片边缘注入计数区，1～2min 后在显微镜下观察与计数；或者在载玻片中央位置上滴加一滴活性污泥混合液，盖上盖玻片（注意不要形成气泡），直接在显微镜下观察与计数。

2）显微镜观察

① 低倍镜观察

观察生物相全貌，要注意污泥絮粒的形状、结构、紧密度以及污泥中丝状菌的数量。根据活性污泥中丝状菌与菌胶团细菌的比例，可将丝状菌分成五个等级：

0 级：污泥中几乎无丝状菌存在；

±级：污泥中存在少量丝状菌；

＋级：存在中等数量的丝状菌，总量少于菌胶团细菌；

＋＋级：存在大量丝状菌，总量与菌胶团细菌相当；

＋＋＋级：污泥絮粒以丝状菌为骨架，数量超过菌胶团细菌而占优势。

② 高倍镜观察

用高倍镜观察，可进一步看清微型动物的结构特征，观察时注意微型动物的外形和内部结构。观察菌胶团时，应注意胶质的厚薄和色泽，新生菌胶团出现的比例。观察丝状菌时，注意菌体内是否有类脂物质和硫粒的积累，以及丝状菌生长、丝体内细胞的排列，形态和运动特征，以便判断丝状菌的种类，并进行记录。

③ 油镜观察

鉴别丝状菌种类时，需要使用油镜。这时可将活性污泥样品先制成涂片后再染色，应注意死状菌是否存在假分支和衣鞘，菌体在衣鞘内的空缺情况，菌体内有无储藏物质以及储藏物质的种类。

3）微型动物的计数

先用低倍镜寻找血球计数板上大方格网的位置（视野可调暗一些），找到计数室后将其移至视野的中央，再换高倍镜观察和计数。为了减少误差，所选的中格位置应布点均匀，如规格为 25 个中格的计数室，通常取 4 个角上的 4 个中格及中央的 1 个中格共 5 个中格进行计数。为了提高精确度，每个样品必须重复计数 2～3 次。

4）计算

先求得每中格微型动物数的平均值，乘以中格数（16 或 25），即为一大格（$0.1mm^3$）中的总数，再乘以 10^4，则为每毫升稀释液的总数，如要换算成原液的总数，乘以稀释倍数即可。

（2）污泥沉降体积比测定

测定污泥沉降体积比。将摇匀的污泥混合液 100mL 倒入量筒，静置 30min，观测污泥所占体积。比较不同污泥的生物相与它们的污泥沉降体积比。

13.2.5 实验报告

（1）实验结果

1）记录观察结果（包括：絮体大小、絮体形态、絮体结构、絮体紧密度、丝状菌数量、游离细菌以及微型动物种类数量等），对活性污泥（生物膜）的总体情况进行分析。在表 13-1 中填出观察到的几种活性污泥中生物相的特点。

2）用显微摄像系统拍摄并手工描绘观察到的活性污泥生物相中原生动物或后生动物个体形态图。

记录观察结果　　表 13-1

污泥来源	生物相								SV（%）
	菌胶团			原生动物		后生动物			
	大小	颜色	透明度	数量	种类	数量	种类	活力	

（2）思考题

1）原生动物中各纲在污水生物处理中如何起指示作用？

2）活性污泥的沉降性能与微生物的种类及活动情况有没有相关性？

13.3　细菌简单染色与革兰氏染色

13.3.1　实验目的

（1）掌握细菌的涂片及革兰氏染色的基本方法和步骤。

（2）了解革兰氏染色法的原理及其在细菌分类鉴定中的重要性。

13.3.2　实验原理

简单染色法是只用一种染料使细菌着色以显示其形态，简单染色不能辨别细菌细胞的构造。革兰氏染色法可将所有的细菌区分为革兰氏阳性菌（G^+）和革兰氏阴性菌（G^-）两大类，是细菌学上最常用的鉴别染色法。G^-菌的细胞壁中含有较多易被乙醇溶解的类脂质，而且肽聚糖层较薄、交联度低，故用乙醇或丙酮脱色时溶解了类脂质，增加了细胞壁的通透性，使初染的结晶紫和碘的复合物易于渗出，结果细菌就被脱色，再经番红复染后就成红色。G^+菌细胞壁中肽聚糖层厚且交联度高，类脂质含量少，经脱色剂处理后反而使肽聚糖层的孔径缩小，通透性降低，因此细菌仍保留初染时的颜色。

13.3.3　仪器和材料

（1）菌种：枯草芽孢杆菌 12～20h 牛肉膏蛋白胨斜面培养物、金黄色葡萄球菌 24h 牛肉膏蛋白胨斜面培养物、大肠杆菌 24h 牛肉膏蛋白胨斜面培养物。

（2）染色液和试剂：结晶紫、卢哥氏碘液、95%酒精、番红。

（3）器材或用具：载玻片、接种杯、酒精灯、擦镜纸、显微镜、二甲苯、香柏油。

13.3.4　操作步骤

（1）制片

将枯草芽孢杆菌、金黄色葡萄球菌和大肠杆菌分别作涂片（注意涂片切不可过于浓厚），干燥、固定。固定时通过火焰 1～2 次即可，不可过热，以载玻片不烫手为宜。

（2）染色

1）结晶紫色初染

滴加适量（以盖满细菌涂面）的结晶紫染色液染色 1～2min，水洗。

2）碘液媒染

滴加卢哥氏碘液，媒染 1min，水洗。

3）乙醇脱色

将玻片倾斜，连续滴加95%乙醇脱色15～25s至流出液无色，立即水洗。（革兰氏染色成败的关键是酒精脱色。如脱色过度，革兰氏阳性菌也可被脱色而染成阴性菌；如脱色时间过短，革兰氏阴性菌也会被染成革兰氏阳性菌。）

4）番红复染

滴加蕃红复染2min，水洗。

（3）晾干镜检

干燥后，从低倍镜到高倍镜观察，最后用油镜观察。

13.3.5　实验报告

（1）实验结果

1）用显微摄像系统拍摄油镜下几种细菌染色后的显微照片。

2）手工绘制油镜下几种细菌的形态，图旁注明该菌的形态、颜色和革兰氏染色的反应。

（2）思考题

1）你认为哪些环节会影响革兰氏染色结果的正确性？其中最关键环节是什么？

2）你的染色结果是否正确？请说明原因。

3）乙醇脱色后复染前，革兰氏阳性菌和阴性菌分别是什么颜色？

4）你认为革兰氏染色中，哪一个步骤可以省去而不影响最终结果？

13.4　微生物常用染色方法及染色液的配制

13.4.1　微生物的常用染色方法

（1）简单染色法

简单染色法参见"13.3"细菌简单染色与革兰氏染色。

（2）革兰氏染色

革兰氏染色法参见"13.3"细菌简单染色与革兰氏染色。

（3）芽孢染色法

1）取有芽孢的细菌（如枯草芽孢杆菌）制成涂片、干燥、固定。

2）在涂片上滴加质量浓度为76g/L的孔雀绿水溶液，然后将片子在火焰上方加热，在加热过程中不断添加染液勿使染料干掉。待载玻片上出现蒸汽约10min，取下载玻片，冷却，水洗。

3）用番红染液复染1min，水洗。

4）吸干，镜检，芽孢呈绿色，细胞为红色。

（4）荚膜染色法（墨汁背景染色法）

荚膜对染料的亲和力低，常用背景染色（衬托）法，即用有色的背景来衬托出无色的荚膜。染色时不能用加热固定，不能用水冲洗。方法如下所述。

1）取少许有荚膜的细菌与一滴石炭酸品红在玻片上混合均匀，制成涂片。

2）在空气中干燥。

3）滴一滴墨汁于载玻片的一端，取另一块边缘光滑的载玻片将墨汁从一端刮至另一端，使整个涂片上涂上一薄层墨汁，在室内自然晾干。

4）镜检。菌体呈红色，背景黑色，荚膜不着色。

（5）鞭毛染色法

菌种准备：

以新鲜幼龄菌种为宜。在染色前将菌种连续移植 2～3 次，16～24h 移植一次，染鞭毛的菌种也要培养 16～24h。

染色步骤：

1）在一片光滑无伤痕的、无油脂的载玻片的一端滴一滴蒸馏水，用接种环在斜面上挑取少许菌，在载玻片上的水滴中轻沾几下，将玻片稍倾斜，菌液随水滴缓慢流到另一端，然后平放在空气中自然干燥。

2）涂片干燥后，滴加溶液 A［见 13.4.2（5）鞭毛染色液］染 3～5min，用蒸馏水冲洗。将残水沥干或用溶液 B［见（5）中的鞭毛染色液］冲去残水后，加乙液［见 13.4.2（8）异染颗粒染色液］染色 30～60s，并在酒精灯上稍加热，使其稍冒蒸汽而染液不干，然后用蒸馏水冲洗。风干，镜检。镜检时应多找几个视野，有时只在部分涂片上染出鞭毛，菌体深褐色，鞭毛为褐色。

（6）异染颗粒染色

1）按常规制成涂片，用甲液［见 13.4.2（8）异染颗粒染色液］染 5min。

2）倾去甲液，用乙液［见（8）异染颗粒染色液］冲去甲液，并染 1min。

3）水洗、吸干、镜检。异染颗粒呈黑色，其他部分呈暗绿或浅绿色。

13.4.2　微生物常用染色液的配制

（1）普通染色液

1）吕氏（Loeffler）美蓝染色液

溶液 A：美蓝 0.6g，体积分数 95%的乙醇 30mL。

溶液 B：KOH0.01g，蒸馏水 100mL。

分别配制溶液 A 和溶液 B，配好后混合即可。

2）齐氏（Zehl）石炭酸品红染色液

溶液 A：碱性品红 0.3g（或 1g），体积分数 95%的乙醇 10mL。将碱性品红在研钵中研磨后，逐渐加入体积分数 95%的乙醇。继续研磨使之溶解，配成溶液 A。

溶液 B：石炭酸 5g，蒸馏水 95mL。将溶液 A 和溶液 B 混合即可。使用时将混合液稀释 5～10 倍，稀释液易失效，一次不宜多配。

（2）革兰氏染色液

1）草酸铵结晶紫染色液

溶液 A：结晶紫 2g，体积分数 95%的乙醇 20mL。

溶液 B：草酸铵 0.8g，蒸馏水 80mL。

将溶液 A 和溶液 B 混合即成。

2）路哥氏（Lugol）碘液（革兰氏染色用）

碘 1g，碘化钾 2g，蒸馏水 300mL。先将碘化钾溶于少量蒸馏水，再将碘溶解在碘化钾溶液中，然后加入其余的水即成。

3）番红复染液

番红 2.5g 溶于体积分数 95%的乙醇 100mL 中，取 20mL 番红乙醇溶液与 80mL 蒸馏水混合即成番红复染液。

(3) 芽孢染色液

1) 孔雀绿染色液：孔雀绿 7.6g，蒸馏水 100mL。

2) 番红水溶液：番红 0.5g，蒸馏水 100mL。

(4) 荚膜染色液

1) 石炭酸品红（配制方法同普通染色液Ⅱ）。

2) 黑色素水溶液

黑色素 5g，蒸馏水 100mL，福尔马林（体积分数 40%的甲醛）0.5mL。将黑色素在蒸馏水中煮沸 5min，然后加入福尔马林作防腐剂。

(5) 鞭毛染色液

溶液 A：丹宁酸（即鞣酸）5g，甲醛（体积分数 15%）2mL，$FeCl_3$ 1.5g，NaOH（质量浓度 10g/L）1mL，蒸馏水 100mL。

最好当日配制，次日使用效果差。

溶液 B：$AgNO_3$ 2g，蒸馏水 100mL。

待 $AgNO_3$ 溶解后，取出 10mL 备用，向其余的 90mL $AgNO_3$ 溶液中慢慢滴入浓 NH_4OH 形成很浓厚的悬浮液，再继续滴加 NH_4OH，直到新形成的沉淀又刚刚重新溶解为止。再将备用的 10mL $AgNO_3$ 慢慢滴入，则出现薄雾，轻轻摇动后薄雾状沉淀又消失，再滴入 $AgNO_3$，直到摇动后仍呈现轻微而稳定的薄雾状沉淀为止。如雾不重，此染色剂可使用一周。如果雾重则银盐沉淀出，不宜使用。

(6) 乳酸石炭酸棉蓝染色液

石炭酸 10g，蒸馏水 10mL，乳酸（密度 1.21g/cm^3）10mL，甘油 20mL，棉蓝 0.02g。

将石炭酸加在蒸馏水中加热，直到溶解后加入乳酸和甘油，最后加入棉蓝使之溶解即成。

(7) 聚 β-羟基丁酸染色液

1) 质量浓度 3g/L 的苏丹黑

将苏丹黑 0.3g 和体积分数为 70%的乙醇 100mL 混合后用力振荡，放置过夜备用，用前最好过滤。

2) 褪色剂

二甲苯。

Ⅲ复染液

50g/L 番红水溶液。

(8) 异染颗粒染色液

甲液：体积分数 95%乙醇 2mL，甲苯胺蓝 0.15g，冰醋酸 1mL，孔雀绿 0.2g，蒸馏水 100mL。先将染料溶于乙醇中，向染料液中加入事先混合的冰醋酸和水，放置 24h 后过滤备用。

乙液：碘 2g，碘化钾 3g，蒸馏水 300mL。

第 14 章　微生物的菌种分离与培养

14.1　培养基的制备与灭菌

14.1.1　实验目的

(1) 了解微生物培养基的种类及配制原理。

(2) 掌握培养基的配制、分装及灭菌方法，掌握各类物品的包装和灭菌方法。

14.1.2　实验原理

培养异养细菌最常用的培养基是牛肉膏蛋白胨培养基（普通培养基）。培养基的种类很多，根据营养物质的来源不同，可分为天然培养基、合成培养基和半合成培养基等。天然培养基适合于各类异养微生物生长；合成培养基适用于某些定量工作的研究，因为用它可减少一些研究中不能控制的因素。但一般微生物在合成培养基上生长较慢，有些微生物的营养要求复杂，在合成培养基上有时甚至不能生长。多数培养基配制是采用一部分天然有机物作碳源、氮源和生长因子的来源，再适当加入一些化学药品，这叫半合成培养基。其特点是使用含有丰富营养的天然物质，再补充适量的无机盐，能充分满足微生物的营养需要，大多数微生物都能在此培养基上生长。本实验配制的培养基就属此类。本实验除了配制几种常用微生物培养基以外，还必须准备各种无菌物品，包括培养皿、移液管的包装，稀释水的准备等。

14.1.3　实验材料与器皿

(1) 试剂

牛肉膏、蛋白胨、NaCl、伊红美蓝琼脂（EMB）、黄豆芽、蔗糖、$NaNO_3$、K_2HPO_4、$MgSO_4 \cdot 7H_2O$、KCl、$FeSO_4$、琼脂、pH 值试纸、NaOH 和 HCl 等。

(2) 器皿材料

培养皿、试管、锥形瓶、烧杯、量筒、移液管、玻璃棒、牛角匙、牛皮纸、记号笔、麻绳、棉花、纱布、石棉网、铁架台等。

(3) 仪器设备

高压蒸汽灭菌器、电热鼓风烘箱、电子天平、电炉等。

14.1.4　实验方法和步骤

(1) 培养基配方

1) 牛肉膏蛋白胨固体培养基（培养细菌）

牛肉膏	3g	蛋白胨	10g
NaCl	5g	琼脂	15g
蒸馏水	1000mL	pH 值	7.0～7.2

2) 伊红美兰固体培养基（水中大肠杆菌测定实验）

伊红美蓝琼脂（EMB）　42.5g　蒸馏水　1000mL

3) 豆芽汁蔗糖培养基（培养酵母菌）

黄豆芽	100g	蔗糖	50g
水	1000mL	琼脂	20g

pH 值　　自然

称量新鲜豆芽 100g，放入烧杯中，加水 1000mL，煮沸约 30min，用纱布过滤。用水补足原量，再加入蔗糖 50g、琼脂 20g，煮沸溶化。

Ⅳ查氏培养基（培养霉菌）

$NaNO_3$	3g	K_2HPO_4	1g
$MgSO_4 \cdot 7H_2O$	0.5g	KCl	0.5g
$FeSO_4$	0.01g	蔗糖	30g
琼脂	20g	蒸馏水	1000mL
pH 值	自然		

（2）培养基的配置与湿热灭菌

1）称量

用量筒取少于总量的蒸馏水于烧杯中，按培养基配方称取各种药品，逐一加入水中，搅拌溶解。

2）加热溶解

将烧杯放在电炉的石棉网上，用文火加热，并注意搅拌，待所有药品溶解后再补充水分至需要量。

3）调节 pH 值

一般刚配好的培养基是偏酸性的，故要用 1mol/L 的 NaOH 调至所需 pH 值。调 pH 值时应缓慢加入 NaOH，边加边搅拌，并不时地用 pH 值试纸测试。

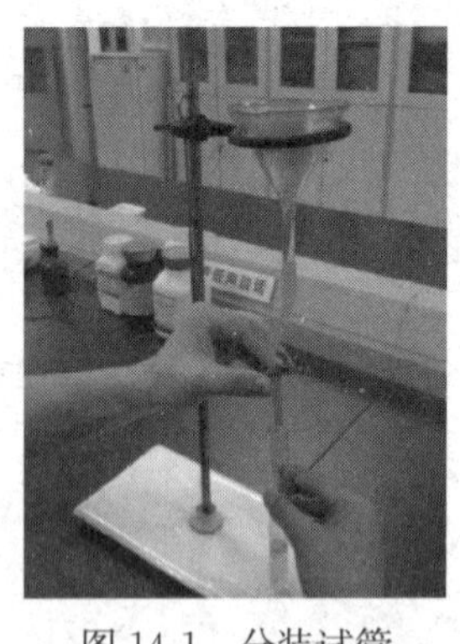

图 14-1　分装试管

4）分装

① 分装锥形瓶，其装量一般不超过锥形瓶总容量的 2/5（250mL 锥形瓶装液量 100mL 为宜），若装量过多，灭菌时培养基沸腾易沾污棉塞而导致染菌。

② 分装试管，将培养基趁热加至漏斗中（图 14-1）。分装时左手并排地拿数根试管，右手控制弹簧夹，将培养基依次加入各试管。用于制作斜面培养基时，一般装量为试管高度（15×150mm）的 2/5 为宜。分装时应谨防培养基沾在管口上，否则会使棉塞沾上培养基而造成染菌。

5）加棉塞、包扎

若为固体培养基，将锥形瓶塞上合适的棉塞或硅胶塞子，若是液体培养基则在瓶口盖上 8 层左右的大小合适的方形纱布，然后在瓶口加盖 2 层方形报纸，用棉绳捆扎好（详见第 1 章锥形瓶的包扎）。

6）灭菌及摆斜面

检查高压蒸汽灭菌锅内水位情况，加水至规定水位。将灭菌物品依次堆放在高压蒸汽灭菌锅内，打开电源，盖上灭菌锅盖。设定灭菌条件：121℃（0.105MPa），15～20min，开始灭菌。灭菌结束后，待显示器上压力接近零时，打开排气阀门，待内外气压一致后打开灭菌锅盖取出物品，关上电源。

灭菌后如需制成斜面培养基，取出后带上线手套，立即将试管搁置成一定的斜度，静置至培养基凝固即可（图 14-2）。

(3) 无菌水的制备

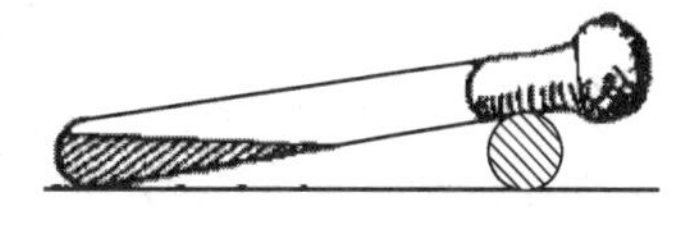

图 14-2 摆放斜面

将 90mL 蒸馏水加入 250mL 的锥形瓶中，并放入约 30 颗玻璃珠，塞上棉塞后包扎。将 9mL 蒸馏水加入试管（18×180mm）中，塞上棉塞后将试管包扎在一起。121℃（0.105MPa），灭菌 15～20min。

(4) 常用器皿的包扎及干热灭菌

培养皿及移液管按照常规方法包扎好后，依次堆放到鼓风电热烘箱中。设定灭菌条件：温度 160℃，时间 2h。打开风机，开始灭菌。灭菌结束后待物品冷却后再取出。

14.1.5 实验报告

(1) 记录液体、固体培养基的状况及高压灭菌条件。

(2) 思考题：

1) 培养基配好后，为什么必须立即灭菌？如何检查灭菌后的培养基是无菌的？

2) 在配制培养基的操作过程中应注意些什么问题？为什么？

3) 培养微生物的培养基应具备哪些条件？为什么？

4) 培养基的配制原则是什么？

14.2 微生物的分离与纯化

14.2.1 实验目的

(1) 学习从环境（土壤、水体、活性污泥、垃圾、堆肥）中分离培养细菌的方法，掌握几种细菌纯培养技能。

(2) 掌握无菌操作基本环节。

14.2.2 实验原理

环境中生活的微生物无论数量和种类都是极其多样的，将其作为开发利用微生物资源的重要基地，我们可以分离、纯化到许多有用的菌株。

平板分离法操作简便，普遍用于微生物的分离和纯化，基本原理包括两个方面：

(1) 选择适合于待分离微生物的生长条件，如营养、酸碱度、温度和氧等要求或加入某种抑制剂造成只利于该微生物生长，而抑制其他微生物生长的环境，从而淘汰一些不需要的微生物，再用稀释涂布平板法、稀释混合平板法或平板划线分离法等分离、纯化得到纯菌株。

(2) 微生物在固体培养基上生长形成的单个菌落是由一个细胞繁殖而成的集合体，因此可以通过挑取单菌落而获得纯培养菌株。获取单个菌落的方法可通过稀释涂布平板或平板划线等技术完成。

从微生物群体中经分离生长在平板上的单个菌落并不一定保证是纯培养。因此，纯培养的确定除观察菌落特征之外，还要结合显微镜检测个体形态特征后才能确定，有些微生物的纯培养要经过一系列的分离纯化过程和多种特征鉴定才能得到。

14.2.3 仪器和材料

(1) 实验材料　活性污泥、大肠杆菌。

(2) 培养基　牛肉膏蛋白胨培养基、牛肉膏蛋白胨培养基斜面。

(3) 实验器材　9mL 无菌水的试管、无菌玻璃涂棒、无菌移液管、无菌培养皿、接种环、酒精灯、恒温培养箱等。

14.2.4 实验方法

细菌纯种分离的操作方法：

（1）稀释涂布平板法

1）倒平板　将培养基加热融化，待冷至55～60℃时，混合均匀后倒平板（图14-3）。

2）制备活性污泥稀释液　将污水处理厂取回的活性污泥振荡均匀，用一支无菌吸管从中吸取1mL活性污泥加入装有9mL无菌水的试管中，吹吸3次，让菌液混合均匀，即成10^{-1}稀释液；再换一支无菌吸管吸取10^{-1}稀释液1mL，移入装有9mL无菌水的试管中，也吹吸三次，即成10^{-2}稀释液；以此类推，连续稀释，制成10^{-1}、10^{-2}、10^{-3}、10^{-4}、10^{-5}、10^{-6}等一系列稀释菌液（图14-4）。

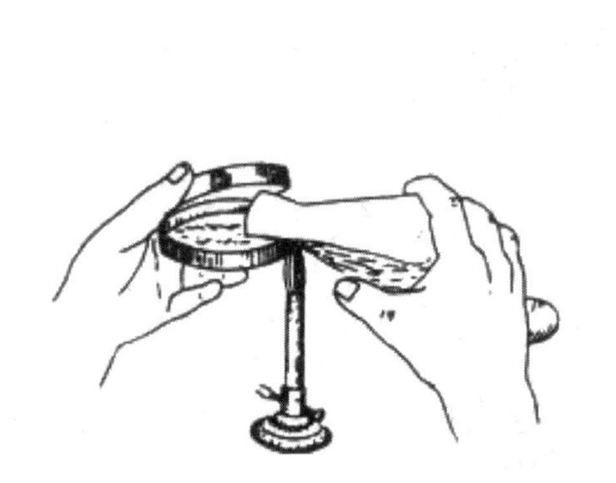

图14-3　倒平板

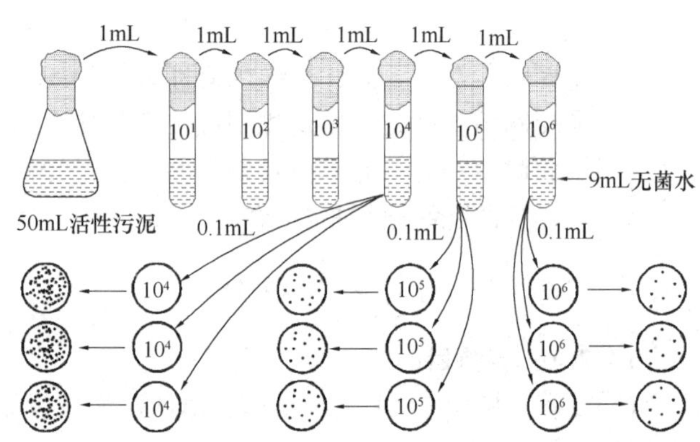

图14-4　样品的稀释和稀释液的取样培养流程示意图

3）涂布　将无菌平板编上10^{-4}、10^{-5}、10^{-6}号码，每一号码设置三个重复，用无菌吸管按无菌操作要求吸取10^{-6}稀释液各1mL放入编号10^{-6}的3个平板中，同法吸取10^{-5}稀释液各1mL放入编号10^{-5}的3个平板中，再吸取10^{-4}稀释液各1mL放入编号10^{-4}的3个平板中（由低浓度向高浓度时，吸管可不必更换）。再用无菌玻璃涂棒将菌液在平板上涂抹均匀，每个稀释度用一个灭菌玻璃涂棒，更换稀释度时需将玻璃涂棒灼烧灭菌。在由低浓度向高浓度涂抹时，也可以不更换涂棒。

4）培养　在28℃条件下倒置培养2～3天。

5）挑菌落　将培养后生长出的单个菌落分别挑取少量细胞划线接种到平板上。28℃条件下培养2～3天后，再次挑单菌落划线并培养，检查其特征是否一致，同时将细胞涂片染色后用显微镜检查是否为单一的微生物，如果发现有杂菌，需要进一步分离、纯化，直到获得纯培养。

（2）平板划线分离法

1）倒平板　将培养基加热融化，待冷至55～60℃时，混合均匀后倒平板。用记号笔在皿盖上标明培养基名称、编号和实验日期等。

2）划线　在近火焰处，左手拿皿底，右手拿接种环，挑取上述10^{-1}的活性污泥稀释液一环在平板上划线。划线的方法很多，但无论采用哪种方法，其目的都是通过划线将样品进行稀释，使之形成单个菌落。常用的划线方法有下列两种（图14-5）：

① 用接种环以无菌操作挑取活性污泥稀释液一环，先在平板培养基的一边作第一次

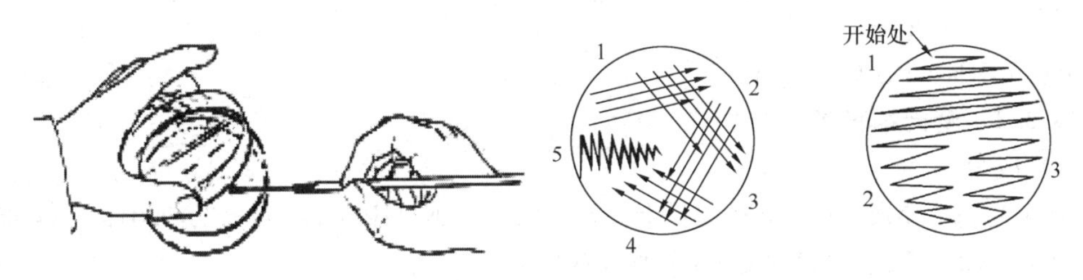

图 14-5　平板画线分离示意图

平行画线 3～4 条，再转动培养皿约 70°角，并将接种环上剩余物烧掉，待冷却后通过第一次画线部分做第二次平行画线，再用同样的方法通过第二次画线，部分作第三次画线和通过第三次平行画线部分做第四次平行画线。画线完毕后，盖上培养皿盖，倒置于温室培养。

② 将挑取有样品的接种环在平板培养基上做连续画线。画线完毕后，盖上培养皿盖，倒置于温室培养。

3）培养观察　画线后的平板在 37℃恒温箱中倒置培养 24～48h。取出平板，从以下几个方面来观察不同细菌的菌落：

大小：以毫米计。

形状：圆形、不规则形、放射状等。

表面：光滑、粗糙、圆环状、乳突状等。

边缘：整齐、波形、锯齿状等。

色素：有无色素、颜色，是否可溶（可溶色素使培养基着色）等。

透明度：透明、半透明、不透明。

4）挑菌落　将培养后生长出的单个菌落，分别挑取少量细胞划线接种到平板上。37℃恒温箱中倒置培养 24～48h 后，再次挑取单菌落划线并培养，检查其特征是否一致，同时将细胞涂片染色后用显微镜检查是否为单一的微生物，如果发现有杂菌，需要进一步分离、纯化，直到获得纯培养。

14.2.5　实验报告

（1）结果记录

记录并描绘平板纯种分离培养、斜面接种的微生物生长情况和培养特征。

（2）思考题

1）如何确定平板上某单个菌落是否为纯培养？请写出实验的主要步骤。

2）分离一种对青霉素具有抗性的细菌，应如何设计实验？

14.3　水微生物分离培养常用培养基

14.3.1　肉汤蛋白胨培养基

肉汤蛋白胨培养基的配制见 14.1 培养基的制备与灭菌。

14.3.2　LB（Lucia-Bertani）培养基

（1）成分

胰蛋白胨 10g，NaCl 5g，酵母膏 10g，蒸馏水 1000mL（pH 值为 7.2）。

（2）灭菌条件

0.105MPa，121℃，20min。

14.3.3 查氏培养基

（1）成分

$NaNO_3$ 2g，$MgSO_4$ 0.5g，琼脂 15～20g，K_2HPO_4 1g，$FeSO_4$ 0.01g，蒸馏水 1000mL，KCl 0.5g，蔗糖 30g（pH 值自然）。

（2）灭菌条件

0.072MPa，115℃，20min。

14.3.4 马铃薯培养基

（1）成分

马铃薯 200g，蔗糖（葡萄糖）20g，琼脂 15～20g，蒸馏水 1000mL，pH 值自然。

（2）制法

马铃薯去皮、切块煮沸半小时，然后用纱布过滤，再加糖及琼脂，融化后补充水至 1000mL。

14.3.5 淀粉琼脂培养基（高氏 1 号）

（1）成分

可溶性淀粉 20g，$FeSO_4$ 0.5g，KNO_3 1g，琼脂 20g，NaCl 0.5g，K_2HPO_4 0.5g，$MgSO_4$ 0.5g，蒸馏水 1000mL（pH 值为 7.0～7.2）。

（2）灭菌条件

0.105MPa，121℃，20min。

（3）制法

配制时先用少量冷水将淀粉调成糊状，在火上加热，然后加水及其他药品，加热溶化并补充水分至 1000mL。

14.3.6 麦芽汁培养基

（1）制法

1）取大麦或小麦若干，用水洗净，浸水 6～12h，置 15℃阴暗处发芽。盖上纱布一块，每日早、中、晚淋水一次。麦根伸长至麦粒的两倍时，即停止发芽。摊开晒干或烘干，储存备用。

2）将干麦芽磨碎，1 份麦芽加 4 份水，在 65℃水浴锅中糖化 3～4h（糖化程度可用碘滴定之）。

3）将糖化液用 4～6 层纱布过滤，滤液如浑浊不清，可用鸡蛋澄清法处理：用一个鸡蛋的蛋白加 20mL 水，调匀至生泡沫，倒入糖化液中搅拌煮沸后再过滤。

4）将滤液稀释到 5～6 波美度，pH 值约为 6.4，加入 20g/L 琼脂即可。

（2）灭菌条件

0.105MPa，121℃，20min。

14.3.7 明胶培养基

（1）成分

蛋白胨肉汤液 100mL，明胶 12～15g（pH 值为 7.2～7.4）。

（2）制法

在水浴锅中将上述成分溶化，不断搅拌，调 pH 值为 7.2～7.4，如果不清可用鸡蛋澄清法澄清，过滤。一个鸡蛋可澄清 1000mL 明胶液。

14.3.8　蛋白胨培养基

（1）成分

蛋白胨 10g，NaCl 5g，蒸馏水 1000mL（pH 值为 7.6）。

（2）灭菌条件

0.105MPa，121℃，20min。

14.3.9　亚硝化细菌培养基

（1）成分

$(NH_4)_2SO_4$ 2g，$MgSO_4 \cdot 7H_2O$ 0.03g，NaH_2PO_4 0.25g，$CaCO_3$ 5g，K_2HPO_4 0.75g，$MnSO_4 \cdot 4H_2O$ 0.01g，蒸馏水 1000mL（pH 值为 7.2）。

（2）灭菌条件

0.105MPa，121℃，20min。

（3）测试方法

培养亚硝化细菌 2 周后，取培养液于白瓷板上，加格利斯试剂甲、乙液（见 14.3.10 硝化细菌培养基）各 1 滴，呈红色证明有亚硝酸盐存在，有亚硝化作用。

14.3.10　硝化细菌培养基

（1）成分

$NaNO_3$ 1g，$MgSO_4 \cdot 7H_2O$ 0.03g，K_2HPO_4 0.75g，$MnSO_4 \cdot 4H_2O$ 0.01g，NaH_2PO_4 0.25g，$NaCO_3$ 1g，蒸馏水 1000mL。

（2）灭菌条件

0.105MPa，121℃，20min。

（3）测试方法

培养硝化细菌 2 周后，先用格利斯试剂测定，不呈红色时再用二苯胺试剂测试，若呈蓝色表明有硝化作用。

（4）格利斯试剂（测亚硝酸用）

溶液甲：称取磺胺酸 0.5g，溶于 150mL30%的醋酸溶液中，保存于棕色瓶内。

溶液乙：称取 α－萘胺 0.5g，加入 50mL 蒸馏水中，煮沸后缓缓加入 30%的醋酸溶液 150mL，保存于棕色瓶内。

14.3.11　反硝化细菌培养基

（1）成分

1）培养基 1：蛋白胨 10g，KNO_3 1g，蒸馏水 1000mL，pH 值为 7.6。

2）培养基 2：柠檬酸钠（或葡萄糖）5g，KH_2PO_4 1g，KNO_3 2g，K_2HPO_4 1g，$MgSO_4 \cdot 7H_2O$ 0.2g，蒸馏水 1000mL（pH 值为 7.2～7.5）。

（2）灭菌条件

0.105MPa，121℃，20min。

（3）测试方法

用奈氏试剂及格利斯试剂测定有无 NH_3 和 NO_2^- 存在。若其中之一或二者均呈正反应，均表示有反硝化作用。若格利斯试剂为负反应，再用二苯胺测试，亦为负反应时，表示有较强的反硝化作用。

(4) 奈氏试剂 (测氨用)

1) 溶液甲：碘化钾 10.0g，蒸馏水 100mL，碘化汞 20.0g。

2) 溶液乙：氢氧化钾 20.0g，蒸馏水 100mL。

分别配制甲、乙两溶液，待冷却后混合，保存于棕色瓶内。

14.3.12 反硫化细菌培养基

(1) 成分

乳酸钠 (亦可用酒石酸钾钠) 5g，$MgSO_4 \cdot 7H_2O$ 2g，K_2HPO_4 1g，天门冬素 2g，$FeSO_4 \cdot 7H_2O$ 0.01g，蒸馏水 1000mL。

(2) 测试方法

培养 2 周后，加质量浓度 50g/L 柠檬酸铁 1～2 滴，观察是否有黑色沉淀，如有沉淀，证明有反硫化作用。或在试管中吊一条浸过醋酸铅的滤纸条，若有 H_2S 生成则与醋酸铅反应生成 PbS 沉淀 (黑色)，使滤纸条变黑。

14.3.13 球衣菌培养基

(1) 成分

Trypticase 1g，琼脂 20g (若配成液体培养基则不加琼脂)，蒸馏水 1000mL(pH 值为 7)。

(2) 灭菌条件

0.105MPa，121℃，20min。

14.3.14 藻类培养基 (水生 4 号培养基)

(1) 成分

$Ca(H_2PO_4)_2 \cdot H_2O + 2(CuSO_4 \cdot 7H_2O)$ 0.03g，$(NH_4)_2SO_4$ 0.2g，$MgSO_4 \cdot 7H_2O$ 0.08g，$NaHCO_3$ 0.1g，KCl 0.025g，$FeCl_3$ (1%) 0.15mL，水 1000mL，土壤浸出液 0.5mL。

(2) 制法

$FeCl_3$ 与其他盐类分开溶解，最后溶入培养基。土壤浸出液是采用熟园土 1 份与水 1 份等质量混合，静置过夜过滤，高压灭菌后保存于暗处。

第15章　水环境中微生物的检测

15.1　水体中细菌总数CFU的测定

15.1.1　实验目的

（1）学会细菌菌落总数的测定。

（2）了解水质与细菌数量之间的相关性。

15.1.2　实验原理

水中细菌菌落总数可作为判定被检水样（或其他样品）被有机物污染程度的标志。细菌数量越多，则水中有机质含量越高。在水质卫生学检验中，细菌菌落总数（Colony Form Unit，简写为CFU）是指1mL水样在牛肉膏蛋白胨琼脂培养基中经37℃、24h培养后生长出的细菌菌落总数。现行国家标准《生活饮用水卫生标准》GB 5749—2006规定：1mL自来水中细菌菌落总数不得超过100个。

15.1.3　仪器和材料

（1）实验材料：自来水、河水或湖水等。

（2）培养基/试剂：牛肉膏蛋白胨培养基。

（3）实验器材：高压蒸汽灭菌器、培养皿、锥形瓶、烧杯、量筒、培养箱、移液管等。

15.1.4　实验步骤

（1）水样的采集与处理

1）自来水：先将水龙头用火焰灼烧3min灭菌，然后再放水5～10min后用无菌瓶取样。

2）河水、湖水等水样：用特制的采样瓶或采样器，一般在距水面10～15cm的水层打开瓶塞取样，盖上盖子后再从水中取出，速送实验室检测。如果在实验的一些反应器或实验装置中需要取样测细菌总数，可参考以上取样方法。

3）水样的处置：采集的水样，一般较清洁的水可在12h内测定，污水则必须在6h内测定完毕。若无法在规定时间内完成，应将水样放在4℃冰箱存放，若无低温保藏条件，应在报告中注明水样采集与测定的间隔时间。

经加氯处理过的水中含余氯，会影响测定结果。采样瓶在灭菌前加入硫代硫酸钠，可消除氯的作用。硫代硫酸钠的用量视水样量而定，若用500mL的取样瓶，加入1.5%的硫代硫酸钠溶液1.5mL，可消除余氯量为2mg/L的450mL水样中的全部氯量。

（2）水样的测定

1）自来水等洁净水：此类水的细菌菌落总数通常不会超过100个/mL，故可直接（不用稀释）用移液管吸取1mL水样至无菌的培养皿中（每个水样重复3个培养皿），倒入培养基后37℃培养箱倒置培养24h。

2）河水、湖水或其他受污染的样品（包括实验装置等）：细菌菌落在每个培养皿上的数量一般控制在30～300个之间，对于有机物含量较高的水样，一般均超出此范围，所以水样需稀释后再测定，稀释倍数视水样污染程度而定。操作步骤与细菌的纯种分离和培养实验中的“浇筑平板法”相同。

实际上，细菌菌落总数的测定被广泛应用于食品等行业，饮食店的餐具、厨具等以及饮用水、各种饮料等食品，还有化妆品等，都有相应行业或企业的细菌菌落总数的标准，有关部门经常抽检，一旦发现检测结果超标，就必须采取整改措施以达到各类指标，情况严重的必须停业整顿，并通过媒体曝光，利用舆论压力让不合格的产品淘汰出局，规范市场。在检测中，虽然样品的来源或状态不同，但其测定方法基本相同。对有些固形物（固废、土壤等）样品来说，一般换算成每克样品中的菌落总数；还有比较特殊的样品可以用面积来折算。

① 稀释水样　取 3 个灭菌空试管，分别加入 9mL 灭菌水。取 1mL 水样注入第一管 9mL 灭菌水内、摇匀，再自第一管取 1mL 至下一管灭菌水内，如此稀释到第三管，稀释度分别为 10^{-1}、10^{-2}与 10^{-3}。稀释倍数看水样污浊程度而定，以培养后平板的菌落数在 30～300 个之间的稀释度最为合适，若三个稀释度的菌数均多到无法计数或少到无法计数，则需继续稀释或减小稀释倍数。一般中等污秽水样，取 10^{-1}、10^{-2}、10^{-3}三个连续稀释度，污秽严重的取 10^{-2}、10^{-3}、10^{-4}三个连续稀释度。

② 自最后三个稀释度的试管中各取 1mL 稀释水加入空的灭菌培养皿中，每一稀释度做两个培养皿。

③ 各倾注 15mL 已溶化并冷却至 45℃左右的肉膏蛋白胨琼脂培养基，立即放在桌上摇匀。

④ 凝固后倒置于 37℃培养箱中培养 24h。

3）菌落计数方法

① 先计算相同稀释度的平均菌落数。若其中一个平板有较大片状菌苔生长时，则不应采用，而应以无片状菌苔生长的平板作为该稀释度的平均菌落数。若片状菌苔的大小不到平板的一半，而其余的一半菌落分布又很均匀时，则可将此一半的菌落数乘 2 以代表全平板的菌落数，然后再计算该稀释度的平均菌落数。

计算菌落总数方法举例　　**表 15-1**

例次	不同稀释度的平均菌落数			两个稀释度菌落数之比	菌落总数（个/mL）	备　注
	10^{-1}	10^{-2}	10^{-3}			
1	1365	164	20	—	16400 或 1.6×10^4	两位以后的数字采取四舍五入的方法去掉
2	2760	295	46	1.6	37750 或 3.8×10^4	
3	2890	271	60	2.2	27100 或 2.7×10^4	
4	无法计数	1650	513	—	513000 或 5.1×10^5	
5	27	11	5	—	270 或 2.7×10^2	
6	无法计数	305	12	—	30500 或 3.1×10^4	

② 首先选择平均菌落数在 30～300 个之间的，当只有一个稀释度的平均菌落数符合此范围时，则以该平均菌落数乘其稀释倍数即为该水样的细菌总数（见表 15-1）。

③ 若有两个稀释度的平均菌落数均在 30～300 个之间的，则按两者菌落总数之比值

来决定。若其比值小于 2，应采取两者的平均数，若大于 2，则取其中较小的菌落总数（见表 15-1）。

④ 若所有稀释度的平均菌落数均大于 300，则应按稀释度最高的平均菌落数乘以稀释倍数（见表 15-1）。

⑤ 若所有稀释度的平均菌落数均小于 30，则应按稀释度最低的平均菌落数乘以稀释倍数（见表 15-1）。

⑥ 若所有稀释度的平均菌落数均不在 30～300 之间，则以最近 300 或 30 的平均菌落数乘以稀释倍数（见表 15-1）。

15.1.5 实验报告

（1）结果记录

细菌菌落总数计算通常采用同一浓度的两个平板（或 3 个）的平均值，再乘以稀释倍数（或除以稀释度），即得 1mL（或 1g）水样中的细菌菌落总数，将结果填入表 15-2、表 15-3。

各种不同情况的计算方式如下：

1）首先选择菌落数在 30～300 之间的培养皿（指一个培养皿）进行计数，当只有一个稀释度符合此范围时，则以该平均菌落数乘以稀释倍数即可。

2）当有两个稀释度符合此范围时，则按两者菌落总数之比值计算，若其比值小于 2，应取两者的平均值；若其比值大于 2，则取较小的菌落总数。

3）若所有稀释度的菌落数均大于 300 或均小于 30，则应取最接近该值的平板计数。

4）若在同一稀释度的两个平板中，其中一个平板中有较大片状菌苔生长，则该平板的数据不予采用，而应以无片状菌苔生长的平板来计数。若片状菌苔的大小不到平板的一半，而其余一半菌落分布又很均匀，则可将此一半的菌落数乘以 2 来表示整个平板的菌落数来计数。

自来水细菌总数 **表 15-2**

平　板	菌 落 数	1mL 自来水中细菌总数
1		
2		

池水、河水或湖水等细菌总数 **表 15-3**

稀释度	10^{-1}		10^{-2}		10^{-3}	
平板	1	2	1	2	1	2
菌落数						
平均菌落数						
计算方法						
细菌总数（mL）						

(2) 思考题

1) 从自来水的细菌总数结果来看，是否合乎饮用水的标准?

2) 你所测的水源水的污秽程度如何?

3) 国家对自来水的细菌总数有一标准，那么各地能否自行设计其测定条件（诸如培养温度，培养时间等）来测定水样总数呢? 为什么?

15.2 水中大肠菌群的测定

15.2.1 实验目的

(1) 了解大肠菌群的数量指标在环境领域的重要性。

(2) 学会大肠菌群的测定方法。

15.2.2 实验原理

大肠菌群是一群需氧或兼性厌氧的、在37℃培养24～48h能发酵乳糖产酸产气的革兰氏阴性无芽孢杆菌。它们普遍存在于肠道中，具有数量多、与多数肠道病原菌存活期相近、易于培养和观察等特点。该菌群包括肠道杆菌科中的埃希氏菌属、肠杆菌属、柠檬酸细菌属和克雷伯氏菌属。大肠菌群数是指每升水中含有的大肠菌群的近似值。通常可根据水中大肠菌群的数量判断水源是否被粪便污染，并可间接推测水源受肠道病原菌污染的可能性。

现行国家标准《生活饮用水卫生标准》GB 5749—2006规定：1L自来水中大肠菌群数不得超过3个。对于那些只经过加氯消毒即作生活饮用水的水源水，其大肠菌群数平均每升不得超过1000个；经过净化处理及加氯消毒后供作生活饮用水的水源水，其大肠菌群数平均每升不得超过10000个。

大肠菌群的检测方法主要有多管发酵法和滤膜法。前者被称为水的标准分析法，即将一定量的样品接种到乳糖发酵管，根据发酵反应的结果，确证大肠菌群的阳性管数后在检索表中查出大肠菌群的近似值。后者是一种快速的替代方法，能测定大体积的水样，但只局限于饮用水或较洁净的水，目前在一些大城市的水厂常采用此法。

15.2.3 仪器和材料

(1) 实验材料　自来水或再生水。

(2) 培养基/试剂

1) 乳糖蛋白胨培养基：蛋白胨1.0g，牛肉膏0.3g，乳糖0.5g，NaCl 0.5g，1.6%溴甲酚紫乙醇溶液0.1mL，水100mL，pH值为7.2～7.4。

按上述配方配置成溶液后（溴甲酚紫乙醇溶液调pH值后再加），分装于含有一倒置杜氏小管的试管中，每支10mL。115℃（相对蒸汽压力0.072 MPa）灭菌20min。

2) 三倍浓度的乳糖蛋白胨培养基：按配方（1）三倍的浓度配制成溶液后分装，大发酵管每管装50mL，小发酵管每管装5mL，管内均有一倒置杜氏小管。灭菌条件同上。

3) 伊红美蓝培养基（EMB培养基）：蛋白胨1.0g，K_2HPO_4 0.2g，乳糖1.0g，琼脂2.0g，2%伊红水溶液20mL，0.65%美蓝溶液10mL，水100mL，pH值为7.1。

配制过程中，先调pH值再加伊红美蓝溶液。将上述溶液分装于锥形瓶，每瓶150～200mL，灭菌条件同上。

(3) 实验器材　高压蒸汽灭菌器、培养皿、锥形瓶、烧杯、试管、量筒、药物天平、培养箱、水浴锅、移液管、铁架、表面皿、细菌过滤器、滤膜、抽滤设备、pH 值试纸和棉花等。

15.2.4 实验步骤

（1）多管发酵法（MPN 法）（以自来水为例）

1）初发酵试验：在两个装有 50mL 三倍浓缩的乳糖蛋白胨溶液的锥形瓶中，各加入 100mL 水样；在 10 支各装有 5mL 三倍浓缩的乳糖蛋白胨溶液的试管中，各加入 10mL 水样。混匀后 37℃ 培养 24h，观察其产酸产气情况，若 24h 未产酸产气，可继续培养至 48h，记下试验初步结果。

2）确定性试验：用平板分离，将 24h 或 48h 培养后产酸产气或仅产酸的试管中的菌液分别划线接种于伊红美蓝琼脂平板上，于 37℃ 培养 24h，将出现以下三种特征的菌落进行涂片、革兰氏染色和镜检：

① 深紫黑色，具有金属光泽；

② 紫黑色，不带或略带金属光泽；

③ 淡紫红色，中心颜色较深。

3）复发酵试验：选择具有上述特征的菌落，经涂片、染色和镜检后，若为革兰氏阴性无芽孢杆菌，则用接种环挑取此菌落的一部分转接至乳糖蛋白胨培养液的试管中，于 37℃ 培养 24h 后，观察试验结果，若产酸产气即证实有大肠菌群存在。

根据证实有大肠菌群存在的阳性管数查表。如果被测水样（或其他样品）中大肠菌群的量比较多，则水样必须稀释以后才能测，其余步骤与测自来水基本相同。可查相应的检数表得出结果。

（2）滤膜法（以自来水为例）

1）培养基、滤膜

① 乳糖蛋白胨培养基和伊红美蓝培养基（EMB 培养基）：同多管发酵法。

② 乳糖蛋白胨半固体培养基：蛋白胨 1.0g，牛肉膏 0.5g，乳糖 1.0g，酵母浸膏 0.5g，1.6%溴甲酚紫乙醇溶液 0.1mL，琼脂 0.5g，水 100mL，pH 值为 7.2～7.4。

③ 滤膜孔径为 0.45μm 的滤膜置于水浴中煮沸灭菌（间歇灭菌）三次，每次 15min。

2）实验步骤

① 倒培养基：用伊红美蓝培养基，冷却后待用。

② 过滤水样：用无菌镊子将灭过菌的滤膜移至过滤器中，然后加 333mL 水样至滤器抽气过滤，待水样滤完后再抽气 5s 即可。

③ 将滤膜转移至平板：滤膜截留细菌面向上，用无菌镊子将滤膜转移至上述已倒好的平板，使滤膜紧贴培养基表面。

④ 培养：于 37℃ 培养箱培养 24h。

⑤ 观察结果：将具有大肠菌群菌落特征、经革兰氏染色呈阴性、无芽孢的菌体（落）接种到乳糖蛋白胨培养基或乳糖蛋白胨半固体培养基（穿刺接种），经 37℃ 培养箱培养，前者于 24h 产酸产气者或后者经培养 6～8h 后产气者，则判定为阳性。

⑥ 结果计算：将被判为阳性的总菌落数乘以 3，即得每升水中的大肠菌群数。

大肠菌群检验表（MPN 法）见表 15-4～表 15-7。

大肠菌群的最大可能数（MPN 法）（个/100mL）　　　　**表 15-4**

出现阳性份数			每 100mL 水样中最大可能数	95%可信限值		出现阳性份数			每 100mL 水样中最大可能数	95%可信限值	
10mL	1mL	0.1mL		下限	上限	10mL	1mL	0.1mL		下限	上限
0	0	0	＜2			4	2	1	26	9	78
0	0	1	2	＜0.5	7	4	3	0	27	9	80
0	1	0	2	＜0.5	7	4	3	1	33	11	93
0	2	0	4	＜0.5	11	4	4	0	34	12	93
1	0	0	2	＜0.5	7	5	0	0	23	7	70
1	0	1	4	＜0.5	11	5	0	1	34	11	89
1	1	0	4	＜0.5	11	5	0	2	43	15	110
1	1	1	6	＜0.5	15	5	1	0	33	11	93
1	2	0	6	＜0.5	15	5	1	1	46	16	120
2	0	0	5	＜0.5	13	5	1	2	63	21	150
2	0	1	7	1	17	5	2	0	49	17	130
2	1	0	7	1	17	5	2	1	70	23	170
2	1	1	9	2	21	5	2	2	94	28	220
2	2	0	9	2	21	5	3	0	79	25	190
2	3	0	12	3	28	5	3	1	110	31	250
3	0	0	8	1	19	5	3	2	140	37	310
3	0	1	11	2	25	5	3	3	180	44	500
3	1	0	11	2	25	5	4	0	130	35	300
3	1	1	14	4	34	5	4	1	170	43	190
3	2	0	14	4	34	5	4	2	220	57	700
3	2	1	17	5	46	5	4	3	280	90	850
3	3	0	17	5	46	5	4	4	350	120	1000
4	0	0	13	3	31	5	5	0	240	68	750
4	0	1	17	5	46	5	5	1	350	120	1000
4	1	0	17	5	46	5	5	2	540	180	1400
4	1	1	21	7	63	5	5	3	920	300	3200
4	1	2	26	9	78	5	5	4	1600	640	5800
4	2	0	22	7	67	5	5	5	≥1600		

注：水样总量 55.5mL（5 管 10mL，5 管 1mL，5 管 0.1mL）。

大肠菌群检验表（个/L）　　　　**表 15-5**

10mL 水量的阳性管数	100mL 水量的阳性管数			10mL 水量的阳性管数	100mL 水量的阳性管数		
	0	1	2		0	1	2
0	＜3	4	11	6	22	36	92
1	3	8	18	7	27	43	120
2	7	13	27	8	31	51	161
3	11	18	38	9	36	60	230
4	14	24	52	10	40	69	＞230
5	18	30	70				

注：水样总量 300mL（两份 100mL，10 份 10mL），此表用于测定生活饮用水。

大肠菌群检验表（个/L） **表 15-6**

100	10	1	0.1	水中大肠菌群数(L)	100	10	1	0.1	水中大肠菌群数(L)
−	−	−	−	<9	−	+	+	+	28
−	−	−	+	9	+	−	−	+	92
−	−	+	−	9	+	−	+	−	94
−	+	−	−	9.5	+	−	+	+	180
−	−	+	+	18	+	+	−	−	230
−	+	−	+	19	+	+	−	+	960
−	+	+	−	22	+	+	+	−	2380
+	−	−	−	23	+	+	+	+	>2380

注：水样总量 111.1mL（100mL，10mL，1mL，0.1mL），＋表示有大肠菌群，－表示无大肠菌群。

大肠菌群检验表（个/L） **表 15-7**

10	1	0.1	0.01	水中大肠菌群数(L)	10	1	0.1	0.01	水中大肠菌群数(L)
−	−	−	−	<90	−	+	+	+	280
−	−	−	+	90	+	−	−	+	920
−	−	+	−	90	+	−	+	−	940
−	+	−	−	95	+	−	+	+	1800
−	−	+	+	180	+	+	−	−	2300
−	+	−	+	190	+	+	−	+	9600
−	+	+	−	220	+	+	+	−	23800
+	−	−	−	230	+	+	+	+	>23800

注：水样总量 11.11mL（10mL，1mL，0.1mL，0.01mL），＋表示有大肠菌群，－表示无大肠菌群。

15.2.5 实验报告

（1）实验结果

1）描述滤膜上的大肠杆菌菌落的外观。

2）滤膜上的大肠菌群菌落数______个；1L 水样中的大肠杆菌群数______个。

（2）思考题

1）测定水中大肠杆菌数有什么实际意义？为什么选用大肠杆菌作为水的卫生指标？

2）根据我国饮用水水质标准，讨论你这次检验结果。

15.3 富营养化湖泊中藻量的测定

15.3.1 实验目的

通过测定不同水体中藻类叶绿素 a 浓度，考查其富营养化情况。

15.3.2 实验原理

富营养化湖由于水体受到污染，尤以氮磷为甚，致使其中的藻类旺盛生长。此类水体中代表藻类的叶绿素 a 浓度常大于 10μg/L。采用叶绿素 a 法，根据藻类叶绿素 a 具有其独特的吸收光谱（663nm），用分光光度法测其含量，以此来评价被测水样的富营养化程度。

15.3.3 仪器与材料

（1）实验材料　两种不同污染程度的湖水水样各 2L。

（2）培养基/试剂　1％ $MgCO_3$悬液、90％的丙酮水溶液。

（3）实验器材　分光光度计、比色杯（1cm，4cm）、台式离心机、离心管（15mL 具刻度和塞子）、蔡氏滤器、滤膜（0.45μm，直径 47mm）、真空泵、冰箱、匀浆器或小研钵。

15.3.4　实验步骤

（1）清洗玻璃仪器

整个实验中所使用的玻璃仪器应全部用洗涤剂清洗干净，尤其应避免酸性条件下而引起的叶绿素 a 分解。

（2）过滤水样

在蔡氏滤器上装好滤膜，每种测定水样取 50～500mL 减压过滤。待水样剩余若干毫升之前加入 0.2mL $MgCO_3$悬液、摇匀直至抽干水样。加入 $MgCO_3$可增进藻细胞滞留在滤膜上，同时还可防止提取过程中叶绿素 a 被分解。如过滤后的载藻滤膜不能马上进行提取处理，应将其置于干燥器内，放冷（4℃）暗处保存，放置时间最多不能超过 48h。

（3）提取

将滤膜放于匀浆器或小研钵内，加 2～3mL 90％的丙酮溶液，匀浆，以破碎藻细胞。然后用移液管将匀浆液移入刻度离心管中，用 5mL 90％丙酮冲洗 2 次，最后向离心管中补加 90％丙酮，使管内总体积为 10mL。塞紧塞子并在管子外部罩上遮光物，充分振荡，放冰箱避光提取 18～24h。

（4）离心

提取完毕后，置离心管于台式离心机上 3500r/min，离心 10min，取出离心管，用移液管将上清液移入刻度离心管中，塞上塞子，3500r/min 在离心 10min。正确记录提取液的体积。

（5）测定光密度

藻类叶绿素 a 具有其独特的吸收光谱（663nm），因此可以用分光光度法测其含量。用移液管将提取液移入 1cm 比色杯中，以 90％的丙酮溶液作为空白，分别在 750nm、663nm、645nm、630nm 波长下测提取液的光密度值（OD）。注意：样品提取的 OD_{663}值要求在 0.2～1.0 之间，如不在此范围内，应调换比色杯，或改变过滤水样量。OD_{663}小于 0.2 时，应该用较宽的比色杯或增加水样量；OD_{663}大于 1.0 时，可稀释提取液或减少水样滤过量，使用 1cm 比色杯比色。

（6）叶绿素 a 浓度计算

将样品提取液在 663nm、645nm、630nm 波长下的光密度值（OD_{663}、OD_{645}、OD_{630}）分别减去在 750nm 下的光密度值（OD_{750}），此值为非选择性本底物光吸收校正值。叶绿素 a 浓度计算公式如下：

1）样品提取液中的叶绿素 a 浓度 C_a：

$$C_a(\mu g/L) = 11.64(OD_{663} - OD_{750}) - 2.16(OD_{645} - OD_{750}) + 0.1(OD_{630} - OD_{750})$$

2）水样中叶绿素 a 浓度：

$$叶绿素\ a(\mu g/L) = C_a \times V_{丙酮} / V_{水样} \times L$$

C_a——样品提取液中叶绿素 a 浓度（μg/L）；

$V_{丙酮}$——90％丙酮提取液体积（mL）；

$V_{水样}$——过滤水样的体积（L）；

L——比色杯宽度（cm）。

被测水样的叶绿素 a 评价标准见表 15-8。

湖泊富营养化的叶绿素 a 评价标准　　表 15-8

指标＼类型	贫营养型	中营养型	富营养型
叶绿素 a（μg/L）	＜4	4～10	10～150

15.3.5　实验报告

（1）结果记录

将测定结果记录于表 15-9 中，根据测定结果，参照表 15-6 中指标评价被测水样的富营养化程度。

藻类叶绿素测定结果　　表 15-9

水样	OD_{750}	OD_{663}	OD_{645}	OD_{630}	叶绿素 a（μg/L）
A 湖水					
B 湖水					

（2）思考题

如何保证水样叶绿素 a 浓度测定结果的准确性？主要应注意哪几个方面的问题？

15.4　发光细菌的生物毒性检测

15.4.1　实验目的

（1）了解发光细菌法进行生物毒性检测的原理。

（2）学习发光细菌的生物毒性检测方法。

15.4.2　实验原理

发光细菌作为毒性检测的生物学方法，因其快速、简便、灵敏、可靠，近年来已经广泛应用于化学物质、污水、土壤和沉积物等的毒性评价。在正常生活状态下，发光细菌体内的荧光素，经荧光酶作用会产生荧光，因种属不同，其最大发光峰值有所差异，基本在 475～490nm 之间。当受到外界因素影响（如化合物的毒性作用）时，细菌菌体发光减弱，并且发光强度与污染物浓度在一定范围内呈显著负相关。故可以通过生物发光光度计检测测试水样中发光细菌的相对发光度，指示毒性物质所在环境的急性毒性。水质急性毒性水平可以选用 EC_{50} 值来表征，EC_{50} 是指毒性物质对发光细菌作用后，发光强度下降为对照组的 50%时（相对发光强度为 50%或抑光率达到 50%时）的毒性物质浓度。

15.4.3　实验材料

（1）实验材料　淡水发光细菌青海弧菌 Q67（*Vibrio-qinghaiensis*. sp-Q67）冻干粉剂。

（2）培养基/试剂　氯化钠、乳糖、苯酚。

（3）仪器设备　生物发光光度计、移液器（最大量程分别为 100μL，1000μL，5000μL）、容量瓶（50mL，100mL，1000mL）、旋涡混合器。

15.4.4 实验步骤

（1）冻干粉的复苏

取发光细菌冷冻干燥制剂瓶（含 1g 冻干粉）1 支，加入 1mL 复苏液（0.8%的氯化钠），室温下置于旋涡混合器上使之充分混匀、溶化，使细菌复苏，约 15min 后在暗室中用肉眼应该观察到绿色荧光。若无绿色荧光，则不能使用。将该菌液倒入干净试管中备用。

（2）苯酚溶液的配置

称取 100mg 苯酚溶解于 100mL 乳糖溶液中（乳糖浓度 10%），配置浓度为 1000mg/L 的苯酚母液。取 1.0mL，2.0mL，4.0mL，5.0mL，6.0mL，8.0mL，10.0mL，12.5mL，15mL 苯酚母液分别加入 50mL 的容量瓶中，然后以 10%乳糖溶液定容。配置完成后应立即进行发光测定。

（3）苯酚毒性水平检测

将每个浓度的苯酚液体设立三个平行样，分别加入测量杯中，每个加入量为 1mL 或 2mL，10%乳糖溶液作为空白对照。逐个分别加入复苏后的发光细菌悬液 50μL 或 100μL，轻轻振荡，使之充分混匀，放置 15min 使样品中苯酚与发光细菌充分作用。然后通过生物发光光度计检测溶液中发光细菌的发光强度。

15.4.5 实验报告

（1）实验结果

将实验结果填入表 15-10 并计算相对发光强度（L）和抑制光率（I）。

实验结果 **表 15-10**

加入苯酚母液（mL）	空白对照	1.0	2.0	4.0	5.0	6.0	8.0	10.0	12.5	15
定容后浓度（mg/L）										
发光强度										

相对发光强度（L）和抑制光率（I）的计算公式如下：

$$\text{相对发光强度}(\%) = \frac{\text{样品发光强度}}{\text{对照发光强度}} \times 100\%$$

$$\text{抑光率}(\%) = \frac{\text{对照发光强度} - \text{样品发光强度}}{\text{对照发光强度}} \times 100\%$$

通过 excel 软件绘图，将溶液浓度与发光强度平均值进行线性回归，用直线内插法求得相对发光强度为 50%时所对应的溶液浓度，即为 EC_{50} 值（mg/L）。

（2）思考题

1）此次实验测定的苯酚溶液的 EC_{50} 值是多少？

2）EC_{50} 值和水质急性毒性水平有何关系？

第16章　微生物分子生物学检测技术

16.1　细菌染色体DNA的提取和检测

16.1.1　实验目的

（1）学习和掌握提取细菌核酸的方法。

（2）理解DNA电泳的基本原理和各种影响因素。

（3）学习制胶、水平式琼脂糖凝胶电泳检测DNA的方法和技术。

16.1.2　实验原理

核酸存在于多种细胞，如病毒、细菌、寄生虫、动植物细胞、血液、组织、唾液、尿液等多种标本中，其分离方法是多样的。总的来说核酸的分离与纯化是在溶解细胞的基础上，利用苯酚等有机溶剂抽提，分离，纯化；乙醇、丙酮等有机溶剂沉淀，收集。本实验细菌染色体DNA的提取，主要是用溶菌酶、SDS和蛋白酶K处理细菌，将蛋白质变性使其与DNA分离。

电泳是指混悬于溶液中的电荷颗粒，在电场影响下向着与自身带相反电荷的电极移动的现象。DNA电泳是基因工程中最基本的技术，DNA制备及浓度测定、目的DNA片断的分离，重组了的酶切鉴定等均需要电泳完成。根据分离的DNA大小及类型的不同，DNA电泳主要分两类：一是聚丙烯酰胺凝胶电泳：适合分离1kb以下的片断，最高分辨率可达1bp，也用于分离寡核苷酸，在引物的纯化中也常用此凝胶进行纯化，也称PAGE纯化。二是琼脂糖凝胶电泳：可分离的DNA片断大小因胶浓度的不同而异。电泳结果用溴化乙锭（EB）染色后可直接在紫外下观察，并且可观察的DNA条带浓度为纳克级，而且整个过程一般1h即可完成。由于该方法操作的简便和快速，在基因工程中经常使用。

16.1.3　实验材料和仪器

（1）实验材料：某细菌

（2）实验仪器：1.5mL离心管；枪头；移液器；摇床；台式高速离心机；电泳槽；电泳仪；微波炉；电泳板和梳子；紫外分析仪；数码相机等。

16.1.4　实验试剂

（1）TE缓冲液（10∶1）：10mmol/L Tris-HCl，1mmol/L EDTA，pH值为8.0。

（2）裂解缓冲液（1mL体系：40mmol/L Tris-HCl，pH值为8.0，40μL；2mmol/L CH_3COONa，16.6μL；1mmol/L EDTA，2μL；10% SDS，1μL；其余用水补齐）。

（3）菌酶：100μg/mL。

（4）Proteinase K：10mg/mL。

（5）10% SDS。

（6）NaCl：5mol/L。

（7）Tris饱和苯酚。

（8）三氯甲烷。

（9）无水乙醇、70%乙醇。

（10）50× TAE电泳缓冲液：242.0gTris碱；100mL 0.5mol/L EDTA（pH值为

8.0)；57.1mL 冰醋酸。定容 1L。

(11) EB 母液（溴化乙锭，储存液用水配制为 1mg/mL)：称取一定量的 EB 溶于无菌水中，室温避光保存；EB 为强诱变剂，实验中要防止污染。

(12) DNA 标准分子质量：购买商品。

(13) 10× Loading buffer (pH 值为 7.0)：购买商品。

[包含：EDTA 50mmol/L；甘油 60%；Xylene Cyanol FF（W/V）0.25%；Bromophenol Blue（W/V）0.25%]。

(14) 琼脂糖。

16.1.5 实验步骤

(1) NA 的提取

1) 菌体培养：将此菌接种于普通液体培养基中，37℃振荡培养 18h，获得足够菌体。

2) 菌体收集：取 1mL 培养液于 1.5mL 离心管中，12000 r/min 离心 5min，弃上清，收集菌体（注意吸干多余水分)。重复一次。

3) 向每管加入 200μL 裂解缓冲液，用吸管头缓慢抽吸，悬浮和裂解细胞，再加入 50μL，100μg/mL 溶菌酶（-20℃保存)，缓慢抽吸，37℃处理 30min。

4) 加入 10μL，10mg/mL 蛋白酶 K，缓慢抽吸，37℃处理 30min。

5) 加入 66μL，5mol/L NaCl 溶液，充分混匀后，12000 r/min，10min。除去蛋白质复合物及细胞壁等残渣。

6) 将上清转移到新管中，加入等体积 Tris 饱和苯酚，充分混匀后，12000 r/min，5min，进一步沉淀蛋白。

7) 取离心后水层，加等体积氯仿，充分混匀，12000 r/min，5min，(除苯酚。)

8) 取上清，加 2 倍体积预冷的无水乙醇沉淀，30min 以上（时间越长越好)。之后 15000 r/min 高速离心 15min，弃上清。

9) 用 200μL 70%乙醇洗涤 2 次，12000 r/min，2min，弃上清。

10) 干燥后，20~50μL 超纯水溶解 DNA，-20℃放置备用。

(2) 电泳检测

1) 用 1× TAE 电泳缓冲液按照被分离 DNA 分子的大小配制一定浓度（1.0%）的琼脂糖凝胶 30~50mL，在微波炉中加热至琼脂糖溶解。(电炉，小胶是 25mL)

2) 用透明胶封固玻璃板两头，在距底板 0.5~1.0mm 的位置上放置梳子，将温热（冷却至 50℃左右）的琼脂糖凝胶倒入胶模中，凝胶厚度在 3~5mm 之间。

3) 在凝胶完全凝固后，撕去透明胶，小心将玻璃板移至装有 1× TAE 缓冲液的电泳槽中，轻轻地拔去梳子，且使缓冲液没过胶面约 1mm。

4) DNA 样品与 10× Loading buffer（含有溴酚蓝和甘油等物质）混合后，用微量取样器慢慢将混合物加到样品槽中。

5) 盖上电泳槽并通电，使 DNA 向阳极（红线）移动，电压为 80~100V。

6) 溴酚蓝在凝胶中移出适当距离后切断电流，取出玻璃板。

7) 溴化乙锭染色，30min 以上。

8) 保鲜膜垫好，在紫外灯下观察凝胶。照相。

16.1.6 实验报告

(1) 实验结果　记录细菌染色体DNA电泳检测结果。

(2) 思考题

1) 电泳时为什么要用电泳缓冲液?

2) 溶菌酶为什么需要在−20℃条件下保存?

16.2 聚合酶链式反应技术(PCR)

16.2.1 实验目的

了解聚合酶链反应(PCR)的基本原理及其影响因素，掌握PCR的基本操作过程。

16.2.2 实验原理

聚合酶链式反应(polymerase chain reaction)即PCR技术是美国Cetus公司人类遗传研究所的科学家K.B.Mullis于1983年发明的一种体外扩增特定基因或DNA序列的方法。PCR具有很高的特异性、灵敏度，在分子生物学、基因工程研究、某些疾病的诊断以及临床标本中病原体检测等方面具有极为重要的应用价值。

双链DNA分子在接近沸点的温度下解链，形成两条单链DNA分子(变性)，与待扩增片段两端互补的寡核苷酸(引物)分别与两条单链DNA分子两侧的序列特异性结合(退火、复性)，在适宜的条件下，DNA聚合聚利用反应混合物中的4种脱氧核苷酸(dNTP)，在引物的引导下，按$5' \rightarrow 3'$的方向合成互补链，即引物的延伸。这种热变性、复性、延伸的过程就是一个PCR循环。随着循环的进行，前一个循环的产物又可以作为下一个循环的模板，使产物的数量按2n方式增长。从理论上讲，经过25～30个循环后DNA可扩增10^6～10^9倍。

16.2.3 实验仪器试剂

(1) 仪器

PCR仪、台式离心机、电泳仪、电泳槽、紫外检测仪。

(2) 试剂

1) 引物：用去离子水配成10μmol/μL;

2) Taq聚合酶;

3) 10×PCR反应缓冲液(加镁离子)：500mmol/L KCl，15mmol/L $MgCl_2$，100mmol/L Tris・HCl，pH值为8.3);

4) dNTPs：四种核苷酸混合物，浓度为10mM;

5) 模板DNA：含有R基因片段的重组cDNA的质粒;

6) 1%琼脂糖凝胶;

7) 50× TAE电泳缓冲液(1000mL)：Tris 242g，$Na_2EDTA \cdot 2H_2O$ 37.2g，溶于600mL去离子水中，加冰乙酸57.1mL，最后用去离子水定容至1000mL;

8) 6×上样缓冲液：0.25%溴酚蓝，0.25%二甲苯腈蓝，30%甘油，溶于水中，4℃保存。

16.2.4 实验步骤

(1) PCR扩增

1) 反应混合液的配制

在一个0.5mL PCR管中加入下列成分：

10×PCR缓冲液 10μL

dNTPs　　2μL

上、下游引物　　2μL

模板　　1μL

Taq酶　　0.5μL

ddH_2O水，补至　100μL

充分混匀，离心片刻，使液体沉至管底。

实际操作时，先根据所需进行的反应数，配制反应混合物（按上述配方，不含模板）。每组进行3个反应，需配制76μL反应混合物，则按上述配方的4倍进行配制。然后分装于4个PCR管中，每管19μL。其中3管每管加入1μL模板，另一管加入1μL水，作为对照。

2）PCR反应条件

循环1：94℃，3min；循环2～31：94℃变性45s、52℃退火45s、72℃延伸1min；共30个循环；最后72℃延伸10min。

3）电泳

反应结束后，取5μL反应产物在1%琼脂糖凝胶上进行电泳分析，其余置4℃保存备用。

① 用1× TAE缓冲液配制琼脂糖凝胶：在电子天平上准确称取琼脂糖0.2g，倒入100mL三角瓶，加入20mL缓冲液。

② 微波炉上加热40S。

③ 待冷却至60℃左右时，加入1μL溴化乙啶，摇匀。

④ 将凝胶倒入预先准备好的制胶板上，插入梳子，待冷却。

⑤ 取5μL PCR产物在1%琼脂糖胶上电泳：80V，20min。

⑥ 取出凝胶，在紫外灯下观察，记录观察结果。

（2）PCR产物的纯化

1）向PCR产物中加入等体积的酚/氯仿/异戊醇（25∶24∶1，V/V），混匀；

2）14000r/min离心5min；

3）取上清液，再加等体积的酚/氯仿/异戊醇（25∶24∶1，V/V），混匀；

4）14 000r/min离心15min；

5）取上清液，加入1/10体积的3M NaAc（pH值为5.2）和2.5倍体积的无水乙醇，混匀，－20℃放置2h或过夜。

6）4℃，14000r/min离心15min，弃上清液；

7）沉淀用70%乙醇洗涤1次；

8）14000r/min离心10min，弃上清，风干。获得纯化的PCR产物。

（3）影响PCR反应结果的因素

1）模板的质量

在制备模板DNA时通常需要使用蛋白变性剂及乙醇等有机溶剂，这些物质可直接影响PCR反应；另外当模板DNA分子量很高时，解链不易，可用限制酶消化以改善扩增效果；从理论上说，一个模板 DNA 分子即可获得扩增产物，模板浓度过高，PCR 反应的特异性下降，实际操作中可按 1ng、0.1ng、0.01ng 递减的方式设置模板浓度对照。

2）引物

引物是决定 PCR 结果的关键，引物设计在 PCR 反应中极为重要。要保证 PCR 反应能准确、特异、有效地对模板 DNA 进行扩增，通常引物设计要遵循以下几条原则：

① 引物的长度以 15～30bp 为宜，一般（G + C）的含量在 45%～55%，T_m 值高于 55℃。应尽量避免数个嘌呤或嘧啶的连续排列，碱基的分布应表现出是随机的。

② 引物的 3′端不应与引物内部有互补，避免引物内部形成二级结构，两个引物在 3′端不应出现同源性，以免形成引物二聚体。3′端末位碱基在很大程度上影响着 Taq 酶的延伸效率。两条引物间配对碱基数少于 5 个，引物自身配对若形成茎环结构，茎的碱基对数不能超过 3 个由于影响引物设计的因素比较多，现常常利用计算机辅助设计。

③ 人工合成的寡聚核苷酸引物需经 PAGE 或离子交换 HPLC 进行纯化。

④ 引物浓度不宜偏高，浓度过高有两个弊端：一是容易形成引物二聚体（primerdimer），二是当扩增微量靶序列并且起始材料又比较粗时，容易产生非特异性产物。一般说来，用低浓度引物不仅经济，而且反应特异性也较好。一般用 0.25～0.5pmol/μL 较好。

3）Mg^{2+} 浓度

PCR 反应体系中 Mg^{2+} 浓度对扩增结果影响较大，通常是 1.5～4mmol/L，必要时可调整 Mg^{2+} 浓度。

4）dNTP 浓度

1.25mmol/L，dNTP 浓度过高，反应的特异性下降。

5）反应条件

PCR 反应条件中最重要的是退火温度，退火温度低，引物容易结合到模板的靶 DNA 序列，但反应的特异性下降；反之，特异性增加，但扩增效果不佳。一些生物技术公司在合成引物时注明了 T_m 值，以此为依据，退火温度比 T_m 值低 3～5℃ 比较适宜。当然，在实际操作时可设置梯度以确定最佳退火温度。

（4）注意事项

由于 PCR 灵敏度非常高，所以特别需要防止反应混合物受到 DNA 的污染，因此在实验中应注意下列事项：

1）所有与 PCR 有关的试剂，只作 PCR 实验专用，不得挪作他用。

2）操作中使用的 PCR 管、离心管、吸头等，只能一次性使用。

3）特别注意防止引物受到用同一引物扩增的 DNA 的污染。所有试剂，包括引物，应从母液中取一部分稀释成工作液以供平常使用，避免污染母液。

16.2.5 实验报告

（1）实验结果　记录 PCR 产物电泳检测结果。

（2）思考题

1）电泳时为什么要设置阴性和阳性对照？

2）什么是引物二聚体？

16.3 荧光原位杂交技术（FISH）

16.3.1 实验目的

了解荧光原位杂交技术原理和方法，应用荧光原位杂交（FISH）实验进行微生物群落生态研究工作。

16.3.2 FISH 原理

荧光原位杂交（FISH）技术 FISH 是将细胞原位杂交技术和荧光技术有机结合而形成的新技术。其原理是基于碱基互补的原则，用荧光素标记的已知外源 DNA 或 RNA 作探针，与载玻片上的组织切片、细胞涂片、染色体制片等杂交，与待测核酸的靶序列专一性结合，通过检测杂交位点荧光来显示特定核苷酸序列的存在、数目和定位。目前，荧光原位杂交在微生物系统发育、微生物诊断和环境微生物生态学研究中应用较多。由于微生物的 16S rDNA、23S rDNA 以及它们的间隔区的核苷酸序列具有稳定的种属特异性，通常以它们特定的核苷酸序列为模板，设计互补的寡核苷酸探针，通过与微生物细胞杂交，鉴定微生物的种类、数目以及空间分布等。

利用对 rRNA（主要是 16S 和 23S rRNA）序列专一的探针进行杂交已经成为微生物鉴定的标准方法。近几年，已对 2500 多种细菌的 16S rRNA 进行了测序，在系统发育水平上得到了大量的有用信息。FISH 技术的基本操作过程对染色体、细胞和组织切片来说基本相同，主要包括 4 个步骤：

① 制备和标记探针；

② 准备杂交样品；

③ 原位杂交；

④ 信号处理及观察记录。根据不同的实验目的和研究对象，每一步骤的要求和细节会有所变化。

16.3.3 步骤和方法

（1）核酸探针的准备

核酸探针是指能与特定核苷酸序列发生特异互补杂交，而后又能被特殊方法检测的被标记的已知核苷酸链。根据来源和性质可将核酸分子探针分为基因组 DNA 探针、cDNA 探针、RNA 探针以及人工合成的寡核苷酸探针几类。可以针对不同的研究目的选用不同的核酸探针，选择的基本原则是探针应具有高度特异性。核酸探针的制备是 FISH 技术关键的一步，影响着该技术的应用与发展。近年来，随着 DNA 合成技术的发展，可以根据需要随心所欲地合成相应的核酸序列，因此，人工合成寡核苷酸探针被广泛采用。这种探针与天然核酸探针相比具有特异性高、容易获得、杂交迅速、成本低廉等优点。

寡核苷酸探针是根据已知靶序列设计的。一般应遵循如下的设计原则：

1）探针长度：10～50bp。越短则特异性越差，太长则延长杂交时间。

2）(G + C)%应在 40%～60%，否则降低特异性。

3）探针不要有内部互补序列，以免形成“发夹”结构。

4）避免同一碱基连续重复出现。

5）与非靶序列区域同源性小于 70%。

目前，已有大量寡核苷酸探针被设计合成，并且建立了有关探针的数据库，研究者可以很方便地通过互联网查询所需的探针或设计探针的资料和软件。常用于环境微生物检测的寡核苷酸探针见表 16-1。

常用于环境微生物检测的寡核苷酸探针　　表 16-1

探针名称	目标微生物
EUB338	most Bacteria
UNIV1390	All Organisms
Chis150	Most of the *Clostridium histolyticum* group (*Clostridium* cluster Ⅰ and Ⅱ)
Clit135	some of the *Clostridium lituseburense* group (*Clostridium* clusterXI)
LGC354	*Firmicutes* (*Gram-positive bacteria* with low G+C content)
HGC	*Actinobacteria* (high G+C *Gram-positive bacteria*)
ENT183	*Enterobacteriaceae*
Mg1004	*Methylomicrobium*
MB311	*Methanobacteriales*
Amx368	All ANAMMOX bacteria
NIT3	*Nitrobacter* spp.
NSO	*Betaproteobacterial ammonia-oxidizing bacteria*
ACA652	*Acinetobacter*

设计或选定的寡核苷酸探针可以用 DNA 合成仪很方便地合成，然后用荧光素进行标记。常用的荧光素有：异硫氰酸荧光素（FITC）、羧基荧光素（FAM）、四氯荧光素（TET ）、六氯荧光素（HEX）、四甲-6-羧罗丹明（TAMRA）、吲哚二羧菁（Cy3，Cy5）等。这些荧光素具有不同的激发和吸收波长，一般需要选择两种以上的探针同时杂交时，要给这几种探针分别标记不同的荧光素。标记的方法分为间接标记和直接标记。

目前，有人在多彩色荧光原位杂交实验中，采用混合调色法和比例调色法，仅用 2～3 种荧光素就可以给 4～7 种探针标记上不同的颜色。探针的合成与标记可以根据条件自己进行或选择相应的生物技术公司来完成。标记好的探针通常放在－20℃、避光保存。使用前，将探针稀释到 5ng/mL 的质量浓度，分装备用。

（2）杂交样品的准备

对于微生物原位杂交，首先涉及的是微生物样品的收集。既要求尽可能多地收集到样品中的微生物，又要尽量减少样品中杂质对杂交结果的影响。因此，无论是来自人工培养基的，或是自然环境的，还是污水处理设备的微生物样品，必须先经过打碎、离心、清洗等处理步骤。目的是使微生物细胞与杂质分离、除去杂质、收集细胞。可以用灭菌玻璃珠震荡将样品打碎，1000r/min 离心 2min，取上清液，将上清液 5000～8000r/min 离心 2min，弃上清液，再用 PBS 将收集到的微生物冲洗一次。上述过程每一步可重复 2～3 次。然后，需要对收集的样品进行固定和预处理。

这一步要求微生物细胞保持形态基本不变，同时要增大细胞壁的通透性，保证探针顺利进入与 DNA 或 RNA 杂交。一般先用 4%多聚甲醛溶液固定，4℃过夜。如果不能马上进行杂交实验，可将固定好的样品暂时放在50％乙醇/PBS溶液中，－20℃保存。杂交实验前，用PBS液清洗，离心收集。用蛋白酶K，37℃消化30min，减少蛋白质对杂交的影响。再用溶菌酶处理10min，以增加细胞的通透性。最后用梯度酒精（50％，80％，95％，100％）依次脱水。

（3）杂交

这一步首先涉及配制杂交液。一般的荧光原位杂交液的组成成分有：氯化钠、Tris-Cl缓冲液、SDS或Trionx-100、甲酰胺以及硫酸葡聚糖。各种成分的浓度见表16-2。SDS和Tritonx-100的作用是去污，两者取一即可。硫酸葡聚糖的作用是增加探针的相对浓度。甲酰胺的浓度直接影响杂交的特异性。因此，需根据不同的探针和杂交温度加以选择。一般情况下，甲酰胺的浓度和杂交温度越高，探针的特异性越强。反之，探针的特异性降低。探针在杂交前加入杂交液中，使其终质量浓度为0.15ng/mL。

荧光原位杂交液的组成成分　　表16-2

NaCl（mo/L）	Tris-Cl（mmol/L）	SDS（％）	甲酰胺（％）
0.9	20	0.1～1	5～55

杂交在载玻片上进行，取经过预处理的样品涂于载片，充分干燥后，加杂交液。在微生物FISH实验中，样品与杂交液的比例大约为1∶2，通常是10μL样品加20μL杂交液，置于46℃杂交炉中，避光杂交2～4h。

由于杂交温度较高，杂交液又很少，容易蒸发干燥，因此，需使用密闭湿盒。杂交完成后，要用洗脱液将多余的探针除去。

常用洗脱液为SET或SSC，洗脱温度低于50℃。洗脱是否充分会影响杂交结果的准确性，因此，常采用多梯度、多次的洗脱方法。如果检测同一样品中的多种微生物，往往需要使用两种以上的探针，只要在洗脱后，在新的杂交液中再加入其他16S rRNA探针溶液，按上述步骤杂交即可。

（4）结果观察和分析

全部操作完成后，加少量对苯二胺-甘油溶液覆盖样品，防止荧光淬灭，再封片。结果用荧光显微镜或激光共聚焦显微镜（CLSM）观察、照相并进行分析。共聚焦显微镜空间分辨力强、敏感性高、可屏蔽自发荧光的干扰。其与数字成像系统结合，可进行量化分析和自动化分析，已越来越多地应用于FISH信号检测。另外，利用流式细胞仪可以对于每一个靶细胞-探针杂交物的荧光强度进行定量测定。

16.3.4 FISH技术存在的问题和解决方案

FISH技术在某些方面也存在缺陷。例如，在营养饥饿状态下，细菌的染色体含量降低，因而细胞中的16S rRNA减少，会导致荧光杂交信号减弱形成假阴性结果。为了增强杂交信号，研究了一些荧光增强方法，如多重探测、生物素、亲合素标记等方法。有人利用核酸肽（PNA）作为探针进行原位杂交，检测自来水中的*E. coli*，取得了与传统的平板计数法相一致的结果。PNA探针具有稳定、不易降解和较高的杂交亲和力等特性，检测细菌细胞的rRNA具有较高的灵敏性，即使是细菌死亡一段时间后也可能被检测到。而且，由于其主链骨架是中性的，并且通常比寡核苷酸探针短，能够通过疏水的细胞壁，具有较好的渗透性，因此，可以大大提高FISH实验的灵敏性。

另外，细菌普遍存在的自发荧光现象及探针的特异性不足还可能导致假阳性结果。使用窄波段的滤镜和信号放大系统可能降低自身背景荧光，不同激发波长对自身背景荧光强度也有影响。因此，在检测未知混合微生物时，要进行相应处理。共聚焦显微成像系统（CLSM）可以较好地解决这一问题。探针的特异性需要通过严格的杂交条件控制和设置阳性对照来保证。在进行微生物生态学研究中应结合传统的培养、镜检等方法及现代分子生物学的多种方法，使得到的结果更加可信。

16.3.5 FISH 技术的发展

FISH 技术逐渐形成了从单色到多色、从中期染色体到粗线期染色体再向 DNA 纤维的发展趋势，灵敏度和分辨率正在由 mb 向 kb、百分距离向碱基对、多拷贝向单拷贝、大片段向小片段等方向深入。

FISH 技术还与其他技术相结合，为环境微生物的研究提供更多信息。例如，有人利用 FISH 与次级离子质谱（SIMS）结合对厌氧条件下的甲烷氧化菌进行了鉴定；有人采用 FISH 与显微放射自显影技术研究了生化物质在细胞内的合成、转移和转化等代谢过程；还有人利用共聚焦激光扫描显微镜与 FISH 技术得到了不同菌种在颗粒污泥内部成层分布的高清晰照片。与生物传感器结合也是 FISH 技术在环境微生物研究中应用的新手段。随着技术的不断进步，FISH 的准确性和灵敏度将进一步提高，必将在微生物生态学研究领域得到更加充分的应用。

16.3.6 实验报告

（1）实验结果　记录环境样品 FISH 检测结果。

（2）思考题

1）什么是核酸探针？设计核酸探针应遵循哪些规则？

2）在杂交过程中是否可以同时加入几种探针，如果可以，应该注意什么？

16.4 DNA 测序与序列同源性分析

16.4.1 实验目的

（1）了解 DNA 测序的基本原理与方法。

（2）学习并掌握序列同源性分析的方法。

16.4.2 实验原理

DNA 测序即核酸分子一级结构的测定，是现代分子生物学一项重要的技术。常见的测序方法有双脱氧链终止法、化学裂解法、DNA 测序自动化等。目前普遍使用自动测序仪（应用双脱氧终止法原理）进行自动化测序。

通过序列同源性比较分析，即把获得的 DNA 测定序列与核酸数据库中的相关 DNA 或蛋白质序列进行比较，找出与此序列相似的已知序列是什么，用于确定该序列的生物属性，也就是可以初步判断 DNA 条带所代表的微生物种类。完成这一工作常用的方法有 BLAST、FASTA 等。提供 BLAST 服务的常用网站有国内的 CBI、美国的 NCBI、欧洲的 EBI 和日本的 DDBJ，这些网站提供的 BLAST 服务在界面上差不多，但所用的程序有所差异。本文主要介绍 NCBI（National Center for Biotechnology Information，美国国立生物技术信息中心）的 BLAST（Basic Local Alignment Search Tool）的网络应用方法，即在 NCB 的在线网站上进行 blast 比对（http：//blast. ncbi. nlm. nih. gov/Blast. cgi）。

BLAST 是一套在蛋白质数据库或 DNA 数据库中进行相似性比较的分析工具。BLAST 程序能迅速与公开数据库进行相似性序列比较。BLAST 采用一种局部的算法，BLAST 结果会列出跟查询序列相似性比较高、符合限定要求的序列结果，根据这些结果可以获得以下信息：（1）查询序列可能具有某种功能；（2）查询序列可能来源于某个物种；（3）查询序列可能是某种功能基因的同源基因。BLAST 结果中的得分是对一种对相似性的统计说明。

16.4.3 实验材料

（1）样品：细菌 B83 的 16S rRNA 基因的 PCR 扩增产物。

（2）仪器：水平电泳仪、凝胶成像仪、全自动 DNA 测序仪。

（3）试剂：

1）琼脂糖凝胶：0.6g 琼脂糖粉，溶于 50mL 1×TAE 缓冲液，微波炉中火加热 2min 至完全溶解，待冷却至 60℃后加入 5μL 核酸染料，摇匀，置于制胶器中凝固成形。

2）50×TAE 缓冲液：Tris 242g，EDTA 18.62g，冰乙酸 57.1mL，溶解后定容至 1000mL。

16.4.4 实验步骤

（1）DNA 测序

1）将样品（PCR 扩增产物）用 1.2%的琼脂糖凝胶电泳进行检测，电泳设置程序为：电压 100V，电流 400mA，功率 120W，时间 45min。

2）电泳结束后利用成像仪对电泳结果进行观察。选取 PCR 条带较清晰的样品送于有资质的生物工程公司进行基因测序。

3）测序返回的数据有 *.abl 格式、*.Chromatogram file 格式等，可通过 Chromas 软件将序列以 FASTA 格式导出。然后寻找 16S rRNA 的 PCR 扩增的引物序列，将载体的序列删除，即可得到所需序列。一般生物测序公司会主动完成上述步骤，将双向测序结果（27F 和 1492R）进行拼接处理，直接将处理好的序列以 *.doc 格式或文本文档等格式返回给送检者，送检者可以直接将该序列进行序列同源性分析。

（2）序列同源性分析——NCBI BLAST 方法

1）进入 BLAST 主界面

首先打开 NCBI 数据库主页 https://www.ncbi.nlm.nih.gov，然后点击 BLAST，进入 BLAST 主界面（图 16-1）https://blast.ncbi.nlm.nih.gov/Blast.cgi。BLAST 是一个序列相似性搜索的程序包，其中包含了很多独立的程序，这些程序是根据查询的对象和数据库的不同来定义的。在 BLAST 主界面上有【Nucleotide BLAST（nucleotide≫nucleotide)】【protein BLAST（protein≫protein)】【blastx（translated nucleotide ≫ protein)】【tblastn（protein≫translated nucleotide)】几个 BLAST 程序按钮。【Nucleotide BLAST（nucleotide≫nucleotide)】查询序列为核酸序列、搜索的数据库为核酸数据库；【protein BLAST（protein≫protein)】查询序列为蛋白质序列、搜索的数据库为蛋白质数据库；【blastx（translated nucleotide≫protein)】核酸序列 6 框翻译成蛋白质序列后和蛋白质数据库中的序列注意搜索；【tblastn（protein≫translated nucleotide)】蛋白质序列和核酸数据库中的核酸序列 6 框翻译后的蛋白质序列逐一比对。

2）点击【Nucleotide BLAST（nucleotide≫nucleotide)】，进入【blastn suit】界面

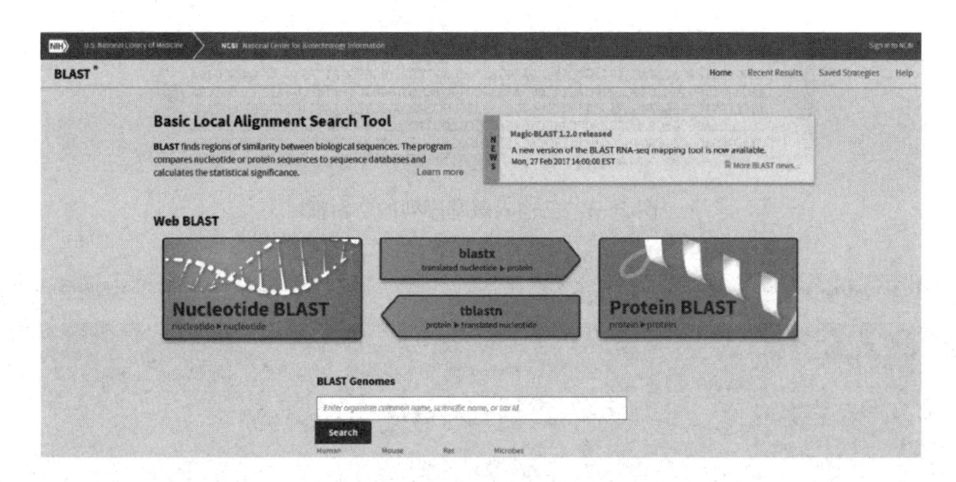

图 16-1　BLAST 界面

(图 16-2)。【Enter Query Sequence】下面的空白框中，可粘贴要查询的 FASTA 格式的序列、序列号或 gi 号。若是还没有序列号的未知菌，则可直接将测序拼接好的 *.doc 文档中的碱基序列复制粘贴到空白框中（图 16-3)。【Datebase】有三个选项：【Human genomic+transcript】【Mouse genomic+transcript】【others (nr etc)】，下拉菜单根据需要比对的序列的具体情况选择相应选项。本次实验选择 others (nr etc) —Nucleotide collection (nr/nt)。选择完毕，点击左下角的【BLAST】按钮，进入 BLAST 比对结果界面。

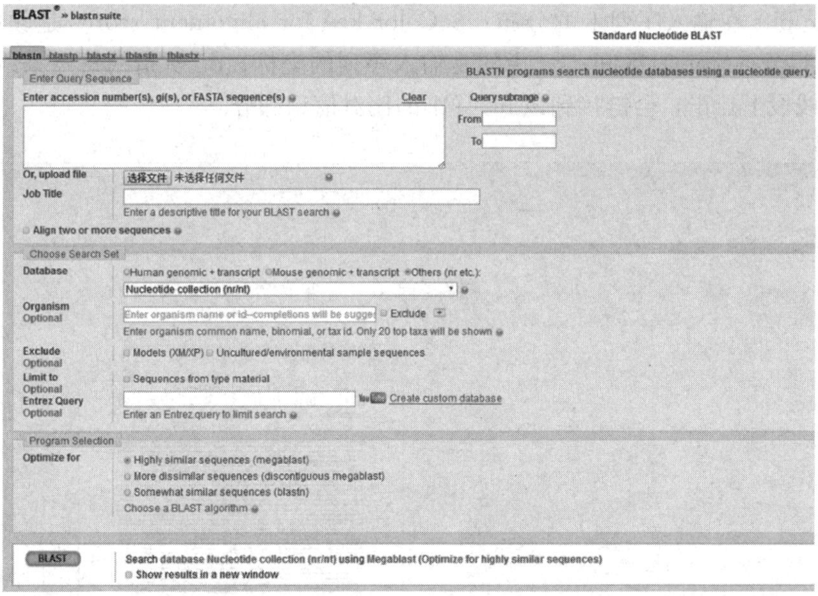

图 16-2　【blastn suit】界面

3) Blast 比对结果

在 BLAST 比对结果界面上，会显示：输入序列的信息，包括标识号、描述信息、类型、长度；数据库的信息以及你选择的 Blast 程序；查看其他报告，比如摘要、分类、距离树、结构、多重比对等；【Graphic Summary】和【Descriptions】(图 16-4)。

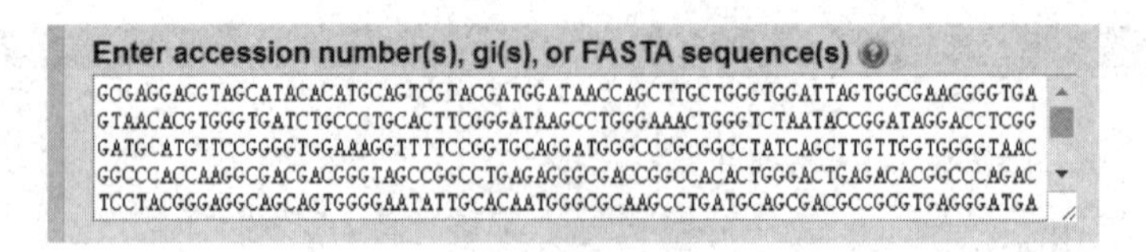

图 16-3　已输入碱基序列的空白框

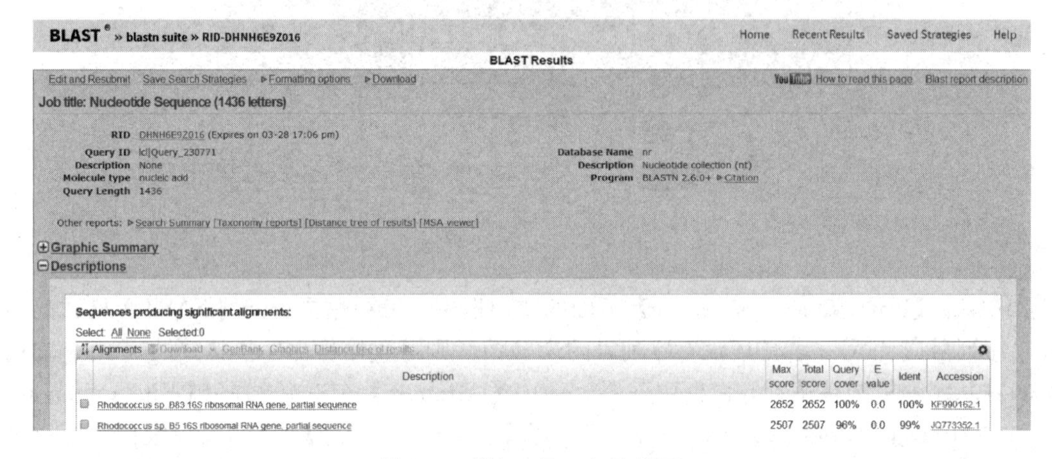

图 16-4　【blast Results】界面

【Graphic Summary】（图 16-5）中的：a. Distribution of 100 Blast Hits on the Query Sequence 是 hits 在输入序列上的分布；b. Color key for alignment scores 是颜色比例尺，代表 hit 的得分（score）区间；c. 指的是输入序列的坐标；d. 所指的每一条线段代表一个 hit，在线段上点击，会链接到该 hit 详细的比对信息部分。

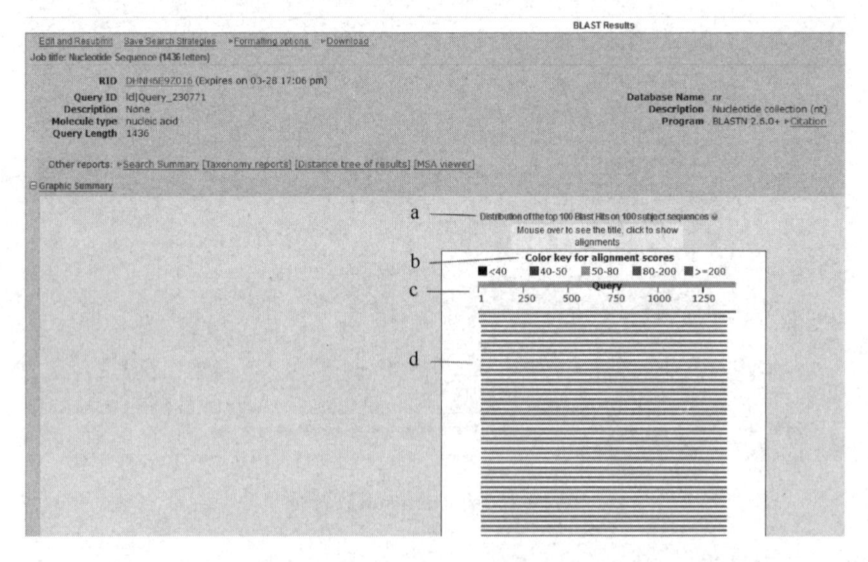

图 16-5　Descriptions 对话框

【Descriptions】（图 16-6）中的 Description 部分包含了比对上序列的表述信息，可以知道这个序列功能、基因、物种等信息；Accession 是指比对上序列的序列号或标识符，上面有到该序列详细信息的链接；E 值（Expect）表示随机匹配的可能性，E 值越大，随机匹配的可能性也越大，E 值接近或为零时，基本上就是完全匹配了，E value 一般由低向高排列；Identities（一致性或相似性）是指匹配上的碱基数占总序列长的百分数，一般来说百分数越大相似性越高；Score 比对得分，如果序列匹配上得分不一样，减分，分值越高，一般两个序列匹配片段越长、相似性越高则 Score 值越大。评价一个 blast 结果的标准主要有三项，E 值（Expect），一致性（Identities），缺失或插入（Gaps）。

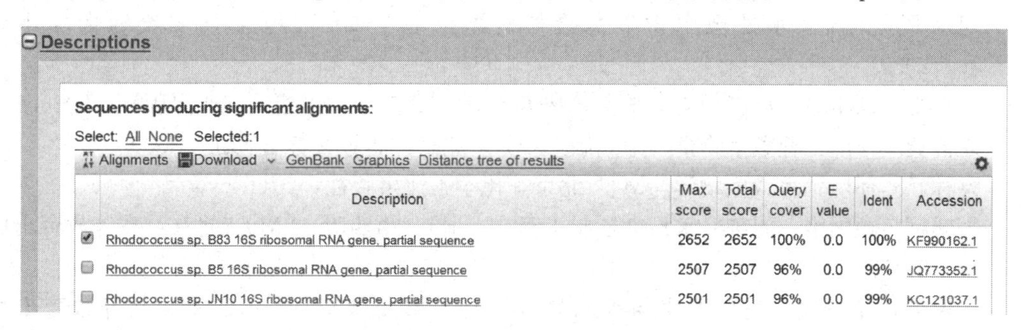

图 16-6　Descriptions 对话框

4）结果下载保存

对选择的序列进行操作，比如下载这些序列、画系统发育树、进行多重比对。勾选需要保存的序列，点击【Download】按钮，弹出下拉对话框，选择【FASTA（complete sequence)】选项，点击【Continue】按钮，在弹出的下载对话框中，为文件命名，保存格式 *.txt。将文件保存到指定位置，方便后续工作。

16.4.5　实验报告

（1）实验结果：

1）记录 B83 菌株的 16S rRNA 基因序列。

2）记录 NCBI 中 BLAST 比对的结果，初步判断 B83 菌株的种属。

（2）思考题：

双脱氧终止法测序的基本原理是什么?

参 考 文 献

［1］ 刘永军. 水处理微生物学基础与技术应用［M］. 北京：中国建筑工业出版社，2010.

［2］ 顾夏声，胡洪营，文湘华，等. 水处理生物学（第五版）［M］. 北京：中国建筑工业出版社，2011.

［3］ 刘永军，刘喆. 水处理生物学实验与检测技术［M］. 西安：西安交通大学出版社，2020.

［4］ 陈兴都，刘永军. 环境微生物学实验技术［M］. 北京：中国建筑工业出版社，2018.

［5］ 周群英. 环境工程微生物学（第二版）［M］. 北京：高等教育出版社，2000.

［6］ 袁林江. 环境工程微生物学［M］. 北京：化学工业出版社，2011.

［7］ 高廷耀，顾国维，周琪. 水污染控制工程（下册）（第四版）［M］. 北京：高等教育出版社，2015.

［8］ 许保玖，龙腾锐. 当代给水与废水处理原理（第二版）［M］. 北京：高等教育出版社，2000.

［9］ 刘振江，崔玉川，陈宏平，等. 城市污水厂处理设施设计计算（第三版）［M］. 北京：化学工业出版社，2017.

［10］ 李圭白，张杰. 水质工程学［M］. 北京：中国建筑工业出版社，2005.

［11］ 张自杰. 排水工程（下）（第四版）［M］. 北京：中国建筑工业出版社，2014.